阅读　你的生活

技术、环境与疾病
帝国主义征服史

Power over Peoples
Technology, Environments, and Western Imperialism, 1400 to the Present

[美]丹尼尔 · 海德里克（Daniel R. Headrick） 著
高丽洁 关永强 译

中国人民大学出版社
· 北 京 ·

致　谢

很多人士和机构对我完成此书提供了帮助，对他们我深怀感激。

首先，要感谢我的朋友乔尔·莫基尔（Joel Mokyr）、亚历克斯·罗兰（Alex Roland）、布拉德·亨特（Brad Hunt）、迈克尔·布赖森（Michael Bryson）和苏珊·穆恩（Suzanne Moon）对我的鼓励和有益的建议。衷心感谢贾恩卡洛·卡萨莱（Giancarlo Casale）允许我在他的博士论文《奥斯曼时代的探索》（The Ottoman Age of Exploration）出版之前阅读并从中获益。感谢普林斯顿大学出版社的布里吉塔·范莱茵伯格（Brigitta van Rheinberg）、克拉拉·普拉特（Clara Platter）、吉尔·哈里斯（Jill Harris）、希思·伦弗罗（Heath Renfroe）和珍妮弗·巴克尔（Jennifer Backer）在本书出版过程中给予的热情帮助。

我尤其要感谢罗斯福大学给予我的研究休假，以及罗斯福大学默里格林图书馆工作人员在我查找稀见书籍时提供的帮助。我还要感谢芝加哥大学雷根斯坦图书馆和克里勒图书馆为我提供了比预想的更多的资料，并给我一个安静的空间让我阅读了其中的一小部分。

很多会议、学术团体和机构都曾邀请我报告本书的部分内容，包括密歇根州大溪城的大峡谷州立大学举办的五大湖历史学会议，堪萨斯州曼哈顿市举办的军事史协会会议，加利福尼亚州克莱尔蒙特市哈维·穆德学院举办的殖民地技术研讨会，佛罗里达州代托纳比奇市安柏-瑞德航空航天大学，伊利诺伊大学芝加哥分校，芝加哥纽贝里图书馆和阿姆斯特丹大学的媒体与帝国主义会议。对这些会议、学术团体、机构以及那些提出了睿智和富于挑战性问题的听众，我表示由衷的感谢。

感谢我的妻子凯特，感谢她对我的大力支持和鼓励。

但最重要的是，我要感谢我的朋友兼导师威廉·H. 麦克尼尔（William H. McNeill），感谢他四十年来对我理解和书写世界史所给予的启发、建议和指导。我把本书献给他。

丹尼尔·海德里克

康涅狄格州纽黑文市，2008

引言：帝国主义与技术

在过去的五个多世纪里，欧洲人和他们的海外后裔们一直统治 1
着地球上的海洋、大片的陆地以及人民。这种统治曾经遭到过多次挑战，正如今天再度如是。既然帝国主义已经重新回到世界性事件的前沿，也是时候回顾一下它的历史并从中吸取教训了。

关于帝国主义

欧洲（旧帝国）扩张的第一阶段始于16世纪早期西班牙对墨西哥和秘鲁的征服以及葡萄牙对印度洋的统治；不过到19世纪初，

西方在中国、中亚、非洲和美洲的扩张努力遭遇了收益递减的局面。19 世纪中期开始的“新帝国主义”带来了以新帝国构建为主要内容的新一轮扩张，直到第二次世界大战爆发。自二战以来，欧洲扩张进入了第三个阶段，西方列强试图严密控制住它们的殖民地和附属国，进而扩大其势力范围，然而最终还是归于徒劳。

历史学者们已经对西方帝国主义进行了大量的研究，这些著作经常以“欧洲扩张”为名。其第二阶段的“新帝国主义”，则因其惊人的扩张速度和范围，成了史学界长久以来争论的话题。一项研究认为，欧洲人控制的陆地面积占全世界陆地面积的比重从 1800
2 年的 35%上升到 1914 年的 84.4%。[1]为了解释这一现象级的扩张，学者们将关注点放在了探险者、传教士、商人、军人、外交官以及政治领导人的动机上。然而这些动机和它们的主人一样多样化：有些人想把基督教或西方的道德、法律和文化传播到全世界；有些人想要寻找高价值的商品、投资的机会或为他们的货物寻找市场；还有一些人则把帝国扩张看作实现其个人荣誉、国家威望或战略优势的手段。当然，其中很多人同时拥有着好几种动机。[2]在沉迷于研究这些动机的同时，大多数历史学者认为欧洲国家和美国拥有将其野心变成现实的技术和金融手段是理所当然的；少数学者将这些技术手段归因于“先决条件”“一种不平衡”，或“一种力量优势”，而并未加以进一步研究[3]；还有一些学者则认为这个问题并不重要，根本不值一提。

然而，事件的发生不仅需要动机和机会，还需要手段。帝国主义者是用什么手段实现他们的野心的？这是我 25 年前在一本名为

《帝国的工具：19 世纪的技术与欧洲帝国主义》[4] 的书中提出的问题。在那本书里，我描述了在新帝国主义时期，技术革新与欧洲殖民征服非洲和亚洲之间的关系。在对这一戏剧性扩张的诸多解释因素当中，某些技术创新——尤其是蒸汽机、更精良的火器和医疗进步——发挥了重要作用。如今，在解释新帝国主义在非洲和亚洲的扩张时，技术已被广泛接受为即使不是充分的，也是必要的条件。

身为作者，我很高兴看到我的书已经吸引了大量的读者，我在 19 世纪欧洲帝国主义论述中关于技术角色的结论也得到了很多书的广泛引用和传播。不过，在从单一时间和地点所发生的事件中得出结论后，总会有将其一般化并推广至其他事件的诱惑——简言之，是将具有特殊性的结论衍发成一种历史规律。如果我们接受了技术革新对于 19 世纪的欧洲征服者是至关重要的这一观点，那么 3
技术也能解释历史上其他时间发生的征服行为吗？它是否也意味着在我们的时代，成功征服的关键因素就是拥有比对手更强大的技术呢？或者说 19 世纪的欧洲帝国主义只是一种偶然、一种失常？这些问题，促使我撰写了本书。

关于技术

在解决这些问题之前，让我们先对技术做一个定义。简单地说，技术指的是人类为达到自己的目的，使用既定环境中的材料和能源进而超越自身身体能力的所有方式。这里的技术不仅包括手工制品和驯化的动植物本身，还包括使用它们所要用到的技能以及它们所嵌入的系统。例如，拉小提琴而不是唱歌，骑马而不是奔跑，写一封信或在电话里交谈而不是在听力范围内说话，使用药物而不是通过祈祷来对抗疾病。这些技术的发明和它们的应用都是人类聪明才智的结果。技术的历史就是人类不断提高对自然控制能力的过程，从石器时代的手斧到现在的核弹，从独木舟到超级油轮，从园艺到基因工程。

随着技术的发展变化，替代老技术的新技术通常被认为是“更优越”（superior）的。我们所定义的“优越”指的是，技术给它的主人带来了比没有这些技术的人更强大的凌驾自然的能力。例如，能够更快地旅行、更深入地交流、更长寿、更健康地生活，或者更高效地杀戮。但这种“优越”是工具性的，也就是说，它能让你做得更多。这与道德优越是不同的。我们必须小心，不要把这两种“优越”混为一谈。

我们要把技术创新与西方文明联系起来。然而在人类历史的进程中，西方相对其他文明的技术优势是一个晚近才发生的现象。直
4 到 15 世纪，站在世界技术前沿的仍是中国人和阿拉伯人。直到 15 世纪中叶西欧才开始突然加速。西方的创新精神有两个来源。一个是通过实验、科学研究和资本的回报来鼓励控制、支配自然的文化。另一个是西方世界的竞争本性，在这个世界里，能力足够挑战其他各国的国家——西班牙、法国、英国、德国、俄国、美国——轮番上阵去争夺欧洲的控制权。在欧洲文明里，国家还不是竞争元素的全部，银行家之间、商人之间也是相互竞争并鼓动国王或国家之间

进行相互竞争的。而那些没有根基的冒险家则寻求通过一些英雄事迹来扬名立万、获取财富。[5]

技术水平的分布从来都不是均匀的。这种不平衡的分布能够让（但从不强迫）拥有一项特定技术的人自由选择是将其与他人分享，还是保留给自己，或者作为对付他人的工具。有些技术造福于人类，使得掌握这些技术的人可以比其他人享受更长久、更健康、更舒适、更刺激的生活。有些技术如武器、监视的手段和组织系统则被用于胁迫或恐吓他人。这种不平等的确让一些人相比另一些人更有优势。用哲学家利昂·卡斯（Leon Kass）的话说：“我们所说的‘人类凌驾自然的力量’，其真实含义是一些人以对自然知识的掌握作为工具而凌驾于另一些人之上的力量。”[6]正是这种知识上的差异——再经由一些机构如大学、政府、组织将这些知识转化为实际的应用——导致了这种与技术变化相关的力量差异。

没有一种技术会强迫人们使用它，然而任何一种新形式的凌驾自然的力量，都会产生强大的诱惑力。确实有一些国家或领导人在面对一项众所周知的新技术时选择了转身离开，例如自 1945 年以来拥核国一直在避免使用核武器。但更为通常的情况是，国家与那些个人一样，都会屈从于诱惑。一旦有可能，例如把人类送上月球，或者让一个脑死亡的人继续活着，人们很容易就会那样去做。类似地，人们也很容易利用自己手中的技术优势来强迫别人也参与 5
其中。在绝大多数国家里，这种力量的差异会体现在警察机构中。在国家之间，则表现为不平等的经济或军事力量，甚或战争。当一个强大的国家使用武力或武力威胁将其意志强加于弱势的国家，特别是这个弱势国家还属于另一种类型的文化时，我们就将其称为帝国主义。

技术革新是怎样与西方帝国主义联系起来的呢？历史学家迈克尔·阿达斯（Michael Adas）认为，其中一种联系就是西方的傲慢，以为自己的技术优势证明了其在宗教、文化甚至种族上的优越。[7]另一种联系则是对征服和控制其他民族的渴望，技术优势本身就构成了帝国主义的动机之一。当弱势国家没有达到强权国家的期望时，例如信奉了不同的宗教、对待人民的方式触犯了强权国家的规则、威胁到邻国或者占据了有价值的资源等，这种胁迫的诱惑就会尤其强烈。

历史学家卡洛·奇波拉（Carlo Cipolla）和杰弗里·帕克（Geoffrey Parker）的研究表明，从 15 世纪到 18 世纪，欧洲在船舶和枪支方面已经具备了相对于其他地区的技术优势。[8]我在《帝国的工具》中也指出，19 世纪的关键技术是汽船、轮船、步枪、奎宁药和电报，所有这些都是工业革命的产物。20 世纪见证了许多技术进步，其中最引人注目的是飞机。毫不奇怪，这些技术创新的时期与西方的扩张时代相对应。西方社会的竞争本性既是技术创新的动力，又是帝国主义的动力。

不过，要完整地研究技术与帝国主义之间的关系，我们还必须考虑另外两个因素。首先是帝国主义探险者所到之处的环境。自然环境是极其多样的，它对历史事件的影响也是如此。西方帝国主义受环境力量的牵制并不小于其遭遇的当地人的牵制。在某些情况下，环境因素极大地帮助了征服者，西班牙人带到美洲的传染病就

是最著名的例子。而在另外一些情况下，例如非洲的传染病环境，6
就成了征服者的障碍。但我们说环境影响了历史事件，并不意味着像贾雷德·戴蒙德（Jared Diamond）等人所断言的那样，认为地理决定了历史，而只是说环境对人们的技术创新能力提出了挑战。[9]

其次，尽管在我们所研究的时段内，绝大多数的技术创新都起源于西方，但并不能推论出其他文明就只是被动的受害者。诚然，有些社会屈服于西方的征服和统治；另一些则试图效仿西方，有的成功了，如日本，但更多的是失败的，如 19 世纪早期的埃及；然而还有一些——也是最有趣的——则依靠本土的或简单的技术找到了抵抗西方压力的办法，由此而出现了一些非对称性的冲突。凌驾于自然的力量或许是永恒的，但凌驾于人民的力量往往是短暂的。

本书的目标与结构

本书的目标是分析从 15 世纪至今，技术在西方社会的全球扩张中所扮演的角色。为了解释这个角色，我们必须考虑三个因素：第一是为征服特定的自然环境而采用的技术手段，换句话说，也就是凌驾自然的力量；第二是让西方列强能够占领或控制非西方社会的技术革新；第三是非西方社会在面对西方社会的压力时在技术及其他方面所做的回应。简言之，本书旨在描述过去五百多年西方帝国主义在技术、环境和政治方面的历史。

欧洲扩张的第一阶段始于 15 世纪，当时的基督教欧洲虽然充满活力并在人口上有所增长，却在东部和南部为强大而敌对的伊斯兰国家所包围。为了绕开强邻在大陆和邻近海域的限制，一些敢于冒险的欧洲人将目光转向了广阔的大洋。但大洋是一个危险的环
7 境。因此第一章“发现大洋（1779 年以前）”叙述了欧洲人如何通过造船和航海技术控制了大西洋、印度洋和太平洋。

他们的目标并非探险，而是要实现军事、商业和宗教上的统治。第二章“东方海洋帝国（1497—1700）”讨论了自葡萄牙人在印度洋开始，欧洲人在建立海洋帝国时用到的新的海洋军事技术。在开阔的洋面上，欧洲殖民者几乎没有遇到什么抵抗的力量，也没有遭遇多少其他类型的船只。然而在沿海的浅水域和狭窄的海域，环境和技术两方面都出现了障碍。在这些地方，他们遇到了顽强的抵抗，多次在奥斯曼帝国、中国和海湾阿拉伯国家面前受到严重的挫折。

正当葡萄牙试图统治印度洋及其通道的同时，西班牙人则在美洲大陆上推进着征服原住民的活动。这个故事当然已经得到过学术界的大量关注，因此第三章“马、传染病和美洲的征服（1492—1849）”就主要集中于探讨那些来到西半球的新技术所扮演的角色，尤其是在征服战争中马匹以及钢制武器所扮演的角色。本章还强调了西班牙人引入新大陆的传染病的重要性。不过也将这些殖民者的胜利与另一个不那么著名的故事进行了比较，即某些印第安部落的成功抵抗，令欧洲人的扩张止步于南、北美洲的大草原。

第四章“旧帝国主义的扩张极限（1859 年之前的非洲和亚洲）”将故事带向了东半球，关注了两个比较反常的现象。一是葡萄牙人

未能在非洲复制西班牙人在美洲的胜利，另一个同样令人吃惊的是
英国对印度的成功征服。在这两个例子中，我们发现对技术因素的
分析并不足以解释其原因。在非洲，更好的解释因素是传染病环
境；而在印度，战术和组织能力比武器更为重要。不过到 19 世纪
初时，欧洲殖民者以其武器、战术和组织为基础的优势已经到达了
它的极限，表现为英国在阿富汗的溃败、法国对阿尔及利亚代价高 8
昂的征服以及欧洲人多次尝试入侵撒哈拉以南非洲却均以失败而
告终。

就在欧洲人似乎已经达到了其征服其他民族的能力极限之际，他们却获得了冲破阻碍、继续前进的新途径。19 世纪早期，我们进入了第二个阶段，这个时代的标志是工业革命的技术革新和启蒙运动以来的科学进步。西方的工业化在两个方面对世界其他地区产生了影响：一是对其产品的需求，二是征服和殖民的手段。在需求方面，工业化刺激了对原材料和异域产品的贪欲。与此同时，工业化也为西方国家提供了新的技术手段，帮助其扩大势力范围，将其意愿强加于非西方国家，以获得这些必需品和实现帝国缔造者的其他目标。接下来的三章对 19 世纪新帝国主义最重要的三个技术和科学上的突破进行了考察：汽船、医疗技术和枪械。这三章与《帝国的工具》中的很多内容重合，但更为详细，并将讨论的范围扩展到了美洲。

将蒸汽动力应用到船只上实现了水上的技术突破。如此一来，蒸汽动力的炮艇就能进入之前对其封闭的浅海和河流了。汽船航行的发展及其对西方与非西方之间关系的影响是第五章“汽船帝国主

义（1807—1898）”的主题。

四个世纪以来，非洲因其传染病（尤其是疟疾）高发的环境而在欧洲人面前竖起了高墙。在第六章“健康、医药与新帝国主义（1830—1914）”中，我们对医学进步让欧洲人成功渗透进入非洲的过程进行了回顾，同时也涉及了疾病、医药和公共卫生在世界其他地方所承担的角色。

在 19 世纪，欧洲人及其后裔实现了对此前无法进入的地区的最为迅速的扩张。这一进程以“争夺非洲”（Scramble for Africa）、“西方的胜利”（Winning of the West）或“征服荒漠”（la Conquis-
9 ta del Desierto）等各种名称而广为人知。而使得这种扩张不仅成为可能，而且得以如此低成本、容易和迅速实现的因素，则是工业革命、欧洲人与美国人之间的竞争及战争所产生的副产品——武器的革新。这一革新及其对非西方世界所造成的后果构成了第七章“武器与殖民战争（1830—1914）”的主题。

当时间进入 19 世纪、20 世纪之交，全球关系进入了一个新阶段，非西方国家的人民开始获得先进的武器，并学习到欧洲人之前所成功施行的战术。因此，当旧方法不再有效时，美国人和欧洲人创造了一种全新的技术——航空，为他们夺回在地面上失去的优势。第八章“制空时代（1911—1936）”即着眼于第二次世界大战之前飞机在意大利、美国、英国和西班牙等各种帝国探险行动中产生的影响。

第二次世界大战之后，虽然技术进步神速，那些拥有最先进技术的地区却不再有能力统治那些技术落后的地区了。尽管法国和美国在空中力量方面占据了主导地位，抵抗组织却在山区、森林、湿地和城市中击败了它们。这就是第九章的主题：“制空时代的衰落（1946—2007）”。

最后我们将以一个悖论结束全书内容：更先进的技术所带来的凌驾于自然之上的更强大的力量并不一定能转化为控制技术落后的人民的能力，尽管人们追求更先进的技术并希望以此来对抗其他民族的热情从未有过丝毫减退。

注　释

1　D. K. Fieldhouse, *Economics and Empire* (Ithaca: Cornell University Press, 1973), p. 3.

2　很多学者对帝国主义者的动机进行过研究，例如：J. A. 霍布森 (J. A. Hobson)，罗纳德·鲁宾逊和约翰·加拉格尔 (Ronald Robinson & John Gallagher)，弗拉基米尔·列宁 (Vladimir Lenin)，亨利·不伦瑞克 (Henri Brunschwig)，汉斯-乌尔里克·韦勒 (Hans-Ulrich Wehler)，戴维·兰德斯 (David Landes)，汉娜·阿伦特 (Hannah Arendt)，卡尔顿·J. H. 哈耶斯 (Carleton J. H. Hayes)，威廉·朗格尔 (William Langer)，熊彼特 (Joseph Schumpeter)，杰弗里·巴勒克拉夫 (Geoffrey Barraclough)，D. K. 菲尔德豪斯 (D. K. Fieldhouse)。

3　例如，菲尔德豪斯 (Fieldhouse, *Economics and Empire*, pp. 460－461) 就曾提出疑问："为什么帝国主义最关键的时期发生在1880年以后的三十年?"

4　Daniel R. Headrick, *The Tools of Empire: Technology and European Imperialism in the Nineteenth Century* (New York: Oxford University Press, 1981).

5　费莉佩·费尔南德斯-阿梅斯托 (Felipe Fernández-Armesto) 曾解释15和16世纪欧洲的突然性扩张。参见：*Pathfinders: A Global History of Exploration* (New York: Norton, 2006), pp. 144－145.

6　Leon Kass, "The New Biology: What Price Relieving Man's Estate?" *Science*, 174 (November 19, 1971), p. 782.

7　Michael Adas, *Machines as the Measure of Men: Science, Technology, and Ideologies of Western Dominance* (Ithaca: Cornell University Press, 1989).

8　Carlo Cipolla, *Guns, Sails, and Empires: Technological Innovation and the Early Phases of European Expansion*, *1400–1700* (New York: Random House, 1965); Geoffrey Parker, *The Military Revolution: Military Innovation and the Rise of the West*, *1500–1800*, 2nd ed. (Cambridge: Cambridge University Press, 1996).

9 地理决定论的一部广为人知的经典著作是《枪炮、病菌与钢铁》，见：Jared M. Diamond, *Guns*, *Germs*, *and Steel*: *The Fates of Human Societies* (New York: Norton, 1997).

目　　录

第一章　发现大洋（1779年以前）

1522年9月8日，一艘名叫维多利亚号的小船停泊在西班牙塞 11
维利亚的港口。第二天，船上的18名筋疲力尽、满身泥污、只着衬衫遮体的船员，手持着长长的蜡烛，光着脚来到了维多利亚圣母教堂，为他们的安全返回而感恩不止。他们的这次旅行，就是人类历史上的首次环球航行，他们的成功返航则是人类长久以来试图征服海洋之路上的一座里程碑。

几个世纪以来，有野心爱冒险的欧洲人不断寻求各种方法走出他们所处的逼仄受限的次大陆。关于黄金之地几内亚、神秘岛屿安提列亚、祭司王约翰的基督教王国以及马可·波罗笔下大汗帝国等神秘大陆的传言不断引诱他们去做着征服、名望和财富的美梦。然而他们往南受到阿拉伯人的阻挡，往东又为土耳其人所阻，这些敌对的伊斯兰国家横亘在他们与遥远世界之间。作为早期冲破地中海东部的尝试，“十字军”战争也已经失败了，于是走出去的路只剩下了一条：欧洲海岸以外广阔的北大西洋。本章我们将重新梳理这些航海家和航船的故事，以及他们用以掌握这个全新的、广阔的、危险的环境所需要的地理和航海知识。至于他们在此期间与其他族群的相遇则留给后面的章节。

五大航海传统

在 16 世纪之前很久，人类就已经开始了海上航行。世界各地的沿海居民都建造了自己的船，并发展出了适合其所处的特定海洋环境的航行技术。一些大胆的水手甚至能一次出海就在陆地看不到
12 的海域待上几天甚至几周。在这漫长的时间里，先后出现了五个伟大的航海传统。[1]

在这些伟大的航海传统中，波利尼西亚人的航行无疑排在头名。18 世纪第一个完成整个太平洋勘测的欧洲人詹姆斯·库克船长，曾经这样评论波利尼西亚人：“这是一个极为奇特的民族，单一种族的人口可以如此分散地分布在太平洋星罗棋布的岛屿上，从新西兰直至复活节岛，其分布地域之广阔几乎达到了地球的四分之一周长。”[2]在库克到来之前 3 500 年，波利尼西亚人的祖先拉皮塔人就已经从俾斯麦群岛航行到了瓦努阿图和新喀里多尼亚，行程超过

1 000 英里①。公元前 1300 年之前他们已经到达了斐济，200 年后又到达了汤加和萨摩亚群岛。公元 1 世纪，他们来到了马克萨斯群岛和社会群岛，公元 5 世纪之前到达了距离俾斯麦群岛 6 000 英里以外的复活节岛，公元 8 世纪之前，已经定居在了夏威夷和新西兰。

太平洋的岛民们在一艘艘无篷的双体独木舟上征服着这片大洋。库克船长写道："据我们所知，他们坐在这些被称作 Proes 或 Pahee's 的独木舟上，在相距数百里格②的岛屿间航行。白天，他们通过太阳辨识方向，到了晚上则靠月亮和星星。"[3] 虽然船的构造简单，他们的航海技术却令人惊异。不依赖任何工具，仅仅根据日月星辰的位置以及对海洋低频长波的感知，他们就可以在看不见陆地的茫茫大海中航行数周时间。早在他们踏上一块陆地之前，就已经能通过仔细观察那些夜晚在陆上栖息、白天出海捕鱼的鸟的飞行路线来判断地平线以下那片陆地的存在。另外，他们还会观察云的颜色，如果一片云的下缘呈现绿色，则说明在它的下面会有陆地岛屿。[4]

然而，尽管波利尼西亚人的航行距离达到了三分之一的地球周长，他们的船只和经验却仅适用于热带地区。在接近赤道的地方，星辰起落都直跨头顶，而不像温带那样与地平线呈一定角度，这让星空观察更为可靠。[5] 在太平洋上，一年里大多数的时间信风都是由东往西吹，但与大西洋不同的是，它们会在 12 月和 1 月调转风向。因此，即使没有找到陆地，水手们也可以通过仔细计划出发的日期

① 1 英里约为 1.61 千米。——译者注

② 英国旧时的长度单位。1 里格合 3 英里或 4.83 千米。——译者注

13 来让信风带他们回家。[6]而这些技术在温带地区就失去了效用，而且水手们在寒冷的气候里也无法在无篷的小船上生存。另外，他们的小船虽然能胜任长距离的航行，却不能承载太多货物，当占据了所有从新西兰到夏威夷适合居住的岛屿之后，他们就失去了继续航行的动力。到 15 世纪时，他们的航行几乎只限定在本地，夏威夷、复活节岛、新西兰和查塔姆群岛等边远的岛屿就与波利尼西亚其他地区几乎隔绝了。

作为拥有繁忙贸易路线的大洋，印度洋的重要性显然远大于太平洋（第二个伟大的航海传统即印度洋的航行）。在赤道以北，规律性的季风有着固定的周期。从 11 月至来年 4 月，当亚洲大陆的气温下降，干冷的风从大陆向西南吹向印度洋。而自 6 月至 11 月，大陆升温导致空气受热抬升，吸引洋面潮湿的空气北上补充，带来季风性的降雨。这种规律性的转换使航行变得可以预期而且相对安全。赤道以南的情况则大为不同，在这一区域，信风风向是自东向西的，但由于风暴较多，船只大多尽量避开这里。

阿拉伯半岛与印度之间的航行往来已有数千年的历史。早在 15 世纪之前，来自波斯、阿拉伯半岛和印度西北部古吉拉特邦的海员们就穿行在印度洋上，甚至远至中国和朝鲜。他们的船叫作单桅三角帆船，是一种为在印度洋航行而特制的船。[7]这种船用来自印度南部的柚木木板条条拼接，并用椰棕穿合固定，在完成的船壳内部还会嵌入肋材进一步加固。由于没有甲板，货物只能用棕榈叶或者皮革覆盖保护。这种船轻便灵活且造价不高，船员在海上也能自行修理，因此颇受青睐，至今仍在海上服务。船型则从小型的直到 200

吨的都有，但其坚固程度不足以再突破这个范围。[8]

这种船使用大三角帆，帆的一条边固定在一根长杆上，长杆中
间与桅杆顶端捆绑，与桅杆相交向前呈一个明显的角度。它可以灵
活调整以适应不同的风向。相较于横帆，装备三角帆的船可以逆风
航行。但由于帆杆比桅杆要长得多，每次转向时都必须先把它卸下 14
来，因此抢风调向或Z字形前进都是困难且危险的。[9]不过对于印
度、波斯和阿拉伯那些经验丰富、对季风早已无比熟稔的水手来说
并没有必要那样去做，他们只需耐心等待合适的风到来即可。[10]在海
上航行的时候，他们也和波利尼西亚人一样，依靠观察星空辨别方
向，正如《古兰经》所说："他为你们创造诸星，以便你们在陆地
和海洋的重重黑暗里借诸星而遵循正道。我为有知识的民众确已解
释一切迹象了。"[11]在赤道以北，单桅三角帆船灵活自如，而到了赤
道以南则完全是另一番景象，在桑给巴尔以南的东非海岸航行对它
们来说困难重重。这里的风更加强烈而不稳定，北极星也沉到地平
线以下，远过莫桑比克（南纬15度）的地方都被认为是危险而且
没有什么商业价值的。

13世纪早期，指南针成为水手们的工具。[12]他们还使用另一种名叫卡马尔（Kamal）的装置，这种工具将一段绳子系在一片木头的中间，使用时将木头一端对着地平线，另一端指向北极星，用牙齿咬住绳子的一头，再根据木板到脸之间的绳子长度，可以估算出星星在地平线以上的角度，进而得出他们所处的纬度。[13]航海日志也有助于船长和水手们更安全地航行，其中最著名的是写于公元1世纪的希腊文《厄立特里亚航海记》，还有艾哈迈德·伊本·马吉德

（Ahmed ibn Majid）于 1489—1490 年完成的《航海原则和规则实用信息手册》（*Kitab al-Fawa'id fi Usul 'llm al-Bahr wa'l-Qawa'id*），这本指南直到 19 世纪仍然对水手们很有用。[14]

在帆船航海的时代，风在很大程度上决定了贸易的模式。来自中国和东南亚的货船，与另一方向东非和中东地区的货船，都集中到印度南部的港口卸下货物，再满载着印度的货物等待季风变换启程返航。但商人们并不甘愿让自己的货船抛锚等待数月的时间，于是往来于东南亚和中东的胡椒香料商们开始沿航路建起他们的仓
15 库。这样，分段式前进的贸易形式取代了之前同一批货物由同一艘
船从头运到尾的方式。从此，印度南部马拉巴尔海岸的诸港口（尤其是卡利卡特）成了印度洋上重要的贸易中心。

中国和印度之间也是如此。自 15 世纪早期以来，马六甲就是马来沿岸主要的贸易中心，中国的货船与印度或阿拉伯的商船多在此进行贸易。在波斯湾入口则是霍尔木兹承担着相同的角色。在庞大的印度洋商贸网络中，霍尔木兹、卡利卡特、马六甲和其他一些次要的贸易港口成为其中重要的节点。自 8 世纪开始，由于印度教徒都不愿意出海航行，海上贸易渐渐为阿拉伯人所掌控。于是通过大量和平的贸易和商人们的努力劝诱，伊斯兰教在印度洋沿岸地区广泛传播开来。[15]陆上的局地性战争虽在这片地区时有发生，但在 1497 年之前，除了马来海域部分地区有海盗滋扰外，海上极少发生战争。

第三个伟大的航海传统来自中国。数千年以来，中国人一直在他们的沿海和近海海域航行，但直至宋朝（960—1279 年），中国与东南亚及印度洋的海上贸易主要是依靠外国商船进行的。[16] 1127

年之后，中国北方为金朝所占据，南宋的商人们开始转向长距离的商贸航行，定期派船前往东南亚、印度等地，最远还曾到达波斯湾和红海。当中国人加入长距离的商贸航行之后，连外国商人们都开始青睐中国的船只。

宋朝的海上航行主要由民间资本运行，因为那时当政者的主要精力都在北方边境。1271 年蒙古人建立元朝后，这种情况有所改变。忽必烈为了征服日本，曾下令造船 4 400 艘。[17] 1368 年取代元的明朝也建造了数千艘战舰和商船，15 世纪早期，靠近南京的龙江船厂曾雇用了两三万名工人。[18] 在这一时期，中国是全世界海军和海上贸易最强盛的国家。

中国海船不仅数量众多，体型也比印度洋上那些船要大得多， 16
也坚固得多。为了适应浅水，中国海船的船底是平的，船底中间还有一根支撑船身的龙骨，使船在海上航行时吃水很深。船舵设在艉部，舱壁由木板制成并用铁钉固定紧实，隔舱的缝隙间还会填上松脂和植物纤维以保证防水。3～12 根桅杆上挂着帆布或竹帘制成的船帆，足以应对强风。这种船能够搭载上千名船员和乘客，以及千吨以上的货物。[19]

直到 15 世纪晚期，中国人的航海水平在世界上都是遥遥领先的。和印度洋上的船只一样，中国海船也依靠季风航行，冬季向南，夏季向北。船长们的工具包括地图、星图等，他们还能通过星星与地平线的角度计算出自己所处的纬度。早在 11 世纪晚期他们
就已经开始使用指南针，比中东和欧洲早了一个世纪。[20] 诚如 12 世 17
纪早期这篇文献所说的："舟师识地理，夜则观星，昼则观日，阴

晦则观指南针。”[21]

1405 年，永乐皇帝朱棣派遣郑和率领一支由 317 条船、27 000 人组成的船队南下进入东南亚和印度洋。其中最大的船长度达到 400 英尺①，是哥伦布圣玛利亚号的 5 倍。这些“宝船”满载着丝绸、瓷器以及庆典用品和日常用品，作为贸易的货物和赠送给外国首领的礼品。除此之外，随行的还有战舰、运送士兵和马匹的船只、补给船和运水船。

在 15 世纪初，中国派遣同样规模的船队出海航行一共有七次。这些远航船队到达了越南、印度尼西亚、印度、锡兰（今斯里兰卡）、阿拉伯半岛南部和东非的几个港口。在所到之处，他们向当地赠送礼品，达成贸易协议，也推翻或抓捕了一些试图反抗的当地统治者。而在他们带回的物品中，除了常规货物，还有一些中国人以前从未见过的东西，例如放大镜，以及一头长颈鹿。1424 年朱棣去世后，远航即中断了数年，此后宣德皇帝朱瞻基重新启动了第七次也就是最后一次（1431—1433 年）的远洋航行，护送那些早年随船队来到中国的外国权贵回国。从此以后，明朝的对外贸易即被严格限制，船只不是任由腐坏就是被人为损毁。[22]

那么为什么会有这些非同寻常的远航呢？当朱棣登上王座的时候，中国无论在技术上还是经济上都已经拥有了建造世界最大船只的能力。但出航的动机却是私人的，并非为了攻城略地，朱棣决心用这些海船来与东南亚及印度洋建立贸易并与沿途各国确定朝贡关

① 1 英尺约为 0.3 米。——译者注

系，借此提升他的威望。因此对 15 世纪早期的中国来说，如果有意为之，其实早已能够远航至美洲甚至进行环球航行。历史小说家
们从这一点中提取了丰富的想象素材。[23]不过，对于一位一心只追求 18
已知世界对其本人敬仰的君主而言，未知的大洋和未发现的大陆实在没有什么吸引力。所以，中国人的航行也从未离开过西太平洋和印度洋。

那么，这些远航又为什么结束得如此突然呢？朱瞻基的决定是最重要的因素，另外还有政治、经济、战略等多方面的原因。在朝堂上，朱棣时代备受宠信的由太监、商人、佛教徒、穆斯林组成的联盟被儒家集团取代。连接长江、黄河并直抵北京的京杭大运河也终于在 1411 年疏浚治理后全线通航，数以千计的内河船只开始源源不断地从中部地区向首都运送漕粮，将整个中国绑定为一个封闭的经济区域，有着海盗和暴风雨等诸多风险的远洋航行也就不再被需要了。与此同时，北方边境上又一次遭遇了游牧部落的侵扰威胁，迫使朱瞻基将主要资源调往北方，重修长城并加防边境。耗资巨大的“宝船”被视为奢侈的象征，无法带来足够的收益以证明它的继续航行是值得的。[24]

第四大航海传统则产生于拥有悠久航行历史的地中海。在中世纪，两种截然不同的船穿行在这个海域。第一种是加莱船（Galley），演变自古希腊罗马时代的三列和四列桨座帆船。加莱船的特点是速度快、机动灵活，船身长而窄，使用横帆，顺风而行，由一排划桨手在辅助调节下划桨驱动。其中一些加莱船被设计成了战船，用来撞击和登陆敌船；另一些则用来运送乘客和香料等贵重货品。加莱

船一般需要 75～150 名划桨手，但能够携带的食品等补给只能维持几天的时间，且由于轻型的结构不足以抵抗狂风巨浪，这种船一般只在夏季出行。

至 14 世纪初，意大利的造船工匠们造出了巨型排桨帆船。这种船比传统加莱船大得多，用来运送朝圣者前往圣城耶路撒冷，或
19 者搭载乘客和贵重货品穿越地中海。夏季，来自威尼斯和热那亚的巨型排桨帆船最远能够到达英格兰的南安普敦或者比利时的布鲁日。依靠三根桅杆挂帆，船可以顺风而行，但仍然需要多达 200 名的船员来增加速度和机动性或者在逆风时航行。加莱船在 16 世纪逐渐为帆船所代替，但直至 18 世纪仍在地中海上作为战船使用。

第二种是较加莱船更大、更慢、更为笨重的圆船（Round Ship），主要用来运送大批量的货物。圆船和加莱船一样采用平铺拼接的方法建造，先打好框架，再将木板一块接一块拼接钉上。罗马时代的船通常只有一根桅杆，到了中世纪，建造者们开始加上第二根甚至第三根桅杆。这种船需要很少的船员就能维持日常的航行，因而比较便宜，但经常会为了等待顺风而在海港里停留很长时间。[25]

第五大航海传统来自西欧，时间也较晚。与地中海不同，北大西洋、北海和波罗的海即使在夏季温度也很低，并且经常会有危险的风暴。在 9—11 世纪，维京人是这些海域最大胆的航行者，他们不断地在欧洲沿海及内河骚扰抢劫。这些海盗使用的长船（Longboat），机动性甚至胜过地中海里用作战船的加莱船。其长度是宽度的 5～11 倍，吃水很浅，即使在河中也能像在海上那样列队前进。虽然也有一根较短的桅杆和一片较小的横帆，但其主要动力还

是来自孔武有力的船员们，他们同时也是身经百战的士兵。维京人用来运送货物的克诺尔（Knarr），拥有更宽的船体和中空的船舱，挂一张横帆，逆风时依靠划桨行船。[26]古代的北欧人就是利用这些船穿越大西洋的，他们为此牺牲了多少人，我们不得而知。

到了12世纪，北欧的港口贸易发展起来，这些贸易港所使用的柯克船（Cog）逐渐代替了上述两种维京船。柯克船体型较大，外观呈长筒形，长宽比大约为三比一，载货量可达300吨；不配备划桨手，行船全靠一张大横帆，因此当风向不是正对着船尾吹向船
头时操控会比较困难。这种船与长船一样采用叠接的方法建造，从 20
龙骨开始交叠铺设木板形成外板，完成之后再嵌入内部支撑部分。用这种方法造船相较于地中海和印度洋上普遍采用的平接法更加费料，但造成的船要坚固得多。柯克船在入水后远高于维京人的船，这就使得维京人登甲板抢劫的策略变得毫无用处；藏在艏艉楼内的弓箭手还能居高临下击退任何试图来犯的船。尽管粗陋笨拙，但柯克船仍然同时承担起了商船和战船的角色。[27]而12世纪晚期或13世纪引入的两项中国发明——船尾舵和指南针，更使其在阴雨和风浪天气也能应付自如。[28]

葡萄牙人与海洋

在葡萄牙这个地中海与北大西洋航海系统的交叉点上，多个航海传统的结合催生了全新的航海技术以及能够适应所有大洋航行的

新型船只。

乍一看去，葡萄牙并不像是一个能建立起世界上第一个海洋帝国的国家。它是一个很小的王国，15 世纪时人口才刚刚过百万，主要从事农业和捕鱼业，几乎没有什么自然资源，国力根本无法与富庶的城邦国家意大利或者那些大的王国如法国、英国相比。此外，它还得经常应付与强邻卡斯蒂利亚王国以及北非伊斯兰国家之间的战争。尽管如此，这个地处欧洲西南隅的小国却成功地在一个世纪的时间里称霸全球，并为那些后来国家铺平了通往全世界的道路。

葡萄牙人并非是首次发现印度、阿拉伯半岛或东亚的人，他们的航行只是进一步确认了手头已经掌握的那些来自旅行者们的报告信息。他们真正的贡献在于探索海洋本身以及穿越这些海洋的方法。这个堪比发现新大陆的成就并非得之偶然，而是在一次次的尝试和失败之后才最终获得的。

15 世纪中期，几大因素同时促成了这个小王国的崛起。首先是葡萄牙基督徒对穆斯林年深日久的敌意，在穆斯林被赶出葡萄牙
21 很多年之后仍然渴望着去击溃他们。另一个体量相当的动力则来自欧洲人对黄金和香料的疯狂追求，促使葡萄牙人出发去寻找它们的来源地。不过，光有动机还不足以促成行动，还需要有实现目标的方法和途径，这就是造船和航海。葡萄牙人在这两项技术上曾领先世界半个世纪。而将动机与技术最终结合在一起的，则是“航海家亨利”（Henry the Navigator）非凡的个人意志。

亨利（1394—1460）是葡萄牙国王若昂一世的儿子，1415 年

还参与了攻克北非城市休达的战役。他后来所继承的基督骑士团资助了他的航海行动，这不仅是为了打击穆斯林，也是为了找寻前往加纳王国——1375年的《加泰罗尼亚地图集》里所描绘的黄金遍地的地方——的途径，以及那个传说中神秘的、伊斯兰世界之外的基督教国家“普莱斯特·约翰王国”（即祭司王约翰之国）。[29]在葡萄牙同时也是欧洲最西南端的地方萨格里什，亨利建立了他的航海基地，网罗了众多地理和天文学家、冒险家以及潦倒的贵族。[30]这个基地的任务主要有三个：训练船员、派遣探险船队前往非洲沿海、搜集用于探险活动的天文和海洋资料。

亨利的航海行动始于1419年。起初，无论是船只的装配还是船员的技术都远远达不到相应的水准，首次的尝试无功而返。人们仍然对1291年维瓦尔第兄弟率领桨帆船队前往大西洋却从此音讯杳无的事记忆犹新。[31]葡萄牙人这一次前往非洲探险乘坐的船是一种无篷或半敞开式的巴卡船（Barca或Barinele），排水量25～30吨，75英尺长，16英尺宽，适合近海贸易和打鱼却并不适合远洋航行。这种船配备8～14名船员，一般有1～2根桅杆，上挂横帆，并配有桨以备逆风时航行。与古代的希腊水手们一样，他们也是沿着海岸线白天航行夜间抛锚。

在通过了敌对国家摩洛哥之后，葡萄牙的水手们来到了撒哈拉
沙漠沿岸。这里人迹罕至，没有饮水也没有食物。在信风的帮助 22
下，向南航行是比较容易的，而返航则困难重重，要贴着海岸线缓慢行进，对于海陆冷热差引起的、夜晚吹向海洋白天吹向大陆的海陆风，只能时而相抗时而借力。亨利以几乎每年派遣一艘船的频率

持续了 15 年之后，他的船员们却最远也没有越过距离葡萄牙不到 1 000 英里的博哈多尔角。[32]葡萄牙著名的编年史学家戈梅斯·埃亚内斯·德祖拉拉是这样解释个中原因的：

> 海员们说，博哈多尔角以远的地区根本没有人烟，其荒凉堪比利比亚的沙漠，没有水，没有树也没有草；海水极其浅，离海岸一里格外的海水也没有一英寻（6 英尺）深。强劲的洋流使得任何越过它的船都永远没有再回来。这也是他们的前任们从未敢越过这里的原因。[33]

而与此同时，其他探险者们向西航行并于 1427—1431 年发现了亚速尔群岛。在这位于北纬 40 度附近、气象上称为西风带的地区，风从海上吹向大陆，为里斯本以北的欧洲带来丰沛的降水。与平稳而可靠的信风不同，西风变化多端且经常伴随着暴风雨。尽管如此，他们还是找到了一种相较于纠缠在非洲海岸快捷得多的回程方法。这一利用北大西洋环流快速返航航线的发现，开启了航海历史的新篇章。[34]

最终在 1434 年，吉尔·埃阿尼什（Gil Eannes）用一条巴卡船越过了博哈多尔角。从此之后，亨利的海员们越发大胆而快速地向南探索非洲的海岸。1445 年，迪尼什·迪亚士（Dinís Dias）绕过了非洲最西端的佛得角。十年之后，威尼斯人阿尔维斯·达卡达莫斯托（Alvise da Cadamosto）发现了佛得角群岛和冈比亚河。到亨利去世的 1460 年，葡萄牙商船已经开始与几内亚发展贸易了，用布匹、铁制品交换胡椒、黄金和奴隶。探险活动终于带来了有利可图的商业活动。

然而，来往几内亚需要航行数月，巴卡船也不适合做这一用途。而驾驶着北欧柯克船或地中海圆船沿着不熟悉的海岸或在不合适的风况下航行对水手们来说又非常困难。新型卡拉维尔帆船的出现为远洋探险打开了道路。

当时在葡萄牙港口停泊的既有北大西洋的船只，也有地中海的船只。葡萄牙人吸取两方的优点造出了卡拉维尔帆船。早在 1430 23
年代之前，葡萄牙人就已经开始用平接法造船，在船体同样坚固的前提下比北欧的叠接法省料很多。这种船的长宽比介于地中海加莱船和北欧柯克船之间，约三比一到四比一。和柯克船一样不用桨，完全靠风航行。它有全封闭的甲板、艉楼和尾舵。第一代的卡拉维尔帆船排水量有 50～70 吨，随后逐渐增加，最大的达 150 吨，一般则在 100 吨左右。[35]

卡拉维尔帆船的动力装置设计也来自北欧和地中海的结合。第一代卡拉维尔帆船有两根桅杆，挂大三角帆，这样便于逆风行驶以及在靠近岸边时操控。随后在 15 世纪，工匠们给卡拉维尔帆船加上了第三根桅杆，这样船长们就有了多种选择。比如全部挂起三角帆时船就变成了多桅三角帆船（Caravela Latina），以便于沿海航行；或者主桅和前桅挂起横帆，后桅挂起三角帆变成多桅横帆船（Caravela Redonda），以便在顺风航行时获得更快的速度。这种结合使得船的可操控性和速度大大增加，可以逆风行驶，可以携带维持 20～25 名船员在海上生活一个月的淡水和四个月的食品。自 1440 年代至 15 世纪末，在大西洋的航行探险中只有卡拉维尔帆船是安全、适航的。达卡达莫斯托称它们为“水上最好的航船”。[36]

卡拉维尔帆船集合了众多优点，但也有一个明显的短处：在长途旅行时船上十分拥挤不适。船员们都睡在甲板上，日常饮食包括饼干、奶酪、大米、豆类、腌肉或咸鱼。每名船员每天配给1夸脱水和1.5品脱酒。① 食物很快就会腐坏，水果和蔬菜总是最先被消耗掉，接下来的数周则会给虚弱的船员带来坏血病（维生素C缺乏症）的威胁。要在长距离或沿着荒凉的撒哈拉沿岸航行时携带足够
24 的淡水是非常困难的，人们采取了改良装水的木桶以及添加醋来杀菌的办法。[37]从船长们的角度来看，卡拉维尔帆船还有一点缺憾是更为严重的，那就是它太小了，无法装载任何大批量的货物，这显然是不适合远洋贸易的。当船的方向与风向呈一定角度时，三角帆虽然有助于行驶，但它的操控比起顺风时使用的横帆的操控要困难多了。因此当海员们掌握了如何远洋航行以及定位有益风向时，他们就更青睐那些装配横帆的更大的船了。

因此到了15世纪晚期，工匠们开始设计制造排水量100～400吨、比卡拉维尔帆船船体更宽更大的克拉克帆船（Carrack）或称拿乌船（Nau）。[38]船的外形更接近柯克船而非卡拉维尔帆船；由于
25 主要作为货船使用，其船体很宽，船舱很深。克拉克帆船都有三根桅杆，主桅和前桅挂横帆（有时顶帆也是横帆），为了让船更为灵活，后桅挂三角帆。有的船首还有斜桅，上挂斜杠帆。哥伦布的圣玛利亚号就是这样一艘克拉克帆船。16世纪航海家们的船队中一般会混合着卡拉维尔和克拉克两种帆船。[39]

① 1夸脱=2品脱，约为1.14升。——译者注

至1470年，葡萄牙船只已经到达了几内亚湾内、紧邻赤道的费尔南多波岛和圣多美。在这一区域，赤道低压带给陆地丰沛的降水，却在海上给船员带来了致命的危险：进入赤道无风带，意味着一连数周船帆都会软弱无力地垂挂，船只只能滞留在海上经受太阳的炙烤。

探险活动仍在推进。1482—1484年，迪奥戈·康（Diogo Cão）
进入了刚果河口。1487年，巴尔托洛梅乌·迪亚士（Bartholomeu
Dias）带领两艘卡拉维尔帆船和一艘补给船沿着非洲海岸继续南
下。经过刚果河口后，船只不得不与北向的本格拉海流以及东南信
风周旋，这让航行变得费力而漫长。在越过了荒凉的纳米比亚吕德 26
里茨湾后，他留下了补给船，出发去寻找合适的风向。他找到了南
半球西风带，也称咆哮西风带，带领他的两条卡拉维尔帆船向东越
过了非洲的最南端。之后他们北上停泊在了莫塞尔湾，这里已经属
于印度洋沿岸了。他们自那里向西返航，并在莫塞尔湾以西250英
里的风暴角（后来改名好望角）做短暂停留。[40]

当迪亚士回到葡萄牙时，他带去了两条至关重要的信息。一是他找到了一条绕过非洲到达印度洋的路线，这是航海家亨利长久以来的梦想。二是南半球西风带正处于好望角的纬度。通往印度的大门已经打开。[41]

有了这些信息，1497年7月8日，达·伽马（Vasco da Gama）率领一支由四艘船组成的船队出发前往印度。其中的两艘——圣加布里埃尔号和圣拉斐尔号，是在迪亚士的监督下建造的三桅横帆拿乌船，排水量达100～120吨，比迪亚士自己的卡拉维尔帆船要大

很多，目的在于装载更多的货物并更好地抗击风浪。还有一艘是名为贝里奥的卡拉维尔帆船，另外一艘是补给船。[42]

但这距离迪亚士回到葡萄牙已经过去了十年。史学家们始终为这一时滞而感到困惑。或许国王若昂二世对承担可能的损失有所犹豫，于是进一步的探险活动不得不等待其继任者的决定，那就是26岁、富于热情的、绰号“幸运儿”的曼努埃尔一世，1495—1521年统治葡萄牙。据说若昂二世在听说哥伦布打算向西航行去寻找印度的计划之后，派遣船队去进一步调查了那条神秘的绕过非洲之路。正如史学家J. H. 帕里（J. H. Parry）所述：“尽管证据还不足，但有理由认为那暂时中断的十年是用来搜集大西洋中部和南部风系信息的，而有关搜集信息的船只和航海历程的资料并未得以保存下来。”[43]

不知是基于更多的信息抑或只是幸运的猜测，达·伽马没有选择跟随迪亚士的路线。开始的路段他和其他航海者选择的路线一
27 样，朝着几内亚湾的方向，顺着东北信风来到了佛得角。在那里，他舍弃了常规路线，离开非洲海岸径直向南越过赤道，然后与东南信风呈一定角度折向西南方向，绕开海岸附近困扰迪亚士的本格拉海流和风，到了南纬30度左右再折向东，到达非洲南部位于好望角以北130英里的圣海伦娜湾。这段从佛得角到非洲南部的旅程走了将近三个月，在此之前还从来没有人能在陆地视线以外的地方持续航行这么长的时间。达·伽马向西的那段航行还意外地发现了南大西洋信风带，由于风向的角度，它们看起来正好是赤道以北信风带的镜像。[44]

绕过非洲南部进入印度洋并北上抗击莫桑比克海流，对于达·伽马那几艘小海船来说无疑是个艰巨的任务。1498年3月他们到达

了马林迪港，在这里达·伽马幸运地招募到一位优秀的领航员，带领船队只用了 27 天时间就穿过阿拉伯海到达了印度。一些历史学者认定这位领航员就是那位著名的阿拉伯航海家艾哈迈德·伊本·马吉德，但这只是个想象，因为葡萄牙的文献中没有提到他的名字，只说他是一个古吉拉特人，而非阿拉伯人。[45] 1498 年 5 月，达·伽马到达了印度南部最大的港口卡利卡特。

在卡利卡特及周边逗留了三个月后，他们离开了印度。返航的过程充满了艰辛。由于出发太晚错过了季风，船队与海风周旋了三个月才到达非洲东海岸。这段旅程中他的很多船员因坏血病而死亡，达·伽马不得不舍弃圣拉斐尔号，将其付之一炬。由于熟悉风向，绕过好望角之后的旅程就相对轻松了，1499 年七八月间，船队终于回到了里斯本。

航　海　术

无论多么适航，仅凭借船只都是无法出海勘测的。船员们需要时刻清楚他们身在何处、如何返航。这是一项比造船更为艰巨的工作。虽然卡拉维尔帆船和克拉克帆船都是由熟悉海洋的工匠们设计
制造的，但航海技术真正的发展必须依赖于系统性日积月累的不断 28
试验和计算。一场科学革命正在慢慢改变着整个世界，而海洋勘测正是葡萄牙人对科学革命的贡献。

当海员们进入一片未知的水域时，首先需要有一套设备告诉他

们目前正在向哪个方向行驶。指南针使得船能够在冬季阴云密布的天气中继续航行。到 14 世纪，工匠们改进了指南针的设计：在一个圆盒底部贴上一张由圆心向周围发散的 360 度刻度的方向指示，圆心固定一根磁针。[46]

为了确定纬度，了解船向南或向北走了多远，海员们采用的方法是估算北极星与地平线的角度。1454 年离开冈比亚河口时，达卡达莫斯托注意到北极星在“地平线以上长矛三分之一的高度”。接下来的一年里，一些航海家开始使用象限仪来确定纬度。象限仪是四分之一个圆，曲边上有从 0 到 90 度的刻度，一条直边上有两个小孔，并有一根铅垂线固定在两条直边的交点。使用时将小孔对准北极星，读出铅垂线指向的曲边上的度数，就可以知道北极星与地平线的角度。纬度 1 度在地表的距离大约是 16 又 2/3 里格——后来改成 17 里格——以此推算，海员们就能知道他们已经在里斯本以南多远了。[47]

象限仪虽然比纯粹目测进步了很多，但也有严重的缺陷。当船因海浪摇摆时，铅垂线也跟着摇摆，象限仪即无法使用。另外，当船接近赤道时，北极星下沉得更低，直至纬度小于 5 度时完全沉入地平线，这时象限仪也无法使用了。当他们进入南半球后，发现这里的星空是他们从未见过的，南十字星座虽然很接近但并不在地球的旋转轴上，因此无法像北极星那样胜任指引方向的工作。

用来弥补这些缺陷的新仪器叫作星盘（Astrolabe），它由一个吊环和圆形的表盘组成。一根名叫照准仪的金属棒以盘心为轴旋
29 转，将照准仪任一端上的小孔对准太阳，光线穿过小孔指向下方，

于是太阳与地平线的角度就能从表盘上读取到。16世纪以前，没有星盘的帮助，航船是无法准确判定纬度位置的。

进入16世纪后，海员们的星盘逐渐为直角器（Cross-staff）所代替。这个简单的仪器是从印度洋水手使用的卡马尔演化而来的，它有一条长木板，一端与另一条短木板垂直呈直角并可以在上面滑动。使用时观测者将长木板的自由一端靠近眼睛，上下移动调整短木板直至看起来一头触到地平线而另一头触到太阳。此时可以根据长木板一端在短木板上的位置度数来估算出太阳的高度。这项工作通常在正午太阳处于天顶的时候完成。

单单使用这一个工具是不足以确认纬度的，因为太阳高度不仅受纬度影响，还受季节影响。因此还需要配备一张参考表格，给出一年中每天太阳高度倾角或天顶角的数据。这不是工匠可以解决的，还需要数学家和天文学家的努力。[48]

随着葡萄牙船只向南对大西洋的不断深入，这个问题变得越来越迫切。1484年，若昂二世召集了一个由天文学家和宇宙学家组成的委员会，旨在寻求一个通过观察太阳确定纬度的最好方法。其中有一位来自萨拉曼卡的犹太天文学家亚伯拉罕·扎库特（Abraham Zacuto），基于倭马亚王朝时期阿拉伯天文学家们的研究，在他的著作《天文年鉴》（*Almanach Perpetuum*）中列出了太阳倾角的数据。在扎库特和来自柯尼斯堡的约翰尼斯·米勒（Johannes Müller）工作的基础上，委员会制作了一套简化的拉丁文太阳倾角表，可以为受过教育的海员所用。1485年，另一位犹太天文学家约瑟夫·维齐尼奥（Joseph Vizinho）远行到了几内亚湾，检测这些表格。这一直被作为葡萄牙的国家机密，直到 1509 年《星盘与象限仪的使用》（*Regimento do astrolabio e do quadrante*）航海手册出版时才被公之于众。[49]对任何一位海员来说，他能够在南北半球的任一海面上确定自己的纬度，都应该要感谢这些 15 世纪晚期的
30 天文学家。而要在海上确定经度则还要等到 18 世纪。

虽然有了这些成就，但绝大部分海员对天文航海知识即使不是一无所知，也是知之甚少的。葡萄牙数学家和宇宙学家佩德罗·努内斯（Pedro Nunes）在 16 世纪中期就曾抱怨：

> 我们为什么要忍受这些水手，忍受他们糟糕的语言和粗鲁的举止？他们对日月星辰一无所知，对它们的轨迹、运行、如何倾斜、如何升起落下、如何与地平线形成夹角等毫无概念，不知道什么是闰年，什么是春分秋分、夏至冬至，更别提什么纬度、经度、星盘、象限仪、直角器和钟表了。[50]

对甚至包括哥伦布在内的大部分海员而言，相较于这些天文航海仪器和航海日志，他们更倚重的是航迹推算法（Dead Reckoning）。为了确定自己的位置，一位船长需要做三件事：用指南针确定航向，用船经过一片海上漂浮物的时间确定船的速度，用沙漏确定时间。不过这种方法在遇到云、雾等糟糕天气或者洋流时就会不太精确，当船逆风航行时计算就更为复杂并且更容易出错。事实上，由于航迹推算法的不确定性太大，大部分船长在实际航行时还会遵循纬度航行法，即出发之后先向北或向南到达目的地所在的纬度，然后沿着这一纬线再向东或向西航行即可到达目的地。早先的波利尼西亚人就是用的这一方法。[51]当然，商船如果在那些成熟的纬

度航线上航行的话，极有可能会遭遇海盗的抢劫。

直到15世纪中期，欧洲人对世界的了解还主要是基于托勒密的《地理学指南》。《地理学指南》将古希腊的地理知识奉为圭臬，但其中有很多错误的地方，例如把亚洲放到了大西洋的对面，认为印度洋是一个封闭的大湖。托勒密最早提出经度、纬度和经线、纬线概念，并在地图上对其进行了标示。不过对于绝大部分海员而 31
言，由于航程很短且都沿着海岸航行，他们根本就不在意托勒密的学说。构筑他们眼中海洋的那套地理概念主要来自经验，来自从古至今的师父对徒弟的口口相传。

地中海的海员们会使用海图（Portolani）来指导他们的航行，西欧的水手们用的则是海路图（Rutter）或者水手手册，上面记载着潮汐和沿海海水深度的信息。这些手册会随附海图使用，上面有方位和距离的标示，但没有经纬线。

这些手册和海图在近海熟悉的海域还很有用，但进入深海就很容易出错了。为了记录下那些探险者的成果，也为了让出海的船只能够回到指定的地点，航海家亨利及其继任者的绘图师们绘制出了西非海岸图。当航行到陆地视线以外的水域时，航海家们需要的是附有恒向线的海图，帮助他们在一个恒定的罗盘方位上沿着航线行驶。即使在1569年墨卡托（Mercator）出版了他的世界地图之后，航海家们依然青睐着那些不需要任何数学知识的平面海图。[52]

1498年达·伽马成功返航之后，葡萄牙王室开始定期派船前往印度洋。在穿过整个印度洋并继续向前到达印度尼西亚群岛和南中国海的旅程中，他们总能找到当地的水手愿意为其效劳，充当天气、海洋、岛屿等方面的向导。

在这一过程中，亨利王子在萨格里什所建立的私人性质的航海研究机构变成了一个政府部门——印度和矿务管理署（Casa da India e da Mina），综合管理舰队、殖民和远洋贸易。这个部门还成立了一个培养制图师的学校和一个教授天文航海知识的船员培训学校。作为回报，船员们出海归来后，会报告他们的旅程并呈递他们的日志和仪器。这个部门还从旅行者和代理商那里获得情报。根据这些信息，制图师们更新了他们绘制的标准世界地图，这是此后所有航行所需的海图制作的基础。此外他们还制作了介绍通往印度
32 洋、红海、东南亚、印度尼西亚群岛（但不包括澳大利亚）等地航
线及沿海情况的航行手册。其中最重要的是多默·皮列士（Tomé Pires）的《东方志》（*Suma Oriental*），书中详细介绍了从红海到日本的东方海洋。[53]不过，在16世纪的绝大部分时间里，葡萄牙政府都对它在欧洲潜在的竞争者们封锁了这些信息。[54]

西班牙人的航行

在中世纪的欧洲，杜撰远比事实更多，轻信传言的人也远比怀疑论者多。很多人都相信普莱斯特·约翰王国的存在，还有安提列亚、圣布伦登的神秘岛屿，以及那个位于南半球、面积足以与欧亚大陆比肩的南方大陆（澳大利斯地）。即使在博学的人群中也很少

听到质疑的声音。不过相信归相信，并没有多少人打算去证实这些传言的真实性。克里斯托弗·哥伦布（Christopher Columbus）却坚信他的想法，即除了那条葡萄牙人开辟的遥远艰险的路途之外，还有一条更为便捷的航路去往传说中的印度。

世界上再没有人能像哥伦布一样，有那么多的国家、省、行政区、城市、乡镇、街道、广场、学院和大学以他的名字来命名，这都缘于他在历史上所犯的那个最大的错误。哥伦布跨越大西洋的航行是对偶然性——或者说撞大运——的重要性的最好诠释。

在所有他所掌握的传言中，哥伦布撷取出那些支持他观点的部分，再加上自己的一些发挥创造，得出的结论是与他在自己的书页边缘所写的“印度离西班牙很近”“西班牙的尾端和印度的首端离得很近而并不很远，有证据显示如果风向顺利的话几天时间就能跨海到达”等类似的表述。[55]

哥伦布的这些想法来源于众多的信息。其中之一就是最近翻译成拉丁文的托勒密的《地理学指南》，书中将印度洋描述成一片封闭的海域，并将地球的尺寸估算成了实际的五分之一。还有皮埃尔·戴利（Pierre d'Ailly）的《理想世界论》（*Imago Mundi*），其中引用古典的以及穆斯林学者的观点将亚洲扩大了很多倍，同时却低估了海洋的范围，并得出结论认为航行到亚洲是十分可行的。[56]哥
伦布那本戴利著作的页边注显示他当时估计地球周长约为1.9万法 33
定英里，比实际长度少了四分之一。

1476—1485年哥伦布定居葡萄牙期间，获悉来自佛罗伦萨的数学家保罗·达尔·波佐·托斯卡内利（Paolo dal Pozzo Toscanelli）

向葡萄牙国王呈递了一封书信，其中详细叙述了怎样从葡萄牙向西航行 5 000 英里，其间经停安提列亚和吉潘古（Cipangu，马可·波罗对日本的称呼）到达中国的航行路线。哥伦布立即给托斯卡内利去了一封信，而托斯卡内利的回信不仅给了他呈递国王书信的原文，还附上了几张地图。从戴利、托斯卡内利、马可·波罗的观点再加上他个人一厢情愿的想法，哥伦布想象中的亚洲东西向的宽度要比实际多出 30 度，日本则在亚洲大陆以东 1 500 英里处，因而日本离欧洲只有 2 400 海里①远，这是实际距离的五分之一。[57]即便是哥伦布的传记作者和仰慕者、海军少将塞缪尔·埃利奥特·莫里森（Samuel Eliot Morison）也承认“这是一个惊人的错误……是对事实的离奇曲解”。[58]

1484—1485 年，哥伦布向若昂二世提出了他的想法，希望获得葡萄牙王室的支持，资助他的探险活动。国王在咨询了他的数学和天文学家委员会（Junta dos Mathematicos）后拒绝了哥伦布的提议，认为它“没有价值，纯粹建立在想象之上，就像马可·波罗虚构的吉潘古岛一样”。[59]在葡萄牙收获失望的哥伦布于 1485 年来到了西班牙，国王斐迪南和王后伊莎贝拉于 1486 年 1 月正式接见了他，随后他们召集了一个由天文学家、地理学家、航海家等组成的委员会专门研究他的提案。哥伦布向委员会呈递了一张世界地图并许诺能在距西班牙不到 3 000 英里的地方找到印度。但这个委员会与葡萄牙一样，否决了他的提案。

被西班牙王室拒绝的哥伦布回到了葡萄牙里斯本，此时恰逢巴

① 1 海里约为 1.85 千米。——译者注

尔托洛梅乌·迪亚士自非洲返航。虽然若昂二世还是很倾向哥伦布，但迪亚士带回的大西洋和印度洋相通的信息意味着葡萄牙将不会再重用他。不愿放弃的哥伦布又去了西班牙，斐迪南和伊莎贝拉再一次召集了专家小组来审议他的提案，但结论还是和上次一样，“提案建立在一个非常不牢靠的基础之上”，“任何有识之 34
士都会认为这是靠不住的、不可能的”。[60]总之，如果要嘲笑哥伦布的想法那绝对不算事后诸葛亮，即使是他同时代的人也都认为他的想法“错得离谱”。

第二次被西班牙王室拒绝后，哥伦布决定离开西班牙前往法国。但几乎就在他踏出宫殿的同时，斐迪南国王又改变了主意，斐迪南决定资助哥伦布的探险，让卫队把他追了回来。这是一场赌博，花费不多却可以将一个不太可能的可能发现牢牢握在自己而不是敌对国的手中。[61]葡萄牙的系统而有条理的探险策略，与哥伦布的白日梦以及斐迪南与伊莎贝拉的赌博之间形成了鲜明的对比。

哥伦布第一次的探险活动无疑是历史上最著名的一次航海行动。他的船队由一条 85 英尺长的拿乌船圣玛利亚号、两条卡拉维尔帆船尼雅号和平塔号组成。他们从西班牙的帕洛斯港出发前往加那利群岛，在那里哥伦布将尼雅号改装成三桅横帆船以便在顺风下行驶。[62]从加那利群岛起航，在东北信风温柔的驱使下他们仅用极短的 5 周时间就顺利到达了巴哈马。当然，返航就成了苦差事。哥伦布本打算原路返回，却被信风挡了回来。于是只能先勉力顶风行驶到与亚速尔群岛相同的纬度上，在这里进入西风带后才成功返航回到西班牙。[63]

关于他使用的航海仪器存在着一些争论。象限仪和星盘应该是装备的，但似乎在海上误差相当大。他可能（也可能没有）使用了当时最先进的由葡萄牙人发明的太阳赤纬角确定纬度的方法。[64]可以确定的是，哥伦布对航迹推算法很熟稔，并拥有在未知海域航行的超敏锐直觉。

1493—1495 年的第二次航行主要是一次殖民之旅，也就是西班牙王国在新大陆殖民的开始，而关于海洋的认知则进展较为缓慢。在 17 艘出航的船中，12 艘首先返航了，这些由安东尼奥·德托里斯（Antonio de Torres）带领的船仅用了 35 天就从圣多明各
35 回到了他们的出发地西班牙加的斯港。莫里森少将称其为“此后数个世纪未打破的纪录”。哥伦布自己则试图从瓜德罗普直接向东返航，却不得不一路与信风相抗。[65]此后多次的航行令西班牙航海者们总结出了一条最佳返航路线：从古巴出发朝着东北方向，受助于墨西哥湾流沿北美海岸航行，然后从今天卡罗来纳州的位置借由西风带向东回到欧洲。

哥伦布首航之后的 20 年里，整个欧洲都热情地投入到海上探险活动中。西班牙将手伸向了加勒比地区以及从亚马孙直到卡罗来纳的美洲海岸；为英国效力的意大利航海家约翰·卡伯特（John Cabot）发现了纽芬兰；葡萄牙人则抵达了巴西东海岸并在印度洋以及印度尼西亚群岛持续推进。当时，绝大部分的欧洲人（哥伦布除外）确信他们找到了一片“新大陆”，西班牙人称其为“印度”（*las Indias*），而德国制图师马丁·瓦尔德泽米勒（Martin Waldseemüller）则遵从意大利探险家阿梅里戈·韦斯普奇（Amerigo Vespucci）将其命名为亚美利加（America）。不过，尽管新大陆提

供了很多诱人的机会，但它仍然阻断了人们前往亚洲的去路，那才是哥伦布最初的目的地。1513年，瓦斯科·努涅斯·德巴尔沃亚（Vasco Nuñez de Balboa）穿过了巴拿马地峡，发现了另一片广阔的海洋，穿过这片海洋就真的可以到达被葡萄牙人独占的香料群岛了。

与此同时，曾在葡萄牙军队服役、有过8年远东经历的斐迪南·麦哲伦（Ferdinand Magellan）获得资助，组织船队出发去寻找香料群岛，但他的方向是向西而不是向东。这曾是哥伦布的设想，而麦哲伦的计划较之拥有更为完整和现实的地理学基础，但是葡萄牙王室对麦哲伦的计划不感兴趣。若是在15世纪的中国，每一个出海远航的计划都是皇帝的意旨，但在同时期的欧洲并不是这样。航海家和冒险家们充分利用了各国之间的竞争，不断挑起它们之间的相互争斗。因此与哥伦布一样，麦哲伦也转向了西班牙。1517年他获得了西班牙远洋贸易署（Casa de Contratación）的支持，这是与葡萄牙的印度和矿务管理署相当的政府部门，负责管理西班牙的远征与海外贸易事务。[66]两年后，他从西班牙出发，开始了那次令人惊叹而又悲惨的环球之旅。[67]

麦哲伦的船队中有两条约100吨的中型拿乌船圣安东尼奥号 36
和特里尼达号，另外还有包括维多利亚号在内的三艘小型拿乌船。麦哲伦被船只的供货商欺骗了，他得到的都是次等的船，船上的补给也都不足，加上他与船长及船员们相互敌视的状态，差点让这次远航行动在还没有到达太平洋时就毁于一旦。

自哥伦布时代以来，葡萄牙和西班牙在天文航海学上都取得了极大进步，其中葡萄牙更胜一筹。麦哲伦和他的船长们都是新型的航海家，他们携带了 35 个罗盘、18 个半小时沙漏、7 个星盘、21 个象限仪以及太阳倾角表和最新的海图，因此每到一处都能清楚地
37 记录下所处的纬度。他们的船上还装备了大炮、毛瑟枪、矛、剑、盔甲等武器，以及丝绒、手表、钟等用来交易的货品。[68]

经度的确定也是一件极其重要的事。出发前，麦哲伦的同伴、一位名为鲁伊·法莱罗（Rui Falero）的数学和天文学家宣称他能解决经度的问题。但他不仅错了，还发疯并被关了起来。[69]尽管麦哲伦和其他航海者们都很清楚实际的地球比哥伦布估算的要大得多，但他们也不知道到底大了多少。

麦哲伦船队花了 5 个月的时间穿越大西洋并沿着南美洲东海岸摸索。从 1520 年 3 月底到 8 月底他们都滞留在巴塔哥尼亚海岸度过寒冷的冬季，等待天气转暖再前往太平洋。在 38 天顶风航行并历尽可怕的暴风雨后，他们终于穿过了险恶的麦哲伦海峡。

1520 年 11 月 18 日，只剩下三艘拿乌船的船队（另外一艘擅自返航，一艘损坏）离开了那个以麦哲伦命名的海峡。由于寒冷、疾病和缺少食物，船队遭遇了大量减员。他们接着北上，再向西北方向进入热带，遇到信风之后就一路向西进入了未知地带。就像其他欧洲航海家一样，麦哲伦低估了地球的大小，妄想着几周之内就能到达亚洲，并且认为这个未知地带像大西洋一样沿途还会有众多岛屿。讽刺的是，他们穿过的这片大洋确实点缀着众多岛屿，但他们都错过了。他们在行进路上看到的是一片浩瀚无垠的海洋，和煦的风持续吹着，日日暖阳当头，夜夜星光璀璨。如此风和日丽，麦哲

伦因而给它取名太平洋。在 1521 年 3 月 6 日抵达关岛之前，他们经历了四个月饥饿和坏血病的折磨。[70]休整数日，补充了食物和淡水之后，船队再次起航，并于 3 月 13 日抵达菲律宾。一个多月后，麦哲伦死于一场与当地人的冲突战中。

抵达菲律宾后，麦哲伦发现他多年前在马六甲买的奴隶恩里克 38
（Enrique）会说当地的语言，船队才意识到他们到达了真正的“印度群岛”（the Indies）。那么问题来了：他们到底向西走了多远？或者更精确地说，自从 1494 年《托德西拉斯条约》（Treaty of Tordesillas）划定教皇子午线，并规定此线以东的印度洋和香料群岛归葡萄牙，以西的西半球大部分归西班牙以来，他们是否已到达了教皇子午线以西（或以东）180 度的地方？

这个经度的问题已经不仅限于学术兴趣的范围了，因为西班牙和葡萄牙都声称宝贵的香料群岛及其所在的印度尼西亚群岛位于他们的那个半球上。不过在他们得到确切答案之前，双方都受到了来自既没有教皇诏书也不受条约管辖的荷兰的挑战。

当然这也仍是一个学术问题，正如历史学界仍在争论的，究竟是谁第一个完成环球航行一样。莫里森等学者认为，麦哲伦于 1511 年带领葡萄牙船只到达了菲律宾以东 4～6 度、出产香料的两个群岛安汶（Ambon）和班达（Banda），因此毫无疑问麦哲伦是首个完成者。[71]另外一方的学者则否认麦哲伦到过马六甲以东和香料群岛地区，那么，麦哲伦的那个很可能来自印尼或菲律宾的奴隶恩里克才应该是第一个完成环球航行的人。不管怎样，两方观点都不具有绝对的说服力。倒是麦哲伦船队的船长之一胡安·塞瓦斯蒂安·埃尔卡诺（Juan Sebastián Elcano）最终于 1522 年 9 月回到了西班牙，并获颁一枚盾形勋章和一个精致的地球仪，上面镌刻着一行西班牙文："你首先拥抱了我。"[72]

麦哲伦和埃尔卡诺向世人证实了地球远比之前想象的要大得多，太平洋比印度洋加上大西洋还要大，并且这些大洋全都是相通的，等待着任何有胆量的航海者去挑战它们。直到埃尔卡诺返航归来，西班牙政府才正式指定远洋贸易署为官方的制图机构来制作标准的地图原图（Padrón Real），作为所有船长使用的海图的基础。
39 1529 年迪奥戈·里贝罗（Diogo Ribeiro）所制作的世界地图第一次向世人展现了大致正确的各大洲轮廓以及各大洋的相貌尺寸，其中只有太平洋北部、美洲西海岸和澳大利亚有比较明显的错误。[73]

自哥伦布之后，西班牙的航海家们经过不断的尝试和失败找到了利用北纬 30 度以北的西风带从美洲返航西班牙的方法。而从埃尔卡诺返航后，他们又了解到自东向西穿越太平洋的办法。不过，若要反向穿过这个大洋则困难很多。

麦哲伦死后，他的一位船长贡萨洛·戈麦斯·德埃斯皮诺萨（Gonzalo Gómez de Espinosa）指挥旗舰特里尼达号继续前往摩鹿加群岛（Moluccas，即香料群岛）装载香料。这位船长觉得，如果继续向西沿穿越印度洋的航路返回西班牙的话，很有可能会遭到葡萄牙人的拦截，于是他决定尝试掉头向东穿过太平洋前往巴拿马。从摩鹿加群岛出发向北到达北纬 42 度或 43 度后，饥饿、坏血病、寒冷以及连续 12 天的暴风雨使他不得不退回了摩鹿加群岛并在此向葡萄牙人投降。[74] 1526—1527 年，弗朗西斯科·加西亚·霍夫雷·

德洛艾萨（Francisco García Jofré de Loaisa）循麦哲伦航线率领西班牙船队第二次到达摩鹿加群岛，但这次航行又因为与葡萄牙人发生冲突而告结束。1527—1528年，阿尔瓦罗·德萨维德拉（Alvaro de Saavedra）从墨西哥出发第三次到达这里后试图原路返回到墨西哥，但尝试了两次都没有成功。第四次则是在1542—1543年，鲁伊·洛佩斯·德维拉罗波斯（Ruy López de Villalobos）率领船队从墨西哥出发前往菲律宾，却被葡萄牙人擒获。船队中的一艘在伯纳多·德拉托雷（Bernardo de la Torre）的带领下成功出逃到北纬30度的地方，最后却因风向与目的地相反而不得不回到了菲律宾。[75]

在这一时期，克拉克帆船和卡拉维尔帆船让位给了新一代的盖伦船（Galleon）。盖伦船的大小与克拉克帆船相当但更纤细一些，拥有更大的长宽比，这使得盖伦船又拥有了卡拉维尔帆船的适航性和机动性。大部分盖伦船都有四根桅杆且都悬挂船帆，主横帆和顶帆在主桅和前桅，上部还常带有上桅帆，后桅和第四根桅杆则挂三角帆，船首还有斜杠帆。如此丰富的配置使得风向转变时船员们快速收帆或挂帆变得更为容易和安全。到16世纪中期，帆船的设计达到了一个高峰，航海史学家比约恩·兰斯特伦（Björn Landström）认为“帆船的设计制作在这100年内的发展较其之前5 000年和之后400年都更为影响深远”。[76] 40

1564年，西班牙为了对菲律宾宣示永久性主权，派遣米格尔·德莱加斯皮（Miguel de Legazpi）率领一个由六艘船组成的船队自墨西哥出发前往菲律宾。第二年，其中一位船长阿隆索·德阿雷拉诺（Alonso de Arellano）驾着小补给船圣卢卡斯号试图向东沿穿越太平洋的线路逃走。不过他却被经验丰富的、曾在劳埃萨船上效力的航海家弗雷·安德烈斯·德乌达内塔（Fray Andrés de Urdaneta）驾驶着圣巴比罗号跟踪尾随。两艘船都朝着东北方向顶着信风抢风行驶至日本以北、北纬 40～43 度的位置。之后进入了西风带，顺风向东穿过太平洋北部到达了加利福尼亚，接着朝东南方向沿着海岸线到达了墨西哥。德阿雷拉诺的行程用了 111 天，德乌达内塔用了 114 天。[77]向东穿越太平洋的大门终于打开了。

在这一历史性航行的三年后，墨西哥（当时被称为新西班牙）政府正式宣布开启一条从阿卡普尔科到马尼拉的新航线，这条航线之后维持了将近 250 年的时间。每年，数艘盖伦船从阿卡普尔科满载着墨西哥的白银出发，到马尼拉后再换回丝绸等中国精细商品返航。对于参与其中的商人来说，这是非常挣钱的买卖，但深受重商主义影响的西班牙政府却怀疑这会造成他们宝贵的白银库存流失。1593 年，国王腓力二世设法将每年的贸易船只限定在两艘，且单次航行贸易量不超过 300 吨。而实际的结果是人们常常对这条法令视而不见，这条航线上的盖伦船通常载货量都在 700～2 000 吨。[78]这些船都是在西班牙工匠的指导下，取材菲律宾柚木并在当地的船坞造成的。它们是当时世界上最坚固、操控性最佳的船只，因为它们所走的也是世界上最长、最危险的航线。

这些马尼拉盖伦船通常在 2 月或 3 月驶离阿卡普尔科，之后在信风的推动下航行 8～10 周即可顺利到达马尼拉。但回程就没有这么风平浪静了。船只一般尽量在 6 月中到 7 月中启程，这样能搭上西南季风，同时又能赶在夏末的台风季之前。离开菲律宾群岛后，船只将会花费数周时间向东北方向到达北纬 40 度左右，然后再转向东行驶。[79] 41
每艘船都会将货物装得尽可能满，几乎都要溢出船舷，而食物和淡水却因此总是带得不够多。横穿北太平洋的旅程无论怎样都要花费 4～7 个月的时间，这期间船员和乘客必须经受暴风雨、饥渴和坏血病的威胁。通常死亡率会有 30%～40%，有时甚至达到 60%～70%。[80]

走在这条航线上的船长们都严格遵守著名的纬度航行法。自从德乌达内塔成功返回墨西哥以后，他们从未敢离开他所走的路线，政府也明令禁止他们脱离此航线。而正因为所有的马尼拉盖伦船都遵循此路线航行，所以它们西行时位置太靠南而向东时位置又太靠北，始终都错过了与夏威夷的相遇。

完成海洋地图

16 世纪晚期至 17 世纪见证了西班牙和葡萄牙的衰落，它们受到荷兰以及后来的英国和法国的挑战，并逐渐被这些后起国家代替。在这一历史时期，欧洲政权之间战争频仍，西班牙的白银运输船和葡萄牙勉力派遣的少数船只常常遭到有别国背后支持的私掠船或没有国家支持的海盗（这两者的界限常常并不清晰）的抢劫。这些后来者不仅掌握了两个伊比利亚半岛国家的海洋技术和知识，还对其进行了拓展。

16 世纪中期以后，船只设计的进展放缓，其中最主要的变化就是商船和战船的区别愈加明显。荷兰人率先设计出一种新型的商船（fluyt），笨拙的船体底部是平的，船身很宽，几乎不携带什么武器，船员配备也比卡拉维尔帆船和克拉克帆船少得多。造船用的木材来自挪威或波罗的海，由于有风力锯木机和起重机辅助，因而造价极为低廉。荷兰人还发明了斜桁帆，也就是现代游艇上纵贯首尾的三角帆的前身。这种帆不仅能让船顶风行驶，操控起来还比大
42 三角帆省力得多。得益于这种造价便宜又省人力的船，荷兰人在整个 17 世纪控制了北大西洋的海上贸易。[81]当然，远至东印度群岛和太平洋的航行是这种船所不能胜任的，这些远洋航线还是要交给更为坚固和重型装备的盖伦船。

与此同时，英国人也在建造用于近海和远洋的舰船。私掠船船长约翰·霍金斯（John Hawkins）和他的外甥及继承者弗朗西斯·德雷克（Francis Drake）设计并建造了一种改进型的盖伦战船，比同时代伊比利亚那些笨重的盖伦船更快也更具操控性。这在 1588 年英国人摧毁西班牙无敌舰队的大海战中对比尤其明显。从此之后，海军、私掠船和海盗都对这种盖伦船青睐有加，因为它们虽然货仓储量有限但航速远比商船要快，并拥有更多武器装备。这种船有的从事于欧洲那些海上强国之间永无休止的战争，有的用于抢劫运载金、银及其他高价值货品的商船，同时也是德雷克 1577—1580 年环游地球、袭击南美西海岸的西班牙定居点并沿途捕获西班牙船只时所使用的船。另外，荷兰人 1628 年缴获西班牙护送白银的船队以及英国 1655 年占领牙买加、1739 年袭击巴拿马贝卢港（Portobelo）、1762 年占领哈瓦那和马尼拉等战役使用的也都是这种船。

虽然这些事件都发生在距离欧洲数千英里以外的地方，但它们仍然属于欧洲史；同时，也因其发生在海上而属于海洋史的一部分。

这些新竞争者的加入虽然加剧了对海上霸权、殖民地所有权的争夺，挑起了无休止的战争，不过直到进入 18 世纪之前，仍然有大片的海洋世界对欧洲人来说还是未知的。

荷兰人靠着间谍活动获得了丰富的海洋知识。1592 年，阿姆斯特丹那些十分渴望同印度开展贸易的商人领袖从定居里斯本的荷兰人科尔内留斯·德豪特曼（Cornelius de Houtman）和让·哈伊根·范林斯霍滕（Jan Huygen Linschoten）那里获得了关键的信息。特别是后者，曾为果阿的大主教服务了 7 年并于 1595 年出版了他的《航海日记》（*Navigatio ac Itinerarium*），其中透露了当时葡萄牙人垄断印度洋以及更远航线的秘密。[82] 1604 年，荷兰人在印 43
度尼西亚群岛占领了一个据点。1611 年，亨里克·布劳尔（Henrik Brower）像 123 年前的巴尔托洛梅乌·迪亚士一样，在咆哮西风带的引领下绕过了好望角。但他没有像葡萄牙人那样立即北上，而是任由西风带领他继续前进直至遇到信风，随后北上来到了苏门答腊岛和爪哇岛之间的巽他海峡。回程时，他越过季风控制的区域搭上了赤道以南的信风，而事实上他是找到了南印度洋上的另一条快速返航航线。1616 年，一艘荷兰船循着这条航线向东航行很远，发现了澳大利亚的西海岸。1642—1644 年，阿贝尔·扬松·塔斯曼（Abel Janzoon Tasman）进一步发现了新西兰和塔斯马尼亚。但由于这里看起来不可能找到值钱的矿藏和珍贵的香料，欧洲人在此之后 200 年都没有关注过这里。[83]

航海仪器也在缓慢地发展着。约翰·戴维斯（John Davis）1595年发明了标尺（Back-staff），与直角器的使用方法不同，它让航海者们可以在背对着太阳时测出其在海平面以上的高度。差不多在同一时期，英国海员则会将一段系着绳子的原木（Log）抛入水中，绳子上每隔7英寻[①]打一个绳结。抛入水中后，配合沙漏计时并对绳结计数，就能测算出船速。船速会记录在航海日志上，这也是航海日志（Log）名称的由来。

17世纪航海技术的发展和对海洋的探索成就虽然非常卓著，但与18世纪后半期远洋探索第二波高潮相比仍然逊色许多。在第二波高潮中，英国和法国探索了太平洋上一直以来被马尼拉盖伦船错过的洋面部分。它们为澳大利亚、新西兰、夏威夷和其他太平洋岛屿以及北美西海岸、亚洲东北海岸绘制了地图，证实了南方根本不存在一个大面积的大陆，欧洲和亚洲之间也不存在一条西北通路。

这一波高潮的最主要推动力来自启蒙运动，人们对科学问题再度产生了兴趣，促使各国（尤其是法国和英国）政府对代价高昂的远洋探险投入资金。当然，这一事件和其他很多事件一样，仅有动机还不足以解释这一波高潮的最终形成。在这之前，对太平洋的探
44 险并非为缺少动机所阻，而是由于其他的原因：航海家们无法在广袤而无迹可寻的大海上准确定位，并且长距离的远洋航行还要付出船员大量死亡的代价。真正在18世纪为这些探险家叩开太平洋大

① 1英寻约为1.83米。——译者注

门的，是经度确定方法的进步以及对坏血病的成功预防。

几个世纪以来，海上探险活动最大的阻力和困难就是无法确定经度。[84]直到18世纪中期之前，出海后的船只都无法得知自己朝东或朝西走了多远。依靠磁偏角，即磁轴和地轴的夹角来确定经度被证明是不可靠的。麦哲伦对菲律宾经度位置的判断就少了53度，或者说少了4 000英里，而17世纪时的制图师所认为的地中海比实际要长了15度也就是500英里。由于无法确定经度，曾经发现的岛屿也可能会消失不见，此后几十年都无法再找到它们。[85]

出海的船只在晚上都会收起船帆，因为害怕不知不觉中被吹跑搁浅了。这种担心并非没有根据。1707年，一个自地中海返航的英国舰队在靠近康沃尔郡西南端后，由于舰队司令克洛迪斯利·肖维尔（Clowdisley Shovell）爵士和他的船长们算错了舰队所在的经度，他们在锡利群岛触礁并因此损失了4艘船和2 000名军士。[86]

1598年，西班牙国王腓力三世因将无敌舰队1588年的惨败归咎于经纬度的计算错误，下令悬赏寻求任何能在海上解决经度测算问题的人。荷兰人也依样跟进。1714年，作为对1707年那场灾难的反应，英国议会通过了《经度法案》（Longitude Act），规定若有人能从英国出发经过6周航程后，在地球赤道上（或者说加勒比地区所在纬度）将经度测量确定到半度范围（或者说30英里）之内，就将奖励其2万英镑（相当于今天的数百万美元）。英国人甚至还成立了专门的经度委员会来审查呈递上来的方案申请。[87]

17世纪后期至18世纪，制图学和其他学科分支一样逐渐从单纯对世界的描述转变为一门使用数学术语的专门学科，而作为科学

45 革命之母的天文学在这一转变中起到了关键的作用。[88] 16 世纪时人们就已经知道，如果能确定两地的时间差，就能确定两地的经度差：因为地球每 24 小时转一圈也就是 360 度，因此每一小时的经度是 15 度。但问题在于如何才能在一地精确确定另一地的时间。即使是 18 世纪早期最好的钟表也极为不稳定和不可靠。正如牛顿（Isaac Newton）向议会委员会所陈述的："由于船的运动、温度和湿度的变化、不同纬度上重力的差异，能够克服这些问题的钟表现在还没有出现。"[89]

天文学家们则设计了三种利用天体运动来确定经度的方法。公元前 160 年喜帕恰斯（Hipparchus）提出了利用日月食来确定经纬度的方法。既然天文学家们能准确预测日月食发生在欧洲的时间，那么根据其他任一地点发生日月食的太阳时间（Solar Time）与欧洲时间之差就能计算出这两地的经度差。不过，日月食出现的机会极少，这种方法对航海者们来说没什么用处。

第二种方法借助于木星的月食，这是由伽利略首先提出的。这颗行星的几个卫星每年都以 1 000 周的速度快速绕其公转，而在地球上任意一点观察到它的月食时间都是一样的。因此理论上一个旅行者只要准备一张记录着月食时间的星历表就可以确定他的经度。17 世纪晚期，天文学者们携带着让-多米尼克·卡西尼（Jean-Dominique Cassini）制作的星历表前往世界各地，并在历史上首次准确报告了他们所在的经度。有了这些报告，纪尧姆·德利尔（Guillaume Delisle）、唐维尔（Jean-Baptiste Bourguignon d'Auville）等制图师才能制作出 18 世纪之前最为精准的世界地图和地球仪。在他们制作的地图上，地中海、大西洋和印度洋都要比以往地图上的小很多，太平洋则要大了很多。但可惜的是，这种方法的实践必需要具备一个长筒望远镜、一个摆钟以及一套复杂的计算方法，因而无法在船上使用。[90]

第三种方法叫月距法，其使用前景较之前两种方法要广阔得 46
多。它的原理是，既然月亮在天空中的运行速度与星星是不同的，那么可根据其运行轨迹和它掠过某颗星的相对位置或角度来确定时间，从而通过两地出现此同一相对位置或角度的时间差来确定经度。为了达到这一目的，观察者需要有一个能精确测量月亮与星星相对位置或角度的仪器、一个至少从正午（由太阳的位置确定）至晚间（当月亮和星星都可见时）这段时间内误差不超过一分钟的摆钟、一张记录着间隔某一固定时间段月亮和某特定星星的相对位置或角度的星历表，最后还需要观察者掌握全套正确的计算方法。

测量星月之间角度的仪器叫作八分仪（Octant），1731—1732年由约翰·哈德利（John Hadley）呈交给英国皇家学会并经由海军部检测。八分仪能将两个天体在（以地球为球心的）天穹曲面上的角度测量精确到分（相当于在地球赤道上的1海里）。它还配备有一个人工地平仪，这样在夜晚无法观察到地平线时可以不影响测量。1757年，组合了望远镜的六分仪问世，其在精确度和实用性上较八分仪更胜一筹。[91]

由于月亮在天空中的运行轨迹并不固定，要制作一张记录月距的表格远比记录木星卫星位置的星历表复杂，这个问题吸引了一批18世纪最优秀的数学家。1713年，牛顿编制出一张月距表并将误差限定在了3度以内（相当于在赤道上误差不超过200英里）。即便如此，他还抱怨说这项工作“非常困难，是唯一能引起我头痛的问题”。[92]1755年，哥廷根大学的数学教授托比亚斯·迈尔（Tobias Mayer）制作出一组表格，将精度提高到了37分以内，经度委员会因此奖励了他3 000英镑。1763年，英国天文学家马斯基林（Nevil Maskelyne）基于迈尔的计算出版了《英国海员指南》（*The British Mariner's Guide*）。两年以后，已经是皇家天文官的马斯基林开始编制他的《航海天文历和天文星历表》（*Nautical Almanac and Astronomical Ephemeris*）并每年更新版本，1767年开始加入月距表。

47 从此以后，航海家们具备了确定经度的能力。当然这还需要配备相应的仪器并具备足够的数学知识。为了得到精度在1度以内的经度数值，需要4名观察者在6～8分钟内给出4组或5组读数并取其均值。随后这些数值还需要调整视差（船的位置和地心之间的夹角）和折射（靠近地平线的大气所造成的变形）引起的误差。马斯基林本人就需要4个小时才能根据读取的观测数值算出经度。后来月距表的发展使得这一时间缩短到了半小时。月距法虽然在理论上非常出色，但在实践中显然超出了大多数船长的理解能力，他们实际使用的仍然是古老的航迹推算法。[93]

与此同时，出现了另一种挑战月距法的新的确定经度的方法——一台精准的航海钟。这一贡献来自钟表匠约翰·哈里森（John Harrison）。作为一名木匠的儿子，哈里森并非科学家出身，而只是一名工匠，他自学成才并独立设计制作了走行精准的摆钟。1728—1735

年，哈里森花了 7 年时间制造出第一台航海钟 H-1，H-1 重达 72 磅①，主要由木头制成，内部结构极为复杂，在它往返英国和葡萄牙的首航上表现完美。随后的 H-2 将主要部件换成了黄铜因而更重，上面安装有哈里森自行设计的抗摩擦滚轴、一种像蚂蚱腿似的擒纵器以及由不同金属组合制成的钟摆，由于不同金属之间的胀缩程度相互抵消，钟摆的长度也就不受温度的影响了，但 H-2 并未下海。之后，哈里森花了 17 年时间又制造出与 H-2 体积相当的第三代航海钟 H-3。

最终，于 1759 年完成的第四代航海钟让哈里森达到了《经度法案》的标准要求。和它的前辈们不同，H-4 的直径仅有 5.2 英寸②，只相当于一块大一点的怀表，不过其内部结构却比前几代的更为复杂。但是，对哈里森来说很不幸的是，在经度委员会负责评审他的工作成果的是马斯基林，而马斯基林则基于个人原因否定了哈里森的成就。1762 年，前往牙买加的一艘航船上携带了这个航海钟。船只返航后报告其误差在 5 秒以内。1764 年航海钟 H-4 第二次出海前往巴巴多斯，审察证实它每天只走快了不到 0.1 秒。对此仍不满意的经度委员会让哈里森上交所有的四台航海钟却拒绝向
他支付奖金。最终由于英王乔治二世③介入此事，议会通过法案， 48
才还给了哈里森应得的奖金和荣誉。[94]

毫无疑问，哈里森遭遇的《经度法案》是最严苛的标准，但这

① 1 磅约为 0.45 千克。——译者注

② 1 英寸=2.54 厘米。——译者注

③ 此处应为乔治三世，疑原书有误。——译者注

只是海上准确读取经纬度漫长历程的开始。要成为对海员们实用的经线仪，H-4 必须是可复制的，这也是经度委员会要求哈里森上交的原因。经度委员会将收缴的 H-4 交给另一名钟表匠拉克姆·肯德尔（Larcum Kendall），肯德尔于 1770 年完成了 H-4 的复制品 K-1。此时，法国的经度局和科学院也在悬赏寻求能制作精准钟表的人。皮埃尔·勒罗伊（Pierre Le Roy）和费迪南·贝尔图（Ferdinand Berthoud）两位钟表匠为奖金展开了竞争。1767—1772 年，他们制作的钟表多次跟随远洋船队出海进行测试。最终勒罗伊获得了奖金，但贝尔图被指定为法国海军的钟表供应者。[95]

直至 18 世纪中期，远洋航行仍然是世界上最危险的职业之一。很多探险活动都会损失半数甚至半数以上的船员。有时船队因为没有足够的船员来驾驶而不得不烧掉一些船，或者中途返航，又或者再也没能回来。造成减员的最主要原因就是坏血病——一种因为缺乏维生素 C 而引起的身体组织器官坏死的疾病。在海上迷路也可能是致命的。1741 年，海军上将乔治·安森（George Anson）指挥一个小型舰队驶离合恩角时遇上了暴风雨，经过 58 天的艰难行程后，他以为自己已经向西行驶了 200 英里，然而事实上他们仍在出发点附近。于是他掉头北上到纬度 35 度的位置，然后向东去寻找胡安·费尔南德斯群岛（Juan Fernández Islands），结果却发现他所到达的是智利沿海，还得重新掉头向西。等他终于到达目的地时，船员已经因坏血病死去了一半。[96]

早在 16 世纪早期，海员们就知道吃新鲜的食物，尤其是柑橘类水果可以预防坏血病，有时甚至还能治愈。但在长距离的航海中保持新鲜农产品的供给几乎是不可能的事。而替代品，例如麦哲伦为他的船长们购置的腌渍柑橘，对普通水手来说太过昂贵了。在成本和收益的计算天平上，水手们的健康比不上货物的价值。到18
世纪时，航海知识有了很大进步的同时，人们的观念也发生了改 49
变。1753年，英国海军的一名医生詹姆斯·林德（James Lind）发表了论文《论坏血病》（*A Treatise of the Scurvy*），提倡用柠檬汁来预防和治疗坏血病。[97]长距离航行的危险性就此大大降低。

两种海上经度确定方法的发展以及预防坏血病的可能，同时伴随着第二波海上探险活动，即对太平洋的探险。其中最著名也是成果最丰富的就是由詹姆斯·库克带领的探险船队。

库克出身寒微，自学了天文学、天文航海学和海洋测绘学。年轻的库克因精确测绘了加拿大的纽芬兰和拉布拉多海岸而声名鹊起。1768年，库克受聘担任植物学家约瑟夫·班克斯（Joseph Banks）及其他一些科学家组成的考察队的指挥，前往塔希提岛观测金星凌日的天文现象。他们所乘坐的HMS奋进号是一艘虽然老旧但仍很坚固的船，排水量368吨，最初是设计用来在多风雨的英国海岸线环绕航行的运煤船。在到访过塔希提岛后，1771年回到英国之前，库克花了六个月的时间测绘了新西兰岛和澳大利亚东海岸。此次航行中他用来确定经度的是一个六分仪和马斯基林的《航海天文历和天文星历表》。

库克还测试了林德医生的预防坏血病的方法。他对船员们的传统海上食品——腌牛肉和腌猪肉进行限量，禁止他们食用奶酪和黄油，而代之以尽可能多的新鲜食物尤其是柑橘和柠檬。在无法提供这类食品的时候，他的船只会带上腌菜、葡萄干、芥末和醋。他还在船上执行严格的卫生制度，保持船员住处良好的通风，尽可能让他们用淡水洗澡并在火炉前烘干身体。这样，当他的船队经历数月的航行到达爪哇岛时，所有的船员都很健康。不过，在印尼的巴达维亚港（今雅加达）逗留数周时，有40名船员染上了疾病，其中7人在当地死于痢疾和疟疾，另有23人在返回英国途中病死。[98]

库克于1772—1774年的第二次航行全程都在南半球40～70度
50 中高纬海域并完成了环球航行，证实南半球不存在除澳大利亚、新西兰和南极洲之外的南方大陆。这次他指挥的是HMS决心号，另有一艘HMS探险号同行。这两艘同HMS奋进号一样也是旧的运输船。库克携带了肯德尔制作的K-1，以及另一位钟表匠约翰·阿诺德（John Arnold）制作的三个航海钟。每隔一段时间，他就用月距法来核实一下这几个钟表走时的准确度。阿诺德的航海钟给他找了不少麻烦，但K-1始终保持精准。从1773年11月至1774年10月，K-1的误差只有19分31秒。库克写道："肯德尔先生的摆钟……超出了任何最热切倡导者的期望，只要偶尔用月距法校正一下，它就能成为变化无常的天气里值得我们信赖的向导。"[99]

库克在1776年开始了他的第三次航行，这次指挥的是决心号和发现号。他再次到访了新西兰和塔希提岛，接着北上并发现了之前一直不为欧洲人所知的夏威夷群岛。他们从那里起航向北到达阿拉斯加并穿过白令海峡进入北冰洋，之后又返回了夏威夷。库克于1779年在一次与当地人的冲突中被杀身亡。在这次航行中他携带了肯德尔于1774年制作完成的K-3。与第二次航行时一样，他还是用月距法来核实航海钟的精准度。[100]

其他从事太平洋探险活动的航海家们，如拉彼鲁兹（Jean-François de la Pérouse）、威廉·布莱（William Bligh）（HMS邦蒂号船长）、乔治·温哥华（George Vancouver）、当特勒卡斯托（Bruni d'Entrecasteaux）等都仿效库克，在船上携带了航海钟。正如法国海洋史学家弗雷德里克·菲利普·马尔盖（Frédéric Philippe Marguet）所说："如果只有航迹推算法的话，18世纪末至19世纪初的航海活动不可能如此频繁，成果也不会如此丰富。经度的确定与太平洋的地理发现之间有着非常密切的关系。"[101]

小　结

15—18世纪的航海大发现是人类历史上的一个伟大篇章。在
欧洲人之前，波利尼西亚、阿拉伯、南亚和中国的航海家们就已经
取得了非凡的成就，不过他们都将自己的航行限定在一个单一的海
洋环境中：波利尼西亚人只在太平洋热带区域，阿拉伯人和印度人 51
只在印度洋，中国人和马来人只在亚洲东部、东南部和南部海域。
只有欧洲人在船只建造和航海知识上不断发展，到达了除北冰洋以
外的所有海域，克服了从赤道无风带到咆哮西风带的各种恶劣气候
条件，并成功地在陆地视线以外的海上生存达数月时间。通过数据
收集、实验和对数学知识的运用，他们最终找到了在海上定位的方

法。在这一过程中，他们把探险路线伸向了全世界，填满了地球上所有的空白区域。

到 19 世纪早期，所有航行能够到达的海域都已为欧洲人所知。他们到达并测绘了除北冰洋和南极洲海岸之外几乎所有的大洋、海岸线和岛屿。航海家们也已经熟悉了地球上各处的风和洋流。而 19 世纪较晚时期引入的蒸汽动力在帮助航海者们增进航海知识上几乎没有什么作用，它只是让航行速度更快、更安全可靠而已。当航海大发现时代渐告尾声时，欧洲人在全球的统治才刚刚开始。

注 释

1 关于15世纪以前船只建造和航海最好的介绍见下书：J. H. Parry, *The Discovery of the Sea* (New York: Dial Press, 1974), chapters 1 and 2.

2 James Cook, *The Voyage of the Resolution and Adventure*, ed. John C. Beaglehole (Cambridge: Hakluyt Society, 1961), p. 354.

3 James Cook, *The Voyage of the Endeavour, 1768—1771*, ed. John C. Beaglehole (Cambridge: Hakluyt Society, 1955), p. 154.

4 关于波利尼西亚人的航海，可参阅下列著作：Ben R. Finney, *Voyage of Rediscovery: A Cultural Odyssey through Polynesia* (Berkeley: University of California Press, 1994); Will Kyselka, *An Ocean in Mind* (Honolulu: University of Hawaii Press, 1987); David Lewis, *We the Navigators: The Ancient Art of Landfinding in the Pacific* (Honolulu: University Press of Hawaii, 1994).

5 Parry, *Discovery*, p. 33.

6 Finney, *Voyage*, p. 13.

7 Clifford W. Hawkins, *The dhow: An Illustrated History of the Dhow and Its World* (Lymington: Nautical Publishing, 1977); Patricia Risso, *Oman and Muscat: An Early Modern History* (New York: St. Martin's, 1986), p. 216. 单桅三角帆船（Dhow）这一类型包括很多种船，如巴格拉传统深海单桅帆船（Baghlahs），船尾呈锥形、整体结构更对称的布姆帆船（Booms），以及具有独特龙骨设计的桑布克单桅帆船（Sambuqs）等。

8 K. N. Chaudhuri, *Trade and Civilization in the Indian Ocean* (Cambridge: Cambridge University Press, 1985), pp. 146 - 150; Simon Digby, "The Maritime Trade of India," in Tapan Raychaudhuri and Irfan Habib, eds., *The Cam-*

bridge Economic History of India (Cambridge: Cambridge University Press, 1981), vol. 1, p. 128; P. Y. Manguin, "Late Medieval Asian Shipbuilding in the Indian Ocean," *Moyen Orient et Océan Indien* 2, no. 2 (1985), pp. 3 - 7; W. H. Moreland, "The Ships of the Arabian Sea about A. D. 1500," *Journal of the Royal Asiatic Society* 1 (January 1939), p. 66; George F. Hourani, *Arab Seafaring in the Indian Ocean in Ancient and Early Medieval Times*, revised and expanded by John Carswell (Princeton: Princeton University Press, 1995), pp. 91 - 105. 15世纪人们开始使用铁钉，但只是用于建造长途航行的大型船只，参见：Ahsan Jan Qaisar, *The Indian Response to European Technology and Culture, AD 1498—1707* (Delhi and New York: Oxford University Press, 1982), pp. 23 - 27.

9 I. C. Campbell, "The Lateen Sail in World History," *Journal of World History* 6 (Spring 1995), pp. 1 - 24; Alan McGowan, *The Ship*, vol. 3: *Tiller and Whipstaff: The Development of the Sailing Ship, 1400—1700* (London: National Maritime Museum, 1981), p. 9; Parry, *Discovery*, pp. 17 - 20.

10 William D. Phillips, "Maritime Exploration in the Middle Ages," in Daniel Finamore, ed., *Maritime History as World History* (Salem, Mass.: Peabody Essex Museum, 2004), p. 51.

11 E. G. R. Taylor, *The Haven Finding Art: A History of Navigation from Odysseus to Captain Cook* (London: Hollis and Carter, 1956), p. 126.

12 Amir D. Aczel, *The Riddle of the Compass: The Invention That Changed the World* (New York: Harcourt, 2001); Philip de Souza, *Seafaring and Civilization: Maritime Perspectives on World History* (London: Profile Books, 2001), p. 34; J. H. Parry, *The Establishment of the European Hegemony, 1415—1715: Trade and Exploration in the Age of the Renais-*

sance (New York: Harper and Row, 1961), p. 17; Moreland, "Ships," p. 178; Chaudhuri, *Trade and Civilization*, p. 127.

13 Taylor, *Haven*, pp. 123 - 129.

14 G. R. Tibbetts, *Arab Navigation in the Indian Ocean before the Coming of the Portuguese* (London: Royal Asiatic Society, 1971), pp. 1 - 8.

15 C. R. Boxer, *The Portuguese Seaborne Empire, 1415—1825* (New York: Knopf, 1969), pp. 45 - 46; Moreland, "Ships," pp. 64, 174.

16 Mark Elvin, *The Pattern of the Chinese Past* (Stanford: Stanford University Press, 1973), p. 137.

17 William H. McNeill, *The Pursuit of Power: Technology, Armed Force, and Society since A. D. 1000* (Chicago: University of Chicago Press, 1982), p. 43.

18 Louise Levathes, *When China Ruled the Seas: The Treasure Fleet of the Dragon Throne, 1405—1433* (New York: Oxford University Press, 1994), pp. 75 - 76.

19 同前引, pp. 81 - 82; Digby, "Maritime Trade of India," pp. 132 - 133; Chaudhuri, *Trade and Civilization*, pp. 141 - 142, 154 - 156; Elvin, *Pattern*, p. 137.

20 Aczel, *Riddle*, pp. 78 - 86; Elvin, *Pattern*, p. 138; Parry, *Discovery*, p. 39.

21 Aczel, *Riddle*, p. 86.

22 关于郑和远航的故事，可以参见：Louise Levathes, *When China Ruled the Seas*; Edward L. Dreyer, *Zheng He: China and the Oceans in the Early Ming Dynasty, 1405—1433* (New York: Pearson, 2007); Francesca Bray, *Technology and Society in Ming China* (Washington, D. C.: AHA

Publications, 2000), pp. 21 – 22; J. R. McNeill and William H. McNeill, *The Human Web: A Bird's Eye View of World History* (New York: Norton, 2003), pp. 125 – 126, 166 – 167; Felipe Fernández-Armesto, *Pathfinders: A Global History of Exploration* (New York: Norton, 2006), pp. 109 – 117.

23 例如，加文·孟席斯的《1421：中国发现美洲》就是一部这样似乎是历史的小说，参见：Gavin Menzies, *1421: The Year China Discovered America* (New York: Bantam, 2002).

24 这与1960年代和1970年代美国的登月计划有着明显的可比性，关于明代远洋的结局，可参阅：Lo Jung-pang, "The Decline of the Early Ming Navy," *Oriens Extremus* 5 (1958), pp. 151 – 162.

25 J. H. Parry, *The Age of Reconnaissance: Discovery, Exploration, and Settlement, 1450—1650* (Cleveland: World Publishing, 1963), pp. 54 – 63; Pierre Chaunu, *L'expansion européenne du XIIIe au XVe siècle* (Paris: Presses Universitaires de France, 1969), pp. 274 – 278; Richard W. Unger, "Warships and Cargo Ships in Medieval Europe," *Technology and Culture* 22 (April 1981), pp. 233 – 252.

26 John R. Hale, "The Viking Longship," *Scientific American* (February 1998), pp. 56 – 62; Unger, "Warships and Cargo Ships," 241.

27 Hale, "Viking Longship," p. 62; Unger, "Warships and Cargo Ships," pp. 240 – 245.

28 Lynn White, Jr., "Technology in the Middle Ages," in Melvin Kranzberg and Carroll W. Pursell, eds., *Technology in Western Civilization* (New York: Oxford University Press, 1967), vol. 1, p. 76; Chaunu, *L'expansion européenne*, p. 279; Unger, "Warships and Cargo Ships," p. 244.

29 关于航海家亨利，可参阅：Michel Vergé-Franceschi, *Un prince por-*

tugais du XVème siècle : Henri le Navigateur, 1394—1460 (Paris: Ed. Félin, 2000); Peter Russell, *Prince Henry "the Navigator" : A Life* (New Haven: Yale University Press, 2000). See also Fernández-Armesto, *Pathfinders*, p. 131.

30 Fernández-Armesto, *Pathfinders*, p. 148.

31 Phillips, "Maritime Exploration," p. 55.

32 Quirino da Fonseca, *Os navios do infante D. Henrique* (Lisbon: Comissão Executiva das Comemorações do Quinto Centenário da Morte do Infante D. Henrique, 1958), pp. 15 - 40; João Braz d'Oliveira, *Influencia do Infante D. Henrique no progresso da marinha portugueza : Navios e armamentos* (Lisbon: Imprensa Nacional, 1894), pp. 17 - 20; Henrique Lopes de Mendonç *a*, *Estudios sobre navios portuguezes nos secolos XV e XVI* (Lisbon: Academia Real das Sciencias, 1892), pp. 15 - 17; Eila M. J. Campbell, "Discovery and the Technical Setting, 1420—1520," *Terrae Incognitae* 8 (1976), p. 12; Boies Penrose, *Travel and Discovery in the Renaissance, 1420—1620* (Cambridge, Mass. : Harvard University Press, 1960), p. 269; Parry, *Discovery*, pp. 109 - 122.

33 Luis de Albuquerque, *Introdução à história dos descubrimentos* (Coimbra: Atlantida, 1962), p. 249.

34 Roger Craig Smith, *Vanguard of Empire : Ships of Exploration in the Age of Columbus* (New York: Oxford University Press, 1993), p. 40.

35 对于这些早期船只的排水量，只有比较近似的值，一般是根据载货量进行的估算。

36 Penrose, *Travel and Discovery*, p. 35.

37 Fernández-Armesto, *Pathfinders*, p. 143.

38 Clinton R. Edwards, "Design and Construction of Fifteenth-Century Iberian Ships: A Review," *Mariner's Mirror* 78 (November 1992), pp. 419 -

432, McGowan (*The Ship*, vol. 3, p. 10). 此书认为克拉克帆船和拿乌船是一样的。K. M. Mathew, *History of the Portuguese Navigation in India, 1497—1600* (Delhi: Mittal Publications, 1988), pp. 280 - 292; John H. Pryor, *Geography, Technology, and War: Studies in the History of the Mediterranean, 649—1571* (New York: Cambridge University Press, 1988), pp. 39 - 43; Smith, *Vanguard*, pp. 31 - 32. 上述著作则认为两者不同。很可能是当时并没有固定的船只种类名称，而是在后来才将各种各样的船只划分成了具体的种类。

39 Clinton R. Edwards, "The Impact of European Overseas Discoveries on Ship Design and Construction during the Sixteenth Century," *GeoJournal* 26, no. 4 (1992), pp. 443 - 452; Parry, *Age of Reconnaissance*, pp. 53, 66.

40 关于葡萄牙人 1460—1496 年的探险活动，可参阅：Parry, *Discovery*, pp. 133 - 142.

41 Alfred Crosby, *Ecological Imperialism: The Biological Expansion of Europe, 900—1900* (Cambridge: Cambridge University Press, 1986), pp. 108 - 116; Parry, *Discovery*, pp. 130 - 131.

42 Sanjay Subrahmanyam, *The Career and Legend of Vasco da Gama* (Cambridge: Cambridge University Press, 1997), p. 79; Smith, *Vanguard*, pp. 32, 46 - 47.

43 Parry, *Age of Reconnaissance*, p. 139; Oliveira, *Influencia*, pp. 24 - 25.

44 Subrahmanyam, *Career*, pp. 83 - 85; Parry, *Discovery*, pp. 169 - 170; Crosby, *Ecological Imperialism*, p. 118; Penrose, *Travel and Discovery*, p. 50; McGowan, *The Ship*, vol. 3, p. 18.

45 Parry, *Age of Reconnaissance*, pp. 140 - 141; Parry, *Discovery*, p. 174; A. J. R. Russell-Wood, *The Portuguese Empire, 1415—1808: A World on the*

Move（Baltimore：Johns Hopkins University Press，1998），p. 18. 上述资料都认为这位领航员就是伊本·马吉德，蒂贝茨（Tibbetts，*Arab Navigation*）否定了这种观点，苏布拉马尼亚姆（Subrahmanyam，*Career*，pp. 121 - 128）则认为是法国东方学家加布里埃尔·费兰德（Gabriel Ferrand）在1920年代用一些不充分的资料编造了伊本·马吉德的故事。

46 Aczel，*Riddle*，pp. 61，103 - 104.

47 关于15世纪后期的航海术和天文学，可参阅：Parry，*Discovery*，pp. 155 - 162；Taylor，*Haven*，pp. 158 - 160.

48 Albuquerque，*Introdução*，pp. 233 - 400；Mathew，*Portuguese Navigation*，pp. 6 - 34；Taylor，*Haven*，pp. 158 - 159；Parry，*Age of Reconnaissance*，p. 93；Parry，*Discovery*，p. 148；Penrose，*Travel and Discovery*，p. 264.

49 Parry，*Age of Reconnaissance*，pp. 94 - 96；Parry，*Discovery*，pp. 148 - 149；Penrose，*Travel and Discovery*，pp. 44 - 45，265. 关于阿拉伯人和犹太人的贡献，可参见：Albuquerque，*Introdução*，pp. 255 - 263，Mathew，*Portuguese Navigation*，pp. 34 - 38.

50 Samuel Eliot Morison，*Admiral of the Ocean Sea：A Life of Christopher Columbus*（Boston：Little Brown，1942），pp. 186 - 187.

51 Finney，*Voyage*，pp. 266 - 267；Parry，*Discovery*，p. 147.

52 Aczel，*Riddle*，pp. 124 - 225；Parry，*Age of Reconnaissance*，pp. 84 - 114.

53 Tomé Pires，*The Suma Oriental of Tomé Pires：An Account of the East，from the Red Sea to Japan，Written in Malacca and India in 1512—1515*，ed. and trans. Armando Cortesão（London：Hakluyt Society，1944）.

54 Auguste Toussaint，*History of the Indian Ocean*，trans. June Guicharnaud（Chicago：University of Chicago Press，1966），pp. 115 - 117；Par-

ry，*Age of Reconnaissance*，p. 96.

55 Morison，*Admiral*，pp. 93 - 94.

56 William D. Phillips and Carla Rahn Phillips，*The Worlds of Christopher Columbus*（Cambridge：Cambridge University Press，1992），pp. 76 - 79. 关于哥伦布的信念，还可参见：Morison，*Admiral*，chapter 6："The Enterprise of the Indies".

57 Phillips and Phillips，*Christopher Columbus*，pp. 108 - 110.

58 Samuel Eliot Morison，*The European Discovery of America：The Southern Voyages*（New York：Oxford University Press，1974），p. 30.

59 同前引，p. 31；Morison，*Admiral*，pp. 68 - 69；Phillips and Phillips，*Christopher Columbus*，pp. 110 - 111.

60 Phillips and Phillips，*Christopher Columbus*，pp. 120 - 131；Morison，*Admiral*，p. 75；Morison，*European Discovery*，p. 40.

61 Phillips and Phillips，*Christopher Columbus*，p. 132.

62 关于卡拉维尔帆船的建造与船帆的装备，可参阅：Carla Rahn Phillips，"The Caravel and the Galleon，" in Robert Gardiner，ed.，*Cogs，Caravels，and Galleons：The Sailing Ship，1000—1650*（Annapolis，Md.：Naval Institute Press，1994），pp. 91 - 114；Chaunu，*L'expansion européenne*，pp. 283 - 288；Parry，*Discovery*，pp. 28 - 29，140 - 143；Penrose，*Travel and Discovery*，pp. 269 - 270；Smith，*Vanguard*，pp. 34 - 41.

63 Phillips and Phillips，*Christopher Columbus*，p. 108；Morison，*European Discovery*，pp. 82 - 85.

64 W. D. 菲利普斯与 C. R. 菲利普斯（Phillips and Phillips，*Christopher Columbus*，p. 75）认为哥伦布携带了最新的太阳赤纬表；帕里（Parry，*Discovery*，pp. 202 - 203）认为他对天文导航知之甚少，对葡萄牙人的新方法更

是一无所知；莫里森（Morison，*European Discovery*，p. 55）则认为哥伦布使用的是只能用于陆地导航的非常简陋的工具。

65 Morison，*European Discovery*，pp. 119，138.

66 西班牙远洋贸易署是仿照葡萄牙印度和矿务管理署而成立的，初创于1503年，1524年正式成为政府机构，详见：Morison，*European Discovery*，p. 474.

67 关于麦哲伦，有很多优秀的著作，其中最新的一部应该是蒂姆·乔伊纳（Tim Joyner）的《麦哲伦》[*Magellan*（Camden，Maine：International Marine，1992)]，以及劳伦斯·贝尔格林（Laurence Bergreen）的《麦哲伦与大航海时代》[*Over the Edge of the World：Magellan's Terrifying Circumnavigation of the Globe*（New York：Morrow，2003)].

68 Donald D. Brand，"Geographical Exploration by the Spaniards，" in Herman R. Friis，ed.，*The Pacific Basin：A History of Its Geographical Exploration*（New York：American Geographical Society，1967），pp. 111 - 113；Morison，*European Discovery*，pp. 177，343；Parry，*Discovery*，p. 270.

69 Parry，*Discovery*，pp. 265 - 266.

70 Brand，"Geographical Exploration，" pp. 112 - 118；Morison，*European Discovery*，pp. 405 - 409；Parry，*Discovery*，p. 276.

71 Morison，*European Discovery*，pp. 316 - 317.

72 Brand，"Geographical Exploration，" p. 118；Simon Winchester，"After dire straits，an agonizing haul across the Pacific，" *Smithsonian* 22，no. 1（April 1991），pp. 92 - 95.

73 Parry，*Discovery*，p. 287；Brand，"Geographical Exploration，" p. 112；Taylor，*Haven*，p. 174；Morison，*European Discovery*，pp. 474 - 475.

74 William Lytle Schurtz，*The Manila Galleon*（New York：Dutton，1959），

pp. 217 - 218; Brand, "Geographical Exploration," p. 119.

75 Pierre Chaunu, "Le Galion de Manille: Grandeur et décadence d'une route de la soie," *Annales ESC* 4 (October-December 1951), p. 450; Morison, *European Discovery*, pp. 477 - 493; Brand, "Geographical Exploration," pp. 119 - 121.

76 Björn Landström, *The Ship: An Illustrated History* (New York: Doubleday, 1961), p. 118; J. H. Parry, *The Spanish Seaborne Empire* (New York: Knopf, 1966), p. 134.

77 Chaunu, "Galion," pp. 451 - 452; Brand, "Geographical Exploration," pp. 129 - 130; Schurtz, *Manila Galleon*, pp. 219 - 220; Morison, *European Discovery*, pp. 493 - 494.

78 Parry, *Spanish Seaborne Empire*, p. 132; Chaunu, "Galion," p. 453; Schurtz, *Manila Galleon*, p. 193.

79 Brand, "Geographical Exploration," p. 130; Schurtz, *Manila Galleon*, pp. 217 - 221.

80 Parry, *Spanish Seaborne Empire*, p. 132; Chaunu, "Galion," p. 453.

81 Parry, *Age of Reconnaissance*, p. 67; Gardiner, *Cogs*, p. 9.

82 K. M. Panikkar, *Asia and Western Dominance* (New York: Macmillan Collier, 1969), p. 46.

83 Charles R. Boxer, *The Dutch Seaborne Empire, 1600—1800* (New York: Knopf, 1965), p. 197.

84 关于经度问题，可参见：William J. H. Andrewes, *The Quest for Longitude: Proceedings of the Longitude Symposium, Harvard University, Cambridge, Massa-chusetts, November 4 - 6, 1993* (Cambridge, Mass.: Collection of Scientific Instruments, Harvard University, 1996). 更为通俗简要的介绍参见：Dava Sobel, *Longitude* (New York: Penguin, 1996).

85　Numa Broc, *La géographie des philosophes: Géographes et voyageurs français au XVIIIe siècle* (Paris: Editions Ophrys, 1975), pp. 16, 281; John Noble Wilford, *The Mapmakers* (New York: Knopf, 1981), p. 129.

86　Wilford, *Mapmakers*, p. 128; Sobel, *Longitude*, pp. 11 - 12.

87　Rupert Gould, *The Marine Chronometer: Its History and Development* (London: J. D. Potter, 1923), pp. 254 - 255; Gould, "John Harrison and His Timekeepers," *Mariner's Mirror* 21 (April 1935), p. 118; David Landes, *Revolution in Time: Clocks and the Making of the Modern World* (Cambridge, Mass.: Harvard University Press, 1983), pp. 112, 146; Lloyd A. Brown, *The Story of Maps* (New York: Dover, 1980), p. 227.

88　关于这一时期的制图法，参见：Daniel Headrick, *When Information Came of Age: Technologies of Knowledge in the Age of Reason and Revolution, 1700—1850* (New York: Oxford University Press, 2000), chapter 4: "Displaying Information: Maps and Graphs."

89　Wilford, *Mapmakers*, p. 131.

90　Charles H. Cotter, *A History of Nautical Astronomy* (New York: American Elsevier, 1968), pp. 184 - 186; J. B. Hewson, *A History of the Practice of Navigation* (Glasgow: Brown, Son and Ferguson, 1951), pp. 223 - 250; Frédéric Philippe Marguet, *Histoire générale de la navigation du XVe au XXe siècle* (Paris: Sociétéd'éditions géographiques, maritimes et coloniales, 1931), pp. 127 - 131; Broc, *La géographie des philosophes*, pp. 16 - 33.

91　Landes, *Revolution in Time*, p. 152; Sobel, *Longitude*, pp. 89 - 91; Taylor, *Haven*, p. 256.

92　Cotter, *History*, p. 195.

93　Derek Howse, *Greenwich Time and the Discovery of Longitude* (Oxford:

Oxford University Press, 1980), pp. 62 - 69; Marguet, *Histoire générale*, pp. 185 - 194; Landes, *Revolution in Time*, pp. 151 - 155; Cotter, *History*, pp. 189 - 237; Wilford, *Mapmakers*, pp. 130 - 135.

94 哈里森的一生是科技史上最具戏剧性的、类似于《圣经》中大卫挑战歌利亚的故事之一，曾经被讲述过很多次，参见：Landes, *Revolution in Time*, pp. 146 - 162; Gould, "John Harrison"; Wilford, *Mapmakers*, pp. 128 - 137; Sobel, *Longitude*, pp. 61 - 152; and Taylor, *Haven*, pp. 260 - 263.

95 Broc, *La géographie des philosophes*, pp. 282 - 284; Marguet, *Histoire générale*, pp. 148 - 184; Landes, *Revolution in Time*, chapter 10.

96 Sobel, *Longitude*, pp. 17 - 20; Richard I. Ruggles, "Geographical Exploration by the British," in Friis, *Pacific Basin*, p. 237.

97 James Lind, *A Treatise of the Scurvy: Containing an Inquiry into the Nature, Causes, and Cure, of That Disease* (Edinburgh, 1753); Christopher Lloyd and Jack L. S. Coulter, *Medicine and the Navy, 1200—1900*, vol. 3: *1714—1815* (Edinburgh and London: Livingstone, 1961), pp. 293 - 322; Alfred F. Hess, *Scurvy, Past and Present* (Philadelphia: Lippincott, 1920), pp. 172 - 204.

98 J. C. Beaglehole, *The Exploration of the Pacific* (Stanford: Stanford University Press, 1966), pp. 256 - 257.

99 John C. Beaglehole, *The Life of Captain James Cook* (London: Hakluyt Society, 1974), pp. 410, 423, 438; Sobel, *Longitude*, pp. 149 - 150.

100 Beaglehole, *Exploration*, p. 311; Sobel, *Longitude*, pp. 144, 154 - 155; Gould, "Harrison," p. 126.

101 Frédéric Philippe Marguet, *Histoire de la longitude à la mer au XVIIIe siècle, en France* (Paris: Auguste Challamel), p. 217.

第二章　东方海洋帝国（1497—1700）

要统治海洋，熟悉海洋环境是必要的，但这还远远不够。在欧 59
洲航海者们的征程中，也会不断遭遇世界其他地区的航海者。其中，太平洋岛民、美洲原住民以及西非人善于使用无篷的独木舟进行航海，有的还能航行非常远的距离。不过当冲突爆发时，他们显然不是欧洲坚船利炮的对手。印度洋与东亚沿海上的船只虽然体型与欧洲船只相当甚至更大一些，然而这些地方在 1498 年之前，只有海盗抢劫比较常见，海战则从未发生过。

只有在葡萄牙之后 40 年来到印度洋的奥斯曼土耳其人，与他们发生过海战。在通往印度洋的征程中，存在着分别产生于并适用于特定海域的两类船——大西洋帆船和地中海桨船，以及分别与之相配合的两种作战方式。在葡萄牙和奥斯曼两个帝国的冲突中，胜利或失败往往取决于领导能力、作战动机和战斗素质，同时也严重受制于环境和技术。

印度洋上的葡萄牙人

达·伽马的船队在驶离葡萄牙后首次遭遇到海上对抗是在莫桑比克湾。冲突迅速在当地穆斯林和这些基督教闯入者之间展开。在他们离开前，达·伽马下令炸毁这座城镇。类似的事件还
60 发生在蒙巴萨，达·伽马不得不使用枪炮来劝服当地人让他们获得新鲜的淡水。直到到达马林迪后，船队才受到了友好的待遇，并雇到一个当地水手作为向导，带领他们穿过阿拉伯海到达印度的卡利卡特港。[1]

卡利卡特是一个主要人口为印度教徒的城市，隶属于印度教维查耶纳伽尔帝国（Vijayanagara），不过这里也居住着大量来自波斯、阿拉伯半岛和古吉拉特的穆斯林商人。不止卡利卡特，印度洋上所有的港口都普遍奉行宗教宽容的政策，允许大量贸易在和平和自由的环境下展开，税收很低，有优良的港口和仓储设施，还有完善的银行和法律系统。如果说有什么能限制贸易，那只能是货物的供应、船的装载能力以及运输的费用。[2]

达·伽马抵达卡利卡特时，派了一个人上岸，当一位来自突尼斯的商人询问葡萄牙人来此有何贵干时，这人回答说：“我们来此

寻找基督徒和香料。”[3]而在这里，香料应有尽有。其中胡椒尤其是欧洲人眼中的珍贵商品，在冷冻技术发明之前，全靠它来掩盖腌制肉品的气味。但是达·伽马没有交易的准备，因为他的船上只带有一些粗布、廉价的金属制品以及一些在几内亚海岸受欢迎的项链和器皿，在这里却没人感兴趣。他也没有给当地的主人带去礼物，这在当时的世界大部分地区都是失礼的。扎莫林（意即统治者，也就是卡利卡特的掌权者）以礼貌的方式接待了葡萄牙人，然而他们的行为却“唐突而满含威吓”。由于在北非已经与欧洲的基督徒有过接触的经验，穆斯林商人们开始对达·伽马的船队怀有敌意。在经过三个月的艰难交易之后，达·伽马终于得到了让他这趟旅程物有所值的足够香料，不过在此过程中，他与当地的统治者和人民的关系也疏远了。[4]

当达·伽马于 1499 年回到里斯本时，国王曼努埃尔庆祝这一事件的方式是宣布他自己为“几内亚之主，以及对埃塞俄比亚、阿拉伯半岛、波斯和印度的征服、航海与贸易之主宰”。[5]在这份声明之后，葡萄牙进入了一个新的时代，它的目的从海上探险和贸易变成了扩张疆土、营造帝国。这意味着要去攻击那个现有的、由商人组织完善的贸易网络，而这些商人出于宗教信仰的原因也早已倾向 61
于敌视葡萄牙人。史学家 J. H. 帕里是这样解释的：

> 从葡萄牙人的角度来看，瓦解阿拉伯商船队，除了宗教虔诚的义务之外，也体现了竞争的必要性。这包括海上的抢劫和大型的舰队攻击……如果葡萄牙人真想要循着达·伽马发现的路线闯入印度洋的贸易圈，他们就必须拿起手中的枪。[6]

1500 年 3 月，佩德罗·阿尔瓦雷斯·卡布拉尔（Pedro Alvares Cabral）带领第二支船队离开里斯本，他们的军事扩张目的丝毫不亚于商业探险。出发时的规模达到 13 艘船，超过 1 000 人。在佛得角群岛西南方向航行了相当远的距离之后，他们发现了巴西。13 艘船中只有 6 艘于当年 9 月到达了卡利卡特。一开始，双方的关系虽然紧张但还合乎礼仪，但很快冲突就在葡萄牙人和穆斯林商人间爆发，54 个葡萄牙人被打死。作为报复，卡布拉尔炮击了这座城市，造成了四五百人的死伤，他还抓扣了很多穆斯林船，连同上面的船员一起放火烧掉。接着他来到了邻近的城市科钦和坎纳诺尔，在那里被作为反卡利卡特的同盟而受到欢迎。虽然卡布拉尔的船队最后只有 4 艘船回到了里斯本，但他的这次海上冒险与达·伽马一样收获巨大。[7]

第三支船队在 1502—1503 年启程，同样由达·伽马带领。尽管不同的史学家给出的数字各异，但我们认为这支船队的船只数量可能多达 25 艘，而且每艘都全副武装。到达东非时，达·伽马得到了蒙巴萨的臣服，并通过威胁基卢瓦将其夷为平地而获得了他们的黄金。然后，达·伽马直奔卡利卡特，并再次炮击了这座城市。当扎莫林和阿拉伯商人的船队从城中驶出迎上达·伽马时，他摧毁了它们。他还下令击沉了遇到的每一艘穆斯林船，就连载着妇女和儿童的朝圣船都不放过。达·伽马的船队在科钦和坎纳诺尔装满香料之后，于 1503 年 2 月回到里斯本，走前留下了三艘克拉克帆船和两艘卡拉维尔帆船由维森特·索德雷（Vicente Sodré）指挥，作为葡萄牙在印度洋永久性的存在。[8]

1504 年，弗朗西斯科·德阿尔梅达（Francisco de Almeida） 62
作为首任印度总督带领大型船队再次出发前往印度洋。为了给攻击穆斯林船队做准备，德阿尔梅达夺取并加强了索法拉、基卢瓦、蒙巴萨以及东非海岸莫桑比克的防御。直到那时，威尼斯和埃及的政府才意识到葡萄牙在印度洋的存在打击了它们垄断的香料生意，给它们的利益造成了毁灭性的损失。[9]加尔各答的扎莫林、古吉拉特的第乌政府官员以及马拉巴尔海岸的阿拉伯商人联合向埃及苏丹坎苏·加夫里（Kansuh Gawri）求援，应对共同的敌人葡萄牙。在威尼斯人的帮助下，埃及人组建了一个装配大炮的加莱船队。1507 年，在埃米尔·侯赛因·库尔迪（Emir Huseyn al-Kurdi）将军的带领下，船队从苏伊士出发前往麦加的港口吉达。接下来的一年，埃及人的船队进入了印度洋，与卡利卡特和古吉拉特来的船汇合。在卡利卡特以北的焦尔河口（Chaul River），他们遭遇并截获了几艘葡萄牙船，杀掉了总督的儿子洛伦索（Lourenço）。[10]

1509 年初，急于报复的德阿尔梅达总督集结了 18 艘船、1 500 名葡萄牙人和 400 名马拉巴尔水手浩浩荡荡驶向第乌。埃及人和古吉拉特人则在第乌集合了众多单桅三角帆船、加莱船及其他船只，意图对葡萄牙人在印度洋的统治发起挑战。尽管穆斯林船只在数量上远多于葡萄牙的船只，但它们都没有配备枪炮，它们的领导者又各执己见且优柔寡断。德阿尔梅达很快就战胜了对手，俘获并屠杀了船员。[11]

直到 1509 年，葡萄牙人的政策都是派遣武装船队进入印度洋、摧毁敌对的穆斯林船队、把船装填满香料然后回国。简言之，他们将宗教目的和商业目的合而为一。然而这一切自阿方索·德阿尔布开克（Alfonso de Albuquerque）接替德阿尔梅达任总督之后开始改变。正是他的作为，为葡萄牙在印度洋开创了一个持久延续的海上帝国。

德阿尔布开克曾于1503—1504年在东方领职，1506年回到葡萄牙，1509年被任命为总督。很快，他就通过在环印度洋创建一系列海军基地为葡萄牙确立了永久性的统治地位。基地可以为印度
63 洋船队提供补给和整修，还可以为出海的海员提供休憩之所，或者就地招募水手。[12]这些基地还可以作为贸易中转港，以及商人和其他定居于东方的葡萄牙人的居住地。有了这些基地要塞的防护，机动的船队就可以主动出击穆斯林的商船队，切断埃及和威尼斯往来欧洲运送香料的路线。

德阿尔布开克的行动从袭击果阿开始，这是位于卡利卡特以北，距离马拉巴尔海岸350英里的一座岛屿，拥有一个良港以及成熟的造船业。1510年他初次尝试夺取果阿失败，但转年德阿尔布开克就通过切断实际控制果阿的比贾普尔穆斯林苏丹的阿拉伯马匹供应，并将这些马匹转而提供给印度教的维查耶纳伽尔国王而达到了目的。[13]他给曼努埃尔国王的信中这样写道：

> 夺取果阿让印度保持了噤声。因此我认为，将您所有的权力和力量都集中在海军上是不智的……一艘船只不过是一堆靠着四个泵漂浮在海面上的烂木头而已。一旦葡萄牙的海上优势遭遇逆转，那些陆地上的王公来抢夺的话，您在印度的财产连一天都保不住。[14]

果阿的防护工事尚未完成，德阿尔布开克就率领一支 18 艘船的船队继续奔向了马六甲，船上配备了 800 名欧洲士兵和 200 名印度助手。马六甲港是扼守苏门答腊岛和马来半岛之间海峡的战略要地，并且是西向印度洋、东向中国和香料群岛的重要贸易中转港。1511 年 7 月夺下马六甲后，他放过了这里的印度、中国和缅甸居民，却将穆斯林居民屠杀或卖为奴隶。正如他给葡皇的信中所说："听到我们要来的传言，所有（当地的）船都消失了，连鸟儿也不再掠过水面。"[15]他立即着手建立一座要塞并命名为爱化摩沙（A'Famosa），其石垒城墙厚达 8 英尺。这座堡垒在此后 150 年里都被控制在葡萄牙的手中。[16]

占有马六甲为葡萄牙人开辟了去往东方的道路。多默・皮列士曾于 1512—1515 年在当地的葡萄牙工厂担任会计师，他自豪地写道："无论谁是马六甲的主人，他都将扼住威尼斯人的咽喉。从马六甲到
中国，从中国到摩鹿加群岛，从摩鹿加群岛到爪哇，再从爪哇到马 64
六甲和苏门答腊岛，都是我们的势力范围。"[17]越过马六甲海峡，葡萄牙人毫不费力地找到当地的领航员引导他们的船只在变化莫测的大海中不断前进。1511 年，安东尼奥・德阿布雷乌（Antonio de Abreu）为采购肉豆蔻，带领着三艘船和船上的爪哇船员离开马六甲前往班达群岛。1514 年，第二支葡萄牙船队开进丁香产地特尔纳特，在那里建起加工厂。[18]

获得令人垂涎的香料的来源——摩鹿加群岛的丁香和肉豆蔻、马拉巴尔的胡椒和小豆蔻以及锡兰的肉桂——是德阿尔布开克的主要成就。他的另一个目标是切断印度洋和地中海之间的穆斯林贸

易。早在1500年，国王曼努埃尔就曾指示德阿尔梅达：“在为我们的利益服务上，没有什么比在红海口或附近设置一个要塞更为重要了，不管在海口里面或外面都可以。一旦将这海口封锁，将不再有香料能通过苏丹的疆域，那么远在印度的每一个人都将放弃与我们之外的人进行交易的幻想。”[19]因此，1513年2月，德阿尔布开克率领24艘船、1 700名欧洲士兵和1 000名印度士兵，从果阿进攻红海入口曼德海峡的港口亚丁，但被击退了。进攻亚丁失利之后，德阿尔布开克船行进入红海，希望能找到另一个合适的基地，这一尝试也失败了。这意味着葡萄牙在东方的政策目标仍然遥不可及。

德阿尔布开克于是转向了扼守波斯湾入海口的霍尔木兹岛，很快控制了这里。这一次，他成功夺取了这里的市镇并建起要塞。凭借着这一要塞，葡萄牙人可以任意拦截进出波斯湾的船只，向它们收取税费。此后葡萄牙人在此地的盘踞超过了100年。[20]德阿尔布开克也在此结束了他攻城略地的一生。

在此值得一提的是：葡萄牙人是如何凭借这么少的船只和人员，就击败了无数的敌人，征服战略要地并称霸海洋的呢？领导力、勇气和宗教信仰是一部分原因，贪婪和残暴也是，但将这种动机转化为成功的行为同样需要技术优势，而这种优势并非仅仅来自枪支、船只或训练，而是三者的结合。

65 当达·伽马开始他的第一次历史性航行的时候，欧洲人已经能熟练使用枪支，但当时中东、南亚和东亚的人们也已掌握了这些技术。火药还是起源于10世纪的中国，在那里被用来制造鞭炮和燃烧弹。14 世纪早期，大炮——金属管的一端封闭，里面的石块或铁炮弹借助火药爆炸的推送力量而远远地发射出去——在中国和欧洲都出现了。[21]最早的大炮是射石炮（Bombard），是由铁杆焊接形成一个圆筒，再用铁箍环住，像一个酒桶一样，然后从后部装填并用炮闩密封。15 世纪之前，欧洲的战船上会携带一些这种火炮。它们的有效射程很少超过 200 码①，射出的炮弹也不太能损坏船体。它们经常被安置在船体两端的船楼上，不是用来射击其他船只，而是用来杀死试图在战斗中登船的敌方士兵。[22]

在达·伽马 1497—1498 年的首次航行中，他的三艘船携带了 20 门射石炮，以及一些更轻型的只能用于防御和炫耀武力的火炮。卡布拉尔 1500—1501 年以及达·伽马 1502 年第二次航行的武器装备则要丰富得多：他们的卡拉维尔帆船上均配备了 4 门重型射石炮，还有 6 门中型的鹰炮（Falconet）以及 10 门轻型的回旋炮（Swivel Gun）；克拉克帆船上则配备 8 门射石炮及一些轻型火炮。他们就是用这些武器炮轰了卡利卡特，击沉了港口的船只。卡布拉尔和达·伽马的船在设计用途上根本就是战争和贸易并重的。[23]

与之相反，印度洋上的商船几乎不配备武器。阿拉伯海的武装船则只配备弓箭手和剑客。没有证据表明在葡萄牙人到来之前这里曾经使用过火器。[24]远航的单桅三角帆船都是由木板拼成并用绳子和销子固定的，十分脆弱，根本经受不起大炮的攻击。因此商人们和那些沿海的国家对欧洲的进攻根本毫无准备。

---

① 1 码约为 0.91 米。——译者注

葡萄牙人并未满足于火炮带来的威慑力而止步不前，而是持续推进着火器的技术进步。16世纪初，受到欧洲国家之间竞争的刺激——历史学家菲利普·霍夫曼（Philip Hoffman）称之为“一场
66 促进了军事革新的西欧统治者们的锦标赛”[25]——火器制造者们开始铸造青铜大炮，这种炮从炮口装填炮弹和火药，只在火炮后膛有一个可以点燃火药的火门。相比之前的制造技术，这种新型火炮的铸造要昂贵得多，然而也更为坚固，可以装填更多的火药，其铁制炮弹可重达60磅，在300码之外就能破坏敌方的船体。不过由于重达数吨，如果安置在船楼或上层甲板上会导致船体头重脚轻，因此只能将它们放在主甲板上。炮口则嵌在船舷内，带铰链的炮口盖在战斗时可以拉起。[26]

卡布拉尔1500年启程奔赴印度洋时，曼努埃尔国王就曾指示他：“要避免与它们（穆斯林船）近距离接触，用大炮迫使它们收帆投降……只有这样，战斗才会更加安全，你的人员损失也会减少很多。”[27]葡萄牙人能做到这一点是因为他们的火炮射程远大于穆斯林船。他们的炮手也比对方更为训练有素，他们将火药预先称量好并分装在袋子里，这样就可以在战斗中快速取用。[28]他们不用撞击和登船的方法，而是训练了另一种舷侧齐射的战术，也就是用同侧船舷的火炮齐射同一个目标。当德阿尔布开克的舰队出现在霍尔木兹海峡时，他发出了最后通牒。他的儿子记录了此后的情况：

> 当黎明破晓，德阿尔布开克确定他不会再从（霍尔木兹）国王那里得到任何反馈信息，这一延迟即意味着战争而不是和

> 平。于是他下令所有舷侧的火炮同时开火。炮手们瞄准目标，两轮射击之后，他们面前的两艘大船，连同上面的船员一起沉入了海底。尽管那些摩尔人也使用他们的火炮意图复仇，然而我们的防御固若金汤。他们的炮击只破坏了一点上层甲板，他们的弓箭手射伤了一些我们的人，除此之外我们没有任何损失。[29]

舷侧齐射依靠的是强大的火力、严密的操作以及快速的装填。为了最大限度地发挥作用，葡萄牙人将他们的船排成一列纵队或者
说首尾相接，这样同舷侧的火炮就可以同时向敌军开火。这一战术 67
于1502年在马拉巴尔海岸首先使用，并成为此后300年欧洲海军的标准战术。就像德阿尔布开克认识到的那样，葡萄牙需要通过占领沿海战略要地城市来统治海洋。为此，他们不仅使用适合远洋的克拉克帆船这种能够轰击一个城市的重器，还会使用一些适合士兵登陆攻击陆上目标的小型船只。[30]

进入16世纪以后，葡萄牙人派出的船体积更大，船上的大炮火力也更强了。拿乌船（克拉克帆船）让位给了体型更大的盖伦船，这是一座排水量超过1 000吨的海上城堡，有多层甲板、复杂的索具以及几十门大炮。在三角帆船和划桨的加莱船面前，这种盖伦船所向披靡。只有欧洲其他一些国家的船只才会对这种印度洋航线上的巨舰构成威胁，就像它们对待那些从美洲满载白银而归的西班牙船只一样。

支付这些船只的建造维护以及维持葡属印度殖民地的费用则来
自获利巨大的香料贸易，往往一条船上的货物价值就足够支付一次 68

一艘 16 世纪的西班牙盖伦船

资料来源：*Narrative and Critical History of America*（New York：Houghton，Mifflin，and Company，1886）. 佛罗里达教育技术中心（FCIT）提供，http：//etc. usf. edu/clipart。

海上远征之行还绰绰有余。后来，在亚洲内部的贸易变得比与欧洲的贸易更为有利可图。不过，随着时间的推移，这种生意的获利也越来越少。一方面，印度洋上的商人们都找到了避开葡萄牙人的方法；另一方面，新敌对势力的出现导致了防御成本的提高，其中首先出现的就是奥斯曼人。

奥斯曼人的挑战

16 世纪初葡萄牙人的胜利在事后看来的确令人印象深刻，但在当时的欧洲、中东乃至印度，穆斯林才是最积极最成功的帝国建设者。在印度，帖木儿的后裔、中亚军阀巴布尔（Babur，1483—1530）建立了莫卧儿王朝，统治印度次大陆大部分地区长达 200 年。在中东，奥斯曼土耳其巩固了在安纳托利亚的统治，征服了叙利亚和埃及，打败了波斯人，推进到欧洲腹地。而在海上，他们控制着地中海的东部。

在 1509 年第乌的那次惨败之后，由于埃及本国缺少木材和金属，埃及苏丹坎苏·加夫里向奥斯曼苏丹巴耶塞特二世（Bayezid Ⅱ）求援，请求对方帮助自己重新建造一支船队。巴耶塞特承诺提供足够的材料为埃及建造 30 艘加莱船、300 门大炮，还派遣官员进行技术指导。巴耶塞特的继任者塞利姆一世（Selim I）延续了支持埃及的政策。一位前地中海的海盗萨尔曼·雷斯（Salman Reis），还被任命去管理苏伊士的造船厂。1515 年夏，这支由 30 艘加莱船、数千名士兵以及大小各种型号数百门火器组成的舰队终于准备下水了，萨尔曼被擢拔为舰队司令，指挥整个舰队。[31]他的首个任务就是加强对麦加港口吉达的防御。

奥斯曼人的海战水平丝毫不亚于他们在陆上的作战能力。不过，两个世纪以来，他们在海军事务方面的经验仅限于地中海和黑

海。直至1517年之前，他们从未接触过印度洋或与之相连的红海
69 和波斯湾。在他们征服埃及后就继承了马穆鲁克王朝的香料生意。[32]奥斯曼苏丹擅自使用了“哈里发”的称号，此称号意即“穆罕默德的继承者”，“圣城麦加、麦地那、耶路撒冷的保护者”。而作为他们与罗得岛（希腊）、威尼斯、巴尔干半岛各国交战的附带后果，奥斯曼成了穆斯林和基督徒之间长期敌对状态的旗手。这诸多的原因导致了他们与葡萄牙人之间的冲突。

1517年，葡萄牙派出了一支新的舰队，由洛波·苏亚雷斯·德阿尔贝加里亚（Lopo Soares de Albergaria）率领，去完成德阿尔布开克未竟的事业。进入红海时，他本人坐镇一条排水量800吨的克拉克帆船，同行的另有22艘克拉克帆船、7艘加莱船以及一些其他型号的船只，船队共载士兵和水手数千人。与他的前任一样，德阿尔贝加里亚在通过“悲叹之门”曼德海峡时也遭遇了极大的困难，这里沙洲、浅滩礁石密布，风向捉摸不定。快到吉达时，又发现这里的港口入口处太浅，他的大船无法进入。而萨尔曼·雷斯早
70 已在此重兵防守严阵以待，其配备的大炮能够打出重达1 000磅的石弹；在陆地上，奥斯曼的陆军也丝毫不输欧洲人。[33]葡萄牙人只得调转船头离开，不幸又遇上了暴风雨，很多船员死于饥渴和疾病。这次远航未能占领红海的任何城镇或要塞，葡萄牙人在失败中返回了印度洋。[34]

此后不久的1520年，奥斯曼新任苏丹、在伊斯兰世界以“立法者”（the Lawgiver）闻名的苏莱曼一世即位，西方称其为“苏莱曼大帝”。这是一位文治武功都极为杰出的领导者，他组建了自己

的舰队和陆军，虽然其主要目标是完成对巴尔干半岛的征服进而攻入欧洲中部，但他同时也对阿拉伯半岛和印度洋很感兴趣。

在苏莱曼早年的统治岁月里，葡萄牙和奥斯曼频繁地发生冲突。1525 年，一支葡萄牙舰队进入红海，抓扣了 25 艘商船。6 年后，另一支葡萄牙舰队封锁红海并袭击了吉达附近海岸。[35] 1530 年代，葡萄牙和奥斯曼及其穆斯林盟友间的紧张关系不断升级。1536 年，被莫卧儿打败的古吉拉特苏丹巴哈杜尔在第乌寻求避难，并向奥斯曼人请求支援。苏莱曼决定就此机会组建舰队，驱逐印度洋上的葡萄牙人，占领古吉拉特的肯帕德湾。1538 年 7 月，超过 60 艘战船、8 000 名水手、6 500 名士兵组成的舰队从苏伊士往吉达方向开拔，指挥者是奥斯曼主管埃及的大臣哈迪姆·苏莱曼·帕夏（Hadim Suleyman Pasha）。到达第乌后，他的军队包围了葡萄牙人的要塞。但是，就在攻城战之前，巴哈杜尔却背弃了泛穆斯林的反葡萄牙同盟。因为，比起葡萄牙人对其越洋贸易的威胁，他更担心被奥斯曼控制，他认为“海上战争是商人的事，与国王的声望无关”。[36] 当 39 艘帆船和逾百艘加莱船组成的葡萄牙舰队到来后，哈迪姆·苏莱曼·帕夏仓皇撤退回到了红海。[37]

与此同时，马拉巴尔海岸上以佩特·马拉卡（Pate Marakar）为首的海盗也组建起了一支由弗斯特船（Fusta，小型加莱船）组成的舰队，拥有 400 门枪炮，成员达到数千人，但 1538 年遭到了葡萄牙舰队的摧毁。第二年，来自苏门答腊岛亚齐的穆斯林舰队满载 71
着奥斯曼士兵进攻马六甲，也被葡萄牙人击退。1530 年代穆斯林军事力量在整个印度洋上的表现就这样糟糕地结束了。尽管如此，奥斯曼土耳其还是成功控制了亚丁和也门的大部分地区，削弱了葡萄牙切断红海香料贸易路线和麦加、麦地那朝圣线路的企图。[38]

在奥斯曼人驱赶印度洋上的葡萄牙人的征战失败三年后，1541年，葡萄牙人开始了反击。达·伽马的儿子埃斯特旺（Estevão da Gama）率领70艘船、2 300人组成的舰队进入红海，意图夺取苏伊士和那里的奥斯曼要塞及军火库。不过其中一半船只被转移到马萨瓦的厄立特里亚海岸，只留下16艘军舰和250人进攻苏伊士。这次活动以葡萄牙人的失败和耻辱而告终。[39]

1546年，这一僵持不下的局面蔓延到了波斯湾，奥斯曼人占领波斯湾北部的巴士拉，却受阻于葡萄牙人控制的位于波斯湾口的霍尔木兹。1552年，土耳其的海军将领皮里·雷斯（Piri Reis）率领24艘加莱船和4艘补给船从苏伊士来到波斯湾围攻霍尔木兹，据说由于一艘补给船沉没造成了粮食和弹药短缺，奥斯曼军队只得向北撤退到巴士拉。[40]第二年，另一支奥斯曼舰队在穆拉德·贝格（Murad Beg）的带领下试图从波斯湾返回苏伊士，又在霍尔木兹被迪奥戈·德诺罗尼亚（Diogo de Noronha）指挥的葡萄牙舰队拦截，这触发了葡萄牙与奥斯曼在公海上规模最大的一场战役。当风停止时，奥斯曼人的加莱船一度占据上风，奥斯曼人击沉了德诺罗尼亚的旗舰，并夺取了另一艘盖伦大船。而当风再次吹起时，葡萄牙的帆船重整旗鼓，将对方逼退回了巴士拉。

一年之后，赛义迪·阿里·雷斯（Seydi Ali Reis）带领奥斯曼人卷土重来，却依然在霍尔木兹被葡萄牙人堂·费尔南·德梅内泽斯（Dom Fernão de Menezes）的舰队挫败，余下的船和船员随风漂流到了印度并被遗弃在了那里。虽然赛义迪·阿里·雷斯最终经由陆路回到了伊斯坦布尔，但他的失败终结了奥斯曼帝国击败葡萄 72
牙海军或夺取其要塞的意图。[41]

在葡萄牙人与他们的穆斯林敌人反复较量的漫长过程中，我们可以看到一个清晰的模式。葡萄牙1509年和1538年在第乌、1551年和1553年在霍尔木兹、1554年在马斯喀特均占据了上风，但在1513年、1517年、1525年、1531年和1541年试图夺取亚丁和进入红海时却均告失败。同样地，奥斯曼人成功控制了红海以及苏伊士、吉达、亚丁等战略港口，却未能将葡萄牙人逐出印度洋。鉴于两个国家体量之间显著的差距，这看起来并不是一个不合理的目标：奥斯曼帝国比葡萄牙要大20倍，更为富有，拥有更多人口，他们控制着地中海东部，军队还在巴尔干横扫了基督徒。那么，是什么阻碍了他们呢？

其中一个问题是地理因素。奥斯曼任何去往印度洋的船都得在苏伊士或巴士拉建造，远离木材和其他供应的来源地。木材需全部从安纳托利亚运来，这一高昂的成本限制了船舶的制造。[42]另一个问题是也门，这个多山的国家位处中东和印度洋之间的战略要地，它的居民是独立的什叶派穆斯林，并不承认奥斯曼苏丹的哈里发头衔。1515年，当时的埃及马穆鲁克王朝曾计划派遣舰队前往印度洋，中途却转而去进攻也门。1526年奥斯曼土耳其也派遣了一支舰队去也门。两年后，也门的土耳其人爆发了残酷的内战，国家陷入混乱之中。1547—1548年，奥斯曼人再次出兵夺取了也门的亚丁港，成功阻止了葡萄牙人封锁红海的企图。[43]1567年，由于一次也门起义，奥斯曼帝国的远征活动不得不推迟。[44]对奥斯曼以及它之前的马穆鲁克而言，也门更多的是一个绊脚石，而非一份珍贵的礼物。

不过，奥斯曼人不能驱逐葡萄牙人的最主要原因，与他们能挫败葡萄牙人封锁红海企图的原因一样，那就是海战的技术。传统的地中海战船是由桨驱动的，其中较大的加莱船需要 144～200 名划
73 桨手来划动 20～24 排船桨。为了能够在顺风时节省人力，这种船配有 1～3 根桅杆，上挂三角帆或方帆。较小型的加里奥特（Galliot）或弗斯特带帆双桨船则在每边各有一列桨，船上有一根桅杆挂帆，海盗们多用这种船。这类人力驱动的船被设计用来撞击或钩住敌舰，以便士兵登船占领。不过，加莱船为了减少阻力而设计的狭长船体，在狂风大作、波涛汹涌的海面上并不安全。由于船员众多，而这种船带不了足量的食物和水，因此无法远洋航行。一艘携带 144 名划桨手外加 30 名官兵的加莱船一天就要消耗 90 加仑①的水，最多只能在海上停留 20 天。[45]

15 世纪时，中东和南亚国家对枪炮的熟悉程度并不亚于欧洲。正如 1453 年奥斯曼土耳其对君士坦丁堡围攻战中所做的那样，对于他们而言，火炮的主要作用就是轰击城墙。在对埃及、也门和埃塞俄比亚的征战中，奥斯曼人延续了大炮的这一用途。然而他们无法在海上复制这样的成功。为达到移动迅速、便于操控的目的，他们的划桨战船都是轻型船，因此无法承受炮击。而由于两侧船舷都

---

① 英美制容量单位，英制 1 加仑约等于 4.55 升，美制 1 加仑约等于 3.79 升。——译者注

布满划桨手，且要防止后坐力将船掀翻，船上只能携带少量大炮，并且只能放置在船头，炮口朝前。[46]另外，他们的大炮也赶不上欧洲的标准，威尼斯人1571年在勒班陀缴获的土耳其火炮最后大部分不得不熔掉就是“因为材料质量太差”。[47]

给予欧洲人在印度洋如此大优势的，是在他们进行全球攻城略地的几个世纪以前就已经拥有的，能够在风暴肆虐的大西洋上承受远距离航行的船。这些船由风推动航行，只需要少量的船员，因此能携带很多大炮，食物和水也足够在海上支撑数周甚至数月的时间。葡萄牙人的胜利应当归功于更强大的火炮，而非更多的船和人员。

而制衡葡萄牙人上述优势的则是地形。在狭窄的水域或者靠近
海岸时，这种巨型的克拉克帆船和盖伦船就变得难以操控。这在红 74
海上表现得尤其明显，红海多石的海岸、众多的岛屿和暗礁以及飘忽不定的风向对帆船来说都是极其危险的。而加莱船在这里就显示出了速度和操控性的优势。

当然，无论奥斯曼人还是葡萄牙人都不会执着于一种战术。在某些场合，奥斯曼人也会仿照葡萄牙人的方式使用帆船，不过正如历史学家贾恩卡洛·卡萨莱所说的：“它们在战术上从未超过一个配角的作用。”[48]同样地，葡萄牙派遣去红海的船队中也有加莱船、弗斯特船及其他类型的划桨战船。但双方都没有能够成功地模仿到对方的技术或获得足够的资源，以改变这种均势局面。

于是，这两套差异明显的海战技术（一个适应狭窄水域和多变的风向，另一个则适应广阔的大海）的重要性超过了双方的作战动

机和技能，成为这一长期僵持局面的主要原因。

葡萄牙势力的局限

葡萄牙最初的目标是通过抓扣或（如果可能的话）抢夺穆斯林商人运香料的船只来独占香料贸易。1530 年代以后，他们的策略从彻底的抢夺转变成一种更为微妙的寄生方式，即售卖一种安全通行许可证——某种形式的保护费，以及对在马六甲、果阿和霍尔木兹转运的船只收取税费。编年史学家若昂·德巴罗斯（João de Barros）下面这段话就充分表现出了当时葡萄牙人的那种傲慢的思维方式：

> 毫无疑问，航海权是所有人共同的权利，在欧洲我们也承认别的国家拥有这种权利，但这种权利不能超出欧洲的范围。葡萄牙人依靠强势的舰队成了海上的领主，因此完全有理由强迫所有穆斯林和异教徒交出安全通行费，否则等待他们的就是没收船只和死亡。[49]

75 在印度洋上，除了遭到埃及和奥斯曼的对抗，葡萄牙再未受到什么威胁。古吉拉特的苏丹在选边站中选择了葡萄牙。城邦国家卡利卡特则一直与葡萄牙船队发生着小规模冲突，直至 1599 年双方签署和平协议。[50]虽然印度的一些邦也为他们的船武装了大炮，但他们却从未能在海上与欧洲人形成对抗。印度历史学家阿赫桑·贾恩·凯萨尔（Ahsan Jan Qaisar）就认为，他们“在操控这些船时非常外行”，“他们的弱点在于不能熟练使用这些枪炮”。[51]不同于卡利卡特，印度教的邦大多倾向于与葡萄牙人合作，既出于商业目的，也是为了与之结盟来对抗共同的敌人穆斯林。他们至多也只是把葡萄牙人看作一个麻烦，就像帕里所说的：“欧洲人带来的危险很可能只是暂时的，在文明的印度教徒看来，这些人数量也不多，都是些亡命之徒，野蛮、好斗又肮脏。”[52]

对多数印度人而言，与莫卧儿对他们这块次大陆的入侵和占领相比，葡萄牙人沿着海岸线的存在只是一个边缘上的插曲。与奥斯曼土耳其人一样，莫卧儿也是来自中亚、信仰伊斯兰教、操突厥语的族群，同样是基于其战斗精神和对火炮的娴熟应用建立起了自己的帝国，简言之，就是一个“火药帝国”。1526 年巴布尔侵入印度北部时，他带来了土耳其的炮兵团。1530 年之前他已经占领了印度北部的大部分地区。他最杰出的继任者阿克巴（Akbar，1556—1605 年在位）在重达 50 吨的射石炮的帮助下，极大地拓展了莫卧儿帝国的领土。与其他亚洲的统治者一样，莫卧儿大量招募欧洲的铸炮工匠和炮手。到了奥朗则布（Aurangzeb，1658—1707 年在位）执政时期，甚至在首都也驻扎有基督徒组成的炮兵团。[53]

尽管莫卧儿 1526 年就进入了印度，但直到 40 年后他们才将领土延伸到了海边。维查耶纳伽尔与古吉拉特分别于 1565 年和 1572 年被莫卧儿吞并。一年后，阿克巴接待了一个葡萄牙使团，他的史官阿布·法兹勒（Abul Fazl）记录：“他希望这是教化这些野蛮人的一种途径。”[54]因为莫卧儿希望伊斯兰教的朝圣者能从苏拉特直接
坐船前往吉达，双方关系变得紧张起来。葡萄牙在果阿邦的宗教当 76

局试图阻止这种航行，但民政部门拒绝这么做，因为阻止行为可能会危及其赖以繁荣的贸易网络。不过他们仍然坚持所有莫卧儿王室和商人的船必须购买通行许可证，即便上面坐着的是前往麦加的朝圣者。最终，自 1581 年起，葡萄牙每年给予两条朝圣船免费通行的权利，这一政策一直持续到了 17 世纪。[55]

考虑到给葡萄牙人缴付一点保护费远比自己组建一支海军要便宜，此时的莫卧儿对海权也没有什么兴趣。直到 17 世纪晚期，奥朗则布的舰队也只有两艘军舰和 1 000 人。[56]根据当时到访印度的英国人约翰·弗赖尔（John Fryar）的记录：“鉴于这位君主的伟大以及他所拥有的优势，而舰队却如此平庸，只能说是因为他无意于此。他满足于自己在大陆上的统治，称呼基督徒为海上的狮子，还说这是上帝为他们各自的统治设置的不稳定元素。”[57]由此，一个陆上帝国和一个海上帝国建立起了一种基于互利互惠的相互关系。

与莫卧儿相反，苏门答腊岛的亚齐人一直对葡萄牙人持敌对的态度，不仅是因为信仰，也是由于葡萄牙人在马六甲的存在，阻碍了他们直接穿越海峡向西的航行以及与卡利卡特的香料生意。苏丹阿拉丁·黎阿耶特·沙阿·卡巴尔（Alauddin Riayat Shah al-Kabar，1539—1571）将亚齐发展成了与马六甲竞争的香料贸易中转港，古吉拉特来的穆斯林商人可以经此沿着苏门答腊岛西海岸航行到达爪哇岛和香料岛。亚齐人分别于 1539 年、1547 年和 1551 年袭击过马六甲，但都徒劳无功。1561 年，亚齐苏丹向奥斯曼人请求船只、枪炮和军事专家的援助。三年后，奥斯曼特使拉夫蒂（Lufti）来到亚齐，鼓动亚齐人反对葡萄牙。1567 年，奥斯曼人准备了 15 艘加莱战船和两艘帆船去支援亚齐，但中途他们不得不调头去对付也门的起义。最终，只有运输船送来了士兵、大炮、弹药和炮手。在他们的帮助下，亚齐苏丹发动了对马六甲的攻击，但仍然未能成功。1570 年和 1582 年的进攻也是相同的结果。尽管在军事上失意，但 77
亚齐与奥斯曼之间的紧密联系削弱了葡萄牙在印度洋贸易上的地位，并恢复了红海上的香料贸易。很快，亚齐运往红海的香料数量就与葡萄牙人经由好望角运往欧洲的相当了。[58]

在 16 世纪中叶的巅峰时期，葡萄牙人在东方拥有超过 40 个贸易港，从非洲东南的索法拉直至日本的长崎，并由设于蒙巴萨、霍尔木兹、果阿和马六甲的海军基地来提供安全保障。这些基地以几十艘战舰、超过 1 000 门大炮支撑着葡萄牙的贸易网络。[59]然而，葡萄牙在印度洋的海上力量也同西班牙在大西洋上一样有着自己的阿喀琉斯之踵：他们的商船很容易受到海盗的袭击。

16 世纪中叶，正当葡萄牙与奥斯曼之间的对抗陷入僵局之时，一位名叫塞费尔·雷斯（Sefer Reis）的土耳其海盗发现了一个削弱葡萄牙海上掌控权的方法。从 1540 年代中期直至 1565 年，他的加莱船在浅水和近岸区域不断袭击葡萄牙船只，得手之后即逆风划船溜走。他的船队在第乌和果阿之间的海岸潜伏，因为这里的葡萄牙商船尤其多。葡萄牙人一次又一次派出舰队，耗费大量财力物力，却始终对这支海上游击队毫无办法。

1551 年，一个由四艘帆船和一艘弗斯特船组成的小型舰队为抓住塞费尔·雷斯而进入了红海，雷斯把其中那艘弗斯特船引到浅水域，当它无法前行时，雷斯登船杀死了船长路易斯·菲盖拉

(Luis Figueira) 并俘获了其他船员。1554 年，雷斯带领两条加莱船和两条弗斯特船俘获了数艘葡萄牙商船并满载着财物和俘虏回到红海的穆哈港。1558 年，葡萄牙人派出 20 艘加莱船进入红海，还是没能抓住他。两年后，另一支由三艘帆船和一艘弗斯特船组成的小型舰队再次来到红海，雷斯以四艘加莱船应敌，最后成功抓获两艘葡萄牙船。自那以后，葡萄牙人再也不敢踏入红海去追逐那些携带香料的穆斯林商船了，而且也无法建立起有效的封锁。他们对香料贸易的控制遭到了穆斯林船长们的极大破坏，这些船长都学会了
78 如何去躲避葡萄牙人在海上稀疏且分散的巡逻。1564 年，雷斯带领着一个新的船队从苏伊士出发，然而还未等攻击葡萄牙人，他就在亚丁去世了。[60]

时隔 20 年后，另一位名叫米尔・阿里・贝格 (Mir Ali Beg) 的海盗继承了塞费尔・雷斯未竟的事业。1581 年，他利用三艘武装的加里奥特船洗劫了马斯喀特，夺取了三艘加莱船，带着他的战利品回到了穆哈。1585 年，奥斯曼在也门的总督哈桑・帕夏 (Hasan Pasha) 给了他两艘加里奥特船去突袭斯瓦希里海岸，那里的葡萄牙人没有战舰保护。由于船队中的一艘不得不中途返航，贝格只带着一艘船和 80 人来到了这里。他在索马里的摩加迪沙港受到了英雄般的欢迎，有 20 艘轻型沿海船 (Coastal Craft) 加入了他的队伍。凭借着这些装备，贝格出其不意地俘获了三艘葡萄牙船，带着大量战利品和 60 名俘虏回到了穆哈。

贝格于 1588—1589 年卷土重来，在东非海岸再一次受到了热烈欢迎，只有一个地方例外，那就是葡萄牙的盟友马林迪。接到消

息后，葡萄牙总督派遣托梅·德索萨·科蒂尼奥（Tomé de Sousa Coutinho）带领 6 艘盖伦船、11 艘桨船、900 名士兵从果阿杀向东非。然而当他们到达蒙巴萨后却发现，这些土耳其人与当地居民正受到非洲大陆食人族的攻击。总好过被食人族逮住吃掉，贝格和他的手下于是向葡萄牙人投降。尽管非洲海岸的威胁已解除，葡萄牙人还是将他们的盟友、马林迪的统治家族搬到了蒙巴萨，并在此处建立了一座坚固的堡垒——耶稣堡（Fort Jesus），确保他们对这里的控制延续到了下一世纪。[61]

即使不考虑葡萄牙人的掠夺战术，他们在海上的贸易也只占了庞大的亚洲贸易中的很小一部分。整个 16 世纪，摩鹿加群岛的香料绝大部分运往了亚洲而不是欧洲消费者那里。其他穿梭于亚洲国家间的商品——来自日本的银和铜、印度的棉花和胡椒、中国的丝绸和瓷器以及东非的黄金、象牙和奴隶——也是一样。葡萄牙人大部分的商业活动是参与这种亚洲内部贸易并从中获利，而不是往来欧洲的远洋贸易。16 世纪中叶以后，穆斯林商人就学会了如何避 79
开葡萄牙的港口和舰队。此后，葡萄牙人在香料生意里所占的份额下降，经由中东去往欧洲的贸易开始复兴。[62]到 1560 年代，旧的商业模式全面恢复，更多的香料和其他东方的商品经由红海和波斯湾——而不是绕过非洲——进入欧洲。尽管有着里斯本和果阿的禁令，但连葡萄牙的高级官员都在贸易中与穆斯林暗中勾结。[63]

到 17 世纪中叶时，葡萄牙的势力已非常虚弱，它甚至成了亚洲新势力阿曼人的猎物。1650 年阿曼苏丹伊本·赛义夫（Ibn Saif）夺取了葡萄牙在马斯喀特的要塞，并将停泊在港湾里的葡萄牙船只一并俘获。他订购了更多的产自孟买和苏拉特的战船，于 1660 年代和 1670 年代不断袭击驶离印度的葡萄牙船只。之后，他又将目标瞄准了斯瓦希里海岸。到 1698 年时，阿曼共有 24 艘大型舰船，其中一艘护卫舰上就有 74 支枪炮而另一艘上有 60 支枪炮。通过装备，他们夺取了葡萄牙在东非的重要基地——蒙巴萨的耶稣堡。虽然葡萄牙人在 1727—1728 年短暂收复此地，但还是被迫撤退到了莫桑比克。[64]从那以后，葡萄牙这个曾经在印度洋上最强大的存在，其势力范围缩减到了仅有果阿、帝汶和莫桑比克等寥寥几个点，他们的船只甚至还要去购买印度海盗颁发的通行许可证。[65]

印度洋上的荷兰人和英国人

16 世纪晚期至 17 世纪的欧洲海军史中充斥着对西班牙和葡萄牙的衰落、荷兰和英国的兴起以及它们之间冲突的描述。但是从亚洲的角度来看，这并不是一个关于衰落和兴起的故事，而是一个小而好战的掠食国家被另外两个同样好战但更为富有而强大的国家取代的故事。

即使在葡萄牙人最辉煌的年代，如果没有位于低地国家的安特卫普银行家和商人们为其船队融资，并将其带回的香料销往欧洲各地，葡萄牙人也不可能完成他们的壮举。来到里斯本购买香料的佛
80 兰德和荷兰商人用木材、谷物、海军装备、仪器、大炮和葡萄牙人缺少的大量其他物品与其交换。葡萄牙与西班牙一样，对低地国家

和德国制造的大炮有着永不满足的需求。这两个伊比利亚王国甚至直接雇了一些佛兰德和德国的枪炮铸造工和炮手。[66]

这种共生合作关系一直良好运转至1556年，虔诚的天主教徒腓力二世登上了疆域囊括低地国家的哈布斯堡王朝的王位，他决心铲除当时已经大举进入哈布斯堡帝国的加尔文教和路德新教。1566—1567年，位于低地国家北部的新教徒占优势的荷兰起义反抗腓力二世，因为这里的繁荣缘于对所有商人活动的鼓励，无论他们是新教徒还是天主教徒，甚或是从伊比利亚避难来此的犹太商人。而且，不同于其他欧洲王国主要由地主贵族阶级统治社会，在荷兰，商人才是真正的统治阶级。

战争的不断推进导致了西班牙的财政崩溃。几个月都没能领到军饷的士兵洗劫了安特卫普，城里的商人们则逃到了西班牙士兵掠夺区域之外的新教荷兰的阿姆斯特丹。当腓力二世于1580年再继承到葡萄牙的王位后，葡萄牙也随即卷入了这场冲突。自那时起，荷兰人成了西班牙和葡萄牙不共戴天的死敌。

荷兰人所拥有的多个优势促使他们进入了17世纪获利颇丰的海洋贸易当中。荷兰的地理位置处在德意志诸国与英格兰、斯堪的纳维亚和伊比利亚之间往来的通道上。在它的港口里停泊的船只不仅装载着香料、枪炮等贵重物品，还包括鲱鱼、盐、木材和谷物等日用商品。与仅将贸易视为充填国库途径的两个伊比利亚王国不同，荷兰的政治气氛鼓励着私营企业和社会流动。

荷兰的一个主要工业是造船业。它的造船厂在欧洲是效率和机械化程度最高的。他们专精于制造荷兰小商船（Fluyt）、快速平底

船（Flyboat）这类船员少而货舱大的货船。荷兰的船只建造成本
81 较低，运费也低于其他国家。到 1600 年时，荷兰已经拥有了欧洲
规模最大的商船队。

与此同时，曾经骄傲地瓜分了欧洲以外世界的伊比利亚半岛国家却显露出了比其他欧洲人逐渐意识到的还要严重的海上颓势。海盗和私掠船开始频繁攻击满载财物的自新大陆返航的西班牙船只。弗朗西斯·德雷克爵士在 1577—1580 年环游世界时，发现西班牙和葡萄牙的海上力量已经非常虚弱，于是他沿路抢劫西班牙船只、袭击西班牙的海外市镇。1588 年，腓力二世决定要给新兴的新教国家英格兰以致命一击。然而他派出的这支自郑和以来世界上最庞大的“无敌舰队”却在不列颠群岛遭遇惨败。从此以后，西班牙连带着葡萄牙急速衰落了。

1594 年，腓力二世又想通过关闭国内香料市场来挫伤新教力量，而这促使荷兰下定决心甩掉中间商，直接前往香料的来源地。禁止贸易令颁行一年后，荷兰商人派出 4 艘船共 289 人前往东印度群岛。虽然最后回来的只有 89 人和 1 艘船，但这次探险的回报仍是相当丰厚的。1598 年，共有 5 个船队、22 艘船前往印度，这些远航船队都让它们的投资者赚了个盆满钵满。4 年后的 1602 年，荷兰商人们组建了联合东印度公司（VOC，即荷兰东印度公司），这也是最早将资本主义传播到世界各地的跨国公司之一。[67]

16 世纪晚期，当荷兰加入利润丰厚的印度洋贸易以及更为富有的加勒比海和墨西哥贸易中时，竞争的各方纷纷建造起了比 16 世纪早期克拉克帆船更为坚固和快速的盖伦船。这种特别为战争设

计的船成了水上的堡垒，其“船舷内倾”设计即圆弧形的侧舷能够安装更大数量的枪炮，并且这种设计让笨重的大炮更接近整船的重心而使得船身更加稳定。同时，圆弧形的船舷也让敌方的钩船和登船战术都变得更加难以施展。[68]

荷兰人还很好地利用了英国人发明的铸铁大炮。英国虽然有康 82
沃尔的锡矿，但铜却要从欧洲中部进口，因此青铜大炮非常昂贵。但同时英国却拥有丰富的铁矿以及熔炼所需的木炭的来源——森林。不过最初的铸铁大炮非常不成熟，容易开裂或爆炸，对炮手比对敌人还要危险。到了 16 世纪中叶，英国的铸造工人已经能够制造相当可靠的铸铁大炮，而价格只有青铜炮的三分之一至四分之一。1573 年，其炼铁炉一年的产能达到 800～1 000 吨。这项技术在 17 世纪传播到瑞典和俄国，17 世纪中叶时两国产量总和就已达到了 5 000 吨。[69]列日（Liège）也成了枪炮制造中心。因此，凭借着广泛的贸易网络，荷兰人可以从各种渠道获得大炮。1620 年代，造船商们引进了轮式炮架，这样在发射时大炮的后坐力可以将其推回船体，然后再从炮口装填就变得很容易。炮手们再利用滑车组将大炮拉回到发射位置，把炮口伸出船体。[70]

为了控制香料的来源，荷兰人的足迹遍布全世界，当他们进入印度洋时，就已经拥有了比葡萄牙更好的战舰和大炮。他们从好望角启程，乘着西风直接到达东印度群岛进行贸易，回程时则越过赤道，利用南半球的东向信风，从而避开了季风。这样一来，他们的行程安排就比葡萄牙灵活得多了。葡萄牙船队必须候准大西洋和印度洋的风向都有利时才能出发，因此他们必须在 3 月底 4 月初离开里斯本，9 月底到达印度，然后为了在来年 6 月回到里斯本，必须在 12 月底或次年 1 月初离开这里。[71]荷兰人则不像葡萄牙人那样受制于季风的规律，他们一年会派出三批船队，分别在 9 月、12 月底 1 月初、4 月底 5 月初出发，离开爪哇岛回程则选择在 12 月底 1 月初，或者 2 月底 3 月初。任一方向的航程都需要 5～7 个月，中途在好望角停靠补充淡水。[72]

83 抵达东印度之后不久，荷兰人就加入了战争。1605 年，他们将葡萄牙人从大部分香料的来源地安汶和摩鹿加群岛赶了出去，并在爪哇岛西部的万丹建造了一个仓库。为了构建海上帝国，坚固的要塞基地是不可少的，在这方面，1618—1629 年的总督扬·彼得松·科昂（Jan Pieterszoon Coen）扮演了和一个世纪前葡萄牙的德阿尔布开克同样的角色。1619 年，他拿到爪哇岛上一个叫作雅加达的村落附近的土地，并在那里建了一座城市，命名为巴达维亚（Batavia）。1623 年，荷兰人俘获并屠杀了安汶的英国商人，迫使英国放弃东印度群岛，转而去印度建立据点。为了在中国与日本之间的贸易中分得一杯羹，科昂还领导荷兰人在中国台湾建立了据点热兰遮城（Castle Zeelandia）。他们于 1606 年、1608 年和 1615 年封锁了马六甲，袭击往来于马六甲和果阿之间的葡萄牙船只。尽管葡萄牙人不断强化爱化摩沙的防御工事，但这座要塞还是于 1641 年被荷兰人夺走，此后这里一直为荷兰人所占有，直到 1795 年再度易主英国。[73]1650 年代，荷兰人又从葡萄牙人手中夺走了肉桂的原产地锡兰和位于印度马拉巴尔海岸的胡椒产地科钦。他们还向好望角引进了很多农民（荷兰语称为“布尔”）建立定居点，为来往船只提供新鲜蔬菜和淡水。[74]他们比葡萄牙人更有效地垄断了香料贸易，并通过特别是糖和咖啡等产品向印度的引种或商业化而牟利。能够做到这些，是因为荷兰人在东方的海洋中常年维持着超过 90 艘船的舰队规模，比葡萄牙人任何时期的都要多。[75]

到 17 世纪末，荷兰人控制了东印度群岛的海洋（但占有陆地很少），以及在锡兰、南非、加勒比和曼哈顿岛的定居点。他们不仅像葡萄牙人那样将胡椒和香料贩运至欧洲，还开发了咖啡和糖的种植生产，并通过参与印度、锡兰、东印度群岛、中国和日本等亚洲国家之间的纺织品、金属、香料及其他商品贸易而获利。

英国人在进入印度洋探险上要晚于荷兰人。与荷兰人一样，他
们的实力来自政府与最富有商人之间的合作，单靠其中任何一方的 84
力量都无法负担起一支武装的商船队或为商船提供保护的舰队。到 17 世纪晚期，荷兰和英国已经找到了一种能比伊比利亚人投入更多、建设更多而在战争中表现也更出色的方法。[76]伦敦商人成立东印度公司并在 1601 年获得了皇室特许状，第二年荷兰东印度公司也成立了。1601 年，第一艘英国航船出发前往苏门答腊岛，带回了一整船的胡椒。

与荷兰人一样，英国人最初也试图直接同香料岛进行交易，他们从古吉拉特海岸的苏拉特购买纺织品来交换香料。但在东方海洋上，荷兰人的数量远远超过英国人，因此英国人轻易被击败并被赶出了印度尼西亚群岛。于是英国人转向印度洋，与那里的葡属印度展开竞争。1612 年，他们在苏拉特打败葡萄牙舰队，并多次截获更为庞大的印度船队。[77]1618 年，他们从莫卧儿帝国获得了交易特

权，条件是保护印度朝圣者和商船免受葡萄牙人的骚扰。1622 年，他们帮助波斯的阿拔斯大帝从葡萄牙人手里夺取了霍尔木兹。此后，又分别在 1641 年获得马德拉斯（现在的金奈），1665 年获得孟买，1690 年获得加尔各答等远东贸易据点。从这些次大陆上的立足点开始，英国人后来建立起了世界上最大和最繁荣的殖民帝国。[78]

中国、日本和欧洲人

印度洋上的港口都是防卫很薄弱的独立城邦国家，因此葡萄牙人用武力轻易就介入了这里。然而进入东亚水域后他们遇到了中国。1514 年，当第一艘来到中国的葡萄牙船抵达广州下游的珠江入海口时，就遭到了充满敌意的对待，因为在此之前，他们占领中国藩属国马六甲的消息已经传到了这里。五年后，葡萄牙人西芒·丹德拉德（Simão d'Andrade）带领一支舰队沿珠江北上来到广州并发射了炮弹，这在中国人看来是对他们的蔑视和侮辱。葡萄牙人还
85 变本加厉。他们拒绝支付进口关税并欺侮登船收税的官员，不让别的商船卸货上岸，甚至还绑架了一些孩童，把在印度洋的胡作非为拿到中国来故伎重演。1521—1522 年，另一支葡萄牙船队来到珠江口的屯门，却遇上了比他们更强大的中国船队，一番较量之后葡萄牙人被赶走了。在那之后，中国政府下令地方官员停止与葡萄牙的贸易，并着手准备舰队以防葡萄牙人再次来犯。于是几十年内葡萄牙的走私者都只能通过贿赂官员偷偷做些交易。直到 1557 年，

敌对情绪才终于冷却下来，当地的官员允许葡萄牙人在珠江口的澳门建立一个贸易仓库，而远在北京的中央政府直到半个世纪之后才了解到这一信息。[79]

中国人曾经走在技术的前列，发明了火药、造纸术、印刷术和指南针。然而肯尼思·蔡斯（Kenneth Chase）认为，中国人的创造性只在战乱和分裂的年代［例如宋（960—1279）和元（1271—1368）］才被激发出来。[80]而在相对平静的明朝（1368—1644），中国政府对枪炮武器持有一种矛盾的态度。中国的官员从不喜欢军人和战争，他们担心有朝一日枪炮落入盗匪草寇、起义农民或不忠诚的军队手中将会引起极大的麻烦，然而他们也了解枪炮的军事价值，并认识到葡萄牙大炮的优势。一位高级官员曾写道："佛郎机最凶狡，兵械较诸蕃独精。前岁驾大舶突入广东会城，炮声殷地。"[81]当他们允许葡萄牙人进入澳门时，也容忍了传教士进入中国并争取一些信徒，因为教士们也带来了枪炮制造技术。因此在传教士进入中国的漫长过程里，带来西方的技术和劝人皈依基督教是同步进行的。[82]

急于利用任何机会削弱葡萄牙势力的荷兰人于1622年袭击了 86
澳门，但很快被击退。与一个世纪前的葡萄牙人一样，荷兰人在一开始也试图强迫中国人按照他们开出的条件进行交易，然而一系列与中国舰队的冲突迫使荷兰人做出了让步。荷兰船只虽然在外海上占有优势，但中国式的平底帆船既可以凭借轻便的优势在顺风时超越它们，还可以在荷兰船无法进入的沿海浅水区穿行。中国式战船实质就是商船配备了石灰粉、长矛、飞镖、弓箭和火箭等武器装备，其擅长的战术是撞击并登陆敌船。船上会有一些小型的、品质较为低劣、杀伤力也较小的火炮。一部 1624 年的军事专著解释道："广东大战船用火器，于浪漕中起伏荡漾，未必能中贼。即使中矣，亦无几何。但可假此以吓敌人之胆耳。"[83]

于是，荷兰人与中国人之间的对抗再现了一个世纪前葡萄牙人与土耳其人的模式：一个控制外海，另一个则在近海占有优势。正如 1623 年一位明朝官员所述："此夷所恃巨舰大炮，便于水而不便于陆，又其志不过贪汉财物耳。"[84] 由于荷兰人的主要目的就是通商，而中国人可以完全控制这些港口的进出口渠道，在必要时切断与外国人的贸易，因而在这场对抗中，中国人始终占据着上风。[85]

1644 年，明朝被清朝取代之后，忠于明朝的郑成功——以"国姓爷"为人所知——撤退到台湾。1661 年，他带领数百艘战船、25 000 人的军队出现在"热兰遮城"外。围攻数月之后，"热兰遮城"陷落，荷兰人被赶出中国台湾。在 20 年后，清朝又将台湾收入版图。[86]

在早期近代，日本是海上距离欧洲最远的国家。因而它也是葡萄牙人最晚到达和贸易量最少的亚洲国家。但葡萄牙人的出现却给
87 这个国家带来了深远的影响。1543 年，一场暴风雨将一艘中国帆船吹到了日本沿岸，船上是三名带着火绳枪的葡萄牙人。不久之后，更多的葡萄牙人来到这里，有的坐着中国帆船，有的坐着葡萄牙船。日本人热切地向新来者的技术和宗教敞开了怀抱。一位荷兰的旅行者 J. H. 范林斯霍滕（J. H. van Linschoten）这样写道："日本人思维敏捷，对看到的任何事物都会快速地学习。"葡萄牙人费

尔南·门德斯·平托（Fernão Mendes Pinto）则认为："他们天生沉溺于战争，在战争中他们比我们所认识的任何其他国家都更兴奋。"[87]基于葡萄牙的技术模型，日本人很快就学会了如何制造步兵武器，尤其是火枪和大炮。

1549 年，耶稣会士方济各·沙勿略（Francis Xavier）来到日本并开始传教。日本社会内部固有的紧张关系加上这些外来观念和技术的引入，导致皈依基督教的人数和国内自相残杀的战争数量同时急剧增加。到 17 世纪早期，统治日本的德川幕府开始迫害当时已经达到 10 万规模的日本基督徒。而在此前比较宽松的 80 多年里，葡萄牙商人经常乘坐自己的商船或者是雇佣各国船员的中国帆船前往日本。他们为中国和日本之间（而不是和欧洲之间）带来了相当繁荣的贸易，将中国丝绸、瓷器和印尼香料销往日本，同时从日本带回银、铜和其他产品。[88]

然而从 1636 年开始，日本幕府禁止其人民到国外旅行或建造船只。两年后，他们驱逐了葡萄牙人。此后每年只允许一艘荷兰船停靠长崎湾内的出岛（Deshima）。

小　结

按大多数舰船史书的描述，从 16 世纪到 19 世纪初的帆船时代，是葡萄牙、西班牙、荷兰、英国和法国舰队在大西洋、地中海
和印度洋之间战争的时代。其中唯一的非西方力量是奥斯曼帝国，88

而它在1571年的勒班陀海战遭遇惨败后也退出了这一舞台。[89]

然而从亚洲的角度来看，这个故事则完全不同。尽管葡萄牙人曾经统治着印度洋，但他们从来没有完全地控制它，他们对香料贸易的垄断也只勉强维持了近半个世纪。到17世纪，他们在东非的地位被阿曼的阿拉伯人取代，在东印度群岛则被荷兰人取代。之后的印度洋迎来了荷兰、英国以及稍后法国之间的争夺。这些海上帝国依靠的是控制一系列印度洋沿岸的海军基地和贸易中转港，这些港口城市要么是独立的城邦，要么只是松散地与陆地上的大帝国联系在一起。而只有当陆地国家衰弱时，欧洲人对这些沿海飞地的控制才是强有力的。

当陆上帝国控制了港口时，情况就会逆转过来。奥斯曼土耳其人有能力将欧洲人挡在红海、波斯湾和阿拉伯半岛之外。在东亚，中国人控制了港口的通行权，不让葡萄牙人和荷兰人太过靠近。在日本，当葡萄牙人与德川幕府发生冲突时，他们即遭驱逐出境，之后日本政府严格控制与西方的接触。欧洲人参与了东亚的贸易网络，但从未能占有或控制它。

欧洲人和亚洲人之间的权力平衡是控制这些海港的国家规模以及海上环境共同作用的结果。欧洲人借助坚船利炮，始终对外海保持着控制力。然而这种优势并没有延伸到沿海水域和狭窄的浅海地区。划桨战船和平底帆船才是这里的主宰，甚或还能打败欧洲那些武器装备远胜于它们的克拉克帆船或盖伦船。简言之，政治、技术和地理共同创造了持续三个世纪的亚洲水域的僵持局面。在那几个世纪里，没有人能够预测接下来将会发生什么。

注　释

1　Sanjay Subrahmanyam, *The Career and Legend of Vasco da Gama* (Cambridge: Cambridge University Press, 1997), pp. 93 - 121; Michael Pearson, *The Indian Ocean* (New York: Routledge, 2003), chapter 5.

2　Ronald Findlay and Kevin O'Rourke, *Power and Plenty: Trade, War, and the World Economy in the Second Millennium* (Princeton: Princeton University Press, 2007), pp. 140 - 151.

3　同前引，p. 129.

4　J. H. Parry, *The Discovery of the Sea* (New York: Dial Press, 1974), pp. 166 - 178; Subrahmanyam, *Career*, pp. 129 - 137.

5　C. R. Boxer, *The Portuguese Seaborne Empire, 1415—1825* (New York: Knopf, 1969), p. 37; Subrahmanyam, *Career*, p. 160.

6　Parry, *Discovery*, p. 183.

7　Subrahmanyam, *Career*, pp. 151 - 182; Boies Penrose, *Travel and Discovery in the Renaissance, 1420—1620* (Cambridge, Mass.: Harvard University Press, 1960), pp. 55 - 58.

8　J. H. Parry, *The Age of Reconnaissance: Discovery, Exploration and Settlement, 1450—1650* (Cleveland: World Publishing, 1963), pp. 142 - 143; Parry, *Discovery*, p. 253; Henrique Lopes de Mendonça, *Estudios sobre navios portuguezes nos secolos XV e XVI* (Lisbon: Academia Real das Sciencias, 1892), p. 53; Subrahmanyam, *Career*, pp. 195 - 226.

9　Sanjay Subrahmanyam, *The Portuguese Empire in Asia, 1500—1700: A Political and Economic History* (New York: Longman, 1993), p. 66.

10 Palmira Brummett, *Ottoman Seapower and Levantine Diplomacy in the Age of Discovery* (Albany: SUNY Press, 1994), pp. 111 - 115; Jean Louis Baqué-Grammont and Anne Kriegel, *Mamlouks, Ottomans et Portugais en Mer Rouge: L'Affaire de Djedda en 1517*, *Supplément aux Annales islamologiques*, no. 12 (Cairo: Institut Français, 1988), pp. 1 - 2; Subrahmanyam, *Career*, pp. 255 - 256.

11 Saturnino Monteiro, *Batalhas e combates da Marinha Portuguesa*, vol. 1: *1139—1521* (Lisbon: Livraria Sáda Costa Editora, 1989), pp. 177 - 192; P. J. Marshall, "Western Arms in Maritime Asia in the Early Phases of Expansion," *Modern Asian Studies* 14, no. 1 (1980), p. 18; Peter Padfield, *Guns at Sea* (New York: St. Martin's, 1974), pp. 25 - 28; K. M. Panikkar, *Asia and Western Dominance* (New York: Macmillan, 1969), p. 37; Brummett, *Ottoman Seapower*, pp. 112 - 114.

12 Edgar Prestage, *Afonso de Albuquerque, Governor of India: His Life, Conquests, and Administration* (Watford, England: E. Prestage, 1929), pp. 27 - 31; Parry, *Discovery*, p. 254.

13 Parry, *Age of Reconnaissance*, pp. 143 - 145; Panikkar, *Asia*, pp. 39 - 41; Prestage, *Afonso de Albuquerque*, pp. 37 - 44.

14 G. R. Crone, *The Discovery of the East* (London: Hamish Hamilton, 1972), p. 54; Eila M. J. Campbell, "Discovery and the Technical Setting, 1420—1520," *Terrae Incognitae* 8 (1976), p. 14.

15 Carlo Cipolla, *Guns, Sails and Empires: Technological Innovation and the Early Phases of European Expansion, 1400—1700* (New York: Random House, 1965), p. 137.

16 Graham Irwin, "Malacca Fort," *Journal of South-East Asian Histo-*

ry 3, no. 2 (Singapore, 1962), pp. 19 - 24; Parry, *Discovery*, pp. 254 - 256.

17　*The Suma Oriental of ToméPires: An Account of the East, from the Red Sea to Japan, Written in Malacca and India in 1512—1515*, quoted in Parry, *Discovery*, p. 256.

18　Parry, *Discovery*, pp. 256 - 257; Penrose, *Travel and Discovery*, pp. 62 - 64.

19　Subrahmanyam, *Portuguese Empire*, p. 65.

20　Salih Özbaran, "The Ottoman Turks and the Portuguese in the Persian Gulf, 1534—1581," *Journal of Asian History* 6, no. 1 (1972), pp. 46 - 47; John F. Guilmartin, Jr., *Gunpowder and Galleys: Changing Technology and Mediterranean Warfare at Sea in the 16th Century*, 2nd ed. (London: Conway Maritime Press, 2003), pp. 8 - 9; Prestage, *Afonso de Albuquerque*, pp. 53 - 61.

21　Ian V. Hogg, *A History of Artillery* (Feltham, England: Hamlyn, 1974), chapter 1; Cipolla, *Guns, Sails and Empires*, pp. 21 - 22, 75, 104.

22　Roger C. Smith, *Vanguard of Empire: Ships of Exploration in the Age of Columbus* (New York: Oxford University Press, 1993), pp. 153 - 154; Geoffrey Parker, *The Military Revolution: Military Innovation and the Rise of the West, 1500—1800* (Cambridge: Cambridge University Press, 1996), pp. 84 - 90; Parry, *Age of Reconnaissance*, pp. 117 - 118.

23　Kenneth W. Chase, *Firearms: A Global History to 1700* (Cambridge: Cambridge University Press, 2003), p. 134; Smith, *Vanguard*, p. 157; Padfield, *Guns at Sea*, pp. 25 - 29; Parry, *Age of Reconnaissance*, pp. 115, 122, 140. 这些枪炮的名称非常复杂而混乱，特别是在译名中，霍格的《火炮史》(Hogg, *History of Artillery*, p. 28) 列出了分别始于 1574 年

和 1628 年的两组枪炮名称及其特点。

24 Subrahmanyam, *Portuguese Empire*, pp. 109 - 112; Parker, *Military Revolution*, p. 105; Simon Digby, "The Maritime Trade of India," in Tapan Raychaudhuri and Irfan Habib, eds., *The Cambridge Economic History of India* (Cambridge: Cambridge University Press, 1981), vol. 1, p. 152; Boxer, *Portuguese Seaborne Empire*, p. 44.

25 Philip T. Hoffman, "Why Is It That Europeans Ended Up Conquering the Rest of the Globe? Prices, the Military Revolution, and Western Europe's Comparative Advantage in Violence," http://gpih.ucdavis.edu/files/Hoffman.pdf (accessed March 9, 2008).

26 William H. McNeill, *The Pursuit of Power: Technology, Armed Force, and Society since A. D. 1000* (Chicago: University of Chicago Press, 1982), p. 100; Parry, *Age of Reconnaissance*, pp. 118 - 120; Padfield, *Guns at Sea*, p. 29; Smith, *Vanguard*, pp. 154 - 155.

27 Chase, *Firearms*, p. 134.

28 Padfield, *Guns at Sea*, pp. 26 - 27; Parker, *Military Revolution*, p. 94.

29 Afonso d'Alboquerque, *Commentaries of the Great Afonso d'Aalboquerque*, 4 vols., trans. Walter de Gray Birch (London: Hakluyt Society, 1875—1884), vol. 1, pp. 112 - 113.

30 Malyn Newitt, "Portuguese Amphibious Warfare in the East in the Sixteenth Century (1500—1520)," in D. J. B. Trim and Mark Charles Fissel, eds., *Amphibious Warfare, 1000—1700: Commerce, State Formation and European Expansion* (Leiden: Brill, 2006), chapter 4.

31 Baqué-Grammont and Kriegel, *Mamlouks*, pp. 2 - 7; Brummett, *Ottoman Seapower*, pp. 115 - 118; Dejanirah Couto, "Les Ottomans et l'Inde Portu-

gaise," in *Vasco da Gama e a India : Conferência Internacional*, Paris, 11 - 13 Maio, 1998, 3 vols. (Lisbon: Fundacão Calouste Goulbenkian, 1999), vol. 1, pp. 181 - 200.

32 Giancarlo Casale, "The Ottoman Age of Exploration: Spices, Maps and Conquest in the Sixteenth-Century Indian Ocean" (Ph. D. diss., Harvard University, 2004), pp. 8 - 9. 感谢贾恩卡洛・卡萨莱惠允我阅读和引用他的博士论文。

33 Gabor Agoston, *Guns for the Sultan : Military Power and the Weapons Industry in the Ottoman Empire* (Cambridge: Cambridge University Press, 2005).

34 Andrew C. Hess, "The Evolution of the Ottoman Seaborne Empire in the Age of Oceanic Discoveries, 1453—1525," *American Historical Review* 75 (1970), p. 1910; Baqué-Grammont and Kriegel, *Mamlouks*, pp. 21 - 46; Guilmartin, *Gunpowder and Galleys*, pp. 9 - 13.

35 Casale, "Ottoman Age," pp. 85 - 86.

36 同前引, p. 126.

37 同前引, pp. 91 - 101; Monteiro, *Batalhas e combates da Marinha Portuguesa*, vol. 2 : *1522—1538*, pp. 320 - 332.

38 Casale, "Ottoman Age," pp. 94 - 104, 334; see also Salih Özbaran, "Ottoman Naval Policy in the South," in Metin Kunt and Christine Woodhead, eds., *Suleyman the Magnificent and His Age : The Ottoman Empire in the Early Modern World* (London: Longman, 1995), pp. 59 - 60.

39 Casale, "Ottoman Age," pp. 110 - 118.

40 Özbaran, "Ottoman Naval Policy," p. 64.

41 Casale, "Ottoman Age," pp. 148 - 154.

42 同前引, p. 326.

43 同前引，pp. 53-54，80-83，139-140.

44 同前引，pp. 199-200.

45 John H. Pryor, *Geography, Technology, and War: Studies in the Maritime History of the Mediterranean, 649—1571* (Cambridge: Cambridge University Press, 1988), pp. 71-77; Martin van Creveld, *Technology and War: From 2000 B. C. to the Present* (New York: Free Press, 1989), pp. 63, 127-133; Guilmartin, *Gunpowder and Galleys*, pp. 23n2, 206, 226-227; McNeill, *Pursuit of Power*, pp. 99-100; Parker, *Military Revolution*, pp. 84-85.

46 Guilmartin, *Gunpowder and Galleys*, pp. 199-207.

47 Michael E. Mallett and John R. Hale, *The Military Organization of a Renaissance State: Venice, c. 1400 to 1617* (Cambridge: Cambridge University Press, 1984), p. 400.

48 Casale, "Ottoman Age," p. 10.

49 Ahsan Jan Qaisar, *The Indian Response to European Technology and Culture, A. D. 1498—1707* (New York: Oxford University Press, 1982), p. 25.

50 Panikkar, *Asia*, p. 43.

51 Qaisar, *Indian Response*, pp. 44-45.

52 Parry, *Age of Reconnaissance*, p. 143.

53 Percival Spear, *A History of India*, vol. 2: *From the Sixteenth to the Twentieth Century* (London: Penguin, 1978), pp. 21-23; Qaisar, *Indian Response*, pp. 46-48; Cipolla, *Guns, Sails and Empires*, pp. 127-128.

54 M. N. Pearson, "Portuguese India and the Mughals," in *Vasco da Gama e a India*, vol. 1, p. 233.

55 K. S. Mathew, "Akbar and the Portuguese Maritime Dominance," in Irfan Habib, ed., *Akbar and His India* (Delhi: Oxford University Press, 1997),

pp. 256 - 265; Pearson, "Portuguese India," pp. 226 - 233.

56 Atul Chandra Roy, *A History of the Mughal Navy and Naval Warfare* (Calcutta: World Press, 1972), chapter 7; Qaisar, *Indian Response*, p. 45.

57 John Fryar, *A New Account of East India and Persia, Being Nine Years' Travel, 1672—1681*, ed. W. Crooke, 3 vols. (London, 1909—1915), vol. 1, p. 302. 转引自：Qaisar, *Indian Response*, p. 46.

58 Findlay and O'Rourke, *Power and Plenty*, pp. 152 - 153, 201; Subrahmanyam, *Portuguese Empire*, pp. 133 - 137; Parker, *Military Revolution*, pp. 105 - 112; Casale, "Ottoman Age," pp. 177 - 178, 188, 199 - 204, 223, 248.

59 根据帕克（Parker, *Military Revolution*, p. 104）的研究，1522 年葡萄牙拥有 60 艘船和 1 073 门大炮。

60 Casale, "Ottoman Age," pp. 144 - 190.

61 同前引，pp. 245 - 276.

62 A. J. R. Russell-Wood, *The Portuguese Empire, 1415—1808: A World on the Move* (Baltimore: Johns Hopkins University Press, 1998), pp. 23 - 32; Findlay and O'Rourke, *Power and Plenty*, p. 157.

63 Casale, "Ottoman Age," pp. 124 - 125, 164 - 165, 280.

64 Patricia Risso, *Oman and Muscat: An Early Modern History* (New York: St. Martin's, 1986), pp. 11 - 13, 120; Boxer, *Portuguese Seaborne Empire*, pp. 133 - 134.

65 Boxer, *Portuguese Seaborne Empire*, pp. 136 - 137.

66 Cipolla, *Guns, Sails and Empires*, p. 31.

67 查尔斯·蒂利（Charles Tilly）区分了两种类型的国家：强制密集型国家如西班牙，致力于掠夺、殖民、奴役劳动和榨取贡赋；资本密集型国家如荷兰和英国，以垄断贸易为基础。葡萄牙则显然介于两者之间。参见：*Coercion*, *Capital*, *and European States*, *AD 990—1992* (Oxford: Blackwell, 1990), pp. 91 - 95.

68 Clinton R. Edwards, "The Impact of European Oceanic Discoveries on Ship Design and Construction during the Sixteenth Century," *GeoJournal* 26, no. 4 (1992), pp. 443 - 457; Van Creveld, *Technology and War*, p. 134.

69 Cipolla, *Guns*, *Sails and Empires*, pp. 37 - 43, 71 - 73; Van Creveld, *Technology and War*, p. 133.

70 Stephen Morillo, Michael Pavkovic, Paul Lococo, and Michael Palmer, *War in History: Society*, *Technology and War from Ancient Times to the Present* (New York: McGraw-Hill, 2004), chapter 20.

71 Smith, *Vanguard*, p. 12.

72 C. R. Boxer, *The Dutch Seaborne Empire*, *1600—1800* (New York: Knopf, 1965), p. 197; Parry, *Age of Reconnaissance*, p. 200.

73 Irwin, "Malacca Fort," pp. 27 - 41.

74 Boxer, *Dutch Seaborne Empire*, pp. 295 - 300.

75 关于荷兰海上帝国，可以参阅：Pearson, *The Indian Ocean*, pp. 145 - 151; Morillo et al., *War in History*, chapter 18.

76 Morillo et al., *War in History*, chapter 20.

77 Qaisar, *Indian Response*, p. 44.

78 Spear, *History of India*, vol. 2, pp. 65 - 68.

79 Tien-Tse Chang [Tianze Zhang], *Sino-Portuguese Trade from 1512—1644* (Leiden: Brill, 1934), pp. 35 - 89; Derek Massarella, *A World Elsewhere: Europe's Encounter with Japan in the Sixteenth and Seventeenth Centuries* (New Haven: Yale University Press, 1990), pp. 22 - 23.

80 Chase, *Firearms*, pp. 32 - 33.

81 Chang, *Sino-Portuguese Trade*, p. 51.

82 Cipolla, *Guns, Sails and Empires*, pp. 114 - 118.

83 同前引，pp. 125 - 126; Parker, *Military Revolution*, p. 84.

84 John E. Wills, Jr., *Pepper, Guns and Parleys: The Dutch East India Company and China, 1622—1681* (Cambridge, Mass.: Harvard University Press, 1974), p. 1.

85 同前引，pp. 22 - 23. 除了荷兰和明政府外，中国沿海还有着第三股力量——海盗，他们与荷兰人时战时和。参见：Tonio Andrade, "The Company's Chinese Pirates: How the Dutch East India Company Tried to Lead a Coalition of Pirates to War against China, 1621—1662," *Journal of World History* 15, no. 4 (December 2004), pp. 415 - 444.

86 Chase, *Firearms*, pp. 157 - 158; Boxer, *Dutch Seaborne Empire*, pp. 144 - 146; Parker, *Military Revolution*, pp. 112 - 114.

87 Cipolla, *Guns, Sails and Empires*, p. 127.

88 Findlay and O'Rourke, *Power and Plenty*, pp. 170 - 171; Parry, *Age of Discovery*, p. 191; Cipolla, *Guns, Sails and Empires*, pp. 112 - 127; Massarella, *World Elsewhere*, pp. 39 - 40.

89 例见：Richard Harding, *The Evolution of the Sailing Navy, 1509—1815* (New York: St. Martin's, 1995); Harding, *Seapower and Naval Warfare, 1650—1830* (Annapolis, Md.: Naval Institute Press, 1999); Robert Gardiner, ed., *The Line of Battle: The Sailing Warship, 1650—1840* (London: Conway Maritime, 1992); Peter Padfield, *Maritime Supremacy and the Opening of the Western Mind: Naval Campaigns That Shaped the Modern World, 1588—1782* (London: J. Murray, 1999).

第三章　马、传染病和美洲的征服（1492—1849）

95 历史上，极少有能像打开东西半球通路以及美洲原住民被欧洲人和非洲人取代那样影响深远的事件。对一些人来说，这是他们伟大的成就，而对另一些人来说，则是一场灭顶之灾。当然，任何历史事件都不是单向的。仔细审慎地翻阅整个事件的进程记录就会发现，这场不期而遇既是一次胜利，也是一次失败。

第一批到达新大陆的西班牙人就迅速攻占了加勒比群岛中的一些较大的岛屿、墨西哥的大片土地，以及中美洲、秘鲁和智利北部。之后他们的势头受挫，在今天的智利南部、阿根廷、墨西哥北部和美国西南部地区都未能再取得那样的成功。其他欧洲人则收获更少。直到18世纪，葡萄牙人、英国人、荷兰人和法国人只占据了大西洋沿岸的一些岛屿和土地，南美和北美两块大陆的内陆地区仍在印第安人的控制之下，直至哥伦布身后400年、19世纪晚期才落入欧洲人之手。而本章的任务，就是要从欧洲人的胜利和失败两个方面来理解这个事件。

传统上历史学家们总是在欧洲征服者的野心和目标上不吝笔墨：他们对金银的渴望，他们迫使印第安人皈依基督教的执着，他们对新土地的急切探索，他们对免于宗教迫害的自由之地的找寻。不可否认，这些动机都非常重要，但这些并不足以解释他们上述行为所产生的结果；那些在征服新土地时的失败者，其动力丝毫也不比那些成功者少。因此作为替代，我们必须将目光转向他们当时所 96
处的环境，进而理解整个事件所带来的后果。这主要分成两类方法：其一是对事件的主要参与者进行剖析，尤其是双方所拥有的武器和牲畜；其二是对他们所处的环境进行分析，这个环境不仅指土地和气候，也包括疾病生态学、社会环境以及这场不期而遇所带来的环境变化。本章的观点是，动物、武器和传染病对最终结果所起的决定性作用，比这些参与者的人品、目标和动机的作用要重要得多。

在加勒比的初次遭遇

在1493年第二次横跨大西洋的旅行中，哥伦布携带了马、牛、猪、羊和狗等欧洲人十分熟悉而对美洲印第安人来说却极为陌生的各种动物。其中马是最有价值的，也最难运输。在西班牙上船时的

20 匹马，到达时仅剩下 16 匹。从此以后，每一个远征船队都会携带马。而当船队不幸在赤道无风带中滞留数天甚至数周时，为了给人员节省出淡水，大量的马只得被牺牲掉。这个北大西洋的无风带也因此获名“马带”（Horse Latitudes）。至 1503 年，伊斯帕尼奥拉岛上的马匹数量已达到六七十匹。利用这些马，西班牙王室在岛上建立了养殖场，供后来的远航队使用。从伊斯帕尼奥拉岛上，马被运往波多黎各、古巴和牙买加。1513 年，埃尔南·科尔特斯（Hernán Cortés）就是在古巴驻扎时获得了马匹，并于 1519 年将它们带到了墨西哥。[1]

埃尔南·科尔特斯

注：W. 霍尔（W. Holl）绘制，查尔斯·奈特（Charles Knight）刊行。

这些马并不是中世纪欧洲那种可以驮负全副武装骑士的强壮的大型战马，它们具有部分阿拉伯马的血统，性格温驯，动作敏捷，饲养放牧的种群可大可小。骑乘者需穿着轻装，全身套锁子甲，仅在腿部有较重的钢板。他们还使用一种短马镫，使膝盖靠近身体，这样比较容易转身和拔剑挥砍。另外，长达 14 英尺的轻型长矛以及木和皮制的盾也是必备的装备。

按照欧洲人的标准，这些西班牙马只能算是小型马，但它们却 97
是印第安人所见过的最大、最有战斗力的动物。西班牙人为了让它们看起来更吓人，还故意在马的脖子上系上铃铛，让它们抬起前腿并发出嘶嘶声。马的奔跑速度远远超过人，可以轻易追上逃跑的士兵，或者让己方逃离侦察兵或信差的监视范围。正是这些马一次又一次地使西班牙人令印第安人措手不及。[2]

西班牙人带来的狗，新大陆人似乎也没有见过。印第安人的狗是短毛的小型犬，不会吠叫，人们用玉米喂养它们也仅仅是为了养肥以后吃掉。西班牙人的狗则是大型的獒犬、斗牛犬、灵缇等会大声吠叫的凶猛犬类。它们既可以用来看门守卫，也可以被训练用来攻击印第安人、追捕逃亡者。西班牙人一方面不遗余力地制造恐慌，声称印第安人是食人族，另一方面在给这些狗喂食人肉时却没有丝毫的犹豫。在安的列斯群岛上，尤其是在森林、丘陵这些马无法通过的地区，狗起到了相当大的作用。[3]

西班牙人的另一项优势在于武器的质量。他们的剑、头盔、胸甲和其他盔甲，以及矛、戟、盾的部分都是用钢这种印第安人从未见过的金属制作的。这些武器能始终保持刃口锋利，几乎不会损坏，其中西班牙托莱多或比斯开地区的出品是整个欧洲最精良的。在美洲的西班牙步兵穿戴着能覆盖躯体或长至膝盖的护甲。对比印第安人的装备——木制的剑和矛、木制的弓箭、没有或极少的护甲，西班牙的士兵，尤其是骑兵，拥有压倒性的优势。

西班牙人还带来了两种投射性武器：弩和火枪。弩重达 16 磅，其钢制的弓非常强力，需要借助杠杆或曲臂和棘轮才能弯弓搭弦，使用起来并不方便。但花费一分钟的时间搭弦发射，重达 3 盎司[①]的弩箭就可以穿透 70 码外的一套盔甲，或射杀 350 码外的一个敌人。

火枪在当时的重要性还比不上冷兵器。16 世纪早期，欧洲人使用一种叫火绳枪的初级火枪，其重量达到 20 磅。这种火绳枪的
98 发射首先要用引燃的火绳——一根长棉线——去触燃枪管外火药池里的少量火药，火花通过枪管上的小孔再进一步点燃枪管内的火药。重新装填火药需要 1 分钟的时间，而在整个战斗过程中，还需要保证火绳始终是燃着的。因此士兵要手持笨重的火枪，同时用燃烧的火绳点燃火药，实在是一项危险的任务。西班牙人同时带来的还有能发射 2～4 磅炮弹的小型火炮、能发射 10～14 磅炮弹的重炮以及在围城时使用的铁制巨型射石炮。

西班牙人的战术战略源自他们在收复失地运动（Reconquista）中与阿拉伯人和柏柏尔人的长期战斗，以及不久前在始于 1494 年的意大利战争（Italian Wars）中与法国人对抗的经验。在这些战

① 1 盎司约为 28.35 克。——译者注

争中，他们摒弃了中世纪时流行的一对一的战斗方式，发展出紧密协同的团队合作方式。很快，西班牙军团就让整个欧洲胆寒。作战时，长矛兵组成方阵，由位于方阵四角的火枪兵或弩兵掩护，背后还有骑兵和火炮的支持，这样的纪律使得各个兵种之间相互信任，合作无间。

另外，并非只有人类和动物成功跨越了大西洋，神秘而致命的传染病菌也在其列。传染病从来也没有（至今仍然没有）在这个世界上均匀地分布过。它们的流行程度取决于自然条件，包括像猴子和啮齿动物这样的宿主，或者蚊子和跳蚤一类的携带者。但即使环境十分适宜，传染病的肆虐也需要有条件先将它们引入这里。从未接触过某类传染病的人也就对这种疾病毫无免疫能力。一俟这类新型疾病登上它们从未到达过的“处女地”，那些最先接触到它们的岛民就迎来了灭顶之灾。每一种主要的传染病——天花、麻疹、霍乱、斑疹伤寒、黄热病、鼠疫等——最初都是由商人、朝圣者、士兵以及其他旅行者从他们的原住地带来的。1340 年代肆虐欧洲的“黑死病”，即腺鼠疫，就有可能是那些从越南直至匈牙利横扫欧亚大陆大部分区域的蒙古大军携带而来的。到了 15 世纪，那些曾经很局地性的传染病已经在广阔的欧亚大陆以及非洲的很多地区广泛传播。各种区域的疾病池已经合并成一个相对均匀的东半 99
球疾病池（Disease Pool）。[4]

新大陆则是一个完全不同的疾病池。根据克罗斯比（Alfred Crosby）的研究，在 1492 年之前，美洲人已经知道了品他病、雅司病、梅毒、肝炎、脑炎、脊髓灰质炎、肺结核、肺炎和肠道寄生虫病，但对肆虐东半球的所有疾病还都毫无经验。[5]虽然墨西哥和秘鲁的人口密度很高，但旧大陆的人群密集型传染病却并没有在新大陆广泛传播，一个原因就是美洲原住民们几乎没有什么家养的牲畜：只有中北美地区的火鸡，安第斯地区的美洲驼、羊驼和豚鼠，南美赤道地区的美洲家鸭，以及随处可见的狗。对于仅有的群居性牲畜美洲驼，安第斯人民既不在室内饲养也不喝它们的奶，而且牧群规模也太小，不足以维持病菌长期的生存和传播。[6]

1492 年之前，几乎没有任何旧大陆的疾病传播到这里。新大陆最早的移民是印第安人的祖先阿留申人和因纽特人，经过很多年的时间从遥远的西伯利亚和阿拉斯加进入美洲，而严酷的环境又淘汰了那些病弱者，因此遗传的多样性在新大陆要远逊于旧大陆。其结果是，这些美洲原住民的免疫系统具有惊人的同一性，细菌和病毒如果能攻克一个人，就可以轻易攻克所有人，甚至都不需要变异以适应不同免疫系统所产生的抗原。[7]后续的移入者，如 11—12 世纪登陆加拿大东部的维京人，人口极少，又经历了漫长艰辛的跨海之旅，没有证据显示他们携带有传染病菌，但即使有，而且还传染给了当地人，以当时美洲那个地区极低的人口密度，这种局地的传染病也会很快烟消云散。因此，对旧大陆的微生物而言，美洲是一块真真正正的处女地。[8]

历史人口统计学家们为 1492 年时的美洲人口规模争论了很多年，估算的数字从极低的 840 万到最高的 1.125 亿不等。拉塞尔·

桑顿（Russell Thornton）在总结回顾了各种数据和估算之后，认为“至少在 7 200 万或再稍多一些”。其他大部分研究者认可的数 100
字都接近于这个范围，不过质疑和争论的声音仍然存在，并在以后相当长的时间内还将继续存在下去。[9]

新大陆不仅人口众多，而且几乎从未遭受过旧大陆人民的那些苦难。一个尤卡坦（Yucatan）半岛的印第安人这样回忆西班牙人到来之前的日子：

> 那时候没有疾病，骨头不会疼痛，没有高烧，没有天花，胸部不会灼痛，没有腹痛，没有肺痨，没有头痛。那时候人生的过程井然有序。外来者的出现打乱了这一切，他们带来了可耻的东西。[10]

这样的叙述虽然有点夸张，但原住民们的确是遭受到了前述那些疾病的折磨。总的来说，桑顿总结道：“很清楚的一点是……就疾病而言，美洲印第安人在 1492 年时要远比那些发现他们的人健康。”[11]

死亡伴随着欧洲人来到了新大陆。首批被殖民的地区也是首批被摧毁的地区。当哥伦布最初抵达时，伊斯帕尼奥拉岛上人口众多，西班牙殖民事业的伟大批评家巴托洛梅·德拉斯卡萨斯（Bartholomé de Las Casas）认为当时的人口数以百万计。人口学家安格尔·罗森布拉特（Angel Rosenblat）最近的估算数字则为 10 万～12 万。[12]在短短几个月后，原住民阿拉瓦克人就开始不断死去。由于西班牙的编年史家们对流行病学概念极为模糊，因此其原因至今尚不清楚，有可能是流感，又继之以斑疹伤寒和麻疹。[13]

随后到来的就是天花，这个美洲印第安人的致命杀手，其症状清晰易辨。1507年，天花首次出现在伊斯帕尼奥拉岛，之后于1518年12月或1519年1月再次流行。而它之所以姗姗来迟，是因为1503年以来大多数欧洲人和他们携带的非洲奴隶已经在天花病毒中暴露过并已免疫。那些在上船之前得病的，在到达新大陆时不是已经死去，就是已经病愈。只有在船上携有数名未免疫者，而他们又相继得病时，病毒的活性载体才得以来到新大陆；又或者感染部位结的痂留在了衣缝中，病毒才得以在此存活并一起到达这里。无论如何，当天花最终跨过大洋来到这里时，其带来的影响是爆炸性的。

101 天花是人类自古以来的梦魇，早在公元前1122年中国就有关于天花的记载，埃及法老木乃伊的皮肤中也发现了天花病毒。这是一种只在人与人之间传播的疾病，从一个个体直接到另一个个体，通常由接触感染者呼出的空气而传染。和麻疹一样，天花通常会有最长两周的潜伏期。在此期间，这个看似健康的感染者在离开最初被感染的场所后，会传染给更多的人。随后他开始发烧，三到四天后皮肤溃烂。病人会感受到巨大的痛苦，伴随着肺部的感染、咳嗽、出鼻血和吐血等症状。如果这个病人幸运地活了下来，他将会终身对天花免疫，只是脸上会留下难看的麻点。[14]

在欧洲，天花是一种儿童易得并造成3%～10%人口死亡的疾病。而在美洲，由于没有人对此免疫，天花会攻击所有年龄的人群，并导致30%的感染者死亡。加上之前的各种传染病和它们引发的社会混乱，还有西班牙人的奴役和虐待，天花最终对伊斯帕尼奥拉岛造成了毁灭性的破坏。巴托洛梅·德拉斯卡萨斯估计“就我们亲眼所见到的这个岛上的大量人口”，到 1520 年代只有不到 1 000 人幸存。而到了 1548 年，编年史学家贡萨洛·费尔南德斯·德奥维多（Gonzalo Fernández de Oviedo）认为只剩下了 500 人。之后不久，阿拉瓦克人就灭绝了。[15]

对墨西哥的征服

1519 年春，埃尔南·科尔特斯登陆墨西哥湾沿岸，建立了西班牙人在美洲大陆的第一个定居点维拉·黎加·德拉韦拉·克鲁斯（今韦拉克鲁斯市）。当年 8 月，他带领 300 名西班牙士兵和 16 匹马，在数百名古巴和墨西哥沿海地区印第安人的协助下，向内陆进发。他的目标是位于墨西哥中心的阿兹特克王国首都特诺奇蒂特兰（Tenochtitlân）。这些西班牙人发现他们被数千名奥托米（Otomi）士兵拦住了去路。弗雷·贝尔纳迪诺·德萨阿贡（Fray Bernardino de Sahagún）修士从印第安人的视角出发描述了当时的情形：

> 当他们来到位于特拉斯卡尔特卡斯（Tlaxcaltecas）的提 102
> 克亚克（Tecoac）时，发现这里住着奥托米人。奥托米人列队迎战，用手中的盾牌与之对阵。然而外来的陌生人取得了胜利，他们完全击溃了奥托米人。他们撕开奥托米人的战队，用大炮轰击，用剑挥砍，用弩射杀。不只是一部分，而是所有的奥托米人在这场战争中都被杀死了。[16]

怎样解释这令人震惊的结果呢？奥托米人和其他墨西哥印第安人一样，并不缺乏守卫领土的动力和勇气，实在是他们的武器和战术导致了他们的失败。[17]

西班牙人与奥托米人在美次提特兰（Metztitlan）的战斗

注：注意双方所持的武器以及印第安指挥官的头饰。丹尼尔·海德里克（Daniel Headrick）绘制。

资料来源：Diego Muñoz Camargo，*Descripción de la Ciudad y Provincia de Tlaxcala de las Indias y del Mar Océano para el buen gobierno y ennoblecimiento dellas*（México：Instituto de Investigaciones Filológicas，Universidad Nacional Autónoma de México，1981）.

印第安人的武器是木头和石头制成的，金、银和铜仅用于各种装饰，并不用于制作武器。贵族士兵持剑或黑曜石刀——一种将锋利的黑曜石嵌入长长的橡树棍做成的武器。这种刀对人体和棉质护甲而言是非常危险的，但其脆而易断，因此完全不是钢制武器的对手。一般士兵则持笨重的棍棒、射箭（箭头经淬火或由黑曜石做成）、用梭镖投射器投掷飞镖或用弹弓弹射石块。[18]

阿兹特克人的战争是高度仪式化的。他们崇尚一对一的战争，其目的也不是杀死敌人，而是掳获尽可能多的战俘，用作祭祀神灵仪式的献牲。在发出精心拟定的宣言之后，战争通常会在收获季节结束后的 9 月开始。在军队中打头阵的，通常是训练有素的贵族士兵，他们手持黑曜石剑，身穿制作精良的棉质护甲，头戴华丽的羽毛头饰。在他们的后面，则是装备和素质远逊于他们的农夫兵团。贵族士兵会尽可能在前排散开，因为只有他们是参与战斗的，需要充分的空间来施展他们手中的刀剑。为了让远处的指挥官能清晰地分辨他们，这些战士的背上都携有旗帜和装饰性的标记。[19]

西班牙人，当然首先是科尔特斯，却拥有更强烈的动机。科尔特斯很清楚，由于他违抗了古巴总督的命令，他现在已经是一个被通缉的人。如果失败了，等待他的将是无情的审判。当他们乘船抵达墨西哥后，科尔特斯立即烧毁了所有船，因此他的士兵们意识 103
到，他们要么胜利，要么死亡。在这种恐惧之上，我们还必须加上这些士兵对黄金的欲望，以及他们坚信，上帝是站在他们一边的，征服和奴役印第安人是上帝的旨意。当然，仅有动机并不能带来胜利。战斗的成败是由武器、战术以及勇气和决心共同决定的。科尔特斯手下的一名士兵贝尔纳尔·迪亚斯·德尔卡斯蒂略（Bernal Díaz del Castillo）是这样描述一场战斗的：

> 我们进行了整整一小时的战斗，射杀了无数敌人，因为他们人数众多而且队形异常密集，我们每一次的发射都能击倒很多人。骑兵、火枪手、弩兵、佩剑兵还有长矛兵和持盾兵，我们每一个人都为了使命和生命在战斗，毫无疑问，我们正处在有生以来最大的危险之中。[20]

在短短一句话当中，贝尔纳尔·迪亚斯·德尔卡斯蒂略就列举
104 了马、火枪、弩、剑、矛和盾等多种装备，他其实还可以再加上头盔和护甲，以及狗。这些装备的护持和对它们的使用，才是西班牙人获胜的关键。

最初抵达墨西哥时，西班牙人带来了 16 匹马，其中一匹是在船上出生的小马。再加上剑和矛，他们可以轻易刺破阿兹特克人的棉质护甲，砍断他们的木剑；而头盔和铠甲却能保护他们免受阿兹特克人的剑、矛和箭的攻击。

早在 1519 年，蒙特祖玛二世派往西班牙人驻地韦拉克鲁斯的信使就带回了西班牙狗的图片，据说皇帝看后深为震惊。根据德萨阿贡修士的记录，印第安人称："这些狗非常大，有耷拉的耳朵，
105 伸出长长的舌头，明亮的黄眼睛中充满火焰，空空的腹部形状像个勺子，总是在喘粗气，像魔鬼一样凶恶，长舌头总是挂在外面，身上长满美洲虎一样的斑点。"[21]由于墨西哥的地形相比伊斯帕尼奥拉岛更适合马的行动，因而狗在这场战斗中用处并不大。

西班牙人的目的不是俘虏阿兹特克人而是打败他们，如有必要就杀死他们。阿兹特克人战斗时开放的队形让他们更容易受到西班牙骑兵的攻击。当遭到数量远超自己的阿兹特克士兵包围时，西班

牙人立即组成一个方阵，由步兵掩护骑兵并保护枪支。西班牙人通过那些旗帜很容易就识别出阿兹特克人的指挥官并首先击倒他们。西班牙人很清楚，指挥官一死，阿兹特克人立刻就会溃散，也就给了他们的骑兵以各个击破的好机会。

西班牙人的进攻正值耕作和收获季节，这个时候大部分的印第安人都在田里劳作，将领们很难组织起一支军队。而西班牙人则毫不愧疚地肆意屠杀平民、烧掉庄稼、焚毁城镇村庄。尽管阿兹特克人也曾以暴力著称，但西班牙人比他们更野蛮，并以此来挫败对手。[22]

我们也不应该忘了，还有很多印第安人站在了西班牙人的队伍里。科尔特斯与墨西哥人的联系主要依靠的是他的向导玛琳辛（Malintzin）——一个印第安贵族妇女，西班牙人称其为 Dona Marina。她的玛雅语和西班牙语说得与她的母语纳瓦特尔语——墨西哥中部的一种语言——一样好。奥托米人被打败后，近邻的特拉斯卡拉人（Tlaxcala）迅速与科尔特斯结盟，因为他们长期与阿兹特克人为敌，时常成为阿兹特克人祭祀的牺牲品，所以非常渴望报复。他们和其他一些部落为西班牙人提供了数千名士兵、搬运工和其他协助人员，以及食品和住所。他们的作用绝对不容忽视，一位著名历史学家曾评论道："墨西哥人不是被外来者，而是被内部人打败的。""西班牙人篡夺了为他们出生入死的印第安同盟的胜利。"[23]

科尔特斯的部队于 11 月进入特诺奇蒂特兰，受到了阿兹特克国王蒙特祖玛二世的迎接，后者随即被他们俘虏并囚禁。蒙特祖玛 106
二世与他的随从被抓时都非常惊讶，西班牙人与他们以往所遭遇的敌人完全不同，并不按照阿兹特克人习惯的时间和方式进行战斗。

一开始，他们可能还以为西班牙人是某种神或者超自然的生物。后来即便意识到了他们只是普通人，阿兹特克人还是很难相信这么少的人马就能带来这么大的危险。蒙特祖玛二世这位优柔寡断的国王始终无法理解是什么造就了西班牙人。他以宾客之礼接待他们，却未料到换来了牢狱之灾。而阿兹特克王国的社会结构又是等级森严的，首领被擒使得余下的人无所适从。

当潘菲洛·德纳瓦埃斯（Pánfilo de Narváez）率领的另一支西班牙探险队在墨西哥沿岸登陆时，他们带来了抓捕科尔特斯的命令。科尔特斯留下佩德罗·德阿尔瓦拉多（Pedro de Alvarado）指挥 200 名西班牙士兵留守特诺奇蒂特兰，自己去面对新来的部队。
107 通过谈判、贿赂和恫吓等手段，科尔特斯说服德纳瓦埃斯的多数人马加入自己这边，一同去征服墨西哥。于是，科尔特斯又多了 60 匹马和 900 名士兵，以及几门射石炮和火炮。这些火器除了笨重难扛，在这个潮湿的地方作用也很有限。但根据贝尔纳尔·迪亚斯·德尔卡斯蒂略的记录，火器在征服墨西哥时发挥了很大的作用，一是它们会发出巨响，二是一发炮弹即可打死打伤多名印第安人。[24]

而在科尔特斯缺席的这段时间里，德阿尔瓦拉多继续对特诺奇蒂特兰的阿兹特克人发动攻击。当科尔特斯在 6 月归来时，他发现要面对的是由阿兹特克指挥官库伊特拉华克（Cuitláhuac）领导的声势浩大的反抗运动。特诺奇蒂特兰不像西班牙人所见过的那些西班牙、摩洛哥、意大利的城市那样拥有完备的防御体系，这个城市建在特斯科科（Texcoco）湖中央的一个岛上，由数条堤与陆地相连。1520 年 6 月 30 日夜，城内的西班牙人突然被数量远超于己方的敌人包围，被迫从其中一条堤道向外突围。在突围途中，他们遭遇了从附近屋顶和湖中数百条独木舟上射来的如雨点般的箭矢和石块。贝尔纳尔·迪亚斯·德尔卡斯蒂略这样回忆当时的情景：

> 在我最意想不到的时候，我们看见了无数士兵朝我们扑过来，湖中布满了独木舟，我们根本无法对抗……当我们沿堤道突围的时候，周围都是墨西哥人，我们的一边是湖水，另一边是平房屋顶，湖里全是独木舟，我们进退两难。[25]

这次突袭让西班牙人损失了一半的兵力、三分之二的马和全部的火炮，以及将近 1 000 名印第安同盟军。蒙特祖玛二世则在撤退时被杀。这一夜对西班牙人来说是不幸的，他们称其为“悲痛之夜”（la Noche Triste）。

对逃亡的西班牙人来说，这一夜是悲痛的，而对特诺奇蒂特兰城的居民来说，更大的灾难还在等着他们。西班牙人虽然撤退了，可他们却留下了天花病毒。1520 年初，德纳瓦埃斯的远征队将天花带到了韦拉克鲁斯；10 月，天花的足迹已经到达墨西哥谷地，
并迅速在特诺奇蒂特兰城及周边的人群中扩散。当时的一位幸存者 108
描述了这场天花的肆虐：

> 这场疾病如此可怕，这里甚至已没有人能走路或移动。患病的人如此无助，他们只能像尸体一样躺在床上，连四肢和头都动不了。他们没法趴着或翻身。任何一点移动都会让患者因疼痛而尖叫。
>
> 很多人死于这场疾病，而更多人则是死于饥饿。他们无法

> 起床去寻找食物，其他人也都很虚弱，无法彼此照顾，于是躺在床上活活饿死。[26]

1520—1521年的天花流行是这里所有人所经历的最大灾难之一。根据流行病学家的计算，这次的天花导致了墨西哥中部大约一半人口死亡。[27]西班牙人将其归因于上帝的旨意，科尔特斯的一名手下弗朗西斯科·德阿吉拉尔（Francisco de Aguilar）就认为：“当基督徒们在战场上筋疲力尽之时，上帝意识到，是时候将天花遣予印第安人了，于是城中就暴发了大瘟疫。”[28]

这场灾难不仅使墨西哥人口锐减，它也是阿兹特克王国瓦解和西班牙人征服墨西哥的最重要的原因。在蒙特祖玛身后被推为国王、领导印第安人在悲痛之夜重创西班牙人的印第安领袖库伊特拉华克就死于这场瘟疫，他的很多将领、士兵也未能幸免。11月，正当他和他的人民为防御战做准备时，库伊特拉华克感染了天花，并在12月4日，仅仅登基80天后就去世了。蒙特祖玛的侄子考乌特莫克（Cuauhtémoc）接任皇帝之位。然而他们两位都没有经验和时间来巩固各个部族之间的联盟。战争中间统帅的更迭和从未遭遇过的瘟疫也让城中的人们倍感恐惧和困惑。[29]与西班牙结盟的印第安人自然也受到了天花的侵袭，但他们的指挥官病殁之后，科尔特斯能为他们选择新的接班人，并继续领导他们。

撤离之后，科尔特斯得到了来自古巴的增援部队并开始筹划新一轮的征伐。1521年5月他最后一次攻击特诺奇蒂特兰时带来了550名西班牙士兵，其中80人配备了弩或火绳枪，另有40匹马、9
109 门大炮以及多达数千人的特拉斯卡拉同盟军。[30]在他围城期间，韦拉克鲁斯方面还不断派来马匹和大炮增援他。

当西班牙人卷土重来时，阿兹特克人将全部希望寄托在了他们的独木舟船队上。因此，科尔特斯攻城成功与否取决于他是否能找到破坏船队或者让它们远离堤道的方法。为此，他找来了木匠马丁·洛佩斯（Martín López）和几名印第安助手，为他建造了 13 艘双桅船。这种小型的平底帆船每艘能载 26 人，其中 2 名炮手，12 人装备弩或火绳枪，另外 12 人划桨。每艘船上有一门铜制加农炮和数门小炮，大一点的船上还有两门加农炮。这些船分批制造完成后于 1521 年 4 月被带到特斯科科湖边。一个月后战斗打响，面对数百艘阿兹特克独木舟，这些侧舷露出水面部分高达 4 英尺、两头都设有船头堡的双桅船在湖中的表现堪称所向披靡。在起风条件下，西班牙人可以轻易操控它们向独木舟射击、撞向敌船并将之倾覆。

到了第二天，双桅船已经完全掌控了堤道两边的湖面。而在接下来的水战中，西班牙人还得到了数千印第安同盟军独木舟的支援。作为反击，阿兹特克人则将顶端削尖的木棍插在湖底，希望能刺穿这些双桅船，但收效甚微，仅有一艘船遭到了伏击。战斗进行到第十天时，西班牙人已完全切断了特诺奇蒂特兰与大陆的联系，以及供应城内淡水的沟渠（特斯科科湖是个咸水湖）。他们几乎可以随意攻临城下，进入沟渠，焚烧庐舍。在阿兹特克人挖断的堤桥处，双桅船还可以充当浮桥，让西班牙的步兵和骑兵得以在堤道战斗时畅行无阻。[31]

历史学家们在双桅船与地面力量两者究竟谁在战斗中作用更大

这个问题上存在着分歧。支持双桅船的历史学家，例如克林顿·加德纳（Clinton Gardiner）认为双桅船是西班牙人获胜的关键。而另一些人如罗斯·哈西格（Ross Hassig）则持相反意见，认为胜利完全有赖于地面力量。其实两方都有道理。在1521年夏季到来之
110 前，阿兹特克人已经克服了他们的恐惧和混乱，准备来一场决战。鉴于他们所拥有的勇气、人数以及在先前战斗中积累的与马和火器斗争的经验，阿兹特克人完全有理由相信胜利会属于他们。他们完全没有料到，也并无准备要经历一场水战，并面对双桅船这样强大的敌人。

经过长达三个月的围城，西班牙人抓获并杀死了阿兹特克的新皇帝考乌特莫克，并于1521年8月13日进入特诺奇蒂特兰城。这座曾经是西班牙人所见到的最美丽的城市，已经变成了一片废墟，城中20万居民也死亡殆尽。西班牙人认为自己能够对印第安人中流行的传染病免疫是上帝的眷顾，科尔特斯的属下巴斯克斯·德塔皮亚（Vázquez de Tapia）就记录道："大量我们原以为必须与之战斗的平民、士兵、领主和将官都已经死去了，是主的恩典奇迹般地杀死了这些人，让他们在我们面前消失了。"[32]

发生在1520年代和1530年代的瘟疫只是墨西哥人苦难的开始。从1520年到1600年，墨西哥共经历了14次瘟疫，秘鲁经历了17次。紧随着天花，其他传染病也接踵而来：麻疹、斑疹伤寒、流感、白喉、流行性腮腺炎等。有时甚至几种疾病同时发生，平均每隔四年半就要出现一次。发生在1545—1548年的斑疹伤寒的破坏程度甚至远大于天花。那些幸存者由于体质虚弱，过后还会有相当

数量的人死于肺炎。在 1519—1600 年，墨西哥的人口据称从 1 400 万下降到了 100 万，几乎减少了 93%。[33]

由于是如此多人同时感染，这种横扫印第安人群的瘟疫的破坏程度非常之高。而印第安人通常用来治疗病人的方法，例如将病人泡进冷水中，只会加重他们的病情。天花和淋病还经常导致患者流产或者即使幸存下来也会不育。剩下的那些健康的人则有很多都逃离了，遗弃了病人，还有牲畜和田里的庄稼。儿童因为父母患病而死于饥饿。西班牙传教士托里维奥·德莫托里尼亚（Toribio de 111
Motolinia）在记录中写道："由于他们所有人一下子都得了病，既无法互相照顾，也没有人能去做吃的，在很多地方，整宅的人都死去了，或者走得空无一人。"[34]

打败了北美洲最强大的王国之后，西班牙人继续推进，去征服今天的墨西哥和中美洲地区。[35]但这比他们想象的却要困难很多。在那些人口稠密、组织化程度较高的地区，由于当地之前就已经被阿兹特克人和他们的前辈征服，因而他们很快就屈服了；但那些组织松散的族群以及游牧的狩猎采集部落却仍在激烈地抵抗。齐齐米卡（Chichimecas）是西班牙人对那些生活在东西马德雷山脉之间、特诺奇蒂特兰以北高地上的帕梅人（Pame）、瓜马尼人（Guamare）、萨卡特卡人（Zacateco）和瓜奇奇尔人（Guachichile）的蔑称，他们以半农业半狩猎采集的方式生活。西班牙征服者来到这块干燥的高地则是为了寻找贵金属矿藏。1546 年，一个小探险队的队长胡安·德托洛萨（Juan de Tolosa）用廉价的小饰品与萨卡特卡斯人交易，没想到却换来了白银。消息迅速传回了首都。到 1550 年，已经形成了一波白银浪潮。西班牙的矿工、牧场主、赶车人、传教士以及他们的印第安或非洲仆从迅速涌入了这一地区。于是，在连接墨西哥城（西班牙人捣毁特诺奇蒂特兰后给这里起的新名字）和新的采矿重镇萨卡特卡斯（Zacatecas）的道路上，运送食品和补给、驮回白银的骡队开始络绎不绝起来。[36]

齐齐米卡人都是训练有素的战士，他们的武器有矛和弓箭等，箭矢由锋利薄刃的黑曜石做成，能够穿透编织得最绵密的锁子甲。他们采取的策略是沿路伏击人和骡队，分割牧场及采矿营地，让他们孤立无援，将俘虏折磨至残或至死。西班牙人的回击则是突袭并杀死印第安人、抢来俘虏带去墨西哥城的奴隶市场售卖。一开始，齐齐米卡人并没有将西班牙人的马、骡和牛这类牲畜当回事，但很快他们就开始偷窃或者捕捉马。当时的西班牙殖民者描述了这样做
112 的后果：“他们沿路的攻击不再是为了食物，而是把目标转向马并开始学习骑马。由此他们的战斗力得到极大提升，变得比以前危险很多。有了马，他们可以极速突袭和撤退。”[37]

到 1570 年，齐齐米卡人已经能组织起更大规模的战斗。他们会派遣间谍去侦察西班牙的防御工事，并学会在黎明时发起攻击。他们现在已经有足够的胆量去袭击采矿城镇。随着战斗和暴力程度的升级，政府在两种意见之间游移不定：矿主和农场主们极力要求派遣一支更大规模的军队，而传教士们则建议与印第安人达成和解。最后，新任总督维拉曼里奎（Marqués de Villamanrique）侯爵与印第安首领签订了和平条约，冲突终于平息了下来。西班牙人前后花了 50 年的时间才成功地在墨西哥中北部地区建立起自己的

统治，比征服阿兹特克王国多耗时十倍，而且人员伤亡也要多得多。

秘鲁与智利

在墨西哥以南数千英里之外矗立着另一个王国——印加帝国，比阿兹特克王国面积更大，也更为繁荣富有。印加帝国在南美洲西海岸铺陈绵延 2 500 英里，从哥伦比亚南部一直到智利的北部，领土包括西部沿海平原和安第斯高原以及山区以东热带低地的部分地区。与阿兹特克王国依靠同盟和附庸国治理国家的方式不同，印加人的首都库斯科（Cuzco）是一个拥有高度中央集权的行政中心，通过四通八达的道路和信息网络与全国各地紧密联系。他们的领地内还遍布军事据点，拥有一支庞大的军队，经常与北边和南边的邻国开战。他们还建立了很多仓库，用来储存食物、衣物、武器和装备。在很多方面，他们的行政体系都堪与罗马相比，只是缺少了书写系统和比人力更快的交通工具。[38]

然而这个强盛帝国却遇到了一个无法抵御的敌人，那就是天花。天花疫情从墨西哥发端，一路向南扩散至巴拿马，并于 1524 年或 1525 年先于西班牙人抵达了印加。印加人中第一批确诊的病 113
例是国王瓦伊纳·卡帕克（Huayna Capac）和他的将领们，他们在帝国北部的战役中相继病殁，“脸上布满了痂痕”。他的继承人尼南·库尤奇（Ninan Cuyoche）也没能幸免，于是一场内战在另两个同父异母的皇子瓦斯卡尔（Huáscar）和阿塔瓦尔帕（Atáhuallpa）

之间爆发。西班牙人正是在这瘟疫和内战交困之时，来到了印加人的面前。[39]

这支由弗朗西斯科·皮萨罗（Francisco Pizarro）以及他的兄弟埃尔南多（Hernando）和贡萨洛（Gonzalo）领导的远征队规模甚至比科尔特斯所领导的还要小。来到阿塔瓦尔帕位于秘鲁北部卡哈马卡（Cajamarca）营地前的，仅有大约170名士兵和90匹马。而他们面对的，则是据估计达到10万人的印加军队。但西班牙人是有备而来的，他们都是参加过意大利战争和夺取加勒比以及墨西哥战役的老兵，听闻过科尔特斯的战绩并决心要效仿他。而印加人则相反，猝不及防地受到了攻击。1532年11月16日，西班牙人的军队甫一到达就用计生擒了阿塔瓦尔帕并向他的臣属勒索赎金，直至他们搜刮完库斯科城中所有的金银。在被囚期间，阿塔瓦尔帕还下达了暗杀同父异母的兄弟瓦斯卡尔的命令。8个月后，在满足了对贵金属的贪欲之后，西班牙人最终处死了他。

印加人的社会比阿兹特克更加等级森严，印加人相信他们的君主并非凡人，而是“太阳之子”。瓦伊纳·卡帕克和尼南·库尤奇的相继病殁以及阿塔瓦尔帕和瓦斯卡尔的被杀使得整个国家群龙无首。尽管如此，印加帝国坚持的时间还是要比阿兹特克长一些。当西班牙人起内讧时，印加人撤退到了偏远的比尔卡班巴（Vilcabamba）。在那里，瓦斯卡尔的另一位兄弟曼科（Manco）组织起超过10万人的军队，包围了旧城库斯科，城内的西班牙一方则仅有190人。在印第安同盟的帮助下，西班牙人坚持了近1年之久，直至曼科的军队自行瓦解。到1570年代，与在墨西哥和中美洲一样，西班牙人彻底控制了原印加帝国治下的所有人民。[40]

西班牙人在秘鲁所使用的战略和武器与在墨西哥时一样，只不过组合方式有所不同。他们的主要进攻工具是马。马可以出其不意地突袭印加人的岗哨，马的速度又远快于印加人赖以传递信息、调 114
配兵力、侦察敌情的侦察兵和信使。在战斗中，马能让印加士兵惊恐万分。因此在战后分赃时，骑兵所得要比步兵多得多。一匹马在当时的价格能达到 1 500～3 300 比索①，相当于 60 把剑的价格。[41] 马是如此珍贵，以至于当马蹄铁损坏后，西班牙人甚至不惜用铜或银来锻造。

很多年以后，著名的秘鲁历史学家加西拉索·德拉韦加（Garcilaso de la Vega）在那部关于印加帝国和西班牙征服者最著名的作品中，描述了印第安人第一次看到马时的情形：

> 初次与西班牙人相遇时，印加人并未将西班牙人看作神或者对他们唯命是从，直到他们看到了这种对他们而言异常凶猛的动物——马，还有在两三百步以外就能将人射杀的武器——火绳枪。因为这两样东西……他们将西班牙人视为太阳之子，几乎没有怎么抵抗就臣服了。[42]

和在墨西哥时一样，西班牙人穿着的是钢制的盔甲或锁子甲，有时也会穿上阿兹特克人那种棉质的甲衣，这种甲衣相比金属的更为轻便，也不会生锈。随身配备的武器则有钢制的剑和钢头的矛。他们还有一些小型的火炮、弩和火绳枪，但很少使用。战斗中的主

---

① 比索（peso）是一种主要在前西班牙殖民地国家使用的货币单位。——译者注

力是骑兵、长矛兵和持剑的士兵。

而与之相抗衡的印加人，其战备甚至还不如阿兹特克人。他们没有切割或砍斫用的武器，只有棍棒和石制或青铜制的战斧。他们会投掷尖头的经过淬火的标枪，用投石器掷出苹果大小的石块。虽然亚马孙雨林里的人们会使用弓箭，但印加人不会，他们没有适合做弓箭的木材。他们的战术则类似于墨西哥人，排成松散的队形前进，进行近距离的搏斗。而这些武器只对自己人有威胁，对西班牙的骑兵和装甲步兵根本没用。曼科的军队曾尝试使用新的武器和战术，例如挖一些凹坑来绊倒马，将套索和石块绑在一起投掷出去撂
115 倒马，用弹弓射出烧红的石块点燃敌人的茅草屋等。但是最终，他们也没有时间来彻底消化西班牙人的战术和仿制他们的武器。[43]

多亏了马、剑、铠甲、船、火器还有病菌，西班牙人最终战胜了新大陆上这两个高度组织化、人口最密集、装备最先进的国家。那么，为什么当美洲大陆其余部分只剩下了一些更小的国家和更为松散的部落时，西班牙人及他们的欧洲追随者们却没有能够再接再厉地去征服他们呢？要理解这个看似矛盾的故事，还得从他们在美洲原住民身上获得的成就和遭到的失败谈起。

1572年，在经过多年的海上漂泊生活之后，葡萄牙诗人路易·德·卡蒙斯（Luís Vaz de Camões）发表了他最著名的史诗作品《卢济塔尼亚人之歌》（*Os Lusíadas*），歌颂葡萄牙征服者们在印度洋的英勇事迹。而几乎与此同时，1569年，西班牙军人阿隆索·德埃尔西拉-祖尼加（Alonso de Ercilla y Zuñiga）也发表了他的诗作《阿劳加纳》（*La Araucana*）。与卡蒙斯不同，阿隆索·德埃尔

西拉-祖尼加歌颂的并不是那些胜利的征服者，而是他们顽强的敌人——南部智利的阿劳坎（Araucanian）或马普切（Mapuche）印第安人。他们，以及其他“野蛮”印第安人的故事，揭示了在美洲大陆上，马赋予欧洲人的力量优势是多么短暂。

阿劳坎人以狩猎采集和刀耕火种方式为生，会种植玉米、土豆和豆类，饲养狗和美洲驼。他们没有政府，通过家庭和宗族来组织社会，经常进行战争操练，并以他们的士兵为荣。他们的武器包括弓和石矢的箭、矛、投石器、飞镖、标枪、矛枪、七英尺长的棍棒等，没有金属或带有利刃的武器，盾和护甲则由皮和木制成。他们是极少数生活在安第斯高原以西并曾经打败过印加人的印第安人。[44]

阿劳坎人与西班牙人的初次遭遇是在1546年。佩德罗·德巴尔迪维亚（Pedro de Valdivia）带领约70名西班牙士兵和数百名印第安随从，渡过了圣地亚哥以南150英里的马乌莱河（Maule River）。在这场注定要发生的战斗中，阿劳坎人损失了8 000兵力中的200人，退守150英里以南的比奥比奥河（Bío-Bío River），德巴尔迪维亚则返回了圣地亚哥。

1550年，德巴尔迪维亚再次渡过马乌莱河，并在此建立了3个 116
市镇。而这时的阿劳坎人已经获得了4年的时间重整军队、推选首领、操练新的战术。这次他们没有采用正面战斗的方式，而是在夜间突袭，或在撤退路线上挖掘陷阱并用树枝掩盖，诱陷西班牙马。在无法避开马的地方，则将士兵排成数排应战，长矛兵打头阵，弓箭手做掩护。总之，他们发展了多种新战术来应对西班牙人的先进武器。1553年12月，考波利坎（Caupolicán）领导的阿劳坎军队围攻并全歼了德巴尔迪维亚及其500人的部队。这场战役之后，更多的印第安人加入了阿劳坎人的队伍，西班牙人则放弃了他们的城镇和军事要塞，逃回马乌莱河以北。西班牙人一年后卷土重来，这次对阵的双方是德巴尔迪维亚的继任者弗朗西斯科·德维拉格拉（Francisco de Villagra）和马普切首领劳塔罗（Lautaro）。结果西班牙人再一次遭到了失败。[45]

战争并没有就此结束。在接下来的90年里，拉锯战在马乌莱河和比奥比奥河之间的土地上不断上演。时而是西班牙人南下捕获一些俘虏成为奴隶，时而是印第安人北上捣毁西班牙人的定居点，掠走他们的马。印第安人不断从德巴尔迪维亚、德维拉格拉和其他西班牙人手里得到马，而最重要的变化也就从此时开始了。到1566年，他们已经获得了数百匹马。由于当地的环境十分适宜养马，到16世纪末，印第安人进一步通过养殖将马的数量增加到数千匹。他们很快就适应了马上作战，骑兵的速度和娴熟度甚至超过了西班牙人。

印第安人还在他们的传统武器之上添加了好几种新武器。他们会使用一种一头带着套索的长杆来套住西班牙骑兵并将其拽下马，然后再用棍棒痛殴。他们还学会了使用剑和匕首，以及从敌人身上切分卸下的盔甲，将这些盔甲上插着的矛尖起出来就可以继续使用。有时候他们还能缴获火绳枪以及附带的子弹和火药。从德维拉格拉手里，他们还获得了6门火炮，不过后来又被西班牙人夺回去了。阿劳坎人甚至还仿照西班牙人的方法用长杆构建防御工事。[46]

随着武器装备的转变，战术也发生了变化。在小规模的冲突 117
中，他们利用人数上的优势将士兵编成中队轮番上阵，直至西班牙人精疲力竭。除了骑兵，他们还用马驮载大量步兵快速到达战场，步兵下马之后即投入战斗，然后再骑马迅速撤离。有时一匹马上会有两人骑乘，一人使用长矛而另一人搭弓射箭。印第安人还在包围西班牙人的要塞时，在周围竖起锋利的木桩，阻止他们突围。总之，印第安人在战术上和在武器方面一样，表现出了卓越的创造力。[47]

在智利战场上的西班牙士兵有很多是从秘鲁放逐而来的罪犯。他们衣衫褴褛又缺乏装备，却经常在食品和补给都不足的情况下被分配到偏远的要塞去。其中一些人会因饥饿而将自己的剑、枪和火药拿去交易换回食物。还有一些士兵则是欧洲人与印第安人的混血后代，被招募到前线战斗之后不久就倒戈了，并将武器也一同带给了印第安人。[48]

16 世纪末的边境战争在以与印第安人作战而闻名的马丁·加西亚·奥涅斯·德洛约拉（Martín García Oñez de Loyola）司令到来之后达到了高潮。1598 年 12 月 23 日黎明时分，他带领 50 名士兵和 200 名印第安同盟在库拉拉巴（Curalaba）露营时，300 名阿劳坎骑兵袭击并歼灭了他的部队。随后的起义又迫使西班牙人撤退到比奥比奥河以北，很多来不及回撤的人，包括妇女和儿童都沦为印第安人的俘虏。

虽然被赶出了阿劳坎地区，但西班牙人仍然在继续袭扰印第安人。每年一到夏季，他们就会发动突袭，焚烧印第安人的庄稼和村庄，捕捉印第安人当奴隶。阿劳坎人的御敌之策则是撤退到山区，那里有他们更大的原野和村庄，西班牙人不敢轻易尾随。而作为报复，他们同样也会去突袭西班牙人位于比奥比奥河北岸的据点，抢夺马匹、金属工具和武器。[49]

最终，在长达 90 年的斗争之后，1641 年，西班牙人签署协议承认阿劳坎独立。此后，传教士、商人开始自由出入该地区，白人
118 和印第安人也可以通婚了。不过在比奥比奥河沿岸的前线地区，冲突从未彻底平息。西班牙人还是会侵入阿劳坎人的领地抓走奴隶，阿劳坎人也会攻入西班牙人居住地抢走马匹和武器。总体情况是，激烈程度较低的长期紧张局势时而间隔以大规模的起义和边境战争。

阿劳坎人虽然英勇善战，但也没能挡住西班牙人在整个 18 世纪不断侵蚀他们的领地。其主要的原因在于人口。在这 100 年中，智利境内比奥比奥河以北的白人和混血人口总数翻了两番。而阿劳坎人则因 1791 年的一次天花流行而大伤元气。在这之后，越来越多的白人开始来到这片土地上定居下来。但即使这样，阿劳坎人依然将自己的独立状态维持了 300 年，直到 19 世纪晚期。[50]

阿根廷与北美

在欧洲人和他们携带的牲畜来到潘帕斯草原之前，这里不仅动物种群稀少，人类的生活状态也较阿劳坎人更为原始。北部的克兰

迪人（Querandí）、中部的普埃尔切人（Puelches）、巴塔哥尼亚的特维尔切人（Tehuelches）和安第斯山脉丘陵地带的佩文切人（Pehuenches）都以游牧狩猎采集活动为生，住在动物毛皮覆盖的帐篷里，穿的也都是动物毛皮制作的衣服。[51]

1536 年，佩德罗·德门多萨（Pedro de Mendoza）率领 16 艘船、2 000 名士兵和 71 匹马从拉普拉塔河（Río de la Plata）登陆，并在布宜诺斯艾利斯（Buenos Aires）建立了定居点。一开始，克兰迪人对待西班牙人相当友善，给他们提供食物，并逐渐熟悉了马匹。然而到了 1541 年，西班牙人的贪得无厌激起了印第安人的激烈反抗。在持续遭受攻击再加上食物短缺的情况下，西班牙人被迫放弃了他们的定居点。一些人回到了西班牙，另一些人则溯流而上去了巴拉圭。

1580 年，当胡安·德加雷（Juan de Garay）率领的另一支探险队来到这里时，他们发现野生的马群已经遍布潘帕斯草原。一些学者认为，这些野马就是上一次西班牙人撤退时遗弃的马的后代，而熟悉阿根廷马的历史学家马达林·尼科尔斯（Madaline Nichols）则认为它们的祖辈更有可能是更早时候西班牙人在巴拉圭、阿根廷 119
北部、智利、秘鲁甚至巴西等地定居点上豢养的马。[52]

潘帕斯草原为马群的生长提供了理想的环境。这里拥有广袤无垠的大片草地，与马的发源地中亚草原十分相像。不像北美大平原上还生活着原生的野牛种群，这里在西班牙人带来马和牛之前，除了一些鹿和鸵鸟，基本没有原生的大型食草动物。而且，这里也没有非洲大草原上的那些大型猫科动物来控制食草动物种群的规模。

在这样的环境里，马的种群以飞快的速度繁殖扩大。人们认为马的数量达到了数千匹。18 世纪中期来访的一位英国人描述了当时的场景：

> 这里驯养的马和野马一样数量众多……野马并没有主人，它们集结成群，在这片大平原上自由徜徉……在我在这里逗留的三周里，我看到了数量惊人的马。有两周的时间，我的身边到处都是马。有时，它们连续两到三个小时成群结队不断地从我身边飞速地跑过。[53]

16 世纪晚期，也就是阿劳坎人在智利获得第一场胜利后不久，潘帕斯的印第安人也获得了马匹。到 17 世纪晚期，连远至南部巴塔哥尼亚的印第安人都骑上了马背。[54] 为捕捉马或猎杀它们作为食物，印第安人使用的工具有套马绳球——一根拴着石头的长皮质绳子，用来缠住马腿，以及长达 15～18 英尺的矛和套杆。[55] 凭借马和简单的武器，印第安人很快就成了潘帕斯草原的统治者。

潘帕斯的印第安人不仅将马用于骑乘和食用，他们还用马来与智利的西班牙人交易所需要的物品，如糖、烟草、茶、酒、羊毛毯以及其他定居农业的产品。充当这些交易中间商的是安第斯的佩文切人和智利的阿劳坎人。18 世纪时，阿劳坎人翻山越岭移居到潘帕斯地区，加入了这里的印第安群体。而潘帕斯的印第安人则迅速说起了阿劳坎语。在这一过程中，阿劳坎人还将自己的组织和战斗技巧也教给了当地人。[56]

120 就像在智利一样，印第安人与布宜诺斯艾利斯白人之间的关系也始终敌对而紧张。在长达 200 年的时间里，印第安人不断袭击西班牙人的车队和牧场，抢走牛、马和妇女（他们不要男性囚徒）。作为惩罚，西班牙人也发动袭击抢夺牛和马，但收效甚微。这样，每隔一段时间，边境上总会爆发一场大型战争。西班牙人的武器对快速移动的印第安骑兵无能为力。事实上，西班牙高乔人（Gauchos）更喜欢使用印第安人的长矛、套索和套马绳球。

距离布宜诺斯艾利斯西南 100 英里的萨拉多河（Salado River）成了西班牙人和印第安人的界河。18 世纪中期，为了保护位置比较偏远的牧场，布宜诺斯艾利斯的建造者们沿河建起了一道防御工事，却招募不到愿意去那里驻守的人。由于定居点食盐短缺，西班牙人不得不派出全副武装的车队才能前往城市西南的盐层取盐。此时，作为波旁王朝改革法案的内容之一，向西班牙王国内其余地区开放直接贸易的法令，吸引更多的白人涌向了拉普拉塔河地区，不过他们的到来并没有立即打破这里的僵局。1796 年，巴塔哥尼亚的探险队队长费利克斯·德阿萨拉（Félix de Azara）提醒总督梅洛·德波图加尔（Melo de Portugal），拉普拉塔河的边界局势看起来还是和 1590 年时一样，“都是因为几个讨厌的野蛮人”。[57]就像在智利一样，这里的印第安人也成功地阻止了西班牙人的控制长达 200 年之久。

北美洲的历史与潘帕斯草原相类似，只不过北美洲的面积更大。从 16 世纪晚期一直到 17 世纪早期，欧洲人只分布在大西洋沿岸和墨西哥湾沿岸地区。到 18 世纪晚期，他们才向内陆推进了几百英里。而且，就发达程度而言，北美的英国和法国殖民地根本无法与墨西哥或秘鲁相比。北美广袤的内陆地区到 19 世纪之前一直都掌握在印第安人的手里。我们需要弄清楚的并非白人在这里征服了什么，而是没能征服什么，以及遭遇失败的原因。

北美大平原东起阿巴拉契亚山脉，西至落基山脉。将白人挡在这一巨大平原之外的，就是骑在马上的印第安人。在他们获得马匹
121 之前，这里极为稀少的人口只在沿河地区定居，种植一些玉米、豆类和南瓜。而广袤的开阔草原则属于数量庞大的野牛群。尽管非常困难，但印第安人还是会捕猎野牛，以获得牛皮、牛筋、牛骨和补充他们以素食为主的饮食。[58]

然后，马进入了这一地区。一位研究大平原的早期历史学家克拉克·威斯勒（Clark Wissler）认为这些马是 1540 年代埃尔南多·德索托（Hernando de Soto）和科罗纳多（Coronado）的西班牙探险队留下的或者丢失的马的后代。另一位学者弗朗西斯·海恩斯（Francis Haines）则不同意这个看法，他认为更有可能是 17 世纪初期新墨西哥州的传教团队带来了这些马。作为西班牙在美洲的殖民地，新西班牙（New Spain）政府是禁止向印第安人出售马的，军队也会小心看管它们的马。而传教士们则既依赖马，又让印第安人来照管它们，久而久之，他们的一些马就丢失了或者被卖掉了。墨西哥的商人们也乐于用马来换取奴隶、动物毛皮、日用品和酒。[59]

即使获得了马，印第安人还是要花相当长的时间才能学会怎样饲养和有效地利用它们。17 世纪中期之前，还没有人能被称为“马背上的印第安人”。[60]以新墨西哥州为起点，马开始从西南向东北在整个大平原上扩散开来。1680 年代，得克萨斯的印第安人已经

拥有了马。到 18 世纪早期，马已经遍布大平原南部。而到了 18 世纪晚期，向西远至落基山脉，向北远至萨斯喀彻温的广大地区都能看到马的踪迹。当他们拥有了马之后，原来生活在山地的例如肖松尼族（Shoshone）等印第安人都下山来到了大平原，并完全以猎杀野牛为生。[61]

一如它们带给阿劳坎人和潘帕斯印第安人的变化那样，马也改变了大平原印第安人的生活。其中有些部族，例如曼丹人（Mandan）、阿里卡拉人（Arikara）、波尼人（Pawnee）、维奇塔人（Wichita）等仍保留了农业生活方式，而其他部族——基奥瓦人（Kiowa）、科曼切人（Comanche）、克劳人（Crow）、阿拉帕霍人（Arapaho）、切延内人（Cheyenne）和苏人（Sioux）则成了马背上的战士。他们放弃农业而专事狩猎，以马肉和野牛肉为食，并对其副产品充分加以利用。有了马之后，较之从前，他们可以携带更多的辎重，走得更快，也更远。远在落基山中的印第安人如科达伦族（Coeur d'Alene）都受到了这种新生活方式的吸引。拥有马的数量
以及捕获马的能力成为衡量一个部族或勇士财富多寡的标准。科曼 122
切人就因为是最早从事猎马的部族之一，并且拥有最多的马而成为印第安人中驭马的佼佼者。而局部性的部族间冲突也在大平原上不断地上演，或者为争夺捕猎野牛的地盘而战，或者发动突袭去偷马，又或者为损失了马或士兵而实施报复。大平原上所有的印第安人，无论是定居的还是游牧的，都投入到以获得马匹和枪支为目的的交易当中。拥有了马和枪，就能打败竞争者，获得更多的贸易品。冲突和贸易相生相随。[62]

无论是狩猎还是突袭抑或部落冲突，所使用的技巧其实都没什么区别。战士们随身携带着短弓、可盛装百支箭羽的箭袋、长矛以及牛皮制的盾牌。他们从小就在马上长大，甚至可以在马全速奔跑时，用腿把自己固定在马的一侧，同时在低于马颈的高度进行射击。而他们突袭的手段则是在夜深人静时靠近敌人的帐篷，悄悄下马，利用伪装悄无声息地偷走马。[63]

从 18 世纪至 19 世纪中叶的整整一个半世纪里，大平原印第安人成为继蒙古人之后最为娴熟和最危险的骑兵。直至 1840 年代之前，欧洲人用来与之对抗的武器火炮都收效甚微。剑和长矛在一定距离以外就没有用武之地了；毛瑟枪和来复枪都要一分钟时间才能上膛，这足够印第安人射出 20 支箭了；马上用的短枪则每支只有一粒子弹，两到三次射击之后，欧洲士兵就不得不下马重新装弹，这时印第安士兵尽可骑马疾驰而去。研究大平原这段历史的学者们都一致同意，马才是印第安人能够长期抵抗欧洲人入侵的决定性因素。用瓦尔特·普雷斯科特·韦布（Walter Prescott Webb）的话说："（在墨西哥的）西班牙人统治结束之时，较之他们的统治开始时，大平原的印第安人变得更为富有和强大，控制了更多的领地。"[64]克罗斯比认为："用历史的眼光来看，马对印第安人最重要的作用是提升了他们对抗侵入南北美洲的欧洲人的能力。"[65]伯纳德·米什金（Bernard Mishkin）则认为："马作为西班牙人用来在新大
123 陆实行扩张的工具，最后却成了阻碍他们在这里继续扩张的关键因素，这成了历史上的一次意外事件。"[66]

传染病与人口

阿根廷和北美印第安人虽然在抵抗欧洲人入侵方面卓有成效，但他们的体质却与墨西哥人和秘鲁人并无二致，在传染病面前一样脆弱，只是这种脆弱性的显现要缓慢得多。游牧人群在广阔的地区分布极为分散，这使得疾病的流行能够被限制在局部地区，而且也不会像人口密集的城市那样，一次流行就导致大量的感染者。不过从长远来看，这种趋势更加不可避免。疾病不仅影响了军事和政治力量的平衡，而且改变了北美和南美人口的人种构成。

1558—1560年，天花首次在阿根廷潘帕斯出现。那些在离西班牙人定居点最近的地方居住的印第安人大批死去，而西班牙人却安然无恙。拉普拉塔河流域的这次传染病可能来自智利，不过随后一次的流行则很有可能源自巴西的葡萄牙人或他们的非洲奴隶。西班牙人不像印第安人那样易感，原因在于18世纪晚期接种方法的传入，使得天花在美洲白人中得到了很好的控制。[67]这造成了白人人口缓慢上升，印第安人口却在下降。当时一位到访的英国人托马斯·福克纳（Thomas Falkner）观察到："虽然之前的（印第安人）人口很多……现在却大量减少了，召集起4 000名士兵都很困难。"[68]与所有美洲原住民一样，他们的社会在维持了很长一段时间之后最终走向了灭亡。不过，能成功把握自己的命运长达两个多世纪，这仍然是一个了不起的成就。

就像在秘鲁一样，旧大陆的传染病比欧洲人进入北美内陆早了几十年。在现今美国的东南部和中西部曾经聚集着大量的农业人口，至今，在这些地方还能看到他们营造的大型土堆金字塔和蜿蜒的土丘，他们也因此而被称为“筑丘人”（Mound-builders）。当埃
124 尔南多·德索托 1539—1542 年穿越这片地区时，当地的印第安人早已遭受过第一次传染病的蹂躏。随后的一些探险者发现，不仅是村庄，连一些重要的城市如卡霍基亚（Cahokia）和伊利诺伊（Illinois）都被遗弃了，幸存的极少数人口又回到了狩猎采集的生活状态。一位当时到访过纳奇兹（Natchez）和密西西比（Mississippi）的法国人这样写道：“接触过这些野蛮人后，有一件事我必须要告诉你们，那就是，显而易见，主希望这些人让出这片地方，给新的人类居住。”[69]

新英格兰（New England）的情况也与这些地方类似：同样是密集的印第安人口，同样被英国定居者们垂涎。1616—1619 年，第一次疫病（鼠疫或者斑疹伤寒）来袭，杀死了沿海地区 90%的印第安人。1630 年代和 1640 年代，天花再次横扫圣劳伦斯河（St. Lawrence）和大湖区（Great Lakes），夺去了这里的休伦（Huron）和易洛魁（Iroquois）同盟一半的人口。[70]这里的英国殖民者不同于西班牙人，他们看重这块土地，却并不需要印第安劳动力，不过他们当然也目睹了这场灾难中的上帝之手。英克里斯·马瑟（Increase Mather）在 1631 年写道：“大约在这个时候，印第安人开始在他们卖给英国人的土地边界上与英国人吵闹不休，但主让这场争论平息了，他派遣了天花到索格斯（Saugust）印第安人中间——他们

之前的人口是如此之多。”[71]三年之后，第一任马萨诸塞湾殖民地（Massachusetts Bay Colony）行政长官约翰·温思罗普（John Winthrop）则记录说：“至于土著人，他们几乎都已死于天花，由此，主为我们明确了对这里的拥有权。”[72]

整个 18 世纪到 19 世纪，瘟疫一直在北美大陆屠杀着印第安人。1738 年，切罗基人（Cherokees）因天花减少了一半的人口；1759 年，卡托巴人（Catawbas）也遭受了同样的命运。

几个世纪以来，天花一直是整个世界萦绕不去的灾难。虽然欧洲人因此而遭受的苦难比印第安人要少得多，但也远未对其免疫。在一些人口密集的地区，这种疫病时有发生，而且感染者多为儿童。小城镇和偏远地区则周期性地发生一些疫情。中东、非洲、亚洲的人们则通过长期的摸索发展出接种法来减轻这种疾病的影响。接种的操作一般是这样的：挑取天花感染者身上的一小块脓包物质，在健康者的皮肤上切开一个小口，将这一小块物质放入其中。 125
大部分通过此方法接种的人都只会产生一些轻微的天花症状，不过也有人因此而丧命。接种法在 1721 年传入英国并迅速在上层社会流行开来。到 1770 年代，接种法在乡村和小城镇都已经成为通行的做法。不过伦敦人和欧洲大陆人仍然在很长一段时间内抗拒这种方法。在北美，接种法在白人中很流行，他们中的大部分人生活在小城镇和孤立的定居点上，因此是疫病的易感人群。独立战争时期，乔治·华盛顿（George Washington）将军命令他的部队全部进行接种。接种的实行有助于解释 18 世纪北美白人人口的持续增加。[73]接种法，以及随后的药物对抗疾病的胜利，让我们看到了是否拥有这些技术在欧洲人和非欧洲人身上所产生的差别。而在全球范围内，没有哪一处地方能比美洲将这种差别表现得更为显著。

人类与传染病长久的斗争在18世纪末迎来了重要的突破。1790年代，英国医生爱德华·詹纳（Edward Jenner）发明了种牛痘法。相比接种法，这种方法的危险性降低很多，因此很快在欧洲流传开来。而由于本杰明·沃特豪斯（Benjamin Waterhouse）的努力和托马斯·杰弗逊（Thomas Jefferson）的支持，这一方法得以在1800年后引入美国。但是，公众对这种新方法的接受十分缓慢，导致疫病在整个19世纪仍然时而在费城、巴尔的摩、纽约、魁北克等地暴发。不过这些疫情都被控制在了局部地区，病人也得到了有效隔离。[74]

疫病在印第安人中造成的破坏程度则远远高于在白人中造成的破坏程度，也远远高于以往历史上的任何时期。由于马的出现，之前仅靠步行、居住地分散孤立的印第安部落之间的联系更为紧密了。于是，在白人中仅仅是局地暴发的流行病在印第安人群中变成了席卷整个大陆的大瘟疫。1770年代和1780年代早期的传染病暴发导致了50%～60%的克里人（Cree）、阿里卡拉人、曼丹人和克劳人的死亡，肖肖尼人、科曼切人和希达察人（Hidatsas）也损失惨重。边境上的白人商人和士兵还将感染者用过的毯子送给印第安
126 人，这加剧了疫病的进一步扩散。托马斯·盖奇（Thomas Gage）将军就曾签署命令，对那些“传播给印第安人带有天花”的“杂物”者提供补偿。当乔治·温哥华1782—1783年经过普吉特海湾（Puget Sound）时，他看到的是成堆的白骨和满脸麻点的幸存者。[75]

19 世纪的第一场瘟疫发生在 1801 年，自墨西哥湾开始，扩散至西北海岸。据称这一次瘟疫造成了这一地区三分之二的印第安人口死亡。[76]总统杰弗逊建议让印第安人也分享接种带来的益处。梅里韦瑟·刘易斯（Meriwether Lewis）和威廉·克拉克（William Clark）在远征时也曾携带了种牛痘的材料，但收效甚微。1832 年，美国国会批准了 1.2 万美元的经费，用来给印第安人接种。不过，很多印第安人对待白人的态度极为谨慎并拒绝了接种，另外一些则因居住地远在白人医疗服务能接触到的范围之外而无法享受到。

文献记录最为翔实的一次天花流行发生在 1837—1838 年的大平原地区，这个时候已经有大批的白人毛皮商、采矿者和定居者来到了这里。1837 年 4 月，圣彼得号蒸汽机船离开圣路易斯，沿着密苏里河逆流而上开始了它一年一度的航行，给普拉特·舒托公司（Pratte and Chouteau Company）沿途的贸易站点送去补给，同时运回自上次航行以来收集的毛皮和野牛皮。船上携带的天花病毒则如星火燎原般，在密西西比河以西的北美大陆上迅速扩散，从南方的新墨西哥州直至加拿大的北部。阿西尼博因人（Assiniboine）因此失去了三分之一到一半的人口，阿里卡拉人失去了一半人口，黑脚人（Blackfoot）损失了一半至三分之二的人口，欧塞奇人（Osage）、乔克托人（Choctaws）、科曼切人、阿帕切人（Apaches）、普韦布洛人（Pueblos）和基奥瓦人则因此次事件而所剩无几。当瘟疫来袭时，曾经在中西部从事农业和贸易最为成功的曼丹人正被苏族士兵团团围困，因此健康的人也无法逃脱。1 600～2 000 人规模的曼丹人口只剩下了百人左右，无法再构成一个部落的建制。[77]

1838年6月发自新奥尔良的一封未署名信件描述了这场灾难给印第安人造成的损失：

> 我们所在的密苏里西部边境上的一个贸易点，是印第安人遭受天花蹂躏最为严重的地区。这位破坏“天使”以当地从所
> 127 未见的狰狞面孔造访了这些不幸的大地之子，将那些曾经任由狩猎的广袤土地和安宁祥和的部落聚居地，变成了荒无人烟的坟场。几个月来感染者估计已达到了3万，而这场瘟疫的范围目前仍在不断扩大。不久前还能挑动几个部落、数月前还能激发他们掀起一场血腥战争的斗志如今已经烟消云散，勇猛的武士成了那些贪婪的草原狼群的食物，极少数的幸存者也已完全绝望，转而去祈求白人的怜悯，但白人能做的实在有限……任何好战的想法都已经消失了，剩下的人就像饥饿的狗一样低声下气。[78]

但这还远不是19世纪印第安人的最后一次灾难。从1830年代至1860年代，更多的传染病在这片大陆上此起彼伏。1849年一种新的传染病——霍乱，经由来往于俄勒冈小道的白人传入了印第安人的领地。很多曾因天花遭受重创的部落于是再次蒙难。仅加利福尼亚一地就在短时间内连续遭受了四次传染病的袭击，在1849年的淘金热来临之前这里所有印第安人的居住地几乎都被清空了。[79]

如果说哥伦布到来之前的美洲人口规模是一个被热烈争论的话题，那么这场遭遇对人口的影响也是如此。很多学者认为墨西哥人口减少了75%～90%，在1650年前后达到160万的最低点。人口统计学家拉塞尔·桑顿估计，整个西半球损失了94%的原住民。在

如今是美国本土 48 个州的土地上生活的印第安人口从 1492 年的超过 500 万下降到 19 世纪末的 25 万，减少了 93%。[80]无论具体数字如何，美洲人所遭遇的传染病都毫无疑问是人类历史上最可怕的灾难。

不过，印第安人的苦难并非全都是疾病带来的，他们部分地死于与欧洲人以及其他部落之间的战争。很多人被掳走成为奴隶，被迫迁徙到他们根本无法适应的地方，或者在极其恶劣的条件下劳动。然而这些都不应被算作印第安人口下降的原因，因为同样遭到 128
欧洲人残暴对待的菲律宾和非洲奴隶人口并没有下降。

与此同时，白人人口在美洲大陆却持续增加。在墨西哥、秘鲁等地，由于有足够多的印第安幸存者与欧洲人结合生下后代，混血人口大量增长。而在南锥地区（Southern Cone）——乌拉圭、阿根廷和智利——以及格兰德河（Río Grande）以北，白人人口迅速超过了其他人种，将这些地区变成了克罗斯比所称的“新欧洲”（Neo-Europes）。欧洲对这里的统治与它 19 世纪在非洲和南亚、东南亚的统治截然不同，政治、经济层面的控制在那些地方并没能持续很长时间，也没能使一个人种完全为另一个人种所取代。而在美洲，这种统治——用克罗斯比的话说——是生态层面上的，即从人类的角度来看，是人种和人口层面上的。

新大陆的人口史上有一个特殊的例外：在西印度群岛、南美洲北部的热带低地和北美东南部等地区，实际占绝对优势的是非洲人的后裔。不过情形并非向来如此。在哥伦布到来之后的一个世纪里，当印第安人逐渐消失之后，取代他们的是欧洲人。17 世纪早期，从西班牙人手里抢夺了伊斯帕尼奥拉岛西部、牙买加、巴巴多斯以及加勒比其他地区的英国人和法国人原本打算让他们的白人契约仆役来这些地方定居。不过他们很快发现，新来的这些欧洲人死亡率远高于从非洲输入的奴隶的死亡率。此外，契约仆役在 7 年服务期满之后就自由了，而非洲人则终身为奴。到 17 世纪中叶时，进口非洲奴隶已经远比进口欧洲白人契约仆役更有利可图了，种植园主们大量进口非洲奴隶导致人口组成结构都随之改变。[81] 此外，1647—1649 年的鼠疫和 1690 年的黄热病也为这一改变做了贡献。[82]
129 奴隶制和生产糖、棉花、大米以及其他热带作物的种植园则是这一改变的根本原因。不过在墨西哥和秘鲁的银矿，类似的制度下却并没有出现非洲奴隶的输入。原因仍然是传染病，只不过这次换成了黄热病。

黄热病源自西非，由雌性埃及伊蚊（*Aedes aegypti*）传播。这种伊蚊的生存需要气温达到 60 华氏度①以上，繁殖的温度则要达到 75 华氏度，并且要在静止的水面产卵。它的局地性很强，除非搭上船只，否则其活动半径基本不会超出其出生地周围 300 码的范围。因此黄热病只局限在潮湿的热带地区，偶尔在夏季能侵入北美的一些港口城市。黄热病还是一种人口稠密或者丛林猴类密集地区的地方常见病，在这类地区，每个人在儿童时期都会受到感染，但症状会比较轻微，幸存者则对此终身免疫。在这些地区以外，此种疾病很少发生，只是偶尔会演变成超越局部地区的流行病。当这些

① 华氏度＝32＋摄氏度×1.8。——译者注

地方的成人受到感染后，会有 3～6 天的传染期，在此期间，必须有埃及伊蚊在叮咬感染者后又去附近叮咬没有免疫的未感染者，病毒才会传播给其他人。因此，这种疾病的流行需要在某地同时有大量的埃及伊蚊及大量的未免疫人群。这种疾病造成的死亡率可高达 85%。在西非以外，黄热病的流行极少发生，但破坏性极强。那些初来乍到的、未免疫的成年人是最易受攻击的群体。在美洲的热带低地，黄热病才是对历史和人口发挥主要影响的因素。[83]

1647 年，黄热病首次出现在巴巴多斯，其后迅速扩散至古巴、尤卡坦半岛、瓜德罗普岛（Guadeloupe）和圣基茨岛（St. Kitts）。其中蔗糖种植园的环境尤其适合伊蚊及其携带的病毒生存：有大量未免疫的人群聚集在此；而且，伊蚊的“食谱”中不仅有血，还有蔗糖。伊蚊最爱在那种小型容器里繁殖，而蔗糖园用来储糖的陶罐则为其提供了最佳的场所，每年收割甘蔗后，种植园都会用三到四个月的时间从糖浆中分离出结晶蔗糖，再灌入这些陶罐，随后闲置在园中直到来年。[84]

每次黄热病疫情的到来都会导致大批欧洲人死亡，剩下的人则 *130*
会逃离这片岛屿。能坚持留下的，则每个人都能获得更多的非洲奴隶，因为奴隶们大部分自孩提时代就对此免疫了。在此后的两个半世纪中，间或会有一个携带者在一群未免疫者中诱发一场瘟疫，这构成了加勒比地区在政治和人口方面的主旋律。

17 世纪晚期至 18 世纪，蔗糖取代香料和白银成为欧洲殖民帝国最主要的财富来源。在适宜甘蔗生长的加勒比岛屿和热带低地，对这片富饶之地的觊觎激起了列强们持续的争夺。1655 年，英国派出了一支 7 000 人的突击队，在一周之内从西班牙人手里抢下了牙买加。而这场胜利之后仅仅数月，英军就死了半数，剩下的也都病得奄奄一息。从那以后，每年英军部队都要在此损失 20%的兵力。后续的突击行动也未能再如此幸运，英军 1689 年袭击瓜德罗普和 1693 年袭击马提尼克（Martinique）都未能成功，原因也是黄热病的肆虐。1694 年，一支英西联军在对法属圣多明克（Saint-Domingue，今海地）的进攻中再度遭遇失败，减员达 61%。1739 年，海军上将爱德华·弗农（Edward Vernon）率领 2.5 万人的军队攻占了位于巴拿马地峡的贝卢港和查格雷斯（Chagres）；1741 年再次进攻哥伦比亚的卡塔赫纳（Cartagena）和古巴的圣地亚哥时，却连续遭遇失败，损失了四分之三的兵力。1762 年，乔治·波科克（George Pocock）上将率领 1.4 万名士兵在围城 9 周后终于攻克哈瓦那城，但此时他的部队中已有 41%的士兵死亡，37%的士兵伤病，仅五分之一还有战斗力。很快，英国人不得不又将哈瓦那还给了西班牙。因此可以说，是黄热病保护了西班牙在加勒比的这些战略要地。

然而，在另一个地方，黄热病调转枪头对准了殖民地的统治者。18 世纪末，所有产糖岛屿中最富裕的圣多明克岛聚集的非洲裔人数已经达到了绝对优势。1790 年代早期，受到法国革命者的激励，渴望自由的黑人掀起了一场针对白人种植园主的大起义。起
131 义领袖杜桑·卢维杜尔（Toussaint Louverture）之前就是一名种植园的奴隶。一开始是英国人，其后是法国人，试图镇压这次起义。1794 年，英国军队控制了主要的港口但损失了 5 万人，主要都

是因黄热病而死。1802 年，拿破仑派遣一支 2.5 万人的军队试图镇压起义并重新征发奴隶，但结果是这 2.5 万人大多数死于黄热病，其他则被海地革命者击溃，极少人生还。[85]

小　结

我们从欧洲人与美洲原住民的遭遇中能够得出哪些结论呢？特别是，技术和环境因素能在多大程度上帮助我们理解作为一方的阿兹特克人、印加人和作为另一方的智利、阿根廷及北美大平原印第安人之间的命运差异？

阿兹特克和印加的特点是由一个军人阶层统治平民阶层。他们的社会是严格分层的，由一个大权独揽的统治者、一个贵族阶层和从事农业的平民阶层组成。他们会建造宏伟的城市、庙宇和宽阔的道路。在很多方面，他们的文明与古埃及、古巴比伦、古罗马和中国的汉朝相类似。直至西班牙人到来之前，他们彼此之间、他们与技术更为先进的文明之间都是完全隔绝的。因此，当他们遇到渡海而来的陌生人群时感到非常意外。更糟糕的是，他们还要面对比欧洲人更具破坏力的其他敌人：对他们来说既无法免疫也没有治疗手段的可怕疾病。他们的社会在首领被俘或被杀而群龙无首之后，就陷入了混乱。

墨西哥北部、北美大平原和南美洲南部的印第安人则与阿兹特克人或印加人不同，他们没有政府，也没有国王。战斗部落的高度

自治使得他们能从挫折中很快恢复。他们虽然同样对传染病没有免
132 疫力，同样因天花而减员，但速度远没有那么快。由于旧大陆的传染病传播都需要密集的人群，它们对农业和城市人口的影响要远远大于对狩猎采集人群的影响，因此，较低的人口密度和分散的居住方式给予这些印第安人在抵抗疾病时相较人口密集的墨西哥中部和秘鲁高原以更大的优势。[86]阿劳坎人、潘帕斯和北美大平原的印第安人还有另一个较为幸运之处就是，他们受到的侵略是在较长的间隔期内分阶段进行的。与阿兹特克人和印加人相比，他们有更多的时间和灵活度来适应新型的战争。他们获得新武器，采取新战术，尤其是掠取和饲养西班牙人最强大的武器——马。16 世纪晚期，他们已经完全掌握了西班牙战争技术的精髓，并拥有足够的能力阻挡欧洲人的进攻，直至 19 世纪末。

技术上的优势和传染病给予了欧洲人巨大的力量去征服墨西哥和秘鲁。而他们直至 19 世纪也没有——事实上也不能——征服美洲大陆剩余三分之二的土地，这一事实表明了技术带给欧洲人之于（墨西哥和秘鲁以外）其他印第安人的力量优势又是多么短暂。

注 释

1 John J. Johnson, "The Introduction of the Horse into the Western Hemisphere," *Hispanic American Historical Review* 23 (November 1942), pp. 587 - 610.

2 Pablo Martín Gómez, *Hombres y armas en la conquista de México* (Madrid: Almena, 2001), pp. 67 - 70; Johnson, "Introduction of the Horse," p. 599.

3 John Grier Varner and Jeanette Johnson Varner, *Dogs of the Conquest* (Norman: University of Oklahoma Press, 1983), pp. 4 - 8, 61 - 66; Alberto Mario Salas, *Las armas de la conquista* (Buenos Aires: Emecé, 1950), pp. 159 - 166.

4 William H. McNeill, *Plagues and Peoples* (Garden City, N. Y.: Doubleday, 1976), chapter 3: "Confluence of Disease Pools, 500 B. C.-A. D. 1200." 反过来，旧大陆也感染了美洲人的梅毒。参见：Kristin H. Harper et al., "On the Origin of the Trepanematoses: A Phylogenetic Approach," *PLoS: Neglected Tropical Diseases* (January 2008) in http://www.plosntds.org (accessed January 28, 2008).

5 Alfred Crosby, *Ecological Imperialism: The Biological Expansion of Europe, 900—1900* (Cambridge: Cambridge University Press, 1986), pp. 197 - 198; Suzanne Austin Alchon, *A Pest in the Land: New World Epidemics in a Global Perspective* (Albuquerque: University of New Mexico Press, 2003), p. 15.

6 Jared Diamond, *Guns, Germs, and Steel: The Fates of Human Societies* (New York: Norton, 1997), pp. 212 - 213; McNeill, *Plagues and Peoples*, p. 201.

7 Elizabeth Fenn, *Pox Americana: The Great Smallpox Epidemic of 1775—*

1782 (New York: Hill and Wang, 2001), pp. 25 - 28.

8 在旧大陆疾病池中，一些长期与周围隔离的岛民也是如此，例如加那利群岛的关契斯人和波利尼西亚人。参见：Crosby, *Ecological Imperialism*, pp. 92 - 94 and chapter 10.

9 Russell Thornton, *American Indian Holocaust and Survival* (Norman: University of Oklahoma Press, 1987), pp. 22 - 25; John W. Verano and Douglas H. Uberlaker, eds., *Disease and Demography in the Americas* (Washington, D. C.: Smithsonian Institution Press, 1992), pp. 171 - 174. 关于人口统计估算中存在的危险，可参见：David Henige, *Numbers from Nowhere: The American Indian Contact Population Debate* (Norman: University of Oklahoma Press, 1998); Woodrow Borah, "The Historical Demography of Aboriginal and Colonial America: An Attempt at Perspective," chapter 1 in William M. Denevan, ed., *The Native Population of the Americas in 1492*, 2nd ed. (Madison: University of Wisconsin Press, 1992).

10 *The Book of Chilam Balam of Chumayel*, ed. and trans. Ralph L. Roy (Washington, D. C.: Carnegie Institute of Washington, 1933), p. 83. 转引自：Noble David Cook and W. George Lovell, "Unraveling the Web of Disease," in Noble David Cook and W. George Lovell, eds., *"Secret Judgment of God": Old World Disease in Colonial Spanish America* (Norman: University of Oklahoma Press, 1992), p. 213.

11 Thornton, *American Indian Holocaust*, pp. 22 - 25, 40.

12 Angel Rosenblat, "The Population of Hispaniola at the Time of Columbus," chapter 2 in Denevan, *Native Population*. 诺布尔·戴维·库克 (Noble David Cook) 估计伊斯帕尼奥拉岛在与外来文明接触以前的人口在 50 万左右，参见：*Born to Die: Disease and New World Conquest, 1492—1650* (Cam-

bridge: Cambridge University Press, 1998), pp. 23 - 24.

13　Kenneth F. Kiple and Brian T. Higgins, "Yellow Fever and the Africanization of the Caribbean," in Verano and Uberlaker, *Disease and Demography*, p. 237; Cook and Lovell, "*Secret Judgment of God*," pp. 213 - 242.

14　关于天花，可参见：Donald R. Hopkins, *The Greatest Killer: Smallpox in History* (Chicago: University of Chicago Press, 2002), pp. 204 - 205; Sheldon J. Watts, *Epidemics and History: Disease, Power and Imperialism* (New Haven: Yale University Press, 1997), chapter 3; Alfred W. Crosby, *The Columbian Exchange: Biological and Cultural Consequences of 1492* (Westport, Conn.: Greenwood Press, 1972), pp. 45 - 47; McNeill, *Plagues and Peoples*, pp. 206 - 207.

15　Robert McCaa, "Spanish and Nahuatl Views on Smallpox and Demographic Catastrophe in Mexico," in Robert I. Rotberg, ed., *Health and Disease in Human History* (Cambridge, Mass.: MIT Press, 2000), p. 175; Crosby, *Columbian Exchange*, pp. 44 - 49; Cook, *Born to Die*, pp. 23 - 24.

16　Fray Bernardino de Sahagún, *Codex Florentino*. 转引自：Miguel Léon-Portilla, ed., *The Broken Spears: The Aztec Account of the Conquest of Mexico* (Boston: Beacon Press, 1992), pp. 38 - 39.

17　关于这些方面，可参见：Ross Hassig, *Aztec Warfare: Imperial Expansion and Political Control* (Norman: University of Oklahoma Press, 1988), p. 242.

18　关于阿兹特克人的武器和盔甲：同前引，pp. 75 - 86; Martín Gómez, *Hombres y armas*, pp. 22 - 24.

19　Hassig, *Aztec Warfare*, pp. 237 - 238; Martín Gómez, *Hombres y armas*, pp. 18 - 25.

20　Bernal Díaz del Castillo, *The True History of the Conquest of New Spain*, trans. and ed. Alfred Percival Maudslay, 5 vols. (London: Hakluyt Society, 1908—1916), vol. 2, p. 127.

21　Salas, *Las armas de la conquista*, p. 159.

22　Alan Knight, *Mexico: From the Beginning to the Spanish Conquest* (Cambridge: Cambridge University Press, 2002), pp. 229 - 231; Martín Gómez, *Hombres y armas*, pp. 59 - 64, 114 - 116.

23　Ross Hassig, *Mexico and the Spanish Conquest* (New York: Longman, 1994), p. 149.

24　William W. Greener, *The Gun and Its Development*, 9th ed. (New York: Bonanza, 1910), pp. 54 - 61; Hassig, *Mexico*, p. 38; Hassig, *Aztec Warfare*, pp. 237 - 238; Martín Gómez, *Hombres y armas*, pp. 99 - 101. 关于16世纪的大炮，可参见：Joseph Jobé, *Guns: An Illustrated History of Artillery* (Greenwich, Conn.: New York Graphic Society, 1971), pp. 29 - 32.

25　Díaz del Castillo, *True History*, vol. 2, pp. 244 - 246.

26　Sahagún, *Codex Florentino*, quoted in Léon-Portilla, *Broken Spears*, p. 93.

27　Hanns Prem, "Disease Outbreaks in Central Mexico during the Sixteenth Century," in Cook and Lovell, "*Secret Judgment*," pp. 24 - 26; McCaa, "Spanish and Nahuatl Views," p. 169.

28　Crosby, *Columbian Exchange*, p. 48.

29　Hassig, *Mexico*, pp. 101 - 102.

30　关于攻击特诺奇蒂特兰，可参见：Martín Gómez, *Hombres y armas*, pp. 146 - 151; Hassig, *Mexico*, pp. 121 - 149.

31　关于西班牙舰船的一部重要著作参见：Clinton H. Gardiner, *Naval*

Power in the Conquest of Mexico (Austin: University of Texas Press, 1956), especially pp. 129 - 179; Martín Gómez, *Hombres y armas*, pp. 121 - 152; Hassig, *Mexico*, pp. 121 - 149.

32　McCaa, "Spanish and Nahuatl Views," p. 193.

33　Noble David Cook, "Impact of Disease in the Sixteenth-Century Andean World," in Verano and Uberlaker, *Disease and Demography*, p. 210; Alfred Crosby, *Germs, Seeds and Animals: Studies in Ecological History* (Armonk, N. Y.: M. E. Sharpe, 1994), pp. 100 - 101; Crosby, *Columbian Exchange*, pp. 38 - 43; Prem, "Disease Outbreaks," pp. 20 - 48; Thornton, *American Indian Holocaust*, pp. 44 - 45; McCaa, "Spanish and Nahuatl Views," pp. 184 - 197; McNeill, *Plagues and Peoples*, pp. 209 - 210.

34　McCaa, "Spanish and Nahuatl Views," pp. 190 - 191.

35　贝尔纳尔·迪亚斯·德尔卡斯蒂略对这些征服过程进行了最早的记录，关于这些征服的英文文献中最著名的（虽然有点陈旧）是《墨西哥征服史》，参见：William H. Prescott, *History of the Conquest of Mexico* (New York: Hooper, Clark and Company, 1843, with many later editions). 近期最好的著作当数哈西格的《墨西哥》（Hassig, *Mexico*)。亦可参见：Martín Gómez, *Hombres y armas*; León-Portilla, *Broken Spears*.

36　Philip W. Powell, *Soldiers, Indians, and Silver: The Northward Advance of New Spain* (Berkeley: University of California Press, 1952), pp. 10 - 14; John F. Richards, *The Unending Frontier: An Environmental History of the Early Modern World* (Berkeley: University of California Press, 2003), p. 354.

37　Powell, *Soldiers, Indians, and Silver*, p. 50.

38　John F. Guilmartin, Jr., "The Cutting Edge: An Analysis of the Spanish Invasion and Overthrow of the Inca Empire, 1532—1539," in Kenneth

Andrien and Rolena Adorno, eds., *Transatlantic Encounters: Europeans and Andeans in the Sixteenth Century* (Berkeley: University of California Press, 1991), pp. 41-48; John Hemming, *The Conquest of the Incas* (New York: Harcourt Brace Jovanovich, 1973), pp. 5-27.

39 关于天花在安第斯山脉的传播，可参见：Cook, "Impact of Disease," pp. 207-208; Crosby, *Columbian Exchange*, pp. 52-55; Hopkins, *The Greatest Killer*, pp. 208-210; Diamond, *Guns*, pp. 77-88.

40 Hemming, *Conquest of the Incas passim*. 关于卡哈马卡战役，可参见：Diamond, *Guns*, pp. 67-81.

41 Hemming, *Conquest of the Incas*, p. 112. 萨拉斯（Salas, *Las armas de la conquista*, p. 138）认为一匹马的价格为 1 000～4 000 比索，而一把剑只值 8 比索，一把匕首值 3 比索，一根长矛值 1 比索。

42 Inca Garcilaso de la Vega, *Comentarios reales de los Incas*, ed. Carlos Araníbar (Lima and Madrid: Fondo de Cultura Económica, 1991), vol. 1, p. 158.

43 Guilmartin, "The Cutting Edge," pp. 41-61; Hemming, *Conquest of the Incas*, pp. 107-116, 192-195.

44 Ricardo E. Latcham, *La capacidad guerrera de los Araucanos: Sus armas y métodos militares* (Santiago de Chile: Imprenta Universitaria, 1915), pp. 4-25; A. Jara, *Guerre et sociétéau Chili: Essai de sociologie coloniale: La transformation de la guerre d'Araucanie et l'esclavage des Indiens, du début de la conquête espagnole aux débuts de l'esclavage légal* (Paris: Institut des études de l'Amérique latine, 1961), pp. 51-61; John M. Cooper, "The Araucanians," in Julian H. Stewart, ed. *Handbook of South American Indians* (Washington, D.C.: GPO, 1946—1959), vol. 2, pp. 687-760; Sergio Villalobos R., *Vida fronteriza en la Araucanía: El mito de la Guerra de Arauco*

(Barcelona and Santiago de Chile: Editorial Andrés Bello, 1995), p. 27; Brian Loveman, *Chile: The Legacy of Hispanic Capitalism* (New York: Oxford University Press, 1988), pp. 53 - 59.

45 Jaime Eyzaguirre, *Historia de Chile* (Santiago: Zig-Zag, 1982), pp. 69 - 73; "Araucanos," in *Enciclopedia Universal Ilustrada Europeo-Americana*, vol. 5, p. 1233; "Chile" in ibid., vol. 17, p. 345; Latcham, *La capacidad guerrera*, pp. 12 - 33.

46 Louis de Armond, "Frontier Warfare in Colonial Chile," *Pacific Historical Review* 33 (1954), pp. 126 - 128; Latcham, *La capacidad guerrera*, pp. 27 - 35, 48 - 50; Jara, *Guerre et société*, p. 62.

47 Armond, "Frontier Warfare," pp. 125 - 128; Patricia Cerda-Hegerl, *Fronteras del Sur: La región del Bío Bío y la Araucanía chilena, 1604—1833* (Temuco, Chile: Ediciones Universidad de la Frontera, 1996), pp. 13 - 14; Jara, *Guerre et société*, pp. 63 - 68; Latcham, *La capacidad guerrera*, pp. 36 - 38.

48 Armond, "Frontier Warfare," pp. 129 - 131.

49 Sergio Villalobos R., *La vida fronteriza en Chile* (Madrid: Editorial MAPFRE, 1992), pp. 13 - 14; Jorge Pinto Rodríguez, *Araucanía y pampas: Un mundo fronterizo en América del Sur* (Temuco, Chile: Ediciones Universidad de la Frontera, 1996), pp. 15 - 21; Cerda-Hegerl, *Fronteras del Sur*, pp. 13 - 29; Armond, "Frontier Warfare," pp. 130 - 132; Hemming, *Conquest of the Incas*, p. 461; Latcham, *La capacidad guerrera*, pp. 50 - 51.

50 Fernando Casanueva, "Smallpox and War in Southern Chile in the Late Eighteenth Century," in Cook and Lovell, "*Secret Judgment*," pp. 183 - 212; Villalobos, *Vida fronteriza*, pp. 8 - 15, 35 - 36; Latcham, *La capacidad guerrera*, pp. 60 - 68; Cerda-Hegerl, *Fronteras del Sur*, pp. 15 - 17; Cooper, "The

Araucanians," vol. 2, p. 696.

51 Rómulo Muñiz, *Los indios pampas* (Buenos Aires: Editorial Bragado, 1966), pp. 20 – 21; Alfred J. Tapson, "Indian Warfare on the Pampas during the Colonial Period," *Hispanic American Historical Review* 42 (February 1962), pp. 2 – 3.

52 Madaline W. Nichols, "The Spanish Horse of the Pampas," *American Anthropologist* 41, no. 1 (1939), pp. 119 – 129; Dionisio Schoo Lastra, *El indio del desierto, 1535—1879* (Buenos Aires: Editorial Goncourt, 1977), pp. 23 – 26; Carlos Villafuerte, *Indios y gauchos en las pampas del sur* (Buenos Aires: Corregidor, 1989), pp. 16 – 18; Prudencio de la C. Mendoza, *Historia de la ganadería argentina* (Buenos Aires: Ministerio de Agricultura, 1928), pp. 11 – 14.

53 Tapson, "Indian Warfare on the Pampas," p. 5n21.

54 Robert M. Denhardt, *The Horse of the Americas*, rev. ed. (Norman: University of Oklahoma Press, 1975), pp. 171 – 175; Villafuerte, *Indios y gauchos*, p. 19; Muñiz, *Los indios pampas*, p. 36; Nichols, "Spanish Horse of the Pampas," pp. 127 – 129.

55 Felix de Azara, *The Natural History of the Quadrupeds of Paraguay and the River La Plata*, trans. W. Perceval Hunter (Edinburgh: A. & C. Black, 1838), pp. 13 – 14; Villafuerte, *Indios y gauchos*, pp. 20 – 26; Muñiz, *Los indios pampas*, pp. 36 – 38; Mendoza, *Historia*, p. 13; Tapson, "Indian Warfare on the Pampas," pp. 5 – 6.

56 Salvador Canals Frau, *Las poblaciones indígenas de la Argentina: Su orígen, supasado, su presente* (Buenos Aires: Editorial Sudamericana, 1953), pp. 534 – 538; Frau, "Expansion of the Araucanians in Argentina," in *Handbook of South American Indians*, vol. 2, pp. 761 – 766; Cooper, "The Araucanians,"

vol. 2, p. 688; Tapson, "Indian Warfare on the Pampas," p. 6; Villafuerte, *Indios y gauchos*, p. 26; Nichols, "Spanish Horse of the Pampas," p. 129.

57 Tapson, "Indian Warfare on the Pampas," pp. 1 - 27.

58 Peter Farb, *Man's Rise to Civilization as Shown by the Indians of North America from Primeval Time to the Coming of the Industrial State*, 2nd ed. (New York: Bantam, 1978), p. 113.

59 Clark Wissler, "The Influence of the Horse in the Development of Plains Culture," *American Anthropologist* 16, no. 1 (1914), pp. 1 - 25; Francis Haines, "Where Did the Plains Indians Get Their Horses?" *American Anthropologist* 40, no. 1 (1938), pp. 112 - 117.

60 Bernard Mishkin, "Rank and Warfare among the Plains Indians," *Monographs of the American Ethnological Society*, no. 3 (Lincoln: University of Nebraska Press, 1992), pp. 5 - 6; Bradley Smith, *The Horse in the West* (New York: World, 1969), p. 16.

61 Frank Raymond Secoy, *Changing Military Patterns on the Great Plains (17th Century through Early 19th Century)* (Locust Valley, N. Y.: Augustin, 1953), pp. 20 - 38; Frank Gilbert Roe, *The Indian and the Horse* (Norman: University of Oklahoma Press, 1955), pp. 72 - 122; Theodore Binnema, *Common and Contested Ground: A Human and Environmental History of the Northwest Plains* (Norman: University of Oklahoma Press, 2001), pp. 86 - 106; Farb, *Man's Rise to Civilization*, p. 115; Denhardt, *The Horse*, pp. 92 - 111; Smith, *The Horse in the West*, p. 14.

62 Colin G. Calloway, "The Inter-tribal Balance of Power on the Great Plains, 1760—1850," *Journal of American Studies* 16 (April 1982), pp. 25 - 48.

63 Walter Prescott Webb, *The Great Plains* (New York: Grosset and

Dunlap, 1931), pp. 58 - 67; Mishkin, "Rank and Warfare," pp. 10 - 12, 57 - 60; Roe, *Indian and the Horse*, pp. 219 - 232.

64 Webb, *The Great Plains*, p. 138.

65 Crosby, *Columbian Exchange*, p. 104.

66 Mishkin, "Rank and Warfare," p. 5.

67 Dauril Alden and Joseph C. Miller, "Out of Africa: The Slave Trade and the Transmission of Smallpox to Brazil, 1560—1831," in Rotberg, *Health and Disease*, pp. 203 - 230; Hopkins, *The Greatest Killer*, pp. 215 - 219.

68 Tapson, "Indian Warfare on the Pampas," p. 4.

69 Crosby, *Ecological Imperialism*, pp. 209 - 215.

70 同前引, p. 202; Crosby, *Columbian Exchange*, pp. 40 - 41.

71 Thornton, *American Indian Holocaust*, p. 75.

72 Crosby, *Ecological Imperialism*, p. 208.

73 McNeill, *Plagues and Peoples*, pp. 249 - 251.

74 Hopkins, *The Greatest Killer*, pp. 262 - 269.

75 Fenn, *Pox Americana*, pp. 88 - 89, 210 - 223; Crosby, *Germs, Seeds and Animals*, p. 98; Crosby, *Ecological Imperialism*, p. 203; Thornton, *American Indian Holocaust*, pp. 91 - 94; Calloway, "Inter-tribal Balance of Power," pp. 41 - 43.

76 Esther W. Stearn and Allen E. Stearn, *The Effect of Smallpox on the Destiny of the Amerindian* (Boston: Bruce Humphreys, 1945), p. 74.

77 R. G. Robertson, *Rotting Face: Smallpox and the American Indian* (Caldwell, Idaho: Caxton Press, 2001), pp. 239 - 311; Thornton, *American Indian Holocaust*, pp. 94 - 96. 霍普金斯 (Hopkins, *The Greatest Killer*, p. 271) 认为只有 27 名曼丹人幸存了下来。

78　Stearn and Stearn, *Effect of Smallpox*, pp. 89 - 90.

79　Hopkins, *The Greatest Killer*, pp. 273 - 274; Calloway, "Inter-tribal Balance of Power," p. 46.

80　Thornton, *American Indian Holocaust*, p. 42.

81　Philip D. Curtin, *The Rise and Fall of the Plantation Complex* (Cambridge: Cambridge University Press, 1990), pp. 79 - 81.

82　David Watts, *The West Indies: Patterns of Development, Culture and Environmental Change since 1492* (Cambridge: Cambridge University Press, 1987), pp. 215, 225, 353.

83　John R. McNeill, "Ecology, Epidemics and Empires: Environmental Change and the Geopolitics of Tropical America, 1600—1825," *Environment and History* 5, no. 2 (1999), pp. 175 - 184; McNeill, "Yellow Jack and Geopolitics: Environments, Epidemics, and the Struggles for Empire in the American Tropics, 1640—1830," in Alf Hornborg, J. R. McNeill, Joan Martínez-Alier, eds., *Rethinking Environmental History: World-System History and Global Environmental Change* (Lanham, Md.: Altamira Press, 2007), pp. 199 - 217; Kiple and Higgins, "Yellow Fever," p. 239. 奇怪的是，黄热病在亚洲的热带地区从未被发现，在欧洲也很罕见，参见：Philip Curtin, *Death by Migration: Europe's Encounter with the Tropical World in the Nineteenth Century* (Cambridge: Cambridge University Press, 1989), pp. 17 - 18, 130.

84　J. McNeill, "Ecology," pp. 175 - 179; Kiple and Higgins, "Yellow Fever," pp. 239 - 245.

85　J. McNeill, "Ecology," pp. 180 - 181.

86　Hopkins, *The Greatest Killer*, pp. 213 - 214.

第四章 旧帝国主义的扩张极限（1859年之前的非洲和亚洲）

139 西班牙征服者及后来的欧洲人在美洲的胜利不仅得益于他们暂时领先的技术，还由于他们对毁灭了原住民的疾病具有更好的免疫能力。欧洲人的征服欲并不仅限于美洲，非洲和印度对这些君主、商人和传教士而言也颇具吸引力。不过，这些地方的居民与欧洲闯入者之间的碰撞和在美洲的情况截然不同。在印度，欧洲的帝国建设者虽然取得了成功，但也遇到了越来越多的问题。在阿富汗和撒哈拉以南非洲，他们遭遇了失败。在阿尔及利亚和高加索地区，他们为成功付出了巨大的代价。本章介绍的五个事例描述了在工业革命为西方帝国主义扩张带来新的发展动力之前，早期近代旧帝国主义的扩张极限。

1830年以前的撒哈拉以南非洲

葡萄牙人1430年代开始沿着西非海岸航行，于1440年代到达佛得角，1488年到达好望角，1497年到达东非海岸。然而，他们在陆地上的推进则要到四个世纪之后的19世纪中期才告完成，这一明显的延迟显然是不能用动机不足来解释的。和西班牙人在美洲一样，葡萄牙人以及其他欧洲人对非洲的金银也是十分垂涎，他们的君主对扩张领土十分感兴趣，他们的传教士对在异教徒中传播上帝福音又十 140
分执着。阻止他们前进的，是非洲的传染病筑起的天然屏障。

从生物学角度来说，在新大陆，欧洲人就是一个入侵物种，在印第安人被巨大的人口灾难彻底打倒之后，他们占据了这片留下的空旷土地。而非洲的情况则相反，坚不可摧的生态屏障横亘在他们面前，并一直持续到19世纪中叶。美洲和非洲加起来占到了地球陆地面积的一半，然而它们的历史命运很大一部分却是由肉眼看不见的微生物决定的。

非洲不仅是人类的故乡，也是很多与人类宿主共生进化的病菌的来源地。非洲人与东半球其他地区不断接触，因此与欧亚大陆和地中海地区人民同样遭受着诸如天花和麻疹之类的传染病的袭扰，其中只有肺结核和肺炎的患病率会低一些。黄热病虽然很普遍，但它是一种地方性和相对温和的儿童疾病。此外，非洲人还会有很高的概率罹患雅司病、几内亚线虫病（Guinea worm）、锥虫病（昏睡病）、盘尾丝虫病（河盲症）、血吸虫病（肝吸虫）以及最糟糕的疟疾。[1]其中疟疾、黄热病和锥虫病这三种疾病在19世纪之前给欧洲的帝国主义政策造成了特别强烈的冲击。

疟疾分为四种，分别由不同的疟原虫引起。间日疟原虫（Plasmodium Vivax）在欧亚大陆普遍分布（后来传播到美洲），它能使人虚弱但很少致命。主要流行于地中海沿岸的三日疟原虫（Plasmodium Malariae）和呈点状分布于东非的卵形疟原虫（Plasmodium Ovale）则会引发更为严重的持续的高烧。在整个非洲热带地区广泛分布的恶性疟原虫（Plasmodium Falciparum），则是四种疟原虫当中最为致命的。这种原生动物（Protozoan）由雌性按蚊传播，按蚊的生长环境不拘潮湿或干燥，但只生活在热带地区。在受感染的蚊子刺破人类皮肤8～25天后，快速繁殖的疟原虫就会感染肝、肾或引起呼吸窘迫。在首次感染的人群中——包括新入境者和非洲的新生儿——死亡率约为25%～75%。与黄热病不同，疟疾病愈后
141 不会产生免疫力，并且随着时间的推移，对这一疾病的抵抗力还会不断减弱。那些反复受感染者有可能保持健康，但会逐渐衰弱；那些没有被再次感染的人则会逐渐失去抵抗力而变得易感，尽管不会像第一次的症状那么猛烈。在非洲人中，携带镰状细胞特质（一种对疟疾的遗传反应）的人相较没有此特质的人受攻击的概率要小得多。[2]

西非也是黄热病的故乡。其主要分布区域限定在湿热地带，也就是其传播者埃及伊蚊活动的地方。西非当地居民多数在儿童时期就已经获得了对这种疾病的免疫力，而初来乍到者如欧洲人，则要

不断遭受这种流行病的折磨。17—18 世纪，黄热病在加勒比海和美洲热带低地扮演了重要的角色。在那里，黄热病疫情虽然罕见但极具毁灭性，其中刚从欧洲来到这里的成年男性是所有人中最易感的。如第三章中所述，正是这种疾病导致了美洲热带地区的非洲化。[3]

与黄热病一样，锥虫病也是人畜共患的疾病。锥虫是一种原生动物，在水源附近由舌蝇中的须舌蝇（Glossina Palpalis）传播，在干燥环境中则由拟寄舌蝇（Glossina Tachinoides）传播。一旦进入人体，锥虫就会在血液和淋巴系统内繁殖，几个月后侵入脑脊髓液并逐渐破坏神经系统，在约两年后导致患者死亡。这种传染病解释了为什么在舌蝇活动的区域——热带雨林及潮湿的稀树草原——通常人口密度都会比较低。

人类的锥虫病感染不区分当地居民和新入境者，我们也没有看到早期关于这种疾病传播的资料。而另一种叫作“那加那病”（Nagana）的主要在家畜中传播的锥虫病则通过杀死欧洲人的牛和马挡住了他们入侵的步伐，直到今天，在非洲大部分地区饲养这些动物都是很困难的。这也是为什么当地对这种疾病有免疫力的野生有蹄类动物，如斑马、捻角羚、角马等，没有遭受与美洲野牛同样的命运——被家养牛取代，同时也解释了舌蝇疫区的居民因家畜和驮畜稀少、动物粪肥很少而导致的穷困和低蛋白饮食。[4]

1440 年代，葡萄牙人在现今毛里塔尼亚境内的阿尔金湾（Arguim） 142
建立了第一个要塞。此后，葡萄牙、荷兰、法国和英国的商人沿着非洲海岸不断增加着类似的设施。但在 19 世纪之前，只有葡萄牙人试图进入过内陆地区，就像西班牙人在美洲一样。葡萄牙人试图占领并作为殖民地的第一个地方是安哥拉，1485年迪奥戈·康和手下沿着刚果河溯流而上来到亚拉拉（Yalala）瀑布，后因船员多人死于疾病（很可能是疟疾）而不得不返回。[5] 1490年代，葡萄牙人与刚果王国建立了良好的关系，国王阿方索一世（Affonso I）及其宫廷甚至还皈依了基督教。而与此同时，民间商人则在沿着整条海岸线购买奴隶。

1568年亲政的葡萄牙国王塞巴斯蒂昂一世（Sebastião）梦想着在非洲内陆也能找到一个和他的对手西班牙人在美洲发现的一样的富矿。1571年，他派遣巴尔托洛梅乌·迪亚士的孙子保罗·迪亚士·德诺瓦伊斯（Paulo Dias de Novaes）去攻占刚果河南部的土地。德诺瓦伊斯带着100个准备移民到此地的家庭、400名士兵和20匹马于1575年抵达安哥拉，并在此建立了城镇罗安达。德诺瓦伊斯遭到了当时在海岸线和恩戈拉（Ngola）河做奴隶生意的葡萄牙商人和姆邦杜人（Mbundu）的国王的冷遇，并在1579年爆发了冲突。次年，德诺瓦伊斯沿着宽扎河前进，深入内陆60英里，修建了一个小型据点马昆德（Makunde）。三年后，他们又在罗安达上游80英里处修建了另一个据点马桑加诺。但是当德诺瓦伊斯离开这里后，所有的推进工作就都停止了。留下的定居者遭到因邦加拉人（Imbangala）和姆邦杜人的激烈抵抗。到1590年，对安哥拉内陆地区的第一次殖民尝试宣告失败。

1592年，国王腓力二世派遣弗朗西斯科·德阿尔梅达再次探险刚果河。在经历了奴隶贩子、传教士、姆邦杜人等层层阻挠后，葡萄牙人最终深入内陆地区，然而他们没有找到任何白银或有价值的东西，只得退回到海岸。从那时起直到 19 世纪，葡萄牙在安哥拉总共就建立了两个沿海殖民点和三个小堡垒，只对刚果河上约100 英里的一段有微弱的控制力。葡萄牙人没有在此开拓殖民地， 143
而是留在了海边，偶尔跟他们的非洲邻居打打仗，或者让他们和非洲妇女生的孩子去深入内地购买奴隶运到巴西。[6]直到最后，葡萄牙人对安哥拉的控制也远远达不到西班牙对秘鲁和墨西哥那样的程度，而与西班牙在智利南部的情形更为相似。

葡萄牙人殖民失败的部分原因是非洲人激烈的反抗。安哥拉人的作战风格在某些方面与阿兹特克人很相似。战斗开始时首先是一轮放箭，接着是肉搏战。士兵们以松散队形展开搏斗，这样可以充分施展刀剑。但与阿兹特克人不同，非洲人拥有铁制的矛尖、剑和斧头。葡萄牙人则像西班牙人一样，装备了钢制的剑和盔甲。因此当他们相遇时，葡萄牙人并没有明显的优势。从巴西运来的十几匹马组成的骑兵队也没能对战事产生任何影响，很可能是由于马很快就因感染那加那病而死亡了。没有了驮东西、拉重物的役畜，军队只能自己来扛辎重，这极大地限制了他们的机动性。

火器在安哥拉比在美洲更派不上用场。面对分散队形的敌人，火绳枪和步枪既瞄不准又打不到，完全束手无策。大型的火炮太重，没有役畜的帮助根本无法携带，而且由于对方并没有设防的城镇，用来轰炸城墙的大炮也毫无用武之地。17 世纪时，安哥拉人虽然已经可以买到步枪，却并不愿意使用，因为他们的目的是俘虏敌人然后卖给奴隶贩子而不是杀死或打伤他们。[7]

传染病大大削弱了葡萄牙人的战斗力。那些幸存下来的人因而宁愿待在海边，派代理人去深入内地。那些让西班牙人在美洲占尽优势的马、枪炮、钢铁和有利于疾病传播的生态因素，却几乎没能给安哥拉的葡萄牙人提供什么帮助。葡萄牙人以及继他们之后来到这里的欧洲人都没能在此以农业劳动者和贵金属为基础开拓出一个殖民帝国，他们只是将非洲视为美洲殖民地的奴隶来源地。

144 葡萄牙人在非洲环境中的弱点在另一个他们试图殖民的地方——莫桑比克——更加显露无遗。他们在这里的存在可以追溯到1506年，佩罗·达尼亚亚（Pero d'Anhaia）带领舰队占领了南部的索法拉港并在此建立了一个小型的要塞。次年他们继续向北推进，吞并了莫桑比克岛上更多的土地。这些要塞连同马林迪和蒙巴萨的要塞一起，主要为前往印度洋的船队提供补给，同时也可以攻击那些沿海岸线贸易的穆斯林。

索法拉的葡萄牙管理者们得到了一些黄金，但并不足以支付他们想购买的那些来自印度和香料群岛的香料，当地的商人对欧洲商品也并不感兴趣。同时，觊觎黄金的淘金者和逃兵则从索法拉向内陆进入了姆韦尼·马塔帕王国的领地。整个16世纪，从内陆流出的少量黄金以及这些人口口相传的内陆有金矿银矿的传言激起了葡萄牙国王无尽的想象。[8]

1568年，一位近臣弗朗西斯科·巴雷托（Francisco Barreto）劝服塞巴斯蒂昂国王，让自己带领军队前往姆韦尼·马塔帕王国，一来为被杀的传教士报仇，二来去寻找那个传说中的金矿。他们于1570年5月到达了莫桑比克，在无所事事了一年半之后，1571年11月带着1 000名士兵以及马、骆驼和牛拉车离开了莫桑比克岛。

这也是葡萄牙有史以来派往海外的最大规模的远征军。他们沿着赞比西河上溯至130英里处的塞纳时，人员和马匹开始纷纷倒下。幸存者没有把这些死亡归于上帝的旨意，却归咎于当地的穆斯林商人，声称那些商人毒害了自己的同伴和马匹而处死了他们。[9]

尽管损失惨重，巴雷托还是带人努力向前推进。他们与数千名通加人打了一仗，靠着步枪和大炮，葡萄牙人打败了对手，但战利品仅仅是50头牛。由于人马死伤过多，他们不得不撤退，甚至都没机会看一眼姆韦尼·马塔帕王国和它传说中的矿山。巴雷托动身去了海边，把剩下的400人交给了瓦斯科·奥梅姆（Vasco
Homem）。当他于1573年5月返回时，又有150多人（包括大部 145
分的军官）死亡，剩下的也都很不健康。巴雷托于两周后去世，奥梅姆和剩下的180人回到了海边，多数人都已经疾病缠身。

不过，这些挫折并没有打消政府对金银的渴望。从塞纳回来一年后，瓦斯科·奥梅姆再次离开索法拉，这次他选择了从陆路避开危险的赞比西河谷。经历过几次与非洲人的冲突和军队内部的哗变之后，他带回了少量的金银作为这番努力的成果。第三支进入丛林的探险队同样没有任何成果可言，300人中几乎无人生还。[10]

这仍然不是他们寻找黄金之国的最后尝试。1609年，迪奥戈·西蒙斯·马德拉（Diogo Simões Madeira）率领一支探险队进入内陆，然而这一次他们又为雄贝（Chombe）的军队所阻，这支军队拥有8 000名士兵和150支从葡萄牙商人那里买来的步枪。1631年，另一场起义杀死了数百名葡萄牙人，使得赞比西河上两个前哨泰特和塞纳分别只剩下了13人和20人。1680年，葡萄牙再次派遣由78名成年男女及儿童组成的拓殖团队来到莫桑比克，然而他们最后也都死于发热。最终，1684—1693 年与昌加米腊王国（Changamire Dombo）的战争失败导致内陆地区几乎所有的葡萄牙人都遭到了驱逐。[11]

和在安哥拉一样，葡萄牙人没能征服莫桑比克的内陆地区，甚至都没能在索法拉和莫桑比克岛的两个要塞附近建立殖民点。其中部分原因是非洲人的顽强抵抗。他们与阿劳坎人一样拥有铁制武器，并适应了欧洲人带来的新战争方式，有时甚至还能获得和使用步枪。另外还有一点，他们的社会组织形式与印加人和阿兹特克人不同，而与阿劳坎人相似，是由各部落酋长组成的松散组织，因而不存在擒一个国王就能打败一个国家的情况。不过，主要的原因还是环境上的：疟疾和那加那病对欧洲人的打击远大于对非洲人的打击。正如编年史学家若昂·德巴罗斯在 1557 年所写的：

> 看起来似乎是由于我们的罪，或者上帝的一些不可思议的
> 146 判断，在我们航行到的这个伟大的埃塞俄比亚（非洲）的所有
> 入口，他都安排了一位天使，手执燃着火焰的致命热病之剑，
> 阻止我们进入内陆那流淌着黄金的伊甸园之泉——这源泉形成
> 的含着金沙的河流在流经大片我们的殖民地之后再汇入大海。[12]

不仅仅是葡萄牙人，非洲大陆的传染病挫败了所有试图进入内陆的欧洲人。从 17 世纪晚期到 19 世纪早期，几个欧洲国家在西非海岸维持着一些贸易站点，主要是为了购买奴隶。这些贸易站上的商人与进入内陆的人一样，比他们买的奴隶更容易感染疾病。在 73 名于 1695—1696 年到达黄金海岸（今加纳共和国）皇家非洲公司的欧洲雇员中，7 人（10%）在四个月内死亡，共 31 人（42%）在

一年内死亡；1719—1720年登陆的69人中，29人（42%）在四个月内死亡，共44人（64%）在一年内死亡。西非海岸其他贸易站点的统计数据也显示了类似的死亡率。总体而言，在公司派往非洲的每10个欧洲人中，会有6人在一年内死亡，2人在第二至第七年死亡，最后只有一人能返回英国。[①] 然而公司却从来不缺申请者，因为对于那些没什么技能的人来说，这里的报酬要远远高于他们在英国能从事的任何工作的报酬，这足以使他们对这份危险保持沉默。[13]正如公司主管在1721年所写的：

> 我们很遗憾地发现，在你们当中，死亡和疾病的比例非常高，我们推测可能是紧随你们到达的雨季导致的。但正如我们希望留下的人能够更加成熟而富有经验，我们也希望那些派出的人能够更好地享受健康，如此也能更好地完成他们的使命。[14]

那些进入内陆的人则更容易死亡。1777—1779年，威廉·博尔茨（William Bolts）远征德拉瓜湾，152人的队伍失去了132人。1805年，芒戈·帕克（Mungo Park）前往尼日尔河上游的探险队损失了四分之三的成员，包括他自己。[15] 1816年，詹姆斯·塔基（James Tuckey）上尉深入刚果河时，他的队伍沿途失去了一半的 147
人。1825—1827年，休·克拉珀顿（Hugh Clapperton）带领探险队前往尼日尔，结果五分之四的人都死在了那里。[16]

欧洲人在非洲的高死亡率一直延续到19世纪。1819—1836年，塞拉利昂英军每年的死亡率是483‰，也就是说每年几乎有一半的人死

---

① 有人可能死于非洲或留在非洲不返回英国。——译者注

亡。在黄金海岸，1823—1826 年每年的死亡率达到了 668.3‰，或者说是三分之二。冈比亚、塞内加尔和其他沿海地区的死亡率也并不比这个低。相比而言，英军在欧洲和北美的死亡率是 15‰～20‰，在孟加拉地区是 71.41‰，在西印度群岛是 85‰～130‰，在荷属东印度群岛是 170‰。[17] 正如菲利普·柯廷（Philip Curtin）所指出的："对外来者而言，西非的'热病'环境可能是世界上最危险的环境。"[18] 这就是"黑暗大陆"非洲在欧洲人那里维持 400 年神秘莫测、使之无法进入的原因。

1746 年以前的印度

欧洲人在印度的经历与他们在美洲和非洲的经历截然不同。次大陆与欧亚大陆连成一体，疾病环境是相通的，这意味着印度人和欧洲人在面对同一种疾病时的易感程度也是相同的。尽管霍乱曾在印度而没有在欧洲流行，但印度人仍然是脆弱易感的。直到 18 世纪，印度的技术水平仍然与欧洲相当。印度人有马、钢铁武器和火器；如第二章所述，欧洲人只在船上有一点优势。尽管如此，整个 18 世纪直至 19 世纪初，印度还是逐渐为英国所肢解吞并。事实证明，英国能够从它那里攫取大量利益，就像早年的秘鲁和墨西哥之于西班牙一样。这个帝国扩张的案例不能仅用任何简单的生态或机械的原因来解释。要理解早期近代的印度，就必须把解释的角度放在强调技术的政治和社会文化方面。

中亚军阀巴布尔于 16 世纪早期侵入并占领了印度北部。在接 148
下来的两个世纪里，印度次大陆的大部分地区都是在这个说波斯语、信仰伊斯兰教的莫卧儿王朝统治之下。与中东的奥斯曼帝国、波斯的萨法维帝国以及俄国一样，莫卧儿也是早期近代欧亚大陆上的“火药帝国”之一。

与大部分的印度统治者一样，莫卧儿的君主对海洋没什么兴趣，容忍欧洲的船只和城镇在沿海存在，因为能从他们带来的贸易中获益。葡萄牙人曾尝试从他们不稳定的立足点上向内陆扩张，但遭遇了失败。1640 年，英国人在马德拉斯建了一个小规模的要塞，法国几年后在本地治里（Pondicherry）也如法炮制，可以向荷兰和葡萄牙人提供保护，但不包括本地的商人。1662 年，英国人在孟买岛上建立了殖民地，但从一开始就并不稳固。乔赛亚·蔡尔德爵士（Sir Josiah Child）于 1688—1690 年试图夺取一块大陆上的土地，也以屈辱的失败而告终。因此，直到 18 世纪，英国的东印度公司都与其他欧洲商业公司一样，奉行与莫卧儿的贸易和友好关系政策，避免领土上的野心或军事上的责任。这样僵持的结果就是莫卧儿统治大部分的陆地，欧洲人则掌控着海洋。[19]

这种情况在 18 世纪迎来了戏剧性的变化。1658—1707 年在位的莫卧儿皇帝奥朗则布强制推行伊斯兰法律和习俗，疏远和打压印度教势力。早在他统治时期，马拉塔（Maratha）起义者就在德干西部建立了一个独立政权。而他的继任者更无法有效地统治国家，于是莫卧儿王朝开始瓦解，地方官员和军阀们开始群起挑战中央王朝。莫卧儿的一位大臣阿萨夫·贾赫（Asaf Jah）从德里来到德干，成了海得拉巴的“尼查姆”（即统治者）。1738—1739 年，马拉塔人占领了西部的一些省份；与此同时，一支波斯军队入侵并占领了德里。九年之后，阿富汗人入侵了北部地区。到 1750 年时，莫卧儿王朝已经缩小到只有原来的一小部分，勉强维持着对恒河流域的孟加拉地区和印度斯坦地区的统治，即使如此仍然内战不休。法国和
149 英国则一步步填补了莫卧儿王朝崩塌留下的权力真空。[20]

在我们转向讨论欧洲入侵之前，先来看一看印度在莫卧儿王朝及其继任者们治下的军事情况。莫卧儿优先使用的是骑兵，但他们也精通利用重型火炮来轰击要塞和市镇的城墙。16 世纪，印度各邦开始从欧洲进口枪炮，雇佣欧洲或土耳其的枪炮铸造工匠和枪手。然而这种技术传播并没能提高印度炮兵的攻击效率，大炮往往又大又重，需要一头大象或 20 头牛来运输。而简陋的底座使得瞄准非常困难，火药质量也很低劣而容易变质。大炮的装填非常烦琐，一小时最多发射四次，其间隙足够吃一顿午餐。简言之，它们是用来围城而不是用来战斗的。[21]

步兵的装备也没好到哪里去。在 18 世纪之前，大多数印度士兵持有的是手工制作的火绳枪，装填和发射都比较困难，而且很快就会损坏。[22]步兵一般是季节性地从农民中招募，自己解决武器、服装和装备，也没有受过训练，几乎不可能如期领到军饷，也就没有什么作战的动力。他们的忠心——如果有的话——也是对他们的札吉尔领主，而非他们为之作战的王室。[23]

重骑兵才是印度军队的精锐力量。骑兵所使用的剑和矛是长期以来精心锻造传统下的产品，据称还要优于英国的剑。[24]中亚和德干

高原上的马匹饲养者为大量贵族骑兵提供了坐骑，而这些骑兵则通过战斗中的突袭和抢劫行动获得了大量的财富。因此，印度军队就是一群各自忠于他们领主的集合体，而非具有系统管理的战斗组织。

印度的战术也与欧洲有很大的不同，因为战争在印度有着截然不同的目的。老牌大国莫卧儿王国在它的后期，把军事行动变成了游行队伍，其中有君主，有他的整个宫廷，还有数千名随从，浩浩荡荡经过一片又一片的乡野，用重型火炮去恫吓那些地位较低的王 150
公，并通过大笔贿赂来赢得敌人的忠诚。[25]军事史学家钱纳·维克勒马塞克拉（Channa Wickremesekera）曾这样描述印度的战术：

> 印度统治者的军队中都是熟练掌握武器的士兵，但他们不受任何接近于统一的纪律和控制体系的约束。其根本原因在于，一个分段式的政治控制结构更容易产生那种在指挥和控制方面接近于一个组合体的东西而非纪律严明的军事单位……一旦进入战争，它就会演变成一系列围绕双方领导人的战斗。事实上，领导人的倒台往往决定了战争的命运，因为没有领导人的军队，也就失去了在那里的主要理由，会迅速就地解散回到他们的村庄……政治权力与军事指挥之间的密切关系意味着军事对抗往往会采取谈判的方式，而贿赂则成为主要的武器。一笔巨款通常能诱使敌对的指挥官在战斗正酣时调转枪头，或使一位驻防的军官交出他的要塞。[26]

欧洲对印度事务干预的开端其实是印度内部权力斗争和奥地利王位继承战争的衍生品。在奥地利王位继承战争（1740—1748）中，英国和法国成了敌对的双方，于是在 1746 年，法国殖民地本地治里的总督约瑟夫·杜布雷（Joseph Dupleix）率领一支队伍占领了英国在马德拉斯的要塞，这两处地点所属的印度卡纳蒂克（Carnatic）地区总督派他的儿子马赫福兹汗（Mahfuz Khan）率领一支万人骑兵队试图夺回马德拉斯，但在与瑞士军官帕拉迪斯（Paradis）带领的由 300 名法国人和 700 名印度辅助者组成的法国军队相遇时，也遭到了惨败。[27]受到这些胜利的鼓舞，杜布雷还插手到海得拉巴与卡纳蒂克总督的继承人斗争中。1751 年，英国也加入进来，东印度公司的职员罗伯特·克莱武（Robert Clive）率领一支由 200 名英军和 300 名印度人组成的小分队，袭击了卡纳蒂克的首府阿尔果德（Arcot）。50 天的围攻之后，阿尔果德被攻陷，同时被缴获的还有卡纳蒂克军队的装备。三年后，法国政府召回了杜
151 布雷，而英国东印度公司则占有了印度东南部的重要地区。[28]罗伯特·克莱武的军事才干、皇家海军的支持以及他们所占有的更多资源共同构成了英军的优势。但是，还有比这些更重要的，那就是他们给印度带来了一场新的军事革命。

军事革命

16 世纪和 17 世纪是欧洲不同寻常的战争时期。武器的传播和改进伴随着战术、后勤和战争其他方面的变化。直到 15 世纪末，重骑兵一直都占据着优势，当时配备了弩和火绳枪的步兵单靠自身的力量还无法对抗骑兵，因为在重新装填这些笨重武器的间隙，他

们是非常脆弱的。在 16 世纪早期的意大利战争期间，瑞士雇佣军采取的方法是当火枪手装填火药时，用长矛手将他们围在中间保护他们。西班牙军队在他们的方阵中吸收了这一战术，多达 3 000 人的方阵可以在战场上占尽优势，但机动性很差，补给也非常困难。

1590 年代，荷兰军队的指挥官、拿骚的莫里斯王子采用了 550 人方阵齐射的战术。在这一战术中，由长矛兵保护的前排火枪手们一齐开火，然后撤退到部队的后部重新装弹，下一排的士兵再如法炮制。保持一个稳定的发射频率需要 10 排火枪手在敌军火力下快速执行复杂的队形变化。为了达到这个目的，莫里斯起草了详细的训练手册，精细描述了每一个动作，并对他的部队实施了密集的训练，使士兵能够在激烈的战斗中本能地执行必要的动作。而为了让军官们能在战斗中领导这样的部队，他还将他们送进了专门的军事学校。

17 世纪，欧洲的军队舍弃了那些要在枪管尾部的火门处点燃引信的火绳枪。火绳枪对士兵来说过于操作困难和危险，因为士兵必须在同一时间持枪、放火药和点引信。取而代之的是燧石枪 152
(flintlocks)，当士兵扣动扳机时，燧石的火花即可点燃火药。相较于火绳枪，燧石枪的使用更为简易和安全，且发射速度大大提高。如果在枪管头上再绑上刺刀，在两军接近时，还可以把枪当作矛来使用。

1630 年代，瑞典国王古斯塔夫·阿多夫（Gustavus Adolphus）为这场革命又增添了一个新元素：野战炮（Field Artillery）。[29]在他的军队中不仅有重型的攻城炮，还有更轻更机动的大炮，由受过训练的炮手来操作，每分钟可以发射三次。为了给步兵提供近距离的支援，每个营都配有四门这样的炮。拥有了装备火枪的步兵、轻骑兵和快速发射的大炮，古斯塔夫·阿多夫的军队横扫德国，并使瑞典一度成为欧洲强国之一。

这些创新深刻影响了整个社会。因为这样的军队需要不断训练——无论是在和平时期还是战争期间，所以产生了常备军。军官们从马背上的英勇战士变成了受过教育的战术家，尤其是炮兵军官，必须接受数学和弹道学的教育，这为中产阶级家庭的子弟打开了大门。当然，这也激起了贵族骑兵军官的不满，因为他们的祖先从中世纪起就一直统治着欧洲战场。但是，在从希腊方阵、罗马军团到西班牙方阵一直延续着的严明纪律传统的步兵军团面前，尤其是在这些装备燧石枪和野战炮的新军的胜利面前，这股阻力根本无法抵挡。在16世纪和17世纪频繁的战争中，军队的规模不断扩大，其中有一些甚至扩大了十倍。为了抵御强大的攻城炮，欧洲的城邦和王国不得不将中世纪的城堡替换成带有倾斜墙壁和复杂几何形状的意大利式防御工事，以防止敌人攀爬这些城墙。

为了支持浩大的工程建设以及军队开销，政府需要获得比以往任何时候都要多的钱。只有一个复杂且高度有组织的行政机构才能
153 促进国家经济的发展，并从中获得稳定的税收收入。西班牙虽然从美洲输入了大量白银，却还是在与欧洲其他国家的战争中破产了。到18世纪时，只有法国、英国、普鲁士能够支撑军队去打这种新型的战争，并且只有法国和英国有能力在海外发动战争。[30]

欧洲的军事革命和印度的政治混乱在时间上的巧合，使得欧洲人征服次大陆这一在18世纪之前无法想象的事情成为可能。

在过去的两个多世纪里，欧洲人一直被限制在印度洋沿海的几块飞地里，因为他们的士兵太少，无法对抗印度王公的军队。而从欧洲人中能招募到的士兵数量远远不够支持法国和英国在内陆进行军事行动。解决的方案是招募印度兵，称为“西帕衣”（Sepoy），并用欧洲的方式来训练他们。1720 年代，法国人率先在马埃（Mahé）执行这项政策。而 1746 年法国人在马德拉斯的胜利证实了此项政策的有效性。

面对法国的威胁，英国人首先尝试招募印度-葡萄牙移民甚至非洲奴隶来增加士兵的数量。随后，东印度公司授权克莱武和斯特林格·劳伦斯（Stringer Lawrence）少校仿照法国人的方式去招募和训练印度士兵。由于英国东印度公司比法国印度公司的盈利能力更强，可以向军队提供更加稳定和丰厚的军饷，因此它也获得了更高的忠诚度，这就使得英国在与法国印度公司竞争时占据了优势。到 1750 年代中期，英军在卡纳蒂克拥有了上万名的印度士兵。[31]

印度兵的训练也逐渐开始像欧洲军队一样，纪律严明，规范有序。而军官们则必须适应印度军队的特殊需要，例如提供不冒犯宗教的食物，避免将印度教徒派往船上。但英国人从未完全信任他们的印度教和穆斯林士兵，他们更青睐土耳其人、阿拉伯人或尼泊尔廓尔喀人等“军事种族”，当然，还有欧洲人。[32]

欧洲人雇佣的印度兵的武器装备通常要优于印度本地常用的火绳枪。1740 年代，法国人和英国人先后开始引进并训练他们的印 154
度士兵使用燧石枪。配上预先装填好火药的纸质弹药筒，这种火枪的发射速度比火绳枪要快一倍。再辅以插槽刺刀，更省去了装填弹药时对长矛兵的保护需要。英国生产的火枪——尤其是在伯明翰大量生产的绰号“棕贝丝”（Brown Bess）的前膛燧石枪——比印度生产的更便宜，而且更为可靠。[33]经过适当的训练，欧洲兵和印度兵组成空心的方阵，可以手持插着刺刀的火枪，在轮番射击中不断前进。[34]

印度人在1740年代和1750年代的卡纳蒂克战争期间，第一次遭遇到野战炮。这些欧洲大炮比印度的攻城炮更轻，更容易装填。它们还可以安装在结实的马车上，在崎岖的山路上由马拉着与士兵同步前进。此外，这种大炮还可以发射对骑兵杀伤力很强的霰弹。[35]

军事革命在印度产生的后果很快就显现出来。规模虽小但纪律严明并且配备了野战炮的欧洲军队，打败了数量远多于他们但纪律松散、积极性较低的印度部队。1759年克莱武在致英国首相威廉·皮特（William Pitt）的信中写道：

> 只要2 000人的欧洲部队就足以让我们无惧这个（国家的政府）或其他（人民）的威胁；他们要胆敢来制造麻烦，就让公司去夺走他们国家的主权……从国内调一支小规模的部队来就够了，只要我们愿意，在这里招募黑人士兵要多少有多少。因为加入我们比为他们自己的王国服务能得到更好的待遇，他们都很期待加入我们。[36]

普拉西战役及以后

克莱武所说的是他1757年在普拉西取得的胜利。在20岁的西拉杰·乌德·道拉（Siraj-ud-Daula）刚刚继承他祖父的孟加拉总督职位（纳瓦卜，Nawab）一年之后，他带领军队袭击了威廉堡。威廉堡是英国人在加尔各答所建的殖民地，驻扎有3万名步兵、2万 155
名骑兵，拥有400头大象以及8门大炮。作为报复，克莱武从马德拉斯带来了一支欧洲人和印度兵组成的小规模部队。战役开始前，克莱武买通了西拉杰·乌德·道拉身边的一位将领米尔·贾法尔（Mir Jafar）作为英国的内应，许以道拉的总督之位，而厌倦了孟加拉恶劣政府以及苛捐杂税的印度银行家们也加入了这场阴谋。

普拉西之战实际不是会战而是一场溃败。西拉杰·乌德·道拉以5万大军对阵克莱武由800名欧洲人和2 200名印度兵组成的部队。战役打响后，米尔·贾法尔按兵不动，而其他印度士兵则在克莱武的大炮轰击下惊慌失措地逃跑了。作为人类历史上最不平衡的战役之一，这场战斗的结果是克莱武一方仅7名欧洲士兵和16名印度兵死亡，13名欧洲士兵和36名印度兵受伤，而对方则损失了500人。[37]

这场战役的回报远远超出了投入。米尔·贾法尔当上了孟加拉总督，当然，他只是英国人的傀儡。1764年，英军又在伯格萨尔（Buxar）击败了奥德（Oudh）的总督以及莫卧儿皇帝沙·阿拉姆二世（Shah Alam Ⅱ）的部队。作为回报，东印度公司获得了印度最富有的两个邦——孟加拉邦和比哈尔邦的税收权。克莱武和他的朋友们在压榨各邦进而中饱私囊的同时，也利用政府的资金建立了一支永久性的军队，由英国军官和印度士兵组成，使东印度公司得以征服印度的其他地区。[38]

普拉西之战是一个例外。在那之后，英国人的胜利再也没有来得那么容易，伤亡数字也再没有那么少了。在 18 世纪的几场战争中——四次迈索尔（Mysore）战争、三次马拉塔战争——英国人不仅有战术和武器上的优势，还有用孟加拉的财富买来的军队的忠诚。此外，他们的对手也不得民心，因为印度的统治者要么是统治印度教徒的外来穆斯林，要么是高种姓的婆罗门和刹帝利。英国人还得到了印度商人和银行家的大力支持，历史学家罗纳德·芬德利（Ronald Findlay）和凯文·奥罗克（Kevin O'Rourke）解释说："以贸易和市场为导向，这个'新兴中产阶级'……为增进和扩大
156 他们的商业利益和活动，而与东印度公司建立了一种虽不稳定且有争议却很便利的合作关系，他们组织采购和出口印度的商品、收税，甚至在必要时提供贷款。"[39]

英国人在伯格萨尔之后遇到的第一个对手是能干而且富有野心的迈索尔统治者海德尔·阿里（Haidar Ali）。为了以欧式方法训练军队，他雇佣了本地治里陷落之后被解散的法国士兵。1767 年，他对英军发起攻击但没有成功。随后他重建军队并把规模扩大到 2 万人。1780 年，他在法国人的帮助下击败了英军，但随着法国人的撤出他又很快遭到反扑。在他 1782 年去世后，他的儿子蒂普·苏丹（Tipu Sultan）继续战斗了两年，然后与英属印度总督沃伦·黑斯廷斯（Warren Hastings）签订了和平协议。1790 年，蒂普·苏丹进攻位于特拉凡科（Travancore）的英军，但这次的失利让他被迫割让了一半的领土。在因法国大革命而滞留印度的法国士兵的帮助下，蒂普·苏丹再次集结起一支军队，但不幸于 1799 年在塞林伽

巴丹（Seringapatam）战役中身亡。在这最后一次的迈索尔战争之后，英国吞并了印度南部大部分地区，并有效地控制了其余地区。[40]

海德尔·阿里和蒂普·苏丹的一再失败揭示了将军事技术从一种文化转移到另一种文化中的困难。在普拉西战役之后，印度的统治者争相采用新的欧洲军事体系。他们购买欧式火枪、改良大炮，长期雇佣欧洲人、土耳其人和其他外国人来铸造和操作火炮；他们招募欧洲的冒险家和贸易公司的逃兵来训练军队以适应这种新战术。然而，他们做的这一切还是不够及时。雇佣兵不可靠而且常常不能胜任此工作，各王国也没有发展起现代的官僚机构来支持、管理和指挥庞大的常备军。没有一个王国实现了统治者、士兵和商人之间的紧密结合，而这恰恰是 17 世纪和 18 世纪早期最成功的欧洲国家的特征。[41]简言之，看似现代的印度军队只是包裹了一层现代的外衣。[42]

马拉塔人则从一开始就没有固定的领土，他们是一群骑在马背上依靠突袭劫掠为生的人。17 世纪晚期，他们的领袖西瓦吉
（Sivaji）在西海岸购买了欧洲人的枪支和弹药，并创造了一种非常 157
有效的战斗力量，挫败了莫卧儿皇帝奥朗则布想让他们臣服的企图。18 世纪，随着莫卧儿王朝的崩溃，马拉塔人控制了印度西部从马哈拉施特拉邦到旁遮普的大片土地。他们也采用了很多欧洲的战争方式，士兵的穿戴和行进方式与东印度公司的印度兵一样，其中许多人还配着燧石枪。然而，他们似乎也受累于某些在晚期削弱了莫卧儿王朝的习俗，例如在战争中却要携带大型辎重和随军流动的平民、妇女以及其他减缓行军速度的奢侈品。[43]他们拥有的大炮也口径不一，炮弹则是做工粗糙的铁球。1790 年代的英国旅行者威

廉·亨利·托恩（William Henry Tone）评论说，他们的枪炮“铸造得相当不错，但炮架一般都很笨拙，构造也很糟糕。看上去要不了几天就会散架”[44]。

英国人与马拉塔人有过两次遭遇。第一次马拉塔战争（1775—1782）时，孟加拉总督沃伦·黑斯廷斯带军横扫半岛，用外交和贿赂等手段与马拉塔人签下了一份和平条约，成功将孟买控制在英国人手里，但对双方关系的其他方面并没有什么改变。在那次经历之后，马拉塔领袖马哈迪·辛迪亚（Mahadji Sindia）决定要将军队现代化，为此，他聘请了法国人贝努瓦·德布瓦涅（Benoit de Boigne）来改革财政。到这个世纪末时，马拉塔军拥有了2万多名步兵、6万多名骑兵，以及一个不亚于英军的移动野战炮兵团。这时候德布瓦涅已经被另一名法国人佩龙（Perron）取代，另外还有更多的法国人在马拉塔军中担任不同的职务。

与此同时，东印度公司也在提升它的军队。在印度的各种政权中，东印度公司建立起了最高效的官僚机构，能从民众中榨取出足够的税收来维持一个由英国军官和印度士官领导的、规模达到12万人的常备军，并且在战斗中他们还会采用一些有效的印度战术，如在侦察和小规模战斗中使用非常规的轻骑兵，以及在特殊任务中使用骆驼和大象。[45]1802年战争再度爆发，孟加拉总督莫宁顿勋爵（Lord Mornington）在德干对马拉塔人发起攻势，而杰勒德·莱克
158 （Gerard Lake）将军则同时向德里挺进。英国人此时又宣布，对所有在马拉塔军中服役的欧洲雇佣兵实行大赦，此举立刻导致大批欧洲人离去，马拉塔军顿时失去了领导。[46]英军还用贿赂劝降了部分马

拉塔部队。而其他人呢？一位历史学家是这样叙述的："其中一些人只是在坐等事件的结果，希望能把自己的命运和赢家绑到一起。毕竟，这是南亚传统军事劳动力市场的另一面。即便在最好的情况下，参军也是危险的，只有幸存者才能带着钱财回家。"[47] 最终，英国人在阿萨耶（1803 年 9 月 22 日）和拉斯瓦利（1803 年 11 月 1 日）的胜利彻底摧毁了马拉塔人，印度西部的大部分领土落入英国人手中。马拉塔人在财政上比富裕的东印度公司要困难得多，这也是他们遭遇倒戈的原因。但除去这些以外，我们看到，英国人的这场胜利动用了 27 500 人的军队且耗费高昂。他们与同样想控制次大陆的对手之间的竞争差距正在缩小。[48]

达到扩张的极限：阿富汗与旁遮普

到了 19 世纪的第二个十年，英国人对次大陆的控制已经延伸到印度河和萨特莱杰河流域。这里除了潜在的麻烦邻居，还有诱人的目标。印度河下游的信德及上游的旁遮普，都是富饶的农业区。而俾路支省的沙漠和阿富汗的山区，则在历史上就是印度其他地区的危险来源。

1830 年代后期及之后，英国和俄国卷入了争夺亚洲控制权的"大博弈"（The Great Game），至少他们自己是这样认为的。当波斯派遣一支军队去围攻阿富汗西部的赫拉特时，可怕的巴麦尊子爵（Viscount Palmerston）及其内阁和印度总督奥克兰勋爵认定，这是俄国入侵印度的开始。为了应对他们眼中的俄国人的威胁，英国人计划将喀布尔的埃米尔、阿富汗名义领袖多斯特·穆罕默德（Dost Mohammed）替换成更听话的傀儡沙阿·舒亚（Shah Shuja）。为此，奥克兰决定入侵阿富汗。

159 正如军官们所知，与阿富汗山区人民作战可比在印度肥沃的平原上打仗困难得多。陆军中校克劳德·韦德（Claude Wade）就写信给奥克兰勋爵说：

> 在重建阿富汗君主制的努力中，我们最需要警惕和审慎对待的无疑是过度自信。欧洲人太习惯于看重自身制度的优越性，并急于将其引入一片新的从未涉足过的土地……这些国家的人民还远未成熟到能够适应我们高度完善的政府或社会制度。与现有制度相比，我们很可能会在努力构造新制度时遇到更多的阻力。[49]

奥克兰试图争取到旁遮普统治者兰吉特·辛格（Ranjit Singh）的支持，但遭到了那位老谋深算的锡克教徒的拒绝，这也意味着印度和中亚之间的传统通道开伯尔山口（Khyber Pass）对入侵的英军关闭了。于是，入侵者必须通过俾路支省和波伦山口（Bolan Pass）从南面进入阿富汗。这支被称为“印度河军”（Army of the Indus）的队伍正如其名，由 9 500 名孟加拉军、5 600 名孟买军和沙阿·舒亚的 6 000 名阿富汗士兵组成，另外还有相当于士兵数量三到五倍的后勤人员、8 000 匹马、30 000 匹骆驼和满载着生活必需品的庞大辎重队，甚至还有猎狐犬。显然，英国人正在养成与莫卧儿、马拉塔人一样的让行军不断变慢的习惯，将一次军队的行进变成了一场规模庞大的迁徙。

这支军队在行进中很快就吃光了携带的粮食，在俾路支省的沙漠中面临食物短缺的窘境。甚至在到达波伦山口之前就只剩下一半的口粮。那些只适合待在印度北部平原的骆驼和牛，纷纷倒毙在俾路支省和阿富汗之间的山区中。俾路支的山地人不断偷走牲畜，射杀掉队者。军队的行李车只能被遗弃，用人力在陡峭的山间推行野战炮。由于畜力缺乏，很多弹药只能就地引爆。5 个月后，当他们终于到达坎大哈周围的肥沃山谷时，曾经辉煌华丽的印度河军已经 160
沦落成一群“破衣烂衫、萎靡沮丧的乌合之众”[50]。

印度河军在坎大哈花了两个月的时间来修整和补充他们的马匹及补给，然后向喀布尔挺进。经过几场杂乱无章的战斗，英国人于 1839 年 8 月进入喀布尔，并立即像他们在印度城市所做的那样，建起军事住宅区，组织马球比赛，花天酒地，有人甚至带来了妻子和情妇。就在这外国占领看起来要永久持续的时候，沙阿・舒亚的傀儡政权却与当地的居民越来越疏远了。到 1840 年，越来越多的阿富汗人开始与多斯特・穆罕默德的儿子阿克巴尔汗（Akbar Khan）站在了一起。1841 年 10 月，英国公使麦克诺顿（Mcnaughton）决定要将付给吉尔查依部落以换取其允许英国补给物资通过开伯尔山口的通行费削减一半，吉尔查依部落则以袭击商队、切断英国人从印度至喀布尔的交通线作为回应。一个月后，起义蔓延到了喀布尔。1842 年 1 月初，在喀布尔日益难以立足的英国人决定撤退。700 多名英国士兵、3 000 多名印度兵和 12 000 多名随军平民仓皇逃跑。很多人死于零度以下的低温和风雪，落入阿富汗人手中的人则遭到屠杀。有 105 名英国男子、妇女和儿童成了阿克巴尔汗的俘虏。最终，只有威廉·布赖登（William Brydon）医生一人安全到达了位于通往开伯尔山口路上的贾拉拉巴德英军驻地。[51]

巴特勒夫人：《残兵败将》（*Remnants of an Army*）

注：现存伦敦泰特美术馆，描绘了第一次英阿战争中英军唯一幸存者威廉·布赖登医生到达贾拉拉巴德的情景。

如何来解释这场英国的灾难和阿富汗的胜利呢？毫无疑问，部分原因在于英国军方和政治官员的无能。他们在物资充足的印度或欧洲平原上受训，有大量的人员及畜力可供轻松调遣。在印度，欧洲军官和印度士兵也一直是非常有效的战斗组合。然而在阿富汗，无论欧洲人还是印度人，都没有沙漠和山地战争的经验。这种情形类似于拿破仑在西班牙和俄国的泥足深陷，他们也没有为艰难的环境做好准备。

阿富汗经验丰富的战士也是造成英国灾难的原因之一。他们很少有机会或者也不大愿意去开阔的地方打仗。相反，他们采用的是 161
典型的游击战术，比如躲在岩石后面伏击敌人，或者在山腰上潜行，俯瞰狭窄的峡谷通道，用阿富汗长管滑膛枪进行射击。他们熟悉地形，在寡不敌众的时候就分散遁入乡村中。英式的训练在开放地形中作战是十分有效的，能使英军在印度所向披靡，但在阿富汗崎岖的山区环境中却毫无用处。而且燧石枪与阿富汗人的武器相比也没有明显的优势。

第一次英阿战争并没有以 1842 年 1 月英军的惨败而告终。奥克兰总督的继任者埃伦伯勒（Ellenborough）勋爵在需要挽回英国荣誉和新战役的费用之间犹豫不决。虽然已经失去喀布尔的驻军，英军仍然在贾拉拉巴德和坎大哈有驻扎，并在开伯尔山口印度一侧的白沙瓦集结军队。最终在 4 月份，埃伦伯勒勋爵下令由波洛克（Pollock）将军领导一支新的“复仇部队”入侵阿富汗。波洛克借鉴了阿富汗人的战术，让他的士兵（其中许多人是来自尼泊尔的廓尔喀 162
雇佣兵）爬上山坡俯瞰山口，狙击吉尔查依和阿夫里迪部落的人，迫使后者放弃对抗，让他的军队顺利到达了贾拉拉巴德。1842 年 8 月，波洛克从贾拉拉巴德、诺特（Nott）将军从坎大哈同时出发前往喀布尔。他们解救了喀布尔驻军最后的 121 名幸存者。英军于 9 月进城，洗劫并烧毁了巴扎（集市），然后在冬天来临之前回到了印度。[52]

复仇部队的行动也许拯救了英国的荣誉，至少在维多利亚时代的人们是这么理解的。然而阿富汗的战事却在无形中打破了印度人心中英国不可战胜的神话。第一个起来挑战英国人的是居住在旁遮普、有着悠久军事传统的锡克教徒。他们的领袖兰吉特·辛格在19世纪初重新集结他的军队，雇佣法国和意大利的参加过拿破仑战争的老兵来引进欧洲的训练和战术。他的7.5万名士兵中有3.5万人是由欧洲军官领导的正规军。装备也是现代化的，他引进了不亚于英国棕贝丝的燧石枪，炮兵部队里除了重型火炮，还有迫击炮和榴弹炮。他的铸造厂以法国形制铸造了500多门能发射9磅重炮弹的野战炮，由马拉动，机动性也不输英国人。在他的炮兵部队中，指令语言是法语。他的军队也仿照法国军队以旅为组织单位，每个旅有3个或4个步兵营、1个炮兵连和多达6 000名的骑兵。终于，他拥有了一支与东印度公司相当的军队。[53]尽管他的军队力量强大，但兰吉特·辛格知道，最好不要与英国人纠缠。直到1839年去世之前，他一直是东印度公司的忠实盟友，也是英国与阿富汗人之间的有效缓冲。

兰吉特·辛格去世后，他的军队变得失去约束，急于出外寻求战利品。1845年，在英阿战争仅仅3年之后，锡克教徒入侵了英属
163 印度。尽管没有兰吉特·辛格领导时那么有纪律，但这支军队仍然是一个强大的对手。在1845—1846年和1848—1849年，东印度公司为了打败他们发动了两次战争。即便如此，英军在1849年2月战胜他们时靠的也不是更好的纪律或战术，而是更多的大炮和规模更大的军队。[54]8年后，印度大起义（英国人更愿意将其称为“印度士兵叛乱”）差一点把英国人赶出印度北部。轻松取胜的日子一去不复返了。

达到扩张的极限：阿尔及利亚（1830—1850）

与英国侵略阿富汗又被迫撤退不同，法国人实际上征服并占领了阿尔及利亚。不过，就法国为此而动用了自拿破仑时代以来最大规模的军事力量而言，他们的经历甚至比英国在阿富汗的溃败还要更生动地体现了旧帝国主义扩张的极限。

1830 年 6 月，当法国军队在阿尔及尔附近登陆时，他们面对的是一个软弱的对手。准确来说，阿尔及利亚当时还是奥斯曼帝国的一个省，由苏丹政府任命的戴伊（Dey，即总督）统治。其军队包括 5 000 名土耳其士兵、5 000 名拥有一半土耳其血统的士兵以及 50 000 名阿尔及利亚人。

在阿尔及尔附近下船的法国军队则共有 37 000 名士兵，其中十分之九的步兵装备了滑膛燧石枪，也就是法国大革命和拿破仑战争时期所使用的枪。他们都受过良好的训练，其中许多人还是拿破仑战争时期的老兵。如果站成三排，他们可以在两分钟内完成三次射击。骑兵们则携带军刀和长矛。炮兵部队带来了几十门大炮、榴弹炮、迫击炮和 500 枚康格里夫火箭（Congreve Rockets）。在阿尔及尔城外的战斗中，法国人借助火力优势很容易就获得了胜利。[55]

随着土耳其人的撤离，国家随即陷入了混乱。三年后，从麦加朝圣归来、时年仅 20 多岁的阿卜杜·卡迪尔（Abd al-Qadir）决心遵循他曾拜访和仰慕的穆罕默德·阿里（Muhammad Ali）改革埃

阿尔及利亚领袖阿卜杜·卡迪尔

注：安格·蒂西耶（Ange Tissier）1842年绘制，现存凡尔赛宫。

及的路线，把阿尔及利亚建成一个现代国家。他组建了一支由
164 8 000名步兵、2 000名骑兵和240名炮兵、20门大炮组成的志愿者军队，另外还有一些平时务农、战时应召从军的非正规队伍。他们采用典型的游击战术：突袭法国占领的村庄和哨所，伏击行进中的纵队，攻击后卫部队和落伍的士兵。他们都是优秀的骑手，总会

避免正面的激战。[56]

一开始，阿卜杜·卡迪尔的部队装备的都是当地自制的滑膛枪，火药和子弹的质量都很差，最远射程只有 200 米。1834 年 3 月，他与法国驻奥兰（Oran）总督德米歇尔（Desmichels）签署了一项秘密协议，总督向他提供了 400 支枪，并允许他进口武器、火药和硫黄，以换取和平的承诺。一年之后，他亲率一支 1 万～1.2 万人、主要为骑兵的部队大败 2 300 多人的法军，法国人称这场令其震惊的溃败为“马克塔灾难”（Disaster of Macta）。1837 年 5 月，法军驻奥兰司令托马斯-罗贝尔·比若（Thomas-Robert Bugeaud）与其签署了《塔夫纳条约》（Treaty of Tafna），承诺将出售给阿卜杜·卡迪尔 3 000 支枪和 50 吨火药，并承认他对阿尔及利亚三分之二领土的统治权。阿卜杜·卡迪尔还通过摩洛哥向英国购买了 8 000 支枪，因为英国与他一样不喜欢法国人在阿尔及利亚的存在。到 1840 年，他在西班牙和法国工匠的帮助下建起了兵工厂，每天能制造 8 支枪，并使用当地产的硝石和进口硫黄制作子弹和火药。[57] 在他权力的巅峰期，阿卜杜·卡迪尔作为一支强大的力量统治着阿尔及利亚西部，将法国人限制在几个沿海的城镇及周边地区。

同年，比若被任命为法国驻阿尔及利亚的总督和总司令。作为参加过拿破仑战争的老兵，比若意识到阿尔及利亚的战争与在西班牙时削弱法国军队的游击战十分相似。正如他所说：“我们必须忘记那些文明人之间经过精心策划和富有戏剧性的战斗，并意识到非常规的战术才是这场战争的灵魂。”[58] 虽然四年前是他战败签署了《塔夫纳条约》，但这一次他下定决心要粉碎阿卜杜·卡迪尔和阿尔

及利亚的抵抗，正如他所说的：“当条约不再有用时，条约也就不
165 再有效了。”[59]他认识到了对手的强大力量和高超技能：“他们都是勇士，每个人都擅长骑马，都有一匹马和一支枪；从 15 岁的少年到 80 岁的老人都能上阵厮杀，在这英勇善战的 400 万人口中，有五六千名身怀绝技、能单兵作战的士兵。”[60]

166 为了实现他的目标，比若不得不改革在阿尔及利亚的法国军队，这是他早在 1836—1837 年就已开始，但当时还没有完成的一项任务。他发现，法国士兵们士气低落，许多人都得了疟疾，于是他建立医院，改善军队的生活条件。他想方设法提高部队的机动性，因为之前的军队为大炮和重型行李车所累，移动十分缓慢。[61]为此，他坚持士兵只负责携带武器和弹药，其他物品均交给骡车。他还在本地雇佣名为佐阿夫（Zouaves）和斯帕希（Spahis）的辅助士兵（就像印度西帕衣士兵一样），训练部队用灵活的阵型作战以适应这里的环境和地形，并达到连续 5 天每天 40～50 千米的强行军速度。[62]

比若在战术上也进行了革新。在“我从事的是战争，而非慈善事业”的原则下，他发动的战役充满了掠夺、酷刑、强奸、谋杀和其他暴行。对于不顺从法军的部族，他的部队袭击平民、摧毁城镇、杀死牲畜、烧毁庄稼、砍伐果树。他们还搜寻秘密地下粮仓，阻止农民播种和收割庄稼。[63]

这种作战方式要击败的不仅仅是阿尔及利亚的领导层，而是全体阿尔及利亚人民，因此也就需要大量的军队去占领全国的每个城镇。1836 年，法国军队在阿尔及利亚有大约 3 万人，当比若的战争开始后，人数上升到 6.5 万人。然而这还不够，1844—1845 年达到

8 万人；到战争结束时，法国军队在阿尔及利亚的人数超过了 10 万人。整个法国军队中有三分之一的人都在阿尔及利亚镇压抵抗。[64]

面对如此庞大的敌军，阿卜杜·卡迪尔无法再进行正式的战斗，而不得不诉诸游击战。比若的战术加上 1841—1842 年的严冬削弱了阿卜杜·卡迪尔的力量。次年，英国与法国达成外交和解，不再通过摩洛哥向阿卜杜·卡迪尔出售武器。1845—1846 年，阿卜杜·卡迪尔从摩洛哥发起的最后一场进攻也宣告失败。一年后，摩洛哥苏丹逼迫他回到阿尔及利亚，最终向法国投降。[65]

此后尽管抵抗仍时有发生，但到 1880 年代，法国终于还是征 167
服了阿尔及利亚。但是，为了这场征服而动用的军队规模是如此之大，让人很怀疑法国是否还能在世界的其他地方再如此行事了。

俄国和高加索地区

从 16 世纪到 19 世纪，俄国在周期性的跌宕中极度壮大起来。它的一些征服行为削弱了其欧洲邻国如瑞典、芬兰、立陶宛、波兰和乌克兰的势力，另一些征服行为则针对奥斯曼帝国、波斯和鞑靼各部。但令人惊讶的是，在所有征服中最困难的不是对抗这些强大的国家，而是镇压高加索山区的部落。

俄国第一次持续的向东推进发生在伊凡四世（雷帝，Tsar Ivan the Terrible）统治下的 1533 年到 1584 年。利用新引进的大炮，伊凡四世于 1552 年和 1556 年分别袭击了喀山以及位于里海阿斯特拉罕（Astrakhan）的鞑靼人。在 25 年之后的 1581 年，一个名叫叶尔马克·季莫费耶维奇（Yermak Timofeevich）的被招安的哥萨克人带领 840 人和几门大炮，翻越乌拉尔山，击溃西伯利亚的鞑靼人，从此打开了入侵西伯利亚的大门。这是一片广阔的、几乎没有人烟的森林，俄国的拓荒者和冒险家，就像加拿大的法国毛皮贩子一样，在寻找珍贵皮草的过程中迅速前进。他们推进的速度非常快，1637 年就已经到达鄂霍次克海，此后不久又到达了距离莫斯科 5 000 英里的太平洋。

与此同时，高加索地区虽然在距离上与俄国的欧洲部分近得多，却仍然是那么遥不可及。这个崎岖的山区里居住着许多讲不同语言和信仰不同宗教的人，俄国在 1804—1813 年与波斯的战争中进入了这一地区。这场战争的结果是俄国获得了位于格鲁吉亚和亚美尼亚部分地区的基督教小王国，以及在里海保留海军的权利。在 1828—1829 年与奥斯曼帝国的战争之后，俄国又占据了黑海东部海岸。这样一来，俄国领土就将高加索山脉全部包围在内了。

168 击败车臣、达吉斯坦和切尔克西亚（Circassia）等山地部落比俄国人预想的要困难得多。1785 年，当俄国人进入时，车臣的宗教领袖谢赫·曼苏尔（Sheykh Mansur）宣布对俄国发起战争，直至其撤退。1804—1812 年，俄国赢得了对波斯和奥斯曼帝国战争的胜利，吞并了格鲁吉亚的大部分地区，但格鲁吉亚和俄国之间的山脉却仍未被征服。[66] 1820 年代，加齐·穆罕默德（Ghazi Muhammad）把高加索地区的穆斯林团结在一起，发动了另一场反对俄国的战争。他的继任者伊玛目沙米勒（Imam Shamil），就像阿尔及利亚的阿卜杜·卡迪尔及其追随者一样，在维护自身独立性方面坚韧而富于技巧。[67] 1838年，俄国派遣15.5万人的军队，在亚历山大·冯·格拉贝（Alexander von Grabbe）将军的领导下向他发起进攻。尽管被俄国人包围，但伊玛目沙米勒还是设法逃脱并继续召集他的支持者，而这次战役让俄国损失了3 000人。到1841年，伊玛目沙米勒建立了铸造厂和军械库，并从英国接受资金和弹药，卷入了英俄之间的“大博弈”。为了将他逐出高加索地区，俄国在1842年向这里派遣了两支部队，一支1万人的部队在失去五分之一的士兵后被迫撤退，而另一支2万人的队伍则在落荒而逃之前损失了4 000人。三年后，另一支由高加索总督沃龙佐夫（Vorontsov）领导的1.8万人的军队也在遭受了4 000人的伤亡后被迫撤退了。[68] 事实证明，俄国向山区派遣一批又一批训练不佳的士兵与英国侵略阿富汗一样徒劳无功。

1853年到1856年，克里米亚战争分散了俄国在高加索地区的战斗力。战争结束后，亚历山大·巴里亚京斯基（Alexander Bariatinski）将军从克里米亚带领25万人的军队重返高加索战场，这也是历史上规模最大的殖民远征部队。这一次俄军并没有冒失地闯进山区而遭受高加索游击战士的伏击，相反，他们修建公路、清除森林、摧毁村庄，构建起了要塞网络。到1858年，被俄国人的强大力量消耗和摧毁殆尽的当地人逐渐背弃了伊玛目沙米勒。1859年4月，伊玛目沙米勒和他的400名追随者被包围在古尼布（Gunib）山，最终被迫投降。大多数穆斯林宁愿逃往奥斯曼帝国也
不愿生活在异教徒统治之下。零星的起义一直持续到1864年沙皇 169

亚历山大二世宣布战争结束，高加索才完全并入俄罗斯帝国。[69]

有一些著作将俄国的胜利归功于他们的武器，研究“高加索战争”的历史学家约翰·巴德利（John Baddeley）就认为：“俄国人当时首次装备了来复枪，从这一刻起，评估他们成功的原因时不能再忘记这一点。”[70]然而我们有理由怀疑，当时来复枪是否已经普及到能产生足够影响的程度。按照欧洲的标准，俄国军队的装备非常糟糕。武器采购并不是政府优先考虑的事项，军队依靠的是一般都经营不善的地方军械库。另外，军官们也发现要训练他们的文盲农奴士兵去使用复杂的武器非常困难。在法国士兵和英国士兵都已配备先进的来复枪的时代，参加克里米亚战争的俄国士兵绝大部分还在用着拿破仑战争时期的滑膛枪。俄国政府曾经试图从美国塞缪尔·柯尔特（Samuel Colt）公司以及比利时列日的军械制造商那里购买先进的武器，但在当时无法进口到国内。直到1866年，俄国军队才开始改用后膛装填的现代来复枪。[71]让俄国人在高加索山民面前占有优势的，不是先进的武器，而是规模庞大的军队，以及他们采取的焦土战术。

小　结

欧洲人在非洲和亚洲的经历，就像他们在美洲的经历一样，展现了帝国主义在早期近代的可能性和局限性。和在美洲不同的是，欧洲人在印度的优势主要并不是源于先进武器等硬件因素，而是在组织、资金、战术和技能等方面更为成熟的结果；但即使如此，也是 18 世纪印度本身陷入政治混乱才给予了这些优势体现的空间。与印度形成对比的是，撒哈拉以南非洲、阿富汗、阿尔及利亚和高加索等地区的情形则显示出了欧洲力量的局限性。其中撒哈拉以南非洲是由于传染病，其余地区则是山地地形和当地居民的战术阻遏了欧洲帝国主义者的野心。

将美洲与非洲和亚洲进行比较，还可以揭示出另一个有趣的现 170
象。欧洲人成功地征服了那些高度结构化和有组织的社会，如阿兹特克、印加、莫卧儿等。然而，无论是南、北美洲的游牧社会，还是安哥拉、莫桑比克、阿富汗、阿尔及利亚以及高加索地区，欧洲人在试图征服这些组织更为松散和分布地域更为广泛的民族时都遇到了困难。这些地区的社会组织结构化程度比较低，在遇到失败和挫折时其社会组织并不那么脆弱。很多人都习惯于打猎和战斗的生活，他们熟悉地形，有更充裕的时间去获得武器，去采取游击的战术。面对这些地区的游击战，欧洲人的帝国主义海外探险面临着收益的递减。

那么，我们如何解释此后的 19 世纪下半叶欧洲海外扩张的惊人爆发呢？基于参与者们的动机来解释是无法令人满意的，1859 年之前欧洲扩张的决心绝不亚于 1860 年之后。我们也不能说，帝国扩张后期的对象不像阿富汗人、高加索人和阿尔及利亚人那样渴望保卫自己的土地。要理解 19 世纪晚期的新帝国主义，我们必须更多地关注那些由工业革命为西方帝国主义者提供的新工具。

注　释

1 Philip D. Curtin, *The Rise and Fall of the Plantation Complex: Essays in Atlantic History* (Cambridge: Cambridge University Press, 1990), p. 38.

2 Philip D. Curtin, *Disease and Empire: The Health of European Troops in the Conquest of Africa* (Cambridge: Cambridge University Press, 1998), pp. 5 - 9; Curtin, *Rise and Fall of the Plantation Complex*, pp. 38 - 39, 80 - 81; Michael Colbourne, *Malaria in Africa* (London: Oxford University Press, 1966), p. 13.

3 Kenneth F. Kiple and Brian T. Higgins, "Yellow Fever and the Africanization of the Caribbean," in John W. Verano and Douglas H. Uberlaker, eds., *Disease and Demography in the Americas* (Washington, D. C.: Smithsonian Institution Press, 1982), p. 239.

4 Rita Headrick, *Colonialism, Health and Illness in French Equatorial Africa, 1885—1935* (Atlanta: African Studies Association Press, 1994), pp. 42, 67 - 68.

5 René-Jules Cornet, *Médecine et exploration: Premiers contacts de quelques explorateurs de l'Afrique centrale avec les maladies tropicales* (Brussels: Académie royale des sciences d'outre-mer, 1970), p. 7.

6 David Birmingham, *Trade and Conflict in Angola: The Mbundu and Their Neighbors under the Influence of the Portuguese, 1483—1790* (Oxford: Clarendon Press, 1966), pp. 12 - 28; James Duffy, *Portugal in Africa* (Cambridge, Mass.: Harvard University Press, 1962), pp. 49 - 50; C. R. Boxer, *Four Centuries of Portuguese Expansion, 1415—1825* (Berkeley: University of California Press, 1969), pp. 29 - 31.

7　John Thornton, "The Art of War in Angola, 1575—1680," *Comparative Studies in Society and History* 30, no. 2 (1988), pp. 360 - 378.

8　Thomas H. Henriksen, *Mozambique: A History* (London: Collings, 1978), pp. 26 - 36.

9　Eric Axelson, *Portuguese in South-East Africa, 1488—1600* (Johannesburg: C. Struik, 1973), pp. 152 - 158; Terry H. Elkiss, *The Quest for an African Eldorado: Sofala, Southern Zambezi, and the Portuguese, 1500—1865* (Waltham, Mass.: Crossroads Press, 1981), pp. 39 - 40; Malyn D. D. Newitt, *A History of Mozambique* (Bloomington: Indiana University Press, 1995), pp. 56 - 57; Henriksen, *Mozambique*, p. 38.

10　Richard Gray, "Portuguese Musketeers on the Zambezi," *Journal of African History* 12 (1971), pp. 531 - 533; Axelson, *1488—1600*, pp. 158 - 161; Elkiss, *The Quest*, pp. 40 - 41; Newitt, *History*, pp. 57 - 58.

11　Malyn D. D. Newitt, *Portuguese Settlement on the Zambezi: Exploration, Land Tenure, and Colonial Rule in East Africa* (New York: Africana Publishing, 1973), pp. 36 - 38; Eric Axelson, *Portuguese in South-East Africa, 1600—1700* (Johannesburg: Witwatersrand University Press, 1960), pp. 157 - 164; Henriksen, *Mozambique*, p. 43; Gray, "Portuguese Musketeers," pp. 532 - 533.

12　João de Barros, *Decada Primeira*, livro 3, cap. xii (Lisbon, 1552). 转引自：Boxer, *Four Centuries*, p. 27.

13　K. G. Davies, "The Living and the Dead: White Mortality in West Africa, 1684—1732," in Stanley L. Engerman and Eugene D. Genovese, eds., *Race and Slavery in the Western Hemisphere: Quantitative Studies* (Princeton: Princeton University Press, 1975), pp. 83 - 98.

14 同前引，p. 96.

15 Dennis G. Carlson, *African Fever: A Study of British Science, Technology, and Politics in West Africa, 1787—1864* (Canton, Mass.: Science History Publications, 1984), pp. 5 - 9.

16 Philip D. Curtin, *The Image of Africa: British Ideas and Actions, 1780—1850* (Madison: University of Wisconsin Press, 1964), pp. 165, 181, 483 - 487; Michael Gelfand, *Rivers of Death in Africa* (London: Oxford University Press, 1964), pp. 18 - 20; Gelfand, *Livingstone the Doctor, His Life and Travels: A Medical History* (Oxford: Blackwell, 1957), pp. 3, 12; Carlson, *African Fever*, pp. 11 - 14; Cornet, *Médecine et exploration*, chapter 2.

17 Philip D. Curtin, *Death by Migration: Europe's Encounter with the Tropical World in the Nineteenth Century* (Cambridge: Cambridge University Press, 1989), pp. 7 - 8; Curtin, *Disease and Empire*, pp. 3 - 4.

18 Philip D. Curtin, "Epidemiology and the Slave Trade," *Political Science Quarterly* 82, no. 2 (June 1968), pp. 210 - 211.

19 Bruce Lenman, "The Transition to European Military Ascendancy in India, 1600—1800," in John A. Lynn, ed., *Tools of War: Instruments, Ideas, and Institutions of Warfare, 1445—1871* (Urbana: University of Illinois Press, 1990), pp. 105 - 112; Lenman, *Britain's Colonial Wars, 1688—1783* (New York: Longman, 2001), pp. 83 - 91.

20 关于莫卧儿王朝的瓦解，可参阅：Ronald Findlay and Kevin H. O'Rourke, *Power and Plenty: Trade, War, and the World Economy in the Second Millennium* (Princeton: Princeton University Press, 2007), pp. 262 - 264.

21 Channa Wickremesekera, *Best Black Troops in the World: British Per-*

ceptions and the Making of the Sepoy, *1746—1805* (New Delhi: Manohar, 2002), pp. 44 - 45, 78 - 79; Jos Gommans, "Warhorse and Gunpowder in India, c. 1000—1850," in Jeremy Black, ed., *War in the Early Modern World*, *1450—1815* (London: UCL Press, 199), pp. 105 - 128; Bruce P. Lenman, "Weapons of War in Eighteenth-Century India," *Journal of the Society for Army Historical Research* 36 (1968), pp. 35 - 42; Lenman, "Transition," pp. 119 - 120.

22　Ahsan Jan Qaisar, *The Indian Response to European Technology and Culture*, *A. D. 1498—1707* (New York: Oxford University Press, 1982), pp. 46 - 57; Charles R. Boxer, "Asian Potentates and European Artillery in the 16th-18th Centuries: A Footnote to Gibson-Hill," in Charles R. Boxer, ed., *Portuguese Conquest and Commerce in Southern Asia*, *1500—1750* (London: Variorum, 1985), pp. 158 - 160; Lenman, "Weapons," p. 34; Carlo Cipolla, *Guns*, *Sails*, *and Empires*: *Technological Innovation and the Early Phases of European Expansion*, *1400—1700* (New York: Random House, 1965), pp. 105 - 111; Surendra Nath Sen, *The Military System of the Marathas*, 2nd ed. (Calcutta: K. P. Bagchi, 1958), pp. 106 - 107.

23　Kaushik Roy, "Military Synthesis in South Asia," *Journal of Military History* 69 (July 2005), pp. 657 - 660.

24　Lenman, "Transition," p. 39.

25　Gayl D. Ness and William Stahl, "Western Imperialist Armies in Asia," *Comparative Studies in Society and History* 19, no. 1 (January 1977), pp. 9 - 13; Gommans, "Warhorse and Gunpowder in India," pp. 106 - 117.

26　Wickremesekera, *Best Black Troops*, pp. 34, 45.

27　T. A. Heathcote, *The Military in British India*: *The Development of British Land Forces in South Asia*, *1600—1947* (Manchester: Manchester

University Press，1995)，pp. 25 - 27；Lenman，*Britain's Colonial Wars*，pp. 92 - 100；Lenman，"Transition，" p. 114.

28 关于对阿尔果德的围攻，可参阅：H. S. Bhatia，*Military History of British India，1607—1947* (New Delhi：Deep and Deep，1977)，p. 156；Geoffrey Moorhouse，*India Britannica* (London：Granada，1983)，pp. 35 - 36.

29 关于欧洲大炮的发展，可参阅：Cipolla，*Guns*，pp. 73 - 74.

30 关于欧洲的军事革命，可参阅：William H. McNeill，*The Pursuit of Power：Technology，Armed Force，and Society since A. D. 1000* (Chicago：University of Chicago Press，1982)，pp. 68，91 - 94；Geoffrey Parker，*The Military Revolution：Military Innovation and the Rise of the West，1500—1800* (Cambridge：Cambridge University Press，1996)，pp. 18 - 24；David B. Ralston，*Importing the European Army：The Introduction of European Military Techniques and Institutions into the Extra-European World，1600—1914* (Chicago：University of Chicago Press，1990)，pp. 3 - 9；Wickremesekera，*Best Black Troops*，pp. 51 - 66.

31 Wickremesekera，*Best Black Troops*，pp. 91 - 94，109，117，131；Heathcote，*Military in British India*，p. 29；Lenman，"Transition，" p. 114；Lenman，"Weapons，" pp. 33 - 34；Lenman，*Britain's Colonial Wars*，pp. 92 - 99.

32 Wickremesekera，*Best Black Troops*，pp. 158 - 161，169 - 174.

33 Gommans，"Warhorse and Gunpowder in India，" pp. 118 - 119. 关于欧洲火器的稳步改进和成本的下降，可参阅：Philip T. Hoffman，"Why Is It That Europeans Ended Up Conquering the Rest of the Globe?：Price，the Military Revolution，and Western Europe's Comparative Advantage in Violence，" http：//gpih. ucdavis. edu/files/Hoffman/pdf (accessed March 9，2008).

34 Kenneth Chase，*Firearms：A Global History to 1700* (Cambridge：Cam-

bridge University Press, 2003), pp. 25 - 26, 200 - 201; Roger A. Beaumont, *Sword of the Raj: The British Army in India, 1747—1947* (Indianapolis: Bobbs-Merrill, 1977), p. 67; William W. Greener, *The Gun and Its Development*, 9th ed. (New York: Bonanza, 1910), p. 66; Wickremesekera, *Best Black Troops*, pp. 118 - 125, 164; Lenman, "Weapons," pp. 37 - 39.

35 Lenman, "Weapons," pp. 35 - 37.

36 Beaumont, *Sword of the Raj*, p. 4.

37 H. H. Dodwell, "Clive in Bengal, 1756—1760," in H. H. Dodwell, ed., *The Cambridge History of India*, vol. 5: *British India, 1497—1858* (Delhi: S. Chand, n. d.), pp. 149 - 150; George B. Malleson, *The Decisive Battles of India: From 1746 to 1849, Inclusive* (London: Reeves and Turner, 1914), pp. 35 - 71; James P. Lawford, *Britain's Army in India: From Its Origins to the Conquest of Bengal* (Boston: Allen and Unwin, 1978), pp. 201 - 216.

38 Percival Spear, *A History of India*, vol. 2: *From the Sixteenth Century to the Twentieth Century* (London: Penguin, 1978), pp. 84 - 86; Wickremesekera, *Best Black Troops*, pp. 135 - 139; Lenman, "Transition," pp. 119 - 123.

39 Findlay and O'Rourke, *Power and Plenty*, p. 271.

40 Wickremesekera, *Best Black Troops*, pp. 68 - 78, 135 - 146; Spear, *A History of India*, vol. 2, pp. 90 - 102; Heathcote, *Military in British India*, pp. 42 - 49; Roy, "Military Synthesis," pp. 668 - 669.

41 但请不要忘记，大部分欧洲国家，如波兰和德国、意大利境内的一些小国，也没有做到这一点。有大量的论著（但超出了本书探讨的范围）探讨欧洲的国家形成及其与经济发展、军事现代化以及领土扩张之间的关系。例如：Charles Tilly, *Coercion, Capital, and European States, A. D. 990—*

1992 (Cambridge: Basil Blackwell, 1992); Paul Kennedy, *The Rise and Fall of the Great Powers: Economic Change and Military Conflict from 1500 to 2000* (New York: Random House, 1987); McNeill, *The Pursuit of Power*; O'Rourke, *Power and Plenty*.

42 E. R. Crawford, "The Sikh Wars," in Brian Bond, ed., *Victorian Military Campaigns* (London: Hutchinson, 1967), pp. 35 - 36; Wickremesekera, *Best Black Troops*, pp. 67 - 73; Lenman, "Transition," pp. 114 - 116; Roy, "Military Synthesis," pp. 60 - 65.

43 Randolph G. S. Cooper, *The Anglo-Maratha Campaigns and the Contest for India: The Struggle for Control of the South Asian Military Economy* (Cambridge: Cambridge University Press, 2003), pp. 20 - 40; Sen, *Military System of the Marathas*, pp. 96 - 109.

44 William Henry Tone, *A Letter to an Officer on the Madras Establishment: Being an Attempt to Illustrate Some Particular Institutions of the Maratta People* (London: J. Debrett, 1799). 转引自：Sen, *Military System of the Marathas*, p. 103.

45 Roy, "Military Synthesis," pp. 682 - 688.

46 Cooper, *Anglo-Maratha Campaigns*, pp. 45 - 56; Wickremesekera, *Best Black Troops*, pp. 69 - 75, 147 - 157.

47 Cooper, *Anglo-Maratha Campaigns*, pp. 244 - 246.

48 Ness and Stahl, "Western Imperialist Armies in Asia," pp. 15 - 17; Roy, "Military Synthesis," pp. 669 - 676.

49 James A. Norris, *The First Afghan War, 1838—1842* (Cambridge: Cambridge University Press, 1967), pp. 255 - 256.

50 John H. Waller, *Beyond the Khyber Pass: The Road to British Dis-*

aster in the First Afghan War (New York: Random House, 1990), p. 142. 关于坎大哈的远征，可参阅：同前引，pp. 133 - 145；Norris, *First Afghan War*, pp. 242 - 267.

51 Waller, *Beyond the Khyber Pass*, pp. 200 - 260.

52 同前引，pp. 257 - 279；Norris, *First Afghan War*, pp. 398 - 416.

53 Fauja Singh Bajwa, *Military System of the Sikhs, during the Period 1799—1849* (Delhi: Motilal Banarsidass, 1964), pp. 235 - 238；Hugh C. B. Cook, *The Sikh Wars: The British Army in the Punjab, 1845—1849* (Delhi: Thomson Press, 1975), pp. 17 - 36；Steven T. Ross, *From Flintlock to Rifle: Infantry Tactics, 1740—1866* (Rutherford, N. J.: Fairleigh Dickinson University Press, 1979), p. 170；Bhatia, *Military History of British India*, pp. 169 - 172；Waller, *Beyond the Khyber Pass*, pp. 124 - 125；Roy, "Military Synthesis," pp. 677 - 679.

54 关于锡克教徒的战争，可参阅：Donald F. Featherstone, *Victorian Colonial Warfare, India: From the Conquest of Sind to the Indian Mutiny* (London: Cassell, 1992), pp. 39 - 98；Ross, *From Flintlock to Rifle*, p. 171；Ness and Stahl, "Western Imperialist Armies in Asia," pp. 18 - 19；Roy, "Military Synthesis," pp. 683 - 684；Bajwa, *Military System of the Sikhs*, pp. 151ff.

55 George Benton Laurie, *The French Conquest of Algeria* (London: W. H. Allen, 1880), pp. 27 - 36.

56 Abdelkader Boutaleb, *L'émir Abd-el-Kader et la formation de la nation algérienne: De l'émir Abd-el-Kader à la guerre de libération* (Algiers: Éditions Dahlab, 1990), pp. 92 - 93；Jacques Frémeaux, *La France et l'Algérie en guerre: 1830—1870, 1954—1962* (Paris: Economica, 2002), pp. 98 - 100, 186 - 187.

57 Charles-AndréJulien, *Histoire de l'Algérie contemporaine*, vol. 1:

La conquête et les débuts de la colonisation (*1827—1871*) (Paris: Presses Universitaires de France, 1964), pp. 53, 79, 182; Raphael Danziger, *Abd al-Qadir and the Algerians: Resistance to the French and Internal Consolidation* (New York: Holmes and Meier, 1977), pp. 25, 117, 226 - 227, 246; Boutaleb, *L'émir Abd-el-Kader*, pp. 92 - 94; Frémeaux, *La France et l'Algérie en guerre*, pp. 98 - 100; Laurie, *French Conquest of Algeria*, pp. 90 - 101.

58 Douglas Porch, "Bugeaud, Galliéni, Lyautey: The Development of French Colonial Warfare," in Peter Paret, ed., *Makers of Modern Strategy from Machiavelli to the Nuclear Age* (Princeton: Princeton University Press, 1986), p. 378.

59 Boutaleb, *L'émir Abd-el-Kader*, pp. 143 - 144.

60 Frémeaux, *La France et l'Algérie en guerre*, p. 97.

61 Antony Thrall Sullivan, *Thomas-Robert Bugeaud*, *France and Algeria*, *1784—1849*: *Politics, Power, and the Good Society* (Hamden, Conn.: Archon Books, 1983), pp. 83 - 88; Frémeaux, *La France et l'Algérie en guerre*, pp. 103 - 105; Laurie, *French Conquest of Algeria*, p. 21.

62 Sullivan, *Thomas-Robert Bugeaud*, pp. 85 - 90; Frémeaux, *La France et l'Algérie en guerre*, pp. 103 - 107, 196 - 197; Porch, "Bugeaud, Galliéni, Lyautey," p. 378; Boutaleb, *L'émir Abd-el-Kader*, p. 147.

63 Sullivan, *Thomas-Robert Bugeaud*, pp. 87 - 88; Boutaleb, *L'émir Abd-el-Kader*, pp. 147 - 148; Frémeaux, *La France et l'Algérie en guerre*, pp. 196 - 197, 210 - 212.

64 Frémeaux, *La France et l'Algérie en guerre*, pp. 101 - 102, 158 - 159; Boutaleb, *L'émir Abd-el-Kader*, p. 146; Laurie, *French Conquest of Algeria*, pp. 208 - 209; Julien, *Histoire de l'Algérie contemporaine*, vol. 1,

p. 178；Danziger，*Abd al-Qadir*，p. 235.

65　Boutaleb，*L'émir Abd-el-Kader*，pp. 168 – 172，195；Frémeaux，*La France et l'Algérie en guerre*，pp. 180 – 184；Danziger，*Abd al-Qadir*，pp. 230 – 234；Sullivan，*Thomas-Robert Bugeaud*，pp. 94 – 95.

66　Muriel Atkin，"Russian Expansion in the Caucasus to 1813，" in Michael Rywkin，ed.，*Russian Colonial Expansion to 1917*（New York and London：Mansell，1988），pp. 162 – 186.

67　伊玛目沙米勒至今仍然被世界各地许多反西方穆斯林视为英雄，例如，可参阅：Muhammad Hamid，*Imam Shamil：The First Muslim Guerrilla Leader*（Lahore，Pakistan：Islamic Publications，1979）.

68　Eric Hoesli，*A la conquête du Caucase：Epopée géopolitique et guerres d'influence*（Paris：Syrtes，2006），pp. 21 – 98；Firuz Kazemzadeh，"Russian Penetration of the Caucasus，" in Taras Hunczak，ed.，*Russian Imperialism from Ivan the Great to the Revolution*（New Brunswick，N. J.：Rutgers University Press，1974），pp. 256 – 259；Andrei Lobanov-Rostovsky，*Russia and Asia*（Ann Arbor，Mich.：G. Wahr，1965），p. 118；Hugh Seton-Watson，*The Russian Empire，1801—1917*（Oxford：Clarendon，1967），p. 293；Philip Longworth，*Russia's Empires：Their Rise and Fall，from Prehistory to Putin*（London：John Murray，2005），p. 207.

69　Kazemzadeh，"Russian Penetration of the Caucasus，" pp. 261 – 262；Seton-Watson，*The Russian Empire*，pp. 416 – 417；John F. Baddeley，*The Russian Conquest of the Caucasus*（London：Longmans Green，1908；reprint，Mansfield Centre，Conn.：Martino，2006），pp. 458 – 482；Hoesli，*A la conquête du Caucase*，pp. 99 – 106.

70　Baddeley，*The Russian Conquest of the Caucasus*，p. 460n1；Nicholas

V. Riasanovsky, *A History of Russia*, 2nd ed. (New York: Oxford University Press, 1969), p. 431.

71 Joseph Bradley, *Arms for the Tsar: American Technology and the Small-Arms Industry in Nineteenth-Century Russia* (DeKalb: Northern Illinois University Press, 1990), pp. 46 - 50, 83 - 103.

第五章　汽船帝国主义（1807—1898）

到 19 世纪中期时，西方帝国主义的扩张似乎已经达到了极限。177
埃尔南·科尔特斯身后三个世纪，美洲仍然有一半土地在印第安人手中。英国在亚洲的推进为阿富汗人所阻，撒哈拉以南非洲、中东和东亚也是欧洲人的禁区。法国人占领阿尔及利亚用去了与拿破仑占领整个欧洲差不多的时间，而俄国在高加索的推进也同样艰难。

不过，从 1830 年代开始，旧的障碍逐渐瓦解，已经休眠了的扩张动机又找到了新的能量。更重要的是，蒸汽船、医药和武器这三个领域的技术进步给了西方国家凌驾于自然之上的新力量，于是，也就给了他们征服之前所不能征服的非西方世界人民的力量，让他们得以实现自己的野心。首先，让我们来看看蒸汽机船带来的影响。

我们对帝国主义的理解往往会被制图师的习惯扭曲，他们总是用不同颜色来标注陆地上不同的政权范围，而将海洋画成统一的蓝色。然而，扩张和征服也一样会在海上发生，海洋上同样有着激烈的竞争和控制。16 世纪时，葡萄牙就成了印度洋上的海洋帝国，不列颠人更是 18—19 世纪的海上霸主。直至今天，尽管地图上没有标示出来，但海上竞争一直持续着。

不过，在帆船时代，欧洲海军的统治也只能到此为止。帆船无法胜任在河流或浅水域航行的任务，很容易受到非西方国家桨船或平地帆船的攻击，沿河或沿海设置的要塞和大炮也对它们构成威
178 胁。因此，阿拉伯半岛和东亚的沿海地区，以及非洲和美洲部分沿岸复杂的航行条件都阻碍了欧洲人的侵入。

随后，西方迎来了工业革命。在其产生的众多创新中，第一个给西方国家带来好处的就是蒸汽动力在航行方面的应用。一位“汽船帝国主义”的早期支持者曾这样说道：

> 凭借着他（瓦特）的发明，从此所有河流都向我们开放了，时间和距离都大大缩短。如果他的灵魂能来见证此项发明在地球上的成功，我可以设想他将以最为赞许的目光看着那数百艘载着“平安和喜悦归于人”福音的汽船，驶入密西西比河、亚马孙河、尼日尔河、尼罗河、印度河和恒河，为地球上的这些野蛮暗黑之地带去福音。[1]

不过，亚洲人并不这么看。巴哈伊教（Baha'i）创始人之一、波斯先知赛义德·阿里·穆罕默德（Siyyid Ali Muhammad，1819—1850）在经历了一段艰难漫长的旅程后，才由波斯乘船来到麦加，

由于这次旅程——

> 他祈求全能的神能够允许渡海朝圣之旅尽快得到改善，减少途中的困难，消除其中的危险。在短时间内，祈祷就获得了回应，海上运输的方方面面都得到了改善，以前一艘汽船都见不到的波斯湾，现在拥有了一队远洋的班轮，于是每年从法尔斯（Fárs）出发前往汉志（Hijáz）朝圣的信众能在几天之内就舒适而安全地到达。
>
> 西方世界的人们，其中不乏这场伟大工业革命的第一批见证者，似乎还完全没有意识到让他们受益的这股洪流，这一强
> 大的力量，已经彻底改变了他们物质生活的各个方面……在对 179
> 这些新机器工作和调试细节的关注中，他们逐渐忘记了全能的神所赋予他们的这一巨大力量的本源和目的。他们似乎严重滥用了这种权力，误解了它的功能。本来是对西方人祈祷和平与幸福的回应，却被他们用来挑起破坏与战争。[2]

无论目的是带去“平安和喜悦归于人”的福音还是“破坏与战争”，总之，汽船增强了人类凌驾于自然的能力，以及那些拥有它的人对没有汽船的人的控制力。

蒸汽机船在北美

历史学家们公认罗伯特·富尔顿（Robert Fulton）的“北河号”（North River）——俗称“克莱蒙特号”（Clermont）——是第

罗伯特·富尔顿的“北河号”（即“克莱蒙特号”），1807 年

一艘成功的商业蒸汽船。然而，与其他成功的发明一样，在它之前也曾经有过很多不成熟的尝试，其中有些虽然在技术上是可行了，但都因这样那样的缺陷而折戟途中。[3]1783 年，第一艘蒸汽引擎动力船“派罗斯卡夫号”（Pyroscaphe）由克劳德·德茹弗鲁瓦·达班（Claude de Jouffroy d'Abbans）侯爵驾驶，在法国的索恩河下水——首航只持续了 15 分钟，船体就因发动机的重量而开裂了。四年后，美国人约翰·菲奇（John Fitch）在特拉华河（Delaware River）上启动的“实验号”蒸汽船，却因发动机推力太小而无法推动船逆流航行。詹姆斯·拉姆齐（James Rumsey）在弗吉尼亚建造了一艘由水力喷射推动的汽船，也因资金问题而搁浅。在苏格兰，1802 年威廉·赛明顿（William Symington）的拖船“夏洛特·邓达斯号”（Charlotte Dundas）成功地在佛斯与克莱德运河（Forth and Clyde Canal）航行，但因担心其明轮转动带来的冲刷会损坏河堤而很快就退役了。[4]

1807 年，罗伯特·富尔顿的“北河号”竣工下水，终于实现了成功的商业航行。“北河号”沿着哈得孙河从纽约逆流而上至奥尔巴尼只需 32 小时，回程 30 小时。与公共马车历时数天极不舒服的旅程相比，乘坐“北河号”几乎是瞬间就到了。当时的美国河流众多却没有几条像样的道路，与世界其他地方更长时间定居的人们相比，美国的居民也更不安分、更爱冒险，汽船的出现适时地满足了这个国家的交通需求。因此，富尔顿和他的资助者罗伯特·利文斯顿大法官（Robert “Chancellor” Livingston）立即着手将他们的 180
好运兑现成一个商业帝国。利文斯顿垄断了哈得孙河上的汽船航行，不仅如此，他和富尔顿还试图将其扩张到纽约港。他们的计划是建造更多的汽船，不仅要供应哈得孙河上的航行，还有长岛海湾（Long Island Sound）、切萨皮克湾（Chesapeake Bay）、特拉华河以及其他的河流。[5]他们还将目光放到了俄亥俄河和密西西比河。利文斯顿曾经与法国政府谈判买下路易斯安那，因此对这里始终很有兴趣。他的兄弟尼古拉斯（Nicholas）也搬到了新奥尔良去处理相关的法律事务。汽船在东部水域铺开之后不久，富尔顿和利文斯顿就派他们的商业伙伴尼古拉斯·罗斯福（Nicholas Roosevelt）去俄亥俄河和密西西比河进行实地调查。1811 年 10 月，富尔顿的汽船“奥尔良号”从匹兹堡启程前往下游 2 000 英里以远的新奥尔良，于次年 1 月到达，不久即作为密西西比河下游新奥尔良和纳奇兹之间的渡轮来往于两地之间。[6] 1813 年，丹尼尔·弗伦奇（Daniel French）的“彗星号”（Comet），以及之后富尔顿的“维苏威号”（Vesuvius）、弗伦奇的“进取号”（Enterprise）都相继投入使用。

1816 年，另一名竞争对手亨利·施里夫（Henry Shreve）设计建造了“华盛顿号”（Washington），这是一艘全新设计的轮船。在那之前，富尔顿和弗伦奇是把发动机放在船体内，船身需要吃水三
181 英尺或更多。施里夫设计的船身则像驳船那样宽而平，吃水不到两英尺。发动机不在船体内而是在第一层甲板上，上面还有一层甲板供乘客和放货物使用，代替侧外轮的是船尾的一个大轮子，在遇到障碍物时可以升起以避免磕碰。要成为俄亥俄河的渡船，既要有足够的动力输出以克服湍急的水流的阻力，同时又不能占用太多空间。施里夫于是大胆甚至有点冒险地设计了一个高压发动机，其蒸汽压输出高达每平方英寸 150 磅。这艘船可以全年不停歇地在密西西比河和俄亥俄河上航行，轻浅的船身能够避开容易搁浅的沙滩。从新奥尔良出发沿着密西西比河和俄亥俄河前往路易斯维尔，如果是平底货船或独木舟的话，需要数月的时间，而“华盛顿号”只需 25 天。从此以后，施里夫的设计成了密西西比河上的行船标准。[7]

此后，汽船数量急剧增加。到 1820 年，有 69 艘汽船在俄亥俄河和密西西比河上航行；到 1830 年增加到 187 艘，1840 年增加到 557 艘，1850 年增加到 740 艘。[8]汽船历史学家路易斯·亨特（Louis Hunter）估计，这些发动机占据了当时美国五分之三的蒸汽动力，是国家工业化的主要贡献者。[9]在引入煤炭之前，这些发动机的燃料来自沿河的木材。在巅峰时期，中西部的汽船每天要消耗大约 70 平方英里的森林。[10]

182 对沿河的城镇而言，汽船的到来逐渐成为日常。如果没有汽船，像辛辛那提、路易斯维尔、孟菲斯、圣路易斯和巴吞鲁日这些

由船尾明轮推进的汽船“雷德·布拉夫号”（Red Bluff）模型，1894 年

注：存于旧金山海事博物馆，请注意其极浅的吃水深度。

大城市仍然只会是一个个小型定居点。特别是新奥尔良，到 1820 年代，已经成为全美第二重要的港口，每年到港的汽船达到 1 000 艘。

随着俄亥俄-密西西比地区被白人和他们的黑人奴隶一步步入侵，俄亥俄河和密西西比河上的汽船也为这里的经济、政治和人口变革做出了极大的贡献。美国从此由一个大西洋国家变成了一个大陆国家。到 1830 年，这个地区内的十个州人口达到 350 万，占美国总人口的四分之一；到 1850 年，这一数字已经上升到 830 万，占总数的 36%。[11]一位满怀热情的辛辛那提人在 1840 年写道：“在所有造就了西部繁荣、促使人口快速增长、财富资源累积、条件改善以及缔造起巨大商业帝国的各种因素中，最有效、贡献最大的就是汽船的航行。”[12]

诚然，上述成果并非汽船这一单一因素的贡献。东部沿海地区人口正在快速增长，移民不断地从欧洲涌入，对棉花、小麦、玉米和其他农产品及猪肉的需求也使得向内迁移变得更加有利可图和具有诱惑力。但不可否认的是，旅行速度的快速提高和轮船运输成本的下降，确实使得中西部地区的变化比任何人能预见到的都要快。

这些移民侵入的地区原本是印第安人的居住地，这些从事农业生产的印第安人必须依靠土地的产出才能生存。由于无法抵抗这些数量上远大于他们，同时又带来传染病摧毁他们的入侵者，印第安人最终被迫离开了世代生活的地方，被驱赶至俄克拉何马或者更远地区的“印第安保留地”。

美国还垂涎着密西西比河流域以外的土地。1803 年，美国从法国手里购买了密西西比-密苏里流域，由梅里韦瑟·刘易斯和威廉·克拉克在 1804—1806 年对这里进行了首次考察。这片土地上生活
183 着以野牛为主的各种野生动物，而且河网密布适合行船，但当时很少有船只。但那里的居民可不是温顺的农民，而是技能甚至超过欧裔美国人的勇猛猎人。因此当美国拓殖和扩张的野心触及这片平原时，无论是平民还是士兵都会去寻求他们能找到的最先进的技术帮助。而在这密西西比河及其支流纵横的地区，这种技术当然包括汽船，因此这里也就成了一个汽船帝国主义的典型案例。

密西西比河和俄亥俄河流经的土地水分充足，极少发生干旱（倒是时常为洪水所肆虐）。而密苏里河流经的高地以及落基山东部，其降水都是季节性的和不稳定的。因此这条河流及其支流有时会汹涌泛滥，淹没数英里的平原土地，有时又变成了涓涓细流在沙洲间蜿蜒。比东部河流更为糟糕的一点是，这些中西部的河流还会

携带很多杂物，例如从河岸上冲刷撕扯下来的树木，几分钟内就可以撞沉一艘船。对船员和乘客而言，这里是危险的水域。

第一艘在密苏里州航行的轮船是1818年在阿勒格尼一个政府开办的兵工厂中由斯蒂芬·H. 朗（Stephen H. Long）少校督建的“西部工程师号”（Western Engineer）。1819年，它沿俄亥俄河下行，进入密西西比河后再上行到达圣路易斯。他们曾另外租借5艘私人汽船加入它的行列，但或因动力太小或因技术故障都未能成行。“西部工程师号”独自沿密苏里河上行650英里，到达康瑟尔布拉夫斯，那里有亨利·阿特金森（Henry Atkinson）上校部队建造的一个以他的名字命名的要塞。[13]

这次航行是黄石探险队征程的一部分，其任务一是寻找密苏里河的源头，二是如时任战争部部长约翰·C. 卡尔霍恩（John C. Calhoun）所说“向印第安人和英国人证明我们有能力主张和保持对偏远地区的控制”[14]。1812年战争结束之后，英国人仍被视为争夺中西部北方地区皮毛贸易控制权的危险对手。当时的一位狂热分子忘乎所以地执拗于让汽船在密苏里河通航的想法，他预言：“这是一个简单而安全的与中国相联系的方法，商业企业会受此鼓舞，要不了十年，这个国家的大量货物就能从广东运抵哥伦比亚，
184
沿河进入上游的山区，翻过山再沿密苏里河和密西西比河下行到更多的地方，所有这一路的行程（包括山路）都可以依靠蒸汽发动机强大的力量。”[15]

1825年，阿特金森乘坐平底货船上溯至密苏里河和黄石河的交汇处，并继续远行进入蒙大拿；同时，另一艘小型汽船“弗吉尼

亚号”也勘探了密西西比河上游以及明尼苏达州的河流。[16]印第安人意识到，这不仅是探险者，而且是入侵的先遣队。1828 年安德鲁·杰克逊（Andrew Jackson）当选总统，1830 年即签署了《印第安人迁移法案》，为多年来一直在进行的种族清洗贴上了官方的标签。1832 年当印第安人领袖黑鹰带领索克和福克斯印第安人试图返回伊利诺伊西北部的故土时，迎接他们的不仅有美国的步兵和骑兵部队，还有“进取号”“酋长号”“勇士号”组成的汽船舰队。“勇士号”上装备了能射出六磅重炮弹的大炮。[17]在这之后，汽船开始在西部平原的河流上航行，将探险者和猎人——以及他们身上的传染病菌——定期运往上游，回程时则满载着战利品——野牛皮。[18]

与此同时，欧裔美国人称为“印第安战争”的冲突仍在密苏里的山谷中继续。到 19 世纪中叶，每年有多达数百名的移民被来自遥远西部、加利福尼亚和俄勒冈的土地与黄金的故事吸引，沿着“俄勒冈小道”和“摩门小道”前往西部，沿途则会与印第安人争夺野牛和牧场。1862 年美国内战时期，北部平原上的军队和武器被抽调去了南北战争的战场，平原上的印第安人看到了收复失地的机会。在明尼苏达州，一场对白人定居者的屠杀导致了美国军队的报复行动。1863 年春，锡布利（Sibley）将军带领 2 000 名士兵从明尼苏达州向西进入密苏里州，阿尔弗雷德·萨利（Alfred Sully）将军和另外 2 000 名士兵也试图占领密苏里州。然而，较低的水位阻挡了汽船的前进，使他们的补给出现了困难。第二年，萨利带着八艘汽船返回，并在现在的南达科他州建立了皮埃尔堡（Fort Pi-

erre)，在北达科他州建立了赖斯堡（Fort Rice)。像温纳贝戈这样没有参与屠杀和战斗的部落，却成了种族清洗的受害者，或者，如一位早期研究这段历史的学者所说："复仇之手落在他们身上，或 185
落在别人身上，没什么两样。"幸存下来的人则被汽船运送到了达科他。[19]

当勘探者在达科他的布莱克丘陵（Black Hills）以及现在的蒙大拿和爱达荷发现了金矿后，移民的涓涓细流暴发成了洪流。大部分掘金者和他们的重型设备都要依靠汽船运到密苏里黄石河口的比福德堡（Fort Buford)，这是汽船能到达的上游最远处。汽船会在每年 4 月初积雪刚刚融化、河水开始上涨的时候从圣路易斯出发，并在两个月后到达比福德堡。除此之外，掘金者们还会用骡子和牛拉的车来采矿。1866 年之前，每年只有六艘汽船到达比福德堡，而当年数字跳升至 31 艘，次年就有 39 艘，并带来了 1 万名乘客。[20]

在此期间，苏族印第安人逃脱了，并继续与沿河各要塞以及纵横大平原的移民们进行游击战。[21] 1876 年，他们在酋长"坐牛"(Sitting Bull）的领导下再次崛起，在小巨角河战役中击败了卡斯特将军（General Custer)。1877 年，迈尔斯将军（General Miles）与约瑟夫酋长领导的内兹珀斯印第安人作战，迈尔斯用汽艇在密苏里河来回巡逻，阻止印第安人逃往加拿大。[22]

但是除了"勇士号"，这些汽船都不是为作战而设计的，它们只是为入侵北部平原的士兵、商人、定居者和掘金者提供交通的便利。出发时载着乘客、动物、武器、设备和食物，返程则满载毛皮、野牛皮、黄金和乘客。对汽船而言，危险来自撞到河里的障碍物、在沙石浅滩上搁浅以及机械故障，这些事件发生的频率都非常高，印第安人也会从河岸上对汽船进行射击，但影响甚微。历史学家约瑟夫·汉森（Joseph Hanson）解释说：“在密苏里河沿岸仍有很多敌对行为，他们袭击过往的行船，甚至当地的军事要塞，频繁而恼人。”也许很讨厌，但并不危险：“‘卢埃拉号’和其他所有汽船一样，驾驶室都会覆盖锅炉钢板，野蛮人的子弹拍打在上面也毫发无伤。”[23]

186 如果没有汽船，1818 年之后的几十年里要在密苏里河沿岸建造如此众多的要塞和城镇将变得无比困难和危险。正如萨利将军所说：

> 这条沟通线路对军事行动的巨大价值无法估量。从兰德尔堡到本顿堡之间的贸易站和宿营地都是沿河而建，所有这些地方，包括战场上的军队，其补给都要依靠河上的汽船。如果政府未给予这一重要援助力量以支持，那么对密苏里流域的征服将是完全不同的另一番景象了。[24]

蒸汽机船在南亚

蒸汽机船的潜力在美国人那里如此显而易见，自然在欧洲人眼中也不是什么秘密。诚然，欧洲人采用这种新技术的速度比他们大洋彼岸的同胞要慢一拍，因为欧洲大陆的路网更完善，邻近也没有大片“荒野之地”等着他们去入侵。因此，汽船在欧洲主要是作为现有交通的补充。东半球上第一艘成功的商业汽船是 1812 年亨利·贝尔（Henry Bell）建造的“彗星号”，在苏格兰用来运载克莱德河上格拉斯哥和格里诺克之间的乘客。此后，尤其是在不列颠群岛附近水域，汽船数量成倍增加。据估计，1837 年英国拥有 628 艘汽船，但还是比美国要少。[25]

汽船的引进，在英帝国遥远的边境区域成为历史进程的转折点。第一个受到它影响的地方是英国海外领地的首府加尔各答。在欧洲以东地区出现的第一艘汽船，是 1819 年为奥德总督建造的一艘游船。接着是 1822 年用于港口疏浚的“冥王号”，在两年后被改装为明轮汽船。1823 年在加尔各答下水的“戴安娜号”是一艘 132 吨的侧明轮汽船，拥有两个 16 马力的引擎，主要在胡格利河上作为拖船为越洋而来的东印度公司商船服务。[26] 1825 年，“进取号”也加入了这里的汽船行列，这是一艘来自英格兰、带有引擎辅助的帆船。

随着这些船的出现，东印度公司开创了一种新的战争方式：河 187
流战（River Warfare）。1824 年，驻印度总督威廉·阿美士德（William Amherst）勋爵决定要惩罚缅甸国王孟既（Bagyidaw）占领阿萨姆邦的行为。为此，他需要发起一场水陆两栖的攻击，因为缅甸三面环山，除了从伊洛瓦底江河谷进入之外，其他途径很难到达。一开始，这一行动对英国人并不利，他们的双桅横帆船和纵帆船在蜿蜒曲折的伊洛瓦底江上航行非常困难。缅甸人用他们称为普劳斯（Praus）的快速桨船迎战，这种船由多达 100 个双排桨推动。这是一场海水军和内河水军之间的经典对抗，300 年来，这种对抗一直阻碍着欧洲人前进的脚步。

这一次，东印度公司使用了汽船“进取号”“冥王号”“戴安娜号”以及后来的“伊洛瓦底号”和“恒河号”。[27]“进取号”负责在加尔各答和缅甸之间运送部队与物资，经过改装的蒸汽拖船“冥王号”有两门6磅炮弹大炮和其他武器，参加对若开海岸的攻击战。这场战役的明星则是装备了旋转机枪和康格里夫火箭的小型船“戴安娜号”。缅甸人派出普劳斯和火船挡在英国船的通道上。但是“戴安娜号”的速度可以轻易地超过普劳斯并避开火船。至于缅甸的步枪、长矛和刀剑，则根本不是英国炮兵部队的对手。1826年2月，缅甸被迫签署《杨达波条约》，割让了阿萨姆以及若开和丹那沙林海岸。这一经历让东印度公司及其在印度的官员们认识到了汽船的军事价值。[28]

恒河长久以来一直是印度人的生命线，河上时常穿行着小木船。与密苏里河相似，这条河上的航运常常受到浅水、移动的沙洲，以及旱季（春季与初夏）与雨季（秋季）间巨大的水位落差的阻碍。随着印度对这里的控制越来越严格，税收收入也日益丰厚，印度政府意识到改善交通至关重要。于是在1828年，新任总督威廉·本廷克（William Bentinck）勋爵派遣托马斯·普林塞普（Thomas Princep）去勘察在这条河上航行汽船的可能性。

1834年，120英尺长的“威廉·本廷克勋爵号”拖着专供旅客
188 住宿的客舱，开始作为渡轮穿行于相距600英里的加尔各答与安拉阿巴德两地。逆水而上的行程在雨季需要20天，旱季需要24天，顺流而下的回程则分别需要8天和15天。在接下来的几年里，又有数艘汽船加入这一行列。所有这些船都是在英国用钢铁制好部

件，分批运到印度，再在加尔各答完成组装的。

这些船主要为东印度公司运送职员与地方行政人员以及重要的文件，还有沿途的税收。他们根本无意为普通货物或乘客提供服务，从加尔各答至安拉阿巴德的票价几乎与横穿大西洋的票价相同，只有像主教、种植园主和印度王公这类人才有能力支付船费。至于货运，除了最贵重的商品，如靛蓝染料、丝绸、鸦片和虫胶，其他则一概排除在外。对比密西西比河上汹涌激增的汽船，殖民主义者与殖民地之间的差异是如此显著。[29]

印度河上的汽船比恒河上的更少，因为这里不像恒河那样在入海口有英国人经营的城市，东印度公司直到 1843 年才控制信德（印度河下游），1849 年才控制旁遮普（印度河上游），而且印度河也比恒河更危险、更不稳定。第一个尝试在印度河上开行汽船的是孟买的波斯商人阿迦·穆罕默德·拉希姆（Agha Mohamad Rahim）。1835 年他试航了一艘小型汽船“印度河号”，但发动机力量太小，逆流时需要拖拉才能前行，一年后回到了孟买。到 1840 年，共有四艘汽船在印度河上行驶，但它们的表现都令人失望，吃水太深，且动力太弱，在湍急的水流中根本无法航行。[30]

印度航线

在加尔各答的英国人并不满足于仅在当地使用几条汽船，他们最迫切的要求是与本土建立更好的交流方式。驱动这种愿望的并不

仅仅是怀乡的情绪，还有蓬勃发展的贸易需求，尤其是英国出口到
189 印度的棉布从 1814 年的 81.7 万码增长到 1824 年的近 2 400 万码。[31]1822 年，英国海军军官、蒸汽机爱好者詹姆斯·亨利·约翰斯顿（James Henry Johnston）来到加尔各答，为启动一艘连接英国和印度的蒸汽机船寻找投资。作为回应，加尔各答的几位代表人物组成了一个“促进英国和印度之间蒸汽航行的协会”，提供资金征求能在 70 天以内完成英国和孟加拉之间航行的船，一年内往返两次。总督阿美士德勋爵出资 20 000 卢比，奥德的印度总督出资 2 000 卢比，加尔各答的商人们共出资 47 903 卢比，合计 69 903 卢比，相当于 5 000 多英镑。有了这些保障，约翰斯顿回到伦敦，在那里筹措到足够的钱来建造“进取号”，这是一艘排水量 464 吨，有两个 60 马力引擎的汽船，这也是第一艘驶入大洋的汽船。不幸的是，当时的蒸汽机技术还不足以胜任这项工作，这艘船用了 113 天才到达加尔各答，中途就将船上的煤全部用完了。[32]

“进取号”的失败丝毫没有挫伤加尔各答的协会要同英国本土加强沟通的积极性。他们还得到了新任总督本廷克勋爵的鼓励，本廷克本人就是搭乘“进取号”沿胡格利河来到加尔各答的。在担任总督的七年（1828—1835）时间里，他对蒸汽航行的支持既有着道义上的动力，也源于商业利益的驱使，在他看来，蒸汽动力是“推动印度文明进步的伟大引擎……随着两国之间交通的便捷和交流的加强，这些蒙昧地区与文明欧洲之间在精神上的距离也会大大地拉近，这些是任何其他方式所无法带来的洪流”。[33]

欧洲和印度之间的交通有三条可行的路线：其一，绕过非洲；其二，经由叙利亚、美索不达米亚和波斯湾；其三，通过埃及和红海。第一条海洋路线避开了动荡的中东地区，但需要 6～9 个月。英国皇家海军虽然已经在拿破仑战争期间清除了这条路线上所有的
敌舰，但仍无法避免遭遇风暴和船只失事。另外两条被称为陆路通 190
道，因为都需要走一段陆路，只适合乘客和邮件的往来。虽然比海路要短很多，但太受制于奥斯曼帝国和埃及的政治局势以及路上频繁混乱带来的纷扰。这两条路线中，红海以变幻无常的风和危险的礁石而闻名，尽管对未来的蒸汽轮船来说没什么问题，但对于帆船来说则太危险了。对于希望避开漫长而乏味的远洋航线的旅行者和东印度公司而言，他们更中意波斯湾，那里更安全，有孟买舰队来保护商船、驱逐海盗。受季节影响，从孟买到位于波斯湾北部的巴士拉需要航行 30 天至 75 天不等，在那里旅行者们换上骆驼或马，再行走 3～6 周，到达阿勒颇或伊斯坦布尔，然后再骑马、坐船或乘坐马车前往英国。这是一次艰苦但沿途风景如画的旅行，总共需要五六个月的时间。[34]

路线的选择不仅仅是出于地理因素和偏好，还有政治上的考虑。伦敦的东印度公司、印度政府、加尔各答和马德拉斯的英国人团体更倾向于熟悉的海角航线。而如果走海洋路线，孟买比加尔各答离英国要近 1 000 海里；如果走中东路线，孟买的距离则更近。因此孟买的商人们意识到，他们从汽船航行中能得到的好处要远远大于加尔各答的同行和政府官员们能得到的好处。当然他们也很清楚，没有一艘汽船能携带足够的燃料走完绕行非洲的航线，因此他

们更青睐陆上线路。

在 1823 年和 1825—1826 年，孟买总督芒斯图尔特·埃尔芬斯通（Mountstuart Elphinstone）两次提议开辟红海汽船航线服务，但均未得到东印度公司董事会的重视。他的继任者约翰·马尔科姆（John Malcolm）爵士命令孟买舰队（1830 年更名为印度海军）勘察红海，并在孟买和苏伊士之间选择地点建立煤炭仓库，为可能的汽船服务做好准备。他从英国订购了两台发动机，在孟买用印度柚木建造了一艘汽船，将之命名为“休·林赛号”（Hugh Lindsay），以回敬这位曾经禁止建造汽船的东印度公司董事长。[35]

1830 年 5 月 20 日，“休·林赛号”离开孟买，经过 33 天的航行抵达苏伊士，其中有 12 天是停留在亚丁装载燃煤。根据记录，由
191 它递送到英国的邮件只用了 59 天。从技术上讲，这是一次成功的尝试，它为英国和印度之间在两个月或更少的时间内运送乘客、信件和珍贵货物提供了可能。不过，由于要在海外装载原产英国的燃煤，成本非常高，一张从孟买到苏伊士的往返船票价格高达 1 700 英镑。这个价格高得足以让东印度公司阻止其继续航行这条路线。[36]尽管一再收到禁令，孟买总督还是在接下来的三年里四次派出了“休·林赛号”前往苏伊士，都是运送少量的旅客和一两打邮件，其中有的行程缩短到了 22 天。

尽管孟买和加尔各答的团体都热切盼望着蒸汽船，但远在本土的东印度公司以及海军部、财政部、邮政局和外交部都认为此时开通蒸汽船业务太过仓促，费用也太高昂，因而一致反对。不过“休·林赛号”的表现给英国的蒸汽动力爱好者们带来了极大的鼓

舞，他们开始用信件轰炸新闻报纸并不断给议会和东印度公司董事会寄去请愿书。在此情形下，公司和议会被迫为蒸汽机船放行。[37]

在独立私人商户的压力下，英国政府于 1833 年废止了东印度公司对贸易的垄断权，减少其作为印度管理者的政治角色行为，设置管理委员会并任命主席，以取代之前的董事会。事实上，公司已经成了政府的一个分支机构。没有了垄断利润的公司因此而变得十分吝啬，所有新举措的实施都只能取决于英国政府的决定。

幼发拉底河航线

作为对公众舆论的回应，下议院于 1834 年 6 月任命了一个负责印度汽船航行的特别委员会。[38]委员会征询的第一位证言人是小说家兼评论家托马斯·洛夫·皮科克（Thomas Love Peacock），他也是当时东印度公司一名风头正劲的官员。1829 年，当公司董事长约翰·洛赫（John Loch）属意他来研究汽船航行的问题后，他交出了一份“关于应用汽船服务于印度内部以及对外交通的备忘 192
录”[39]，在特别委员会成立之前就已对该航行进行了多方的考虑。他认为，考虑到俄国的地缘政治因素，英国与印度之间的航行应该选择经由幼发拉底河。当委员会主席查尔斯·格兰特（Charles Grant）爵士提出质询时，皮科克解释道：“每当占有了一个国家或者与其发生联系后，俄国人做的第一件事就是排除所有其他国家在其水域的航行。因此我认为，我们有极大的必要率先拿下这条河的控制权。”格兰特接着问："那么你的观点是我们在幼发拉底河建立汽船航线有助于对抗俄国的力量?"皮科克回答："我认为是这样的，它将成为我们的既得利益，并赋予我们介入这一地区的权力。"[40]而当时的俄国还远未准备入侵美索不达米亚，他们正在担心进入希瓦汗国和布哈拉的英国特工是不是英国入侵中亚地区的先遣部队。简言之，皮科克利用了英国和俄国之间的"大博弈"，当时英俄都把对方作为借口，来证明自己企图占有两方势力之间的土地是合理的。[41]

特别委员会征询的第二位证言人是炮兵上尉弗朗西斯·罗顿·切斯尼（Francis Rawdon Chesney）。从1829年到1833年，为了考察和比较这两条航线，他先沿着红海航行，然后穿过叙利亚，沿幼发拉底河前往巴士拉。[42]1833年回到英国后，他就皮科克所说的已经引起英王威廉四世关注的幼发拉底河航线撰写了一份备忘录。[43]英王告诉他："俄国舰队在君士坦丁堡的存在以及对印度的步步进逼已经引起了我们极大的担忧。"[44]在特别委员会面前，切斯尼讲述了他的航海经历，并强烈支持幼发拉底河航线。[45]

关于汽船建造的技术问题，特别委员会转而咨询冶炼和造船专家威廉·莱尔德（William Laird）的儿子麦格雷戈·莱尔德（Macgregor Laird）。[46]1832年他建造了两艘汽船，其中一艘铁甲汽船由他和同伴驾驶在尼日尔河下游进行了探险，回来后即被特别委员会传唤去做证。他向委员会描述了用铁甲汽船进行河上航行的优势。
193 其中之一就是，铁船是可以拆开的，把这些部件装在船舱里，然后可以到目的地重新组装。更棒的是，拆开的铁船零部件可以通过陆路运输到木船无法到达的河流，然后再组装下水。这一优点在海外很多主要河道被湍流断开的地方都非常重要。[47]莱尔德的想法非常新颖，虽然自1822年“亚伦·曼比号”（Aaron Manby）开始在巴黎和勒阿弗尔（Le Havre）之间的塞纳河上搭载乘客以来铁甲汽船就已为人所知，但英国海军部却紧守着他们的木制帆船不放，反抗汽船时代的到来，坚决拒绝购买铁船。特别委员会对铁船的兴趣显示了他们在技术上的冒险精神。

按照切斯尼和皮科克的建议，特别委员会推荐了幼发拉底河航线。国会拨款2万英镑，东印度公司出资8 000英镑，由切斯尼领导沿幼发拉底河的汽船航线开发项目。[48]切斯尼用这笔钱从莱尔德父子那里订购了两艘船：排水量179吨、长105英尺、宽19英尺、吃水3英尺的“幼发拉底号”，以及体型稍小、排水量109吨、长90英尺、吃水只有18英寸的“底格里斯号”。两艘船分别使用50马力和40马力的莫兹利发动机，船上都装备有大炮、火箭和步枪，船员大多在莱尔德船厂接受过炮兵训练。[49]

切斯尼首先将船只和其他物资运到了叙利亚的苏威迪亚（Suwaidiyyah），再从那里穿过沙漠转运到幼发拉底河上游的比雷塞克（Bireçik）。这一段叙利亚海岸由埃及控制，经过长时间的谈判后他们才获得授权通过。接下来从苏威迪亚到幼发拉底河的110英里路程也充满艰辛，包括两个7吨重的锅炉在内的所有部件都需要用骆驼等畜力协助翻山越岭，再穿越沼泽湿地。他们在苏威迪亚上岸时是1835年4月，由于这一路的艰难，直到当年11月才到达了幼发拉底河畔。

然而麻烦才刚刚开始。两艘轮船于次年3月下水试航，但在这

194 条满布沙洲、礁石和旋涡的河流上，船只经常受阻。“幼发拉底号”因触礁停泊了将近三周，小一点的“底格里斯号”载着船员在暴风雨中沉没，切斯尼本人得以幸免。“幼发拉底号”最终于 1836 年 6 月到达波斯湾口的巴士拉，此时距它在叙利亚上岸已过去了 15 个月。切斯尼还试图再坐汽船沿河逆流而上，但最后不得不放弃，经由通往大马士革的传统沙漠线路回到了地中海。[50]

切斯尼的这次探险确凿地证明了，经由红海前往印度的航线要远远好于幼发拉底河航线，特别是相关的技术还在飞速发展之中。不过当时的切斯尼从来没有把兴趣放在运送英国与印度之间往来的乘客和邮件上，他的尝试的确证明了，两河流域是可以实现汽船通航的（即便还很勉强），英国对美索不达米亚的渗透在商业上和战略上也是有利可图而且可行的。

红海航线

鉴于切斯尼探险队的失败，国会在 1837 年任命了一个“寻求经由红海与印度实现汽船通航最佳方案”的特别委员会。[51]委员会主席不是别人，正是那位前任印度总督本廷克勋爵。这位汽船的狂热爱好者认为：“全世界没有任何其他地方能够像印度这样表明，是汽船的力量使得我们的国民财富和军事力量能够成倍地增长，从而维系着我们的政治权力。”[52]主要证言人仍然是托马斯·洛夫·皮科克，1836 年，他在导师詹姆斯·穆勒（James Mill）去世后晋升为东印度公司的首席通信审查员。[53]皮科克是一个技术上的激进分子，他建议公司为孟买-苏伊士航线购买汽船，其中绝大部分是莱尔德船厂制造的铁船。1837 年，国会为此投票通过了 37 500 英镑的订购款项，并于 1837—1838 年、1839 年和 1840 年逐次分别追加了 50 000 英镑。[54]也就是说，国会追随着孟买当局和东印度公司，转向了红海航线。

直至 1837 年，蒸汽发动机和船舶制造技术的发展才使得蒸汽 195
动力在远洋航行中具有了实用价值。东印度公司派出两艘新的蒸汽船——620 吨的“亚特兰大号”和 680 吨的“贝雷妮丝号”（Berenice），绕过好望角来到印度，加入“休·林赛号”的行列。其中“亚特兰大号”还是首艘全程使用蒸汽动力的船。次年“塞米拉米斯号”（Semiramis）、1839 年“芝诺比阿号”（Zenobia）和“维多利亚号”、1840 年“奥克兰号”、“克莱奥帕特拉号”和“塞索斯特里斯号”（Sesostris）也陆续加入进来，其中有些是采用英国发动机在孟买组装的。[55]这样，乘客和邮件就可以在孟买通过印度海军的新汽船前往苏伊士，苏伊士和亚历山大港之间这段沙漠道路则由私人企业掌握，之后的地中海部分航线则可乘坐海军部的邮船，1840 年以后还可以搭乘半岛东方邮轮公司（P&O）的汽船或者乘坐法国汽船前往马赛。[56]

蒸汽动力是刺激英国占领中东部分地区的动力和手段。在此之前，除了 1797—1801 年法国人占领埃及外，英国人始终没有对红海表现出什么兴趣，直到“休·林赛号”向他们证明了红海对于通往印度航线的价值。1829 年，当了解到“休·林赛号”无法中途不加燃料就从孟买直达苏伊士时，孟买政府就计划借用亚丁港来做加煤站。但当时的亚丁城已经萎缩成一个小村庄，“休·林赛号”找不到足够的劳动力，花了好几天的时间才装载完 180 吨的煤炭。[57] 孟买舰队为此还一度占领了位于阿拉伯半岛和索马里之间的索科特拉岛（Socotra），但由于缺少淡水和良港而很快放弃了。1836 年，他们把注意力再次转移回亚丁，租用了港口的一部分作为堆煤场。

亚丁港对于蒸汽动力航行来说是很必要的，但还不足以让英国人下决心去占领它。直到 1836—1837 年埃及试图征服也门时[58]，孟加拉轻骑兵队长詹姆斯·麦肯齐（James Mackenzie）写道：

> 我怀疑是否应当允许帕夏（即埃及统治者穆罕默德·阿里）占有亚丁……这里位于通往印度的最便捷路线上，我们与
> 196 这一地区已经有了非常紧密的联系。我们在知识、军力和文明方面的优势如此之大，难道不应该由我们自己来拥有和维持亚丁吗？它的良港将给来往印度汽船航行计划的实现带来最大的好处。此外，除了能在阿拉伯半岛、埃塞俄比亚及北非沿海为我们带来商业上的优势……我们还能借此将知识和宗教传播至这一地区，而不是任由人们沉溺在最深刻的无知之中。这似乎是一种自然法则，文明国家应该去征服和占有那些野蛮国家。尽管乍看起来并不正当，但通过这种方式，知识、工业和商业的福祉才能得以扩张。[59]

1836 年，一艘来自马德拉斯（因而也就在英国的保护之下）的船在亚丁附近海域沉没，船上的乘客遭到袭击，财物被当地部落洗劫一空。这一“暴行”促使孟买总督罗伯特·格兰特（Robert

Grant）爵士致信驻印度总督奥克兰勋爵："如今依靠汽船建立的与红海每月一次的通行……使得我们绝对有必要在阿拉伯海岸拥有一个立足点……亚丁的苏丹所给予的这次侮辱让我们有充分的理由拿下这座城市。"[60]当总督对此表示反对时，格兰特又致信东印度公司的秘密委员会阐述他的决定："不待总督的指示，立即采取措施争取和平占领亚丁。"[61]他随即派出两艘军舰和 800 名士兵前往亚丁，1839 年 1 月 19 日，经过三个小时的战斗之后，占领了这座城市。[62]

取得亚丁只是英国逐渐进入中东的第一步，就像一位年老的阿拉伯酋长对切斯尼所说的："英国人就像蚂蚁，只要有一只找到了一点肉，就会有 100 只跟上来。"[63]当埃及从摇摇欲坠的奥斯曼帝国手中夺取了巴勒斯坦和叙利亚之后，奥斯曼帝国看起来就像 100 年前的莫卧儿一样随时就要崩塌了。英国人出于对新航线安全的担心，决定支持奥斯曼，迫使埃及退出巴勒斯坦和叙利亚。1840—1841 年，英国派出包括数艘汽船的舰队，去轰炸驻守在阿卡、西顿和贝鲁特的埃及军队。指挥舰队的海军上将查尔斯·内皮尔（Charles Napier）爵士则有着更大的愿景："汽船航行已经达到如 197
此完美的水平，埃及应该成为英国去往印度的中途站，而且事实上也应该成为英国的殖民地。现在，如果我们想要削弱穆罕默德·阿里的力量，那么在可预见的土耳其帝国即将瓦解的不远未来，占有埃及将是我们政策上完美的决定。"[64]内皮尔的观点在他的时代是超前的，他真正理解了帝国的逻辑。英国有动机——与印度相联系，也有方法——通过汽船航行。接管埃及、巴勒斯坦和美索不达米亚只是一个等待成熟时机的问题。

到 1840 年，英国人的触角从印度延伸到了缅甸、美索不达米亚、红海和地中海东部，这与当时美国人向北美中西部和更偏远地区的拓展是同步的。而随后登场的，则是一场更为惊人的蒸汽力量的展示：鸦片战争。

英国与中国

英国船只第一次到达中国海岸是在 1620 年代。在接下来的两个世纪里，东印度公司与广州（或广东）的商人们进行的是一场非常单边的贸易：英国人需要中国的茶叶、丝绸、瓷器等精美的商品，但他们能够拿来交换且令中国人感兴趣的，只有白银。1793 年，当乔治·马戛尔尼（George Macartney）伯爵率领英国使团觐见乾隆皇帝，请求扩大贸易和开放外交关系时，乾隆皇帝给英王乔治三世的回复是这样的："其实天朝德威远被，万国来王，种种贵重之物，梯航毕集，无所不有，尔之正使等所亲见。然从不贵奇巧，并无更需尔国制办物件。"[65]

1800 年之后，随着英国人发现了一种在中国销量不断增加的"产品"——来自印度的鸦片，这种单边贸易开始发生变化。1800 年和 1813 年，清朝政府两次禁止鸦片贸易，然而这种毒品销量依然坚挺。在巨大的利润下，禁令只是让公开的贸易变成了腐败的走
198 私。1816 年，英国再次派出使团到中国商讨通商问题，但这位公

使、后来的印度总督阿美士德勋爵还未见到咸丰皇帝①本人就被从北京遣送回国。到 1821 年，英国每年销往中国的鸦片达到约5 000 箱。

直到 1834 年之前，英国与中国的贸易都由东印度公司控制，他们希望保持这种贸易的平稳发展（即使是非法的）。正如历史学家杰拉尔德·格雷厄姆（Gerald Graham）所说："表现为高昂的费用、贿赂和持续的自我克制的绥靖政策，是英国在很大程度上有效的、虽然有点屈辱的操作政策。"[66] 不过就在那一年，它的垄断权利被废止了，市场同样开放给了那些对中国的贸易方式远不那么容忍、更不愿意接受任何羞辱性条款的鲁莽企业家。蒸汽机船的出现更坚定了他们的这种态度。怡和洋行的创始人之一威廉·渣甸（William Jardine）购买了一艘 115 吨的汽船"渣甸号"，来往于广州和公司所在地内伶仃岛之间递送公文。当时的两广总督勒令这艘船离开这里，并且补充晓谕："查各国船只，驶至粤境外洋，向来货船准令驾至黄埔，此外各船，均不准入口……此奏定章程也。此次英吉利来到烟船，应循照办理……不得将烟船驶入海口。如敢违拗，现在本署部堂已饬知各炮台，于烟船驶到时，即行开炮轰击矣。总之，既到天朝地界，即应遵天朝法度。饬令该夷人熟思而行，凛之。"[67]

作为回应，渣甸在《中国丛报》（*Chinese Repository*）上写道："我们从印度和英国本土获得的宝贵商业利益和收入确实不应该再用来维持这里反复无常的状态，只需沿珠江、环绕广州布列一些舰

① 应为嘉庆皇帝，疑原书有误。——译者注

船，发射几枚炮弹即可扭转……与中国一战是不容置疑的。”[68]

傲慢的天朝帝国遇到了自以为是的海上帝国。几个世纪以来，这两大帝国的力量因地理的区隔而相安无事。中国在16世纪完成
199 的大运河工程保护了其重要的南北贸易不受海盗骚扰，免去了海上的威胁。而同时期大英帝国的舰船也只是刚刚触到了南海的边缘。1834年，英国派往中国的贸易特使律劳卑勋爵（William John Napier）派出两艘军舰——“伊莫金号”（Imogene）和“安德洛玛刻号”（Andromache），沿珠江向保护广州的要塞发起进攻，但这一事件得到的唯一结果是中国暂时停止了贸易。[69]

随着越来越多的中国人沉迷于鸦片，走私鸦片在1835年激增到3万箱，1838年达到4万余箱。1839年，皇帝派遣态度强硬的官员林则徐来到广州禁烟，当他到达后，没收并销毁了1 500吨生鸦片，并下令逮捕城里的西方商人和英国驻华商务总监查理·义律（Charles Elliot）。英国人恼羞成怒，即将参加此后战争的威廉·霍尔（William Hall）用这些话表达了他的愤怒：

> 中国官员林则徐严酷和毫无根据的举措、对女王陛下的全权代表及其他英国臣民的监禁，还有他不受约束的暴力行为，都在促使我们采取比之前更为有力的措施。① 这几乎立即得到了东印度公司董事会和政府的认可。他们直接的反应是派出足够强大的武装力量以维护对华贸易利益，并且对女王陛下的代表遭受的暴力和侮辱提出赔偿要求。[70]

---

① 这些从西方人视角做出的评判，是十分荒唐的，从中我们可看出严重的西方中心主义色彩和殖民主义色彩。——译者注

英国准备开战了。对这个在全球制造业和商业中占据主导地位
的国家而言，利用它的权力在全球其他地区强制推行自由贸易是它
的目的这一。[71]这是一种在十年前都不可能实现的新型战争。正如威
廉·霍尔所说："我们几乎不可想象，在这种情势下，敌对状态是 200
完全可以避免的。如果它发生了，它将首先出现在那些沿河、沿海
布列的为这一特殊任务而装备的舰船上。"[72]

霍尔口中的"为这一特殊任务而装备的舰船"就是铁甲汽船。因此，这一次又是技术优势打破了大英帝国与中华帝国之间的僵局。

由于海军部拒绝引进汽船和铁船，这项任务就落到了东印度公司身上。在皮科克的建议下，公司的秘密委员会订购了六艘新汽船。其中的四艘——"复仇女神号"（Nemesis）、"地狱火河号"（Phlegethon）、"阿里亚德妮号"（Ariadne）和"美杜莎号"（Medusa）由莱尔德公司生产，另外两艘——"冥王号"（Pluto）和"冥后号"（Proserpine）则由伦敦的迪奇伯恩和梅尔（Ditchburn & Mare）公司生产。[73]

"复仇女神号"

"复仇女神号"是第一艘制造完成交付使用的舰船，660 吨的排水量让它成为当时最大的铁甲汽船，船长 183 英尺、宽 29 英尺，有着独特的明轮罩。这是一种新型的船，同时能够应对跨洋航行、沿河溯流以及浅水航行的任务。它的底部是平的，满载时吃水也只

有 6 英尺。船内用防水隔板分成很多个隔舱，这是中国人在很久以前的发明。它由两个 60 马力的发动机推动，为了同时便于在海上航行，还配备有桅杆和船帆、两个可移动的龙骨和一个可以升降的舵。武器装备也十分精良，有两门可以旋转的 32 磅炮弹大炮、5 门 6 磅大炮以及 10 门更小些的火炮和一个火箭筒。[74]

"复仇女神号"——英国在第一次鸦片战争中使用的蒸汽动力炮舰

1839 年 10 月，霍尔获得"复仇女神号"的指挥权，作为一名曾在西印度群岛、地中海和远东服役的海军老兵，他经验丰富，还学习了汽船工程知识并在美国的汽船上工作过。[75] 12 月，霍尔正式入职，并招募了一组船员。1840 年 3 月 28 日，"复仇女神号"驶离朴次茅斯。在它的航程开始之前，东印度公司管理委员会主席约翰·卡姆·霍布豪斯（John Cam Hobhouse）爵士知会了外交大臣
201 巴麦尊子爵："东印度公司的秘密委员会已经提供了一艘武装铁船

‘复仇女神号’……为印度政府服务，即将进入加尔各答港……它此行的目的地及其所属当局不应被提及。”[76]

当驻印度总督听到这种新汽船时，认为：“如果那个阿瓦的野蛮人（即缅甸国王）再有针对我们的敌对行动，这些汽船将是无价之宝。”[77]根据霍尔的描述，当“复仇女神号”“启程前往俄国港口敖德萨时，许多人都震惊不已；那些回过神来的人几乎不会相信那里就是它的目的地”。[78]事实上，一艘私人公司所有的全副武装的舰船不可能躲过媒体的众说纷纭。《泰晤士报》就猜测：“这只能是针对中国人的。如果用来走私鸦片，那么它将非常适合。”[79]《船务公报》（*The Shipping Gazette*）则发表观点：“据说它会前往巴西；不过我们猜测它最终的目的地将是东方及中国海域。”[80]甚至连霍尔也不知道他指挥的这艘船要去往哪里。他奉命先来到开普敦，然后再去往锡兰，直到 10 月 6 日到达了目的地，霍尔才知道他们要来到广州，服从在中国的海军总司令的指挥。[81]为什么要保密呢？可以肯定的是并非 *202*
要在中国人那里隐瞒“复仇女神号”的存在，因为他们在英国没有间谍，即使有，也没有可以联系的渠道。所以更有可能是为了瞒过海军部，东印度公司要用一艘新型的危险的战舰去参战，这算是一种在技术上的反动。

在战争爆发前，中国人觉得汽船是很有趣的，但也并不令人印象深刻。林则徐称它们“以火焰激动机轴，驾驶较捷”[82]。另一些人则称它们为“风轮”或“火轮船”，还认为“汽船是外国人的一项了不起的发明，为许多人提供了乐趣”[83]。“复仇女神号”并没有带来什么乐趣。当它 1840 年 11 月抵达澳门时，战争已经开始。1841 年 1 月，英军决定进攻拱卫广州的虎门炮台。战争开始前，林则徐曾购买了一艘武装的美国商船“坎布里奇号”（Cambridge），却因为没有能操控它的水手，只能把它锁在了一排小艇的后面。中国的帆船体量只有英国舰船的五分之一，极少的火炮只能发射不到 10 磅的炮弹，而且很难瞄准。[84]中国人还有一种纵火筏，上面装满油浸的棉花和火药。他们主要依靠的是炮台上的火炮，其中一些还是几个世纪之前由来访明朝的耶稣会士铸造的，因为固定在砖石上而无法调整方向进行瞄准。[85]

因其平坦的底部，“复仇女神号”可以上行至珠江较浅的河道内，把纵火筏清除出航道；可以拖曳满载着士兵的、体型更大的帆船进入内河；可以用它的铁甲船体还有康格里夫火箭任意破坏中国的船只。在它的帮助下，英军摧毁了虎门炮台和黄埔岛的防御，直抵广州。5 月，霍尔写信给皮科克说：

> 对“复仇女神号”我无法给予更多的赞美之辞。它负责了所有高端复杂的工作，包括拖曳运输船、护卫舰、大型帆船以及运载补给、士兵和水手。当我们不得不在夜间与白天一样的
> 203 行军，却因碰上沙滩、礁石和捕鱼栅而搁浅时，它可以不停往来，与事故船只保持通畅的联系。它必须是强者中的最强者才能做到这些……我们在作战方面有着足够的优势，官员们以及商人们公认“它的价值堪比与其同等重量的黄金”。[86]

马德拉斯工兵团（Madras Engineers）的约翰·奥克特洛尼（John Ochterlony）对“复仇女神号”进行了另一番描述：

> 37 团在穿鼻炮台下离船登陆之后，“复仇女神号”就在附近水域游弋，不断往它上面的穿鼻炮台里投掷炮弹，直到军队

> 逼近阻止它继续开火。凭着吃水浅的优势，它可以逼近海上炮台，炸毁所到之处的炮眼。然后，再推进到浅水的海湾，对停泊在那里的中国舰船发射康格里夫火箭，这收到了惊人的效果，第一发即击中了其中最大的一艘船，甲板上的士兵也一同葬身火海……接着它沿着海湾继续前进，一艘接一艘，将中国的船只全部点燃，直到 11 艘船组成的舰队悉数被摧毁。[87]

中国人也部署了一件令英国人吃惊的武器：由人力脚踏驱动的明轮船。一些人认为："这一概念显然来自汽船。"但事实上，这种船是中国人的一项发明，至少可以追溯到 8 世纪的唐朝。[88] "复仇女神号"俘获并摧毁了其中的一些船只。

然而，"复仇女神号"的到来以及对虎门炮台的破坏几乎没有改变中国与英国的关系。即使沿海的几个港口被占领，也没有给北京的朝臣留下深刻印象，因为沿海城镇，哪怕是广州，都不是他们的核心关切。[89] 在此居住的英国人清楚，来自海上的威胁对中国并没有多大的影响，其主要贸易都是在内河和京杭大运河上开展的。要打败中国，英国人必须夺取其最脆弱的地方——运河与长江的交界处。这是东印度公司在中国负责茶叶贸易的巡视员塞缪尔·鲍 204
尔（Samuel Ball）在一封致外交大臣巴麦尊的信中提到的战略："在汽船的帮助下，我们应该在长江与运河的交汇处做定期巡航和检查……金山岛位置极佳，我们可以借此切断大运河的交通，从而阻断南北省份的贸易往来，重创其国内的商业。"[90]

大运河在位于长江入海口上游将近 200 英里处的镇江地区与长江交汇。为完成上述计划，英国准备在 1842 年发起进攻，东印度公司带来了更多的船，其中有10艘风帆军舰、7艘其他帆船、5艘蒸汽动力护卫舰以及6艘蒸汽动力炮舰——“复仇女神号”及其姐妹船“地狱火河号”“冥后号”“冥王号”“美杜莎号”“阿里阿德涅号”，它们都是为在河流上航行而设计的。[91]

1842年6月16日，英军舰队进入长江，袭击了上海附近的吴淞炮台。舰队总共携带了724门枪炮，其中的汽船负责侦察江面、将满载士兵的帆船拖曳至指定地点以便于轰击炮台。[92]时任两江总督牛鉴描述了中国的防御措施：

> 已通饬在防文武，毋稍堕其奸计，致我炮空施。惟演习水战，不可不防其驶入内河，现将苏松、川沙、吴淞等营水师战船十六只，并招募沙船、提载船、摆江船、海燕子船，大小七十只，派令守备田浩然管带，分班往来，会哨巡梭。又另招巧匠制水轮船四只，上安炮位，捷速行驶，专派游击刘长管带。如遇夷船驶入内河，各该船只均堪与之接仗，不致稍有疏虞。[93]

两江总督虽然表达了乐观，但英军还是俘获和摧毁了中国的战舰及轮船，攻陷了吴淞炮台。7月21日，英国军队占领镇江，封锁贸易干线京杭大运河，从而关闭了从富裕的中南部省份向首都北京的粮食和货品运输通道。[94]一个月后，中国被迫签署《南京条约》，割让香港岛，开放五个通商口岸并将关税降到5%①。《南京条约》使中国第一次屈从于西方的力量。

① “将关税降到5%”的说法不准确。《南京条约》规定，中国进出口税率由中英双方共同议定，不得随意变更。这实际上是破坏了中国的关税主权。——译者注

迫使中国屈服于西方的技术优势在此后的一个世纪里持续发挥着作用。1856—1860 年发生了第二次鸦片战争。这实质上是第一次鸦片战争的延续，与之前的战争一样，其目的是进一步打开中国市场，强迫其接纳外国外交官和传教士，再开放 11 个条约口岸及整个长江流域的国际贸易，并让鸦片贸易合法化，以便掠夺中国的财富。[95]针对这一次战争，英国和法国准备了更多的汽船，装备了后膛装填的大炮，可以发射能够爆炸的炮弹，而中国人这一次的应对准备甚至还不如 1840 年。[96]1857 年，海军少将迈克尔·西摩（Michael Seymour）已经集结了一支炮艇舰队来攻击广州。尽管这次入侵已经让中国人承认了失败，英国和法国新的欲求还是促使他们再次组织起一支舰队，沿着永定河溯流而上，这次他们的目标是摧毁天津和北京海防的大沽口炮台。1860 年 10 月，英法联军攻入北京，洗劫并烧毁了圆明园。他们通过在长江上停泊炮舰来加强自己的霸权，这也是中国耻辱的显著标志。直到 1867 年，中国才拥有了第一艘蒸汽动力军舰[97]；直到 1947 年，也就是“复仇女神号”来到这里 107 年之后，最后一艘外国炮舰才驶离了中国水域。 206

尼日尔河上的蒸汽机船

欧洲人对非洲海岸早已十分熟悉，然而直到 1830 年代之前，他们对非洲内陆仍然和 400 年前一样知之甚少。三个原因导致了他们长达几个世纪的一无所知：第一个原因是沿海非洲人的反对，他

207 们与欧洲商人共谋，从奴隶贸易中获利并抵制任何的外来干涉；第二个原因是恶性疟疾的流行，这种非常危险的疾病让任何前往内陆的探险都几乎与自杀无异；第三个原因是从海上进入大陆也很困难。

非洲是一块面积很大的高原，因边缘抬起而形成了一些大瀑布。有些河流，例如尼日尔河和尼罗河，瀑布位于深入内陆的地方，可以允许小型船只沿河溯流数百英里。而另一些如刚果河，瀑布就在海岸附近。交替明显的旱季和雨季使许多河流只能在一年的部分时间具备通航条件。在蒸汽时代之前，非洲河流上可行驶的船只有独木舟以及尼罗河上的小型帆船。最后，由于缺乏天然良港，加上海岸附近的沙洲，任何靠近的船都要冒着很大的风险。

尽管存在这些天然障碍，但贸易仍然是有利可图的。其中利润最丰厚的是尼日利亚东南部的油河地区（Oil Rivers）。这个由迷宫般的小溪流和恶臭的沼泽组成的区域散布着一些独立的城镇和小王国，靠着贩卖奴隶给欧洲商人而渐渐富有起来。19 世纪早期奴隶贸易衰落之后，他们转向了棕榈油贸易。棕榈油是西方国家在肥皂和机械润滑油等生产领域具有巨大需求的一种原材料，这一地区也因此而得名“油河”。船无法在这些水浅又蜿蜒的小河道里航行，这里也不欢迎外来者在岸上建立贸易点。于是，商人们只能住在自己的船上或者河道里废弃的旧船舱里，在那里开展他们的生意。

英国 1807 年废除奴隶贸易——虽然并没有废除奴隶制——不仅在西非海岸开创了一个新的商业时代，也带来了这一地区新的军事变化，因为皇家海军被赋予了捕获奴隶船和将被解放的奴隶遣返非洲的任务。在这些危险水域航行需要足够的信息。于是，1822 年，皇家海军派出了欧文（W. F. W. Owen）上校指挥的“非洲号”，这也是非洲史上的第一艘汽船，在从象牙海岸直到贝宁湾的 1 000 英里的海岸线上进行勘测。[98]

这时，由于商业上的原因——对热带产品的进口需求和对工业产品外销的需求，以及人道主义方面的原因——以威廉·威尔伯福斯（William Wilberforce）为代表的废奴主义者基于基督教教义和 208
文明进步不仅要求废除奴隶贸易，还要求废除奴隶制本身，欧洲人对非洲的兴趣开始增长。最能引起人们巨大好奇心的话题之一就是神秘的尼日尔河。英国探险家芒戈·帕克分别在 1795—1797 年和 1805—1806 年两次来到尼日尔河的上游，虽然最终死在了那里，但他发回的勘探报告表明这条河是向东流的。1821—1825 年，休·克拉珀顿穿过撒哈拉来到乍得湖以及尼日尔河，他证实了这条河并没有像一些人以为的那样继续向东延伸至尼罗河。前往尼日尔河上游的探险家还包括亚历山大·莱恩（Alexander Laing）和勒内·卡耶（René Caillié），他们于 1826—1828 年到达了廷巴克图。接下来的问题是，尼日尔河在廷巴克图那里转弯南下之后会怎样呢？

1830 年，答案揭晓了。当时理查德·兰德（Richard Lander）和约翰·兰德（John Lander）兄弟从拉各斯（Lagos）出发，向北到达布萨急流（Bussa Rapids），继续顺流而下就来到了贝宁湾，最后出现在油河，也就是现在的尼日尔河三角洲。尼日利亚历史学家 K. 昂芜卡·戴克（K. Onwuka Dike）称这是“命运之年……地理和商业的双重问题都得到了解决”。[99]只要有轮船，就能从海上进入棕榈油的产地尼日尔河谷，这一消息注定会吸引一位精力充沛的企业家。

此人就是麦格雷戈·莱尔德。1832 年，莱尔德加入由几位利物浦商人组建的“非洲内陆商业公司”，“为兰德兄弟最近在尼日尔河上的发现进行商业开发”。他们的目标是双重的，用他的话说就是：

> 那些将中部非洲的开放视为英国商人事业和资本的人，那些将其看作为我们的制造品创造广阔新市场以及新鲜原材料供应地的人，以及那些认为人类是一个大家庭，将提升这些正在退化、缺少国民权利、道德败坏的国家的人民素质视为己任的人，更加接近创造万物的上帝。[100]

为了实现这些目标，莱尔德建造了一艘名为“阿尔布卡号”（Alburkah）的铁甲轮船，它有 70 英尺长，排水量 55 吨，由一个
209 16 马力的发动机驱动。他还建造了一艘更大的木制轮船“柯拉号”（Quorra）。这两艘船都拥有重型武装，配备了回旋炮、大口径短炮和一些小型火器。有了这两艘轮船，再加上双桅帆船“科伦拜恩号”（Columbine），莱尔德与理查德·兰德出发前往贝宁湾。这是铁甲轮船第一次冒险进入海洋，这个计划在当时受到了更保守的水手们的嘲笑。然而，探险队安全地到达了贝宁湾。接着，两艘轮船沿着尼日尔河溯流而上，来到与贝努埃河（Benue River）的交汇点。它们在这里的探险行动一直持续到了 1835 年。[101]

不幸的是，48 人的探险队，最后只有 9 人生还，莱尔德本人也在此后一病数年。人们虽能克服航行的困难、知晓当地的地形，却

无法越过传染病这道障碍。这次航行之后，莱尔德将他的精力转向了在利物浦和尼日尔河三角洲之间建立一条轮船航线，还有我之前提到过的，游说东印度公司和国会从他兄弟的造船厂订购铁甲汽船，用于在印度和中国的事务。

由于 1830 年代英国与西非海岸贸易已经开始快速增长，其他人也决定沿着莱尔德开拓的路线继续走下去。1835 年，英国驻费尔南多波岛（Fernando Po，贝宁湾里的一个岛屿）领事约翰·比克罗夫特（John Beecroft）用莱尔德留下的“柯拉号”考察了尼日尔河三角洲并沿河而上到达与贝努埃河的交汇处。1840 年，他乘坐“埃塞俄比亚号”（Ethiope）再赴此地。用这些探险获得的经验，比克罗夫特说服英国政府资助对这里开展一次大型的考察活动。[102]

政府从约翰·莱尔德的造船厂订购了三艘新轮船：“阿尔伯特号”（Albert）和“威尔伯福斯号”（Wilberforce），这两艘船船型相同，每艘船重 457 吨，有两台 35 马力的发动机；还有一艘重 249 吨的“苏丹号”（Soudan），它有一台 35 马力发动机。这三艘都是按“复仇女神号”仿造的：铁甲、扁平的底部以及可伸缩的龙骨和舵。它们的武器装备也很精良，较大的两艘每艘都有一门黄铜制造的 12 磅大炮、两门 12 磅榴弹炮和 4 门单磅回旋炮，而“苏丹号”则有一门榴弹炮和两门回旋炮，以及一些小型武器。1841 年，这三艘船出发驶往贝宁湾，沿尼日尔河航行到与贝努埃河交汇处，然后再沿着贝努埃河继续前进。但这次探险却以悲剧告终，303 名船员中有 53 人死亡（包括 145 名欧洲人中的 48 人），其中大部分是 210

因为疟疾。[103]

政府并未因此次灾难性的失败而被吓倒，他们委派麦格雷戈·莱尔德组建一支新的探险队，这次由最了解尼日尔河下游地区的比克罗夫特来领导。莱尔德为此次探险建造了一艘 260 吨的新铁船“仙女号”（Pleiad）。作为一艘纵帆船，它可以在开阔的海面上凭借风力航行，同时也有一个 60 马力的蒸汽发动机，以及在非洲水域首次使用的用于代替桨轮的螺旋桨，以便在河上航行。1854 年，比克罗夫特死于费尔南多波岛，船上的医生威廉·贝基（William Baikie）博士接管了这支探险队。“仙女号”沿着尼日尔河来到贝努埃河并深入了超过 250 英里，之前从未有汽船能到达这么远的地方。从他们未到贝宁湾之前直到这次非洲探险结束，贝基给所有船员都持续服用了奎宁——已知可以抵抗疟疾的药物。4 个月的行程里，没有一名船员死亡。[104]我们将在下一章中看到，奎宁对疾病的有效预防，才是欧洲人打开热带非洲大门的关键。

事实证明，莱尔德与英国政府 20 年的坚持不懈是正确的，通往非洲最富饶地区的贸易之路终于被打开。到 1850 年代，麦格雷戈·莱尔德的非洲内陆商业公司已经开设了英国至贝宁湾的定期邮船。这些船的低运费给尼日尔河三角洲的贸易商们带来了越来越大的竞争压力。1857 年，英国政府与莱尔德签订了一份 5 年期合同，在三角洲地区维持一条汽船的运行。第一艘蒸汽船是由贝基博士和约翰·格洛弗（John Glover）中尉指挥的“黎明号”[105]（Dayspring）；一年后，“阳光号”（Sunbeam）与“彩虹号”（Rainbow）也加入了这一行列[106]。这些船的任务不再是探险，而是开展定期贸易，它们的到来切走了那些沿岸地区非洲本地中间商及其欧洲贸易伙伴的利益。对于后者来说，蒸汽船、奎宁、枪炮和“文明”的胜利意味着一种最不公平和不受欢迎的竞争，这是他们注定要抵制的。

从 1857 年至 19 世纪末，汽船不得不同时应对这条河流以及岸上的居民。尼日尔河与密苏里河一样，水位变化意外而突然。水中的障碍物、漂浮的植物和移动的沙洲让航行暗藏危险。蒸汽船经常 211
遭遇搁浅而不得不被遗弃在那里，直到第二年水位再次上升。流域的居民也经常袭击轮船和河上的贸易站。在莱尔德的要求下，海军开始向河上派遣炮舰护送货运船。研究皇家尼日尔公司的学者指出：“尽管人们努力与向他们的船只开火的村庄达成和平协议，但这些都无济于事。因此炮舰没有选择的余地，只能对做出那些行为的相关地区实施报复性的轰炸，作为对所有人的教训。”[107] 从 1863 年起，配备了三门 12 磅榴弹炮的“H. M. S. 调查者号”（H. M. S. Investigator）开始在这条河上巡逻。一些内陆的商人也没有坐等海上护航的到来，米勒兄弟公司（Miller Brothers & Company）的铁甲汽船“索科托苏丹号”（Sultan of Sokoto）就在三角洲城镇的炮火中奋力前行。

远洋轮船技术与河上汽船技术平行发展，其中一个重要的创新就是螺旋桨，它于 1838 年首次在海上成功使用。但由于当时的设计是外挂在船体下面，很容易被漂浮的植物缠绕，因而在河流中的应用被推后了很多年。造船商阿尔弗雷德·亚罗（Alfred Yarrow）在 1870 年代解决了这个问题，他将螺旋桨放置在船体下面的一个凹槽里，这样一艘由螺旋桨推动的船吃水深度就只有 2 英尺。[108]英国和法国引进了早已在美国中西部河流上应用多年的高压锅炉，随着人们用钢取代铁来制造这些锅炉，其爆炸的风险大大降低了。其他设计方面的改进还包括不需要刮擦和清洁、可循环锅炉水的表面冷凝器，以及比铁甲更轻、更不易被刺穿的钢制船壳。

到 1870 年代时，共有四家公司在尼日尔河上行驶汽船。这些船都像“索科托苏丹号”一样装备了武器，并且船身上都装上了金属围挡。在三角洲地区，20 家贸易公司共拥有 60 个商栈、超过 200 名常驻贸易商。随着竞争越来越激烈，他们与三角洲原住民的冲突也变得日益频繁。皇家海军需要定期派出舰队实施惩罚，前往
212 上游去摧毁那些向过往商船开火的城镇。奥尼查（Onitsha）在遭轰炸三天后被焚毁，雅马哈（Yamaha）、伊达（Idah）、阿博（Aboh）等市镇也都遭遇了同样的命运。非洲人于是烧毁贸易公司的仓库，贸易公司与海军舰队则再度实施报复。1876 年 5 月和 6 月，冲突在“索科托苏丹号”与非洲商人之间爆发，舰船向非洲商人发射火箭、炮弹、榴霰弹和链弹，而非洲商人们则使用了回旋炮。作为报复，“索科托苏丹号”和海军炮舰“金莺号”“小天鹅号”“独角兽号”“维多利亚号”焚毁了萨巴格里亚（Sabagreia）和阿格伯里（Agberi），一年后又将恩布拉马（Emblama）付之一炬。[109]不断的袭击和反击一直持续到 19 世纪八九十年代。1880 年代，乔治·戈尔迪（George Goldie）爵士的联合非洲公司派遣了 20 艘炮舰在尼日尔河上巡逻，攻击那些顽强反抗的城镇。1887 年，英国领事哈里·约翰逊（Harry Johnson）用“苍鹰号”（Goshawk）炮

艇绑架了奥波博（Opobo）的统治者、重要的棕榈油商人贾贾（Jaja）。1894 年，炮舰又参与了对三角洲城镇伊布罗希米（Ebrohimi）的袭击。1897 年，“艾维号”（Ivy）运送来 500 名士兵及火箭、机枪和步枪，对尼日利亚开展历史上最大规模的“讨伐”，占领并洗劫了尼日利亚的皇城贝宁城。[110]

由此，英国人更深地卷入了对尼日尔河下游地区的控制。但无论是谁在什么时间占了上风，英国的商人和政府官员们都不能有任何退缩，因为 1880 年代的法国已经稳固了在苏丹西部和尼日尔河上游的存在，如果英国人退出，他们将欣然地取而代之。以“自由贸易帝国主义”为名发起的，类似鸦片战争这样的局部战争演变成了一系列的军事战役，最终以完全占领尼日利亚而告结束。由于尼日利亚没有中央政府，英国人必须逐个击破每个城镇和小王国，直到整个地区都被占领，军事行动才告停止。

蒸汽机船与非洲争夺战

尼日尔河下游地区值得我们重点关注，因为它清楚地揭示了汽
船在欧洲人侵入这块无论在商业上还是战略上都相当重要的区域的 213
过程中所发挥的作用。不过它也并非独一无二，非洲大陆的很多地区都远离能供汽船通航的河流，但只要有机会，欧洲人就会用上汽船。

1870 年之前，对非洲感兴趣的欧洲人还主要是商人和传教士，

汽船也主要是一个能够让人们便于从海上进入内河的简单机械工具。举几个例子就足以说明这一点。冈比亚的贸易活动已经活跃了几个世纪[111]，1826 年，皇家海军派遣汽船“非洲号”和帆船“梅德斯通号”（Maidstone）沿河而上，去预先阻止法国人进入该区域。更多的汽船在 1840 年代陆续到达，其中以莱尔德制造的“多佛号”（Dover）最为出色，1849 年它独自执行了 31 次在河上往返的任务，结束了奴隶贸易并保护了英国商人。1851 年，英国占领了位于尼日尔河三角洲一个潟湖附近的小镇拉各斯，并安排了一艘小型汽船在潟湖巡逻。在 1850 年代和 1860 年代早期，他们用炮舰袭击了塞拉利昂的沿海和沿河城镇。1857 年，法国驻塞内加尔总督路易·费代尔布（Louis Faidherbe）派遣 500 名士兵沿塞内加尔河溯流而上远赴 400 英里外的麦地那（Médine），与哈吉·奥马尔（al-Hadj Umar）的图库洛尔（Tokolor）士兵作战。[112]

1870 年之后，欧洲对非洲大陆的侵入明显加速，我们称之为“非洲争夺战”（Scramble for Africa）。在任何能够通航的地方，欧洲人都使用了汽船。然而，非洲很多重要的河流比如刚果河、尼日尔河上游、尼罗河上游都有急流阻断，汽船从海上无法直接到达这些地方，必须先尽可能往上游行进，然后就地拆卸，由搬运工头顶这些零部件越过急流再重新组装。这项艰难的工作使得渗入内陆需要耗时数月甚至数年。

刚果河在距离入海口 80 英里的马塔迪和距离上游 200 英里的斯坦利湖之间散布着一系列的急流，隔断了刚果河盆地与大海之间的通道。沿海岸的雨林和山脉也增加了进入这个巨大区域的难度。直到1877年才有第一位欧洲人亨利·莫顿·斯坦利（Henry Morton Stanley）到访这一地区，他从东非进入，沿河而下来到了大西洋。与此同时，比利时国王利奥波德二世（King Leopold Ⅱ）为建立自己的殖民帝国，成立了非洲探索与文明国际协会（Inter- 214
national Association for the Exploration and Civilization of Africa)。当斯坦利成为利奥波德二世在非洲的代理人后，他派遣数艘汽船进入刚果河盆地，将此地置于利奥波德二世的统治之下。而为了到达这条河流能够通航的部分，他雇了数百名非洲工人，用一年的时间在山岭间开凿出一条通道，将汽船零件运送到指定地点。然后，这些船得在刚果河上游重新组装。“前进号”（En Avant）最终于1881年下水，这时候距离它在下游地区从货轮上卸下来已经过去了两年。1881年，传教士乔治·格伦费尔（George Grenfell）在英国建造了一艘轮船，运抵刚果河口后，由搬运工运送，穿过了250英里的山脉到达斯坦利湖，而此时已是1884年。[113] 1886年，利奥波德二世写信给斯坦利：“好好照顾我们的海军，现在它几乎已经是我们全部的统治力量。”[114] 为刚果河提供汽船服务一直非常困难而且代价高昂，直到1898年，一条连接马塔迪与利奥波德维尔的铁路建成通车才解决了这个问题。在此之后，刚果河及其支流上的汽船数量激增，1898年有43艘，到1901年达到103艘。[115] 刚果成了一个汽船的殖民地。

欧洲人在非洲东南部的赞比西河流域也遇到了类似的情况。大卫·利文斯通（David Livingstone）拥有的两艘小型蒸汽机船“先锋号”（Pioneer）和“尼亚萨女神号”（Lady Nyassa)，是专门为尼亚萨湖建造的。就像在刚果河上一样，他们必须先沿着希雷河（Shire River）溯流而上，然后把船拆开，将零件由陆路运输到默奇森瀑布（Murchison's Falls）附近再重新组装。1875 年，追随利文斯通脚步来到这里的苏格兰教会也对他们的汽船“伊拉拉号”（Ilala）采用了同样的做法。[116]

汽船也用在了军事行动上。当英国人入侵尼日尔河下游时，法国人正在这条河的上游巩固他们的地盘，也就是今天的马里和尼日尔地区。他们的计划是将炮舰从塞内加尔运送到尼日尔河的上游，然后用它们来控制河上的贸易。1880—1882 年，法国驻塞内加尔总督加利埃尼（Galliéni）与海军部长若雷吉贝里（Jauréguiberry）授权建立了一支小型舰队，用来在尼日尔河远至布萨急流的河段上执行巡逻任务。1883 年，最早加入舰队的“尼日尔河号”协助军队攻占了巴马科（Bamako），这是尼日尔河上的第一座重要港口。一年后，这艘汽船就开始在巴马科和贾法拉贝（Diafarabé）之间巡逻了。[117]1894 年，法国人在舰队的协助下，攻陷了传说中的城市廷
215 巴克图。与此同时，法国人也投入了对达荷美（Dahomey）王国（即今贝宁共和国）的征服。1890 年，他们开始封锁海岸。两年后，一支由阿尔弗雷德-阿梅代·多兹（Alfred-Amédée Dodds）上校指挥的大型远征队乘坐汽船沿着韦梅河（Ouémé River）溯流而上。舰队由“黄玉号”（La Topaze）、“蛋白石号”（L'Opale）、“翡翠号”（L'Emeraude）、“珊瑚号”（Le Corail）和“琥珀号”（L'Ambre）组成，这些汽船负责牵引独木舟、运送士兵、携带大炮和工程师以及疏散伤员和病人。仅仅数周之内，舰队就夺下了贝

汉津（Behanzin）王国的都城阿波美（Abomey）。[118]

在那些战争中，炮艇表现得最“风光”的一次是 1898 年征服苏丹。温斯顿・丘吉尔在著作《河上的战争》（*The River War*）中对其进行了极富戏剧性的描述。为了这次远征任务，霍雷肖・基钦纳（Horatio Kitchener）将军集结了 8 200 名英国士兵和 17 600 名埃及士兵，以及随军的 3 524 头骆驼，还有 3 594 匹马、骡子和驴。在克服了将人员物资运过尼罗河瀑布和大沙漠等极大困难之后，他们遭遇了 5 万名马赫迪国的德尔维希（Dervish）士兵。这是迄今为止非洲最大规模、最好战的军事力量。英国军队得到了 10 艘配备有快速火炮以及马克西姆机枪和诺登菲尔德机枪的炮舰支援。一场交锋之后，丘吉尔写道：“炮舰上的损失仅限于一名苏丹裔士兵因伤死亡以及很少几处可以忽略不计的损害。而对阿拉伯人遭屠杀的人数则有着多种估计，一项统计数字认为多达 1 000 人，我认为至少一半的数量应该不算夸张。”[119] 当逼近恩图曼（Omdurman）时，哈里发阿卜杜拉（Abdullah）将他全部的军队都投入了战斗，试图将英埃联军逼入河中。然而，入侵者不仅在武器装备上优于哈里发的军队，他们还有布列在河岸边的炮舰支持。丘吉尔写道：

> 关键时刻，炮舰来到了现场，船上的马克西姆机枪、快速火炮和来复枪突然开火，令对手猝不及防。射程虽短却收效巨大。这台可怕的机器在水面上优雅地漂浮着——一个美丽的恶魔——身旁烟雾缭绕。科莱里（Kerreri）山麓的岸坡上挤了数千名冲锋的士兵，尘土碎石一片飞扬，冲过来的德尔维希士兵倒下后挤成一堆，后续的大部队停了下来，犹豫不决。即便对

他们而言，这场痛击也是难以承受的。[120]

216 这场战争过后，德尔维希人死亡超过 9 000 人，伤者很可能是这个数字的两倍。而英埃联军只有 48 人死亡，428 人受伤。丘吉尔再次写道："恩图曼战役就此结束——这是一次科学武器对野蛮人最具标志性的胜利。在五个小时的时间里，最强大、装备最好的野蛮人军队在与现代欧洲力量的对抗中被摧毁和驱散。而这场胜利对我们来说甚至不费吹灰之力，既没遇到多少风险，也没遭受什么损失。"[121]

小　结

历史不是科学。历史学家不能采用科学方法，为检验一个假设而改变一个变量，同时保持另一个变量不变。在每一个历史事件中都有很多变量去影响最后的结果。我们几乎找不到两个历史事件大多数条件都一致，只有有限的几个条件不同，从而可以很方便地提取出尝试性结论的情况。但有一个近似的例子，那就是同时发生在1840—1842 年、由同一位主角挑起的鸦片战争和第一次英阿战争。

这两场战争的动机是相似的，那就是东印度公司及其驻印度总督奥克兰勋爵的扩张主义，以及他们想把英国文明和自由贸易强加于桀骜不驯的亚洲人身上的愿望。当然，军事领导人的能力及英国的支持程度等细节有所不同，但最受瞩目的还是相关技术之间的对比。在阿富汗，印度军队依靠骆驼穿越高山和沙漠，他们的大炮威力不足，轻型武器也不比阿富汗人的更强，其面对阿富汗人时的优势甚至还不如 300 年前征服印度的莫卧儿王朝创建者巴布尔。在 1841 年到达喀布尔的 16 000 名英军和印度士兵中，只有 161 人幸存。这是自美国独立以后英帝国历史上最耻辱的一次失败。[122]对骄
傲的英帝国来说，幸运的是，这次失败的消息被鸦片战争的胜利掩 217
盖了。

相比于其他因素，蒸汽机船的使用更能为这两场战争截然不同的结果给出解释。在中国，河流和浅滩长期以来一直阻碍着欧洲人的前进，而轮船突破了这一生态屏障。同样，在欧裔美国人征服和定居美国中西部以及欧洲人征服缅甸、红海、撒哈拉以南非洲等许多传统帆船无法到达的地区时，蒸汽机船是他们的无价之宝。而汽船还仅仅是组成新技术体系的三名成员之一，正是这一新技术体系，才使得 19 世纪后期的新帝国主义扩张变得更为快速而轻易。另外两名成员——医学和武器的进步，我将在随后的两章中进行介绍。

注　　释

1 Macgregor Laird and R. A. K. Oldfield, *Narrative of an Expedition into the Interior of Africa, by the River Niger, in the Steam-Vessels Quorra and Alburkah, in 1832, 1833, and 1834*, 2 vols. (London: Richard Bentley, 1837), vol. 2, pp. 397 - 398.

2 Nabil-i-Azam, *The Dawn-Breakers: Nabil's Narrative of the Early Days of the Baha'i Revelation*, trans. and ed. Shogi Effendi (New York: Baha'i Publishing Committee, 1932), p. 131.

3 关于那些没能推动蒸汽船的很多创意和计划，可参阅：Philip H. Spratt, *The Birth of the Steamboat* (London: C. Griffin, 1958), pp. 17 - 20.

4 关于汽船，可参阅：前引书；James T. Flexner, *Steamboats Come True: American Inventors in Action* (New York: Viking, 1944); Michel Mollat, ed., *Les origines de la navigation à vapeur* (Paris: Presses Universitaires de France, 1970).

5 关于富尔顿，可参阅：Kirkpatrick Sale, *The Fire of His Genius: Robert Fulton and the American Dream* (New York: Free Press, 2001).

6 Louis C. Hunter, *Steamboats on the Western Rivers: An Economic and Technological History* (Cambridge, Mass.: Harvard University Press, 1949), pp. 8 - 12; Carl Daniel Lane, *American Paddle Steamboats* (New York: Coward-McCann, 1943), p. 30.

7 James Hall, *The West: Its Commerce and Navigation* (Cincinnati: H. W. Derby, 1848), pp. 123 - 126; Sale, *Fire of His Genius*, p. 188; Lane, *American Paddle Steamboats*, pp. 32 - 33; Flexner, *Steamboats Come True*, pp. 344 - 345; Hunter, *Steamboats*, pp. 13, 62, 122 - 133.

8 Sale，*Fire of His Genius*，pp. 188 - 194.

9 Hunter，*Steamboats*，p. 61. 美国国会对数量惊人的汽船锅炉爆炸事件变得非常关注，甚至通过了一项《保护全部或部分由蒸汽推动的船舶乘客生命安全法》。参见：*Congressional Globe*，25th Cong.，2nd Sess.，vol. 6，no. 9 (February 5，1838).

10 Sale，*Fire of His Genius*，p. 194.

11 同前引，pp. 188 - 189.

12 同前引，p. 190.

13 Hiram M. Chittenden，*History of Early Steamboat Navigation on the Missouri River：Life and Adventures of Joseph La Barge* (New York：Harper，1903)，vol. 2，pp. 382 - 383；William John Petersen，*Steamboating on the Upper Mississippi* (Iowa City：State Historical Society of Iowa，1968)，pp. 80 - 88；Hunter，*Steamboats*，p. 552；Hall，*The West*，p. 128.

14 Hunter，*Steamboats*，p. 552.

15 1819 年 5 月《尼尔斯记事报》(*Niles Register*) 上的一封信，转引自：Robert G. Athearn，*Forts of the Upper Missouri* (Englewood Cliffs，N. J.：Prentice-Hall，1967)，p. 4.

16 Henry Atkinson，*Wheel Boats on the Missouri：The Journals and Documents of the Atkinson-O'Fallon Expedition，1824—1826*，ed. Richard Jensen and James Hutchins (Helena：Montana Historical Society Press，and Lincoln：Nebraska Historical Society Press，2001)；Petersen，*Steamboating on the Upper Mississippi*，pp. 90 - 105.

17 Petersen，*Steamboating on the Upper Mississippi*，pp. 175 - 176.

18 R. G. Robertson，*Rotting Face：Smallpox and the American Indian* (Caldwell，Idaho：Caxton Press，2001)，pp. 240 - 242.

19 Harry S. Drago, *The Steamboaters* (New York: Dodd, Mead, 1967), p. 120; Chittenden, *Early Steamboat Navigation*, vol. 2, pp. 383－384; Carlos A. Schwantes, *Long Day's Journey: The Steamboat and Stagecoach Era in the Northern West* (Seattle: University of Washington Press, 1999), chapters 1－4; Chittenden, *Early Steamboat Navigation*, vol. 2, pp. 384－385.

20 Joseph M. Hanson, *The Conquest of the Missouri: The Story of the Life and Exploits of Captain Grant Marsh* (Mechanicsburg, Pa.: Stackpole Books, 2003), pp. 61－68.

21 Hanson, *Conquest of the Missouri*, pp. 51－54; Drago, *The Steamboaters*, pp. 121－122.

22 Chittenden, *Early Steamboat Navigation*, vol. 2, pp. 386－393; Hanson, *Conquest of the Missouri*, pp. 301－306.

23 Hanson, *Conquest of the Missouri*, pp. 66, 71. 令人吃惊的是，2003年出版的一部著作居然仍将印第安人称为“敌人”和“野蛮人”。

24 Drago, *The Steamboaters*, p. 122.

25 George Henry Preble, *A Chronological History of the Origin and Development of Steam Navigation*, 2nd ed. (Philadelphia: L. R. Hamersley, 1895), p. 125. 塞尔（Sale, *Fire of His Genius*, p. 196）认为到1838年，美国已经累计建造了1 600艘蒸汽机船，其中500艘已经失去或损坏。美国人对交通工具的喜爱也并未终止于汽船，在19世纪晚些时候，美国人又修建了超过全世界其他地区合计里程的铁路；再后来，又制造了超过世界其他地区合计数量的汽车和飞机。

26 Henry T. Bernstein, *Steamboats on the Ganges: An Exploration in the History of India's Modernization through Science and Technology* (Bombay: Orient Longmans, 1960), p. 28; Gerald S. Graham, *Great Britain in the*

Indian Ocean: A Study of Maritime Enterprise, 1810—1850 (Oxford: Clarendon Press, 1968), p. 352; H. A. Gibson-Hill, "The Steamers Employed in AsianWater, 1819—1839," *Journal of the Royal Asiatic Society, Malayan Branch* 27, pt. 1 (May 1954), pp. 121 - 122.

27 Satpal Sangwan, "Technology and Imperialism in the Indian Context: The Case of Steamboats, 1819—1839," in Theresa Meade and Mark Walker, eds., *Science, Medicine and Cultural Imperialism* (New York: St. Martin's, 1991), p. 63.

28 Christopher Lloyd, *Captain Marryat and the Old Navy* (London and New York: Longmans Green, 1939), pp. 211 - 217; Colonel W. F. B. Laurie, *Our Burmese Wars and Relations with Burma: Being an Abstract of Military and Political Operations, 1824—1826, and 1852—1853* (London: W. H. Allen, 1880), pp. 71 - 72; D. G. E. Hall, *Europe and Burma: A Study of European Relations with Burma to the Annexation of Thibaw's Kingdom, 1886* (London: Oxford University Press, 1945), p. 115; Gibson-Hill, "Steamers Employed in Asian Water," pp. 127 - 136; Graham, *Great Britain*, pp. 346 - 357.

29 关于恒河上的蒸汽机船，可参阅：Bernstein, *Steamboats on the Ganges*; A. J. Bolton, *Progress of Inland Steam-Navigation in North-East India from 1832* (London, 1890, in India Office Library P/T 1220); J. Johnson, *Inland Navigation on the Gangetic Rivers* (Calcutta: Thacker, Spink, 1947).

30 Jean Fairley, *The Lion River: The Indus* (New York: Allen Lane, 1975), pp. 222 - 225; V. Nicholas, "The Little *Indus* (1833—1837)," *Mariner's Mirror* 31 (1945), pp. 210 - 222; Victor F. Millard, "Ships of India, 1834—1934," *Mariner's Mirror* 30 (1944), pp. 144 - 145.

31 Halford L. Hoskins, *British Routes to India* (London and New York:

Longmans Green, 1928), pp. 86 - 87.

32 Ghulam Idris Khan, "Attempts at Swift Communication between India and the West before 1830," *Journal of the Asiatic Society of Pakistan* 16, no. 2 (August 1971), pp. 120 - 121; Sarah Searight, *Steaming East: The Hundred Year Saga of the Struggle to Forge Rail and Steamship Links between Europe and India* (London: Bodley Head, 1991), pp. 22 - 29; Hoskins, *British Routes to India*, pp. 89 - 96; Gibson-Hill, "Steamers Employed in Asian Water," pp. 122, 134 - 135.

33 John Rosselli, *Lord William Bentinck: The Making of a Liberal Imperialist, 1774—1839* (Berkeley: University of California Press, 1974), p. 292.

34 Khan, "Attempts at Swift Communication," pp. 121 - 136.

35 Searight, *Steaming East*, p. 47; Khan, "Attempts at Swift Communication," pp. 139 - 149; Hoskins, *British Routes to India*, pp. 97 - 117, 183 - 185.

36 Thomas Love Peacock, "Memorandum on Steam Navigation in India, and between Europe and India; December 1833," appendix 2 of "Report from the Select Committee on Steam Navigation to India with the Minutes of Evidence, Appendix and Index," in Great Britain, House of Commons, *Parliamentary Papers* 1834 (478.) XIV, pp. 620 - 623; Millard, "Ships of India," p. 144; Khan, "Attempts at Swift Communication," pp. 150 - 157; Hoskins, British Routes to India, pp. 101 - 109; Gibson-Hill, "Steamers Employed in Asian Water," pp. 147 - 150.

37 Hoskins, *British Routes to India*, pp. 110 - 125.

38 Great Britain, House of Commons, "Report from the Select Committee on Steam Navigation to India," pp. 369 - 609.

39 关于皮科克对汽船航行的兴趣，可参阅：Herbert Francis Brett-Smith and C. E. Jones, eds., *The Works of Thomas Love Peacock*, 10 vols., vol. 1:

Biographical Introduction and Headlong Hall (London and New York: Constable, 1924), pp. clviii-clx; Felix Felton, *Thomas Love Peacock* (London: Allen and Unwin, 1973), pp. 229 - 231; A. B. Young, "Peacock and the Overland Route," *Notes and Queries*, 10th ser., 190 (August 17, 1907), pp. 121 - 122; Sylva Norman, "Peacock in Leadenhall Street," in Donald H. Reiman, ed., *Shelley and His Circle* (Cambridge, Mass.: Carl H. Pforzheimer Library, 1973), p. 712.

40 "Report of the Select Committee" (1834), pt. 2, pp. 9 - 10.

41 俄国也担心当时英国的盟友奥斯曼帝国会关闭博斯普鲁斯海峡，禁止俄国敖德萨的粮食出口。参见：Searight, *Steaming East*, p. 51.

42 Francis Rawdon Chesney, *Narrative of the Euphrates Expedition Carried on by Order of the British Government during the Years 1835, 1836, and 1837* (London: Longmans Green, 1868), vol. 1, pp. 4 - 6; Searight, *Steaming East*, pp. 51 - 55; Brett-Smith and Jones, *Works of Thomas Love Peacock*, vol. 1, pp. clxi-clxi; Hoskins, *British Routes to India*, pp. 150 - 151.

43 Stanley Lane-Poole, ed., *The Life of the Late General F. R. Chesney, Colonel Commandant, Royal Artillery* (London: W. H. Allen, 1885), pp. 258 - 270.

44 Chesney, *Narrative*, vol. 1, pp. 145 - 146.

45 "Report of the Select Committee" (1834), pt. 2, pp. 16 - 24.

46 关于莱尔德家族和他们的工厂，可参阅：Cammell Laird and Company (Shipbuilders and Engineers) Ltd., *Builders of Great Ships* (Birkenhead, 1959), pp. 9 - 12; Stanislas Charles Henri Laurent Dupuy de Lôme, *Mémoire sur la construction des bâtiments en fer, adressé à M. le ministre de la marine et des colonies* (Paris: A. Bertrand, 1844), p. 6.

47 "Report of the Select Committee" (1834), pt. 2, pp. 56 - 67.

48 Great Britain, House of Commons, "An Estimate of the Sum required for the purpose of enabling His Majesty to direct that trial may be made of an Experiment to communicate with India by Steam Navigation. Twenty Thousand Pounds; Clear of Fees and All Other Deductions," in *Parliamentary Papers* 1834 (492.) XLII, p. 459; Hoskins, *British Routes to India*, pp. 159 - 160; Searight, *Steaming East*, p. 60.

49 Chesney, *Narrative*, vol. 1, pp. ix, 150 - 154; Cammell Laird, *Builders of Great Ships*, p. 14; Searight, *Steaming East*, p. 60.

50 关于这次探险的一个很好的简介，可参阅：Searight, *Steaming East*, pp. 61 - 70.

51 Great Britain, House of Commons, "Report from the Select Committee on Steam Navigation to India, with the Minutes of Evidence, Appendix, and Index," in *British Sessional Papers*, *House of Commons* (1837), vol. 6, pp. 361 - 617.

52 Letter dated June 8, 1832, to R. Campbell, in *The Correspondence of Lord William Cavendish Bentinck, Governor - General of India, 1828—1835*, ed. C. H. Philips (New York: Oxford University Press, 1977), pp. 831 - 832.

53 Arthur B. Young, *The Life and Novels of Thomas Love Peacock* (Norwich: A. H. Goose, 1904), p. 28; Henry Cole, ed., *The Works of Thomas Love Peacock*, 3 vols. (London: R. Bentley and Sons, 1875), vol. 1, p. xxxvii; Carl Van Doren, *The Life of Thomas Love Peacock* (London and New York: E. P. Dutton, 1911), pp. 218 - 219; Hoskins, *British Routes to India*, pp. 210 - 218; Rosselli, *Lord William Bentinck*, pp. 285 - 292.

54　Great Britain, House of Commons, "Estimate of the Sum required for an Experiment to Communicate with India by Steam Navigation," *Parliamentary Papers* 1837 (445.), 1837—1838 (313.), 1839 (142-Ⅵ), and 1840 (179-Ⅳ).

55　Hoskins, *British Routes to India*, pp. 193 - 194, 211 - 226; Gibson-Hill, "Steamers Employed in Asian Water," p. 135; Millard, "Ships of India," pp. 144 - 148.

56　半岛东方邮轮公司早期的历史，可参阅：Hoskins, *British Routes to India*, pp. 242 - 263; Daniel Thorner, *Investment in Empire: British Railway and Steam Shipping Enterprise in India, 1825—1849* (Philadelphia: University of Pennsylvania Press, 1950), pp. 32 - 39.

57　Frederick M. Hunter, *An Account of the British Settlement of Aden* (London: Trübner, 1877), p. 165; Robert L. Playfair, *A History of Arabia Felix or Yemen, from the Commencement of the Christian Era to the Present Time: Including an Account of the British Settlement of Aden* (Byculla: Education Society, 1859), p. 161.

58　Harvey Sicherman, *Aden and British Strategy, 1839—1868* (Philadelphia: Foreign Policy Institute, 1972), pp. 7 - 9.

59　Thomas E. Marston, *Britain's Imperial Role in the Red Sea Area, 1800—1878* (Hamden, Conn.: Shoe String Press, 1961), pp. 37 - 38.

60　Sicherman, *Aden and British Strategy*, p. 10.

61　同前引，p. 13.

62　同前引，pp. 11 - 13; Hunter, *An Account*, p. 165; Playfair, *History of Arabia Felix or Yemen*, pp. 162 - 163; Marston, *Britain's Imperial Role*, pp. 55 - 69.

63 Searight, *Steaming East*, p. 71.

64 Sir Charles Napier, *The War in Syria*, 2 vols. (London: J. W. Parker, 1842), vol. 2, p. 184.

65 E. Backhouse and J. O. P. Bland, *Annals and Memoirs of the Court of Peking* (Boston: Houghton Mifflin, 1914), p. 323.

66 Gerald S. Graham, *The China Station: War and Diplomacy, 1830—1860* (Oxford: Clarendon Press, 1978), p. 8.

67 Preble, *Chronological History*, pp. 143 - 145; Gibson-Hill, "Steamers Employed in Asian Water," pp. 122, 153 - 156; Arthur Waley, *The Opium War through Chinese Eyes* (London: Allen and Unwin, 1958), pp. 105 - 106.

68 K. M. Panikkar, *Asia and Western Dominance* (New York: Collier Books, 1969), p. 97.

69 Hosea Ballou Morse, *The International Relations of the Chinese Empire* (Taipei: Ch'eng Wen Publisher, 1971), vol. 1, p. 135.

70 William H. Hall and William D. Bernard, *The Nemesis in China*, 3rd ed. (London: H. Colburn, 1846), pp. 1 - 2.

71 John Gallagher and Ronald Robinson, "The Imperialism of Free Trade," *Economic History Review* 6, no. 1 (1955), pp. 1 - 16.

72 Hall and Bernard, *Nemesis in China*, p. 2.

73 Edith Nicholls, "A Biographical Notice of Thomas Love Peacock, by his granddaughter," in Cole, *Works of Thomas Love Peacock*, vol. 1, pp. xlii-xliii; Brett-Smith, *Works of Thomas Love Peacock*, vol. 1, p. clxxi.

74 关于“复仇女神号”的完整介绍，可参阅：Hall and Bernard, *Nemesis in China*, pp. 1 - 12.

75 "Hall, Sir William Hutcheon," in *Dictionary of National Biography*,

vol. 8, pp. 978 - 979; "William Hutcheon Hall," in William R. O'Byrne, *A Naval Biographical Dictionary: Comprising the Life and Services of Every Living Officer in Her Majesty's Navy, from the Rank of Admiral of the Fleet to That of Lieutenant, Inclusive* (London: J. Murray, 1849), pp. 444 - 446.

76 Secret draft from Sir John Hobhouse to Viscount Palmerston, February 27, 1840, in India Office Records, L/P & S/3/6, p. 167.

77 Sir George Eden, Lord Auckland, to Sir John Cam Hobhouse, member of the Board of Control of the East India Company, Simla, April 1, 1839, in Broughton Papers, British Museum, Add. MS 36, 473, p. 446.

78 Hall and Bernard, *Nemesis in China*, p. 6.

79 *The Times*, March 30, 1840, p. 7; Peter Ward Fay, *The Opium War, 1840—1842: Barbarians in the Celestial Empire in the Early Part of the Nineteenth Century and the War by Which They Forced Her Gates Ajar* (Chapel Hill: University of North Carolina Press, 1975), p. 261.

80 《船务公报》的报道，另见：*The Nautical Magazine and Naval Chronicle* 9 (1840), pp. 135 - 136.

81 Letter no. 122 from Auckland to the Secret Committee of the East India Company, Calcutta, November 13, 1840, in India Office Records L/P & S/5/40; Hall and Bernard, *Nemesis in China*, pp. 18, 61.

82 Waley, *The Opium War*, p. 105.

83 Lo Jung-Pang, "China's Paddle-Wheel Boats: Mechanized Craft Used in the Opium War and their Historical Background," *Tsinghua Journal of Chinese Studies*, n. s., no. 2 (1960), p. 191; William Hutton to *Nautical Magazine* 12 (1843), p. 346.

84 G. R. G. Worcester, "The Chinese War-Junk," *Mariner's Mirror* 34

(1948), p. 22.

85 John Lang Rawlinson, *China's Struggle for Naval Development, 1839—1895* (Cambridge, Mass.: Harvard University Press, 1967), pp. 3 - 17; Jack Beeching, *The Chinese Opium Wars* (New York: Harcourt Brace Jovanovich, 1975), pp. 51 - 52; Fay, *The Opium War*, pp. 272 - 273.

86 Captain W. H. Hall to Thomas Love Peacock, Canton, May 1841, in India Office Records, L/P & S/9/7, pp. 59 - 60, 61 - 82; Fay, *The Opium War*, pp. 264 - 290.

87 John Ochterlony, *The Chinese War: An Account of All the Operations of the British Forces from the Commencement to the Treaty of Nanking* (1842; reprint, New York: Praeger, 1970), pp. 98 - 99.

88 Lo, "China's Paddle-Wheel Boats," pp. 194 - 200; Rawlinson, *China's Struggle*, pp. 19 - 21. 在被汽船取代之前，密西西比-密苏里河地区也曾使用过人力驱动的明轮船。

89 G. R. G. Worcester, "The First Naval Expedition on the Yangtze River, 1842," *Mariner's Mirror* 36, no. 1 (January 1950), p. 2.

90 Samuel Ball to George W. S. Staunton, February 20, 1840, in India Office Records, L/P & S/9/1, p. 519.

91 关于1842年战争中使用的汽船，可参阅：Charles R. Low, *History of the Indian Navy (1613—1863)* (London: R. Bentley, 1877), vol. 2, pp. 140 - 146; Edgar Charles Smith, *A Short History of Naval and Marine Engineering* (Cambridge: Cambridge University Press, 1938), p. 114; Fay, *The Opium War*, pp. xv-xxi, 313, 341; Gibson-Hill, "Steamers Employed in Asian Water," pp. 121, 128; Preble, *Chronological History*, p. 190.

92 Hall and Bernard, *Nemesis in China*, pp. 322 - 326; Lo, "China's

Paddle-Wheel Boats," pp. 189－193； Fay，*The Opium War*，pp. 349－350； Worcester，"The Chinese War-Junk," p. 3.

93　Lo，"China's Paddle-Wheel Boats," pp. 189－190.

94　Ochterlony，*The Chinese War*，pp. 331－335； Fay，*The Opium War*，pp. 351－355； Worcester，"The Chinese War-Junk," p. 8； Graham，*China Station*，pp. 214－224.

95　P. J. Cain and Anthony G. Hopkins，*British Imperialism，1600—2000*，2nd ed.（Harlow and New York：Longman，2002），pp. 288，362－363； Ronald Findlay and Kevin H. O'Rourke，*Power and Plenty：Trade，War，and the World Economy in the Second Millennium*（Princeton：Princeton University Press，2007），pp. 388－389.

96　Rawlinson，*China's Struggle*，pp. 30－32.

97　Richard N. J. Wright，*The Chinese Steam Navy，1862—1945*（London：Chatham，2000），pp. 14，20； Rawlinson，*China's Struggle*，pp. 32－35.

98　Paul Mmegha Mbaeyi，*British Military and Naval Forces in West African History，1807—1874*（New York：Nok Publishers，1978），p. 60； K. Onwuka Dike，*Trade and Politics in the Niger Delta，1830—1885：An Introduction to the Economic and Political History of Nigeria*（Oxford：Clarendon Press，1956），p. 15.

99　Dike，*Trade and Politics in the Niger Delta*，p. 18.

100　Laird and Oldfield，*Narrative of an Expedition*，vol. 1，p. vi.

101　同前引，vol. 1，pp. 2－9； Dike，*Trade and Politics in the Niger Delta*，pp. 18，62－63； Christopher Lloyd，*The Search for the Niger*（London：Collins，1973），pp. 131－141； "Laird，Macgregor，" in *Dictionary of National Biography*，vol. 11，pp. 407－408.

102 Philip D. Curtin, *The Image of Africa: British Ideas and Actions, 1780—1850* (Madison: University of Wisconsin Press, 1964), pp. 298, 308; Lloyd, *Search for the Niger*, p. 152.

103 William Allen (Captain, R. N.) and T. R. H. Thomson (M. D., R. N.), *A Narrative of the Expedition Sent by Her Majesty's Government to the River Niger, in 1841, under the Command of Captain H. D. Trotter, R. N.* (London: Richard Bentley, 1848), 2 vols.; "Mr Airy, Astronomer-Royal, on the Correction of the Compass in Iron-Built Ships," *United Service Journal and Naval and Military Magazine* (London), pt. 2 (June 1840), pp. 239 - 241; Lloyd, *Search for the Niger*, p. 150.

104 William Balfour Baikie, *Narrative of an Exploring Voyage up the Rivers Kwóra and Bínue (commonly known as the Niger and Tsádda) in 1854* (London, 1855; reprint, London: Cass, 1966); Thomas J. Hutchinson, *Narrative of the Niger, Tshadda, and Binuë Exploration; Including a Report on the Position and Prospects of Trade up Those Rivers, with Remarks on the Malaria and Fevers of Western Africa* (London, 1855; reprint, London: Cass, 1966), pp. 8 - 9.

105 A. C. G. Hastings, *The Voyage of the Dayspring: Being the Journal of the Late Sir John Hawley Glover, R. N., G. C. M. G., Together with Some Account of the Expedition up the Niger River in 1857* (London: J. Lane, 1926); Dike, *Trade and Politics in the Niger Delta*, p. 169; Mbaeyi, *British Military and Naval Forces*, pp. 123 - 124.

106 Ronald Robinson and John Gallagher with Alice Denny, *Africa and the Victorians: The Climax of Imperialism* (New York: St. Martin's,

1961), p. 37; Lloyd, *Search for the Niger*, pp. 128 - 130, 199; Glover, *Voyage of the Dayspring*, pp. 16 - 20.

107　Geoffrey L. Baker, *Trade Winds on the Niger: The Saga of the Royal Niger Company, 1830—1970* (London and New York: Radcliffe Press, 1996), pp. 4 - 5.

108　Alfred F. Yarrow, "The Screw as a Means of Propulsion for Shallow Draught Vessels," *Transactions of the Institution of Naval Architects* 45 (1903), pp. 106 - 117.

109　Baker, *Trade Winds on the Niger*, pp. 12 - 29; Dike, *Trade and Politics in the Niger Delta*, pp. 205 - 207.

110　Robert V. Kubicek, "The Colonial Steamer and the Occupation of West Africa by the Victorian State, 1840—1900," *Journal of Imperial and Commonwealth History* 18, no. 1 (January 1990), pp. 16 - 26; Obaro Ikime, *The Fall of Nigeria: The British Conquest* (London: Heinemann, 1977), pp. 105 - 110; D. J. M. Muffett, *Concerning Brave Captains: Being a History of the British Occupation of Kano and Sokoto and the Last Stand of the Fulani Forces* (London: A. Deutsch, 1964), pp. 284 - 285; Dike, *Trade and Politics in the Niger Delta*, p. 212.

111　Donald R. Wright, *The World and a Very Small Place in Africa: A History of Globalization in Niumi, the Gambia*, 2nd ed. (Armonk, N. Y.: M. E. Sharpe, 2004), chapters 2 - 5.

112　Douglas Porch, *Wars of Empire* (London: Cassell, 2000), p. 117; Mbaeyi, *British Military and Naval Forces*, pp. 73, 80 - 83, 116 - 117, 133 - 134; Wright, *The World*, pp. 136 - 137; Kubicek, "Colonial Steamer," pp. 12 - 14.

113 André Lederer, *Histoire de la navigation au Congo* (Tervuren: Musée Royal de l'Afrique Centrale, 1965), pp. 11 - 20; Harry H. Johnston, *George Grenfell and the Congo* (London: Hutchinson, 1908), pp. 97 - 100.

114 Lederer, *Histoire de la navigation au Congo*, p. 95.

115 同前引, pp. 130, 137.

116 Richard Thornton, *The Zambezi Papers of Richard Thornton, Geologist to Livingstone's Zambezi Expedition* (London: Chatto and Windus, 1963), pp. 243 - 244, 296; Alexander J. Hanna, *The Beginnings of Nyasaland and North-Eastern Rhodesia, 1859—1895* (Oxford: Clarendon Press, 1956), pp. 13 - 14.

117 Alexander S. Kanya-Forstner, *The Conquest of the Western Sudan: A Study in French Military Imperialism* (Cambridge: Cambridge University Press, 1969), pp. 75 - 135.

118 A. de Salinis, *La marine au Dahomey: Campagne de "La Naïade" (1890—1892)* (Paris: Sanard, 1910), pp. 117 - 139, 301; *Luc Garcia*, *Le royaume du Dahoméface à la pénétration coloniale* (Paris: Karthala, 1988), pp. 150 - 162; David Ross, "Dahomey," in Michael Crowder, ed., *West African Resistance: The Military Response to Colonial Occupation* (London: Hutchinson, 1971), pp. 158 - 159.

119 Winston S. Churchill, *The River War: An Account of the Reconquest of the Soudan* (1933; New York: Carroll and Graf, 2000), pp. 205 - 206.

120 同前引, p. 274.

121 同前引, p. 300.

122　James A. Norris, *The First Afghan War, 1838—1842* (Cambridge: Cambridge University Press, 1967); John H. Waller, *Beyond the Khyber Pass: The Road to British Disaster in the First Afghan War* (New York: Random House, 1990).

第六章　健康、医药与新帝国主义（1830—1914）

226　我们公正地赞扬科学在 19 世纪和 20 世纪初对传染病的征服，但是，由于它是发生在帝国主义扩张的大背景下，这一成就并非是为全人类服务的。在某些情况下，西方医学和公共卫生的目标纯粹是针对本国国内的，它们在非西方世界所产生的效果则是出于偶然。可以说，医学和公共卫生方面的进步是为了回应帝国主义的需要，或者说，正是帝国主义产生的后果。通常，这些进步使帝国建设和殖民主义的推行变得更加容易，代价更低。在热带非洲，这使得欧洲人有能力进入几个世纪以来的禁区。在这之后——在有些地区则是百年之后——这些医疗卫生方面的进步才惠及殖民地的土著居民。

19 世纪医药及公共卫生的历史可以划分为三个时代，当然其中有大量重叠的部分。第一个时代是基于体液病理学理论的传统欧洲医学时代。第二个时代是 19 世纪中期，实验的重要性日益上升，同时利用统计学来梳理疾病与其发生的环境之间的关系。在 19 世纪晚期和 20 世纪初的第三个时代，一种新的对待疾病的科学方法将医学和公共卫生转变成了沿用至今的有效（然而也受到很多批评）的实践。

19 世纪早期的医药与非洲

直到进入 19 世纪相当长一段时间，医学还是一门艺术而不是科学，对健康的建议也还是文学的一个分支。在初版于 1813 年的畅销书《热带气候……对欧洲人体质的影响》（*The Influence of* 227
Tropical Climate…on European Constitutions）中，詹姆斯·约翰逊（James Johnson）建议英国人到热带地区要穿法兰绒衣服或羊毛衣服，吃大量蔬菜，避免过度饮酒、锻炼和“激情”。他的建议完全是基于逸事、个人观点以及莎士比亚和一些拉丁语作家的语录而给出的。[1]

体液病理学是当时的内科医生广泛接受的理论，认为疾病是由体液失衡引起的，而最好的治疗方法就是重新平衡这些体液。对那些被“发烧”击倒的人，医生们（比如著名的美国医生本杰明·拉什）开出的药方是大量放血以及服用可观剂量的甘汞——一种会让病人流涎的汞化合物。[2]这种治疗导致的失血过多和脱水造成了很多不必要的死亡。[3]

在 19 世纪早期，医学科学并没有清楚地区分出各种各样的“发烧”。[4]发烧不由病因区分，而是由症状区分。于是，引起频繁发烧的疾病就叫作“弛张热”（Remittent）；每隔一天就会复发的叫作“间日热”（Tertian）；每隔三天发作一次，一次持续两天的叫作“四日热”（Quartan）。发烧的原因未知，但推测甚多。19 世纪早期最流行的医学思想之一是瘴气理论（Miasmatic Theory），它将疾病归咎于沼泽或土壤中腐烂物质产生的瘴气或腐败气体，在土壤翻耕时被释放出来。因此，疟疾的英文名字（Malaria）来源于意大利语 *mal'aria*，也就是“不良空气”，法国人称它为 *paludisme*，来源于拉丁词语“沼泽”。疟疾还经常与伤寒、黄热病和其他疾病相混淆。因此毫不奇怪，预防它的措施同样是错的。人们相信夜晚待在室内并紧闭窗户隔绝室外空气就可以起到预防的作用。另外它与沼泽的联系也使许多人得出结论：高海拔地区是安全的，避免得病就需要上岸后快速迁移到非洲的干燥地区。没有人将疟疾（或任何其他疾病）与蚊虫联系起来。

相反，传染病理论则认为疾病是通过人与人之间的接触传播
228 的。与瘴气理论一样，传染病理论也存在了很长时间。文艺复兴时期在鼠疫和天花流行期间对病人采用隔离的方法正是基于传染病理论的思想。然而，寻根究底的医生们有时会得出错误的结论。在 1822 年巴塞罗那暴发黄热病之后，一些与病人没有接触过的人也病倒了，医学专家于是对传染病理论产生了怀疑，并主张废除隔离检疫。[5]

医药学从民间技艺到实证实践的第一个转变出现在19世纪初，与统计学的应用以及欧洲帝国主义在非洲的拓展密切相关。医学数据统计可以追溯到17世纪晚期，当时约翰·格朗特（John Graunt）和威廉·配第（William Petty）收集了伦敦教区的死亡率数据，以追踪鼠疫和其他流行病的发病率。但作为科学研究的工具，统计学直到19世纪初才正式成形。[6]

1820年代，欧洲人认识到他们在非洲的死亡率要远高于在美洲加勒比或世界其他任何地区的死亡率。流行病学的新统计方法是法国和比利时更广义的“社会物理学”以及英国统计运动的一个组成部分。[7]1840年，《联合服役期刊和海军与军事杂志》（*The United Service Journal and Naval and Military Magazine*）发表了一篇关于驻西非的英国军队和1823—1836年从那里返回的士兵的疾病和死亡率统计分析。结论令人吃惊：在非洲服役的人中有97%的人要么死亡，要么因伤病而退役。[8]

随着这一知识进入官方层面，英国也开始重新考虑其在该地区的介入。1830年，下议院的一个特别委员会建议将驻非的白人军队规模减小到最低限度，用非洲或西印度群岛的黑人士兵来代替。这样，在西非的英国白人数量降到了200人以下，这是一个世纪以来乃至未来一定时期里的最低水平。那些留下来的人也都迁到山区高地，他们相信海拔高度才能保护他们免受疾病的攻击。[9]出于同样的原因，法国也减少了在塞内加尔的驻军。[10]欧洲对非洲的兴趣似乎减弱了。

但事实并非如此。相反，在1830年代和1840年代，人们重新

229 燃起对非洲的兴趣，尤其是在英国，当然法国也是如此。英国奴隶贸易的终结和传送宗教福音热情的高涨，为那些希望将基督教带给非洲的人打开了大门。比如圣公会差会这样的海外传教组织的成员，尽管他们的死亡率与商人和士兵一样高，但许多人相信，如菲利普·柯廷（Philip Curtin）所说："上帝会拯救那些去非洲为他做工作的人。"[11]商业利益也参与其中。正如第五章中麦格雷戈·莱尔德所提到的，"那些将中部非洲的开放视为英国商人事业和资本的人"，以及"那些……将提升……人民素质视为己任的人……更加接近创造万物的上帝"。[12]像莱尔德这样的商人们认为，一旦奴隶贸易消失，基督教和新的所谓"合法"贸易形式就会蓬勃发展。

法国人被传教士热情煽动的程度远不如英国人，但为了与英国人竞争，他们也增加了从塞内加尔到加蓬的驻军。于是，在葡萄牙的航海家亨利派遣第一艘船出大西洋驶向几内亚海岸的 400 年之后，一股新的欧洲帝国主义浪潮再次直指非洲。

促使英国人对非洲重燃兴趣的动机在 1841 年的尼日尔河探险中达到了顶峰。从地理学角度来看，这次探险是成功的，"阿尔伯特号"完成了对尼日尔河及其支流的考察任务。但从医学角度来看这就是一场灾难，在进入尼日尔河的 159 名欧洲人当中，48 人在头两个月内死亡，55 人在探险队返回英国之前死亡。其中绝大多数人死于疟疾或对高烧采取的治疗手段。[13] 1843 年，这份令人心情沉重的研究报告由此次探险的高级医疗官詹姆斯·奥米斯顿·麦克威廉（James Ormiston M'William）发表，题为《1841—1842 年远征尼日尔河以及高烧导致此次行动戛然而止的医学记录》（*Medical*

History of the Expedition to the Niger during the Years 1841—1842 Comprising An Account of the Fever Which Led to Its Abrupt Termination）。[14]

奎宁预防法的发现

就在这时，一种新的应对热带发热病的方法出现了：奎宁预防法。17 世纪初，西班牙人就从南美洲印第安人那里得知，安第斯山脉中生长的金鸡纳树皮可以治疗发热病。不过，这种知识主要限 230
于西班牙帝国以内，因为金鸡纳树皮很稀有，价格高昂，尝起来很苦；而且，由于它是由信奉天主教的耶稣会士（Jesuits）引入欧洲的，许多英国人怀疑它也是反对新教的天主教阴谋的一部分。到 19 世纪初，金鸡纳树皮已经失去了大部分以往的光芒，詹姆斯·约翰逊甚至建议抵制它。不过到了 1820 年，两名法国药剂师佩尔蒂埃（Joseph Pelletier）和卡文图（Joseph Caventou）从树皮中分离出了奎宁和其他抗疟疾生物碱。三年后，奎宁首次在美国投入商业生产，以“萨平顿医生的抗发热药片”为名发售，随即被广泛用于治疗密西西比河流域流行的疟疾。[15]

1830 年，法国开始了对阿尔及利亚漫长而且代价高昂的征服战争。那里的疟疾主要是由三日疟原虫引起的，其危险性要小于热带地区的恶性疟原虫。在法国驻军的地区中，波尼（Bône，今安纳巴市）的卫生条件尤其恶劣，周边沼泽环绕。1833 年，5 500 名驻扎在这里的士兵中有 4 000 人染病，1 000 人死亡。1830—1847 年法国驻军的年死亡率达到 64‰。[16]

当时的法国军医都深受巴黎陆军医学院校长弗朗索瓦·布鲁赛（François Broussais）的影响，认为对发热应该采用的是放血、水蛭和饥饿疗法。1834 年，弗朗索瓦·克莱芒特·马约（François Clément Maillot）医生被分配到了波尼的医院。与他的同行们一样，克莱芒特也无法区分疟疾、伤寒和痢疾，他采取了少量放血的治疗方法。同时，他打破传统，让虚弱的病人进食，并每天服用 120～200 厘克①的奎宁。结果病人的死亡率从四分之一下降到了二十分之一。两年后，他的《论发热》（*Traité des fièvres*）令法国驻军医疗服务系统的负责人让·安德烈·安东尼奥尼（Jean André Antonioni）转变了观念，开始推行奎宁疗法。[17]

在撒哈拉以南非洲，1820 年代就开始使用奎宁，但由于只是在得病后才服用，那时它对恶性疟疾已经无效了，因此结果很糟
231 糕。在非洲，真正起作用的不是药物本身，而是奎宁预防法，即通过提前服用，在可能的感染之前让血液中的奎宁浓度达到饱和从而实现避免感染的目的。奎宁预防法的发现是通过不断的试验和试错而非系统性的研究得到的。在 1841—1842 年的那次尼日尔河探险活动中，“苏丹号”上的外科医生汤姆森（T. R. H. Thomson）就给发烧的船员每天注射 60 厘克的奎宁，他还在探险队到达非洲之前就给自己每日注射 1 克奎宁，并一直坚持到返回英格兰，之后他

① 1 厘克＝0.01 克。——译者注

才被发热击倒。[18]与当时的其他医生一样，他也是把发热分为“初级热”“二级弛张热”“间日热”等，以此类推。然而从这次实验当中，他却总结出奎宁对一般的发热均“产生了一种最显著和有益的效果”。因此他认为，如果要预防在非洲普遍流行的发热疾病，最好的方法是在到达之前、之中和之后持续大剂量地服用奎宁。

降临在之前探险中的医疗灾难丝毫没有挫伤英国人进一步尝试的热情。1847年，亚历山大·布赖森（Alexander Bryson）医生向海军部提交了《关于非洲驻地的气候和主要疾病的报告》（*Report on the Climate and Principal Diseases of the African Station*）。在这份报告中，他将非洲的发热病归因于“此地特别能诱发发热病的力量”以及“无节制地饮用烈酒”“激情被压抑”“繁重的考察任务”“长期储备食盐”“夜晚暴露在寒冷的空气中”。[19]尽管对发烧的原因一无所知，但他的解决办法却很清晰，那就是使用奎宁。他写道：

> 在这些探险行动中，如果正确服用，金鸡纳树皮和硫酸奎宁都是预防发热非常有用的制剂。尽管此前它的效用被大大低估，而且规律性地服用也没有受到重视，却仍然有大量成功的案例记录，因此尽快在驻地大量推广使用应是毋庸置疑的。

此外，他还补充道：“建议的做法是，不仅要给那些暴露在当地影响范围内的人，以及在去程船上遭受反复无常天气的人每天服 232
用，在他们回到船上返程的至少两周时间内还应该继续服用。”[20]政府对这份报告给予了响应，陆军医疗部门的总干事向西非的英国官员发出通告，建议他们使用奎宁作为预防性措施。[21]

1851 年，在前往尼日尔的探险队出发之前，布赖森为船员准备了服用指南，让他们从船只穿过海岸前的沙洲、还没登上陆地的那一天起，直到返回海洋 14 天后，每天都服用 6～8 格令（39～52 厘克）的奎宁。[22]正如我们在第五章中看到的，探险队最初的领队约翰·比克罗夫特，在“仙女号”轮船到达费尔南多波岛之前就去世了，他的副手、年轻的医生威廉·贝基博士接手之后，要求所有的欧洲船员必须按照布赖森医生的处方服用奎宁。这次再没有人死亡。[23]探险归来后，布赖森医生在《医学时代》（*Medical Times Gazette*）杂志上发表了一篇文章《关于奎宁的预防作用》，使奎宁的研究成果广为人知。[24]

奎宁的预防作用并没有使非洲的外来者立即变得健康起来。直至 1860 年代，奎宁的提取仍然依靠从南美进口的金鸡纳树皮。金鸡纳树原本在安第斯的森林中广泛分布，由于树皮猎人的掠夺性采伐而变得稀少起来，树皮供应极不稳定，而且质量也参差不齐。奎宁在很多年的时间里一直非常昂贵：早年一盎司的价格在伦敦是 40 先令，在美国需要 16 美元，这在当时是一笔可观的财富。由于太过昂贵，法国无法负担让所有的部队都服用奎宁的费用。[25]而到 19 世纪中叶时，欧洲列强卷入殖民扩张的力量迅速膨胀，诸如法国在阿尔及利亚和塞内加尔、英国在印度、荷兰在东印度群岛等。随着殖民力量的增加，他们对奎宁的需求也快速增长。在他们看来，解决供应问题的唯一办法就是在自己的热带殖民地创造金鸡纳树皮的来源。由于安第斯共和国很清楚垄断金鸡纳树的价值所在，便严禁种子出口，因此要做到这一点，首先要派遣代理人去安第斯森林中收集金鸡纳树种，并将它们偷运出去。其次，种子必须能在欧洲人的殖民地范围内找到合适的地方发芽和移植生长。这就还需要进行几次科学考察。[26]

第一个冒险进入安第斯山脉寻找金鸡纳树种的是英国探险家 233
休·阿尔杰农·韦德尔（Hugh Algernon Weddell）。1840 年代后期，他给位于巴黎的国家自然历史博物馆送去了一些黄金鸡纳（C. calisaya）树种，它们在那里发了芽。1850 年，人们将其中一些籽苗移植到了阿尔及利亚，但都未能在炎热干燥的风沙中存活下来。[27]荷兰的莱顿植物园也用韦德尔的一颗种子培育出了一株金鸡纳树苗，它被送往了爪哇，随后在那里孕育了更多的金鸡纳树，但可惜的是它们的质量都很差。

1853—1854 年，荷兰政府派遣植物学家贾斯特斯·卡尔·哈斯卡尔（Justus Karl Hasskarl）到秘鲁收集种子和植物。他带回了一些金鸡纳树种，并以当时荷兰总督 C. F. 帕胡德（C. F. Pahud）的名字将之命名为帕氏金鸡纳（Cinchona pahudiana），其中有 80 棵植株到达了爪哇。1856 年，另一位植物学家弗兰茨·威廉·容洪（F. Junghuhn）引进了其他几种金鸡纳树，由此为一个位于爪哇海拔 1 566 米山地的实验基地构建了基础。[28]

1857 年印度人民大起义期间，很多被派往印度的欧洲士兵因染上疟疾而倒下，这促使英国对金鸡纳树的需求出现了增长。1859 年，印度办事处和伦敦市郊的邱园（即英国皇家植物园）任命克莱门茨·罗伯特·马卡姆（Clements Robert Markham）为一支金鸡纳树搜集探险队的领队。马卡姆本人是印度办事处的一名职员，早年曾前往安第斯探险。他和另一位园艺家约翰·韦尔（John Weir）在玻利维亚和秘鲁搜集到了黄金鸡纳树种。与此同时，同为植物探险家的理查德·斯普鲁斯（Richard Spruce）和罗伯特·克罗斯（Robert Cross）前往厄瓜多尔并带回了红金鸡纳树（C. succirubra）和药金鸡纳树（C. officinalis）的种子，普里切特（G. J. Pritchett）则从秘鲁搜集到了其他一些品种。马卡姆和韦尔的种子在邱园发芽了，但幼苗在前往印度的途中死亡。斯普鲁斯和普里切特的幼苗则在气温更低的情况下启程因而得以存活，它们成了印度南部乌塔卡蒙德金鸡纳种植园的基础，负责为在印度的欧洲人提供奎宁。[29]

起初，印度办事处只打算将这些种植金鸡纳树所生产的奎宁用于“欧洲人疾患的治疗”。然而马卡姆问道：“政府为获取奎宁而种植金鸡纳树，是否考虑过以某种形式将其惠及目前被禁止使用的印度人民？还是纯粹将其看作一项投机的买卖?”他因此前往印度研
234 究开发印度人能够负担得起的退烧药。在金鸡纳树皮中，他发现了一些除奎宁之外的生物碱，这些生物碱的生产成本很低，可以进行大规模的扩散。最后，双方达成了妥协：一种低价的退烧药“全奎宁”（Totaquine）被允许在孟加拉的邮局少量销售，而印度其他地区的金鸡纳种植园则全部为英国人保留。[30]

这些早期的移植植株和种植园生产的树皮花费了非常大的投入，却只能得到少量的生物碱。1865 年，一位定居在秘鲁的英国商人查尔斯·莱杰（Charles Ledger）从玻利维亚偷运出另一种金鸡纳树种（C. ledgeriana），其实就是马卡姆等人已搜集到但在英国

前往印度的船上没能存活的黄金鸡纳树。英国政府拒绝买他的种子，但他最终以 24 英镑的价格将一磅种子卖给了荷兰人。这些种子在西爪哇的实验基地里生根发芽，它们的树皮拥有最高含量的奎宁。于是，荷兰的科学家们进一步致力于开发对疾病更有抵抗力和更高产的黄金鸡纳树。自 1872 年起，爪哇生产、阿姆斯特丹销售的荷兰奎宁很快就主宰了全球市场。到 1897 年，全世界三分之二的金鸡纳树皮都由荷兰提供。金鸡纳树皮的年产量从 1884 年的 10 吨上升到 1913 年的 516.6 吨，而价格则从每公斤 24 英镑下降到 1～2 英镑。这正是 19 世纪晚期非洲争夺战中奎宁的来源。[31]

19 世纪中叶的公共卫生

1850 年以后，探险家们照例都会带着奎宁，尽管他们并不总是按时按量服用。大卫·利文斯通就是一个这样的例子。1840 年代，他阅读了关于在尼日尔使用奎宁的文章，在 1853—1856 年那次沿赞比西河穿越南部非洲到达大西洋沿岸城市罗安达的探险旅程中，他一直携带着“利文斯通丸”——一种混合了奎宁、甘汞、大黄和泻根脂的混合物，作为治疗疟疾的药物。到 1857 年，他已经相信奎宁既可以用作治疗药物，也可以作为预防剂。在 1858 年对赞比西河进行另一次探险的计划中，他写道：“在进入三角洲之前， 235
向所有欧洲人提供奎宁酒是可取的做法。”[32]他给船员们每天服用 2 格令（13 厘克）溶解在雪莉酒中的奎宁，不过结果令人失望，如此低剂量的奎宁并不能阻止疟疾的侵入。在发热开始后，他们将剂量增加到 10～30 格令（65～200 厘克），虽然他和他的白人同伴经常生病，但很少有人死亡。在他最后一次探险时（1866—1873年），医药用品被偷了，利文斯通在他的日记中写道："我觉得自己好像被判了死刑。"[33]在他身后的探险家们——亨利·莫顿·斯坦利、弗尼·洛维特·卡梅伦（Verney Lovett Cameron）、理查德·伯顿（Richard Burton）、约翰·斯皮克（John Speke）、格哈德·罗尔夫斯（Gerhard Rohlfs）等——都有和他相似的经历：旅途中经常生病，但很少有人死亡。[34]

医学知识的进步和它们在公共卫生领域的应用之间，经常会有很长的时滞。一些时滞可以归因于所涉及的费用，如奎宁的费用。另一些则来自医疗行业的保守思想。变化则常常是伴随着新生代医生的到来而出现的：1830 年代，放血疗法的使用减少了，而在 1840 年代和 1850 年代，作为一种医疗时尚的改变而不是新知识的结果，甘汞在治疗中也用得越来越少。在其他时候，时滞则源自平民和军队这些外行人对医生建议的抵抗。因此直到 1860 年之后，欧洲人才逐渐习惯了在热带地区要过滤水、处理污水，并在雨季或初次出现疾病流行迹象时就搬到地势较高的地方。对于生活在非洲的欧洲人而言，为了维护健康，这些措施和奎宁一样重要。[35]

与非洲后来的历史尤其相关的，是奎宁预防法在派驻非洲的欧洲军营和战场上所发挥的作用。菲利普·柯廷利用从英国和法国军队收集到的大量数据，分析了 19 世纪欧洲军事行动中医药所取得的效果。在 19 世纪早期，非洲陆地战场上的死亡率甚至还要高于

沿海的驻军，士兵们不仅会死于疟疾和黄热病，还会死于因食用污
染的食物和水而引起的肠胃疾病。1824—1826 年，在第一次盎格 236
鲁-阿散蒂战争（Anglo-Asante War）期间，每年的死亡率是 638‰，其中 382‰来自“发烧”，221‰来自胃肠疾病。[36]

到了 1860 年代，军事医学已经取得了非凡的进步，一些——但并非全部——军事行动达到了极低的死亡率。在此期间，英国进行了两次战争，目的不是扩张领土，而是征服非洲人同时测试新的武器和战术。第一次是在 1867—1868 年，6.8 万人的军队对埃塞俄比亚的马格达拉（Magdala）进行了 6 个月的攻击，解救被埃塞俄比亚君主特沃德罗斯（Tewodros）俘虏的英国军官。在这次战争期间，英国军队的死亡率仅为每月 3.01‰（每年 36.12‰），而同时期印度和英国本土军营的死亡率分别为每月 1.18‰和 0.74‰。其中部分原因是埃塞俄比亚没有黄热病和霍乱，只有少量的疟疾和伤寒病；另外的原因就是谨慎的饮食以及蒸馏水的供应。但这些预防措施只提供给白人部队，伴随远征队的印度“苦力”则承受着远高于白人的发病率和死亡率。[37]

1873—1874 年，紧随马格达拉战役之后发生了一场针对阿散蒂的战争。这个王国位于黄金海岸的内陆地区，环境远不及埃塞俄比亚，以至于来到这里的丹麦人、法国人和荷兰人都放弃了自己的堡垒，只有英国人留了下来。这一次，对阿散蒂王国首都库马西的征战持续了两个月，动用了 2 500 名士兵。这些士兵每人每天能得到 5 格令（32.4 厘克）的奎宁。他们还携带了水过滤器，但仍有一些士兵喝不到过滤水。2 500 人中，有 1 503 人接受过治疗，但仅

死亡53人，其中40人死于疾病，13人死于敌人的攻击。死亡率是每月8.7‰（或每年104.4‰），其中4.57‰死于“发烧和中暑”，3.26‰死于痢疾和腹泻。这只相当于1824—1827年第一次盎格鲁-阿散蒂战争中死亡率的六分之一。医学在这两次远征行动中取得的令人印象深刻的成就，鼓励了那些提倡军事进步的人，并引领英国
237 民众相信，军队现在可以安全地应对非洲传染病的环境。因此可以说，在欧洲人对热带地区征服欲望日益高涨的过程中，医药功不可没。[38]

从经验的到科学的医学

19世纪见证了公共卫生的巨大进步，在西方世界和热带地区的西方人中，疾病发病率和死亡率双双减少。大众的观点认为，这些进步是英勇的科学家们发现的结果，他们的发现被医生和工程师用来解决现实世界的问题，随后，他们的成就受到了心怀感激的公众的热烈欢迎。这显然是一种对公共卫生改进方式的浪漫和过于简单的看法。事实上，科学、应用和成果之间的交互作用遵循的是一条或同时数条“之”字形曲线。

其中一个复杂的交互状况就在于实证发现与科学解释之间的相互促进关系。在19世纪，欧洲和北美的快速工业化与城市化带来了很多问题，同时也创造了很多实验的机会，促使公共卫生方面出现了宝贵的进步。类似地，西方国家越来越多地卷入赤道世界的事

务也为其提供了实证试验和推广试验成果的机会。奎宁预防法就是一个很好的例子。另一个复杂的交互状况是，永远都会有多种理论在解释疾病时相互竞争，只有等待逐渐发展到最后，其中一种——细菌理论——才能获得相对于其他理论的绝对优势。最后，即使是在经验实践或实验室发现已经能清楚表明需要做什么的情况下，由于人们根深蒂固的习惯、对新想法的排斥、既得利益的抵制，或者是做出必要改进所涉及的成本，也会出现长期的时滞。[39]

在多数情况下，经验的进步要比科学对疾病的解释早出几十年。我们已经看到，早在 1790 年代，爱德华·詹纳引进疫苗的方法就加强了欧洲人对北美印第安人的人口优势。另一个实践领先于 238
科学解释的著名例子是 1854 年约翰·斯诺医生对布罗德街区水井的经验性考察。在那一年伦敦暴发的霍乱疫情中，斯诺发现了疾病发病率与不同供水公司之间的关系，当他从布罗德街区取下水井的把手，迫使居民们到另一个街区去取水后，布罗德街区的新霍乱病例迅速减少了。[40]

当斯诺医生描述饮水供应对霍乱疫情的影响时，他不仅限于叙述逸事，还举出了令人信服的数据，使他的观点在日益相信数据的公众面前更有说服力。[41]由于无法证明水与霍乱之间的关系，他的发现遭到了一些著名科学家的强烈抵制。尽管如此，通过他和其他卫生改革者的努力，欧洲和美洲的城市还是逐渐改进了它们的供水系统。当时的改进就是利用沙子和木炭来过滤水，去除悬浮物和令人不愉快的气味。在热带环境中，由于对各种设备经常随意地使用，很多危险的细菌留在了水中。如果是在军事行动期间，口渴的士兵甚至连这一层预防措施都会忽略。但这种做法确实有助于降低死亡率，随军医生在马格达拉和库马西的远征行动后很快就指出了这一点。

19 世纪最具戏剧性的医学进步之一是在 1850 年代，匈牙利医生伊格纳茨·泽梅尔魏斯（Ignaz Semmelweis）偶然发现，在接生婴儿之前洗手可以降低产妇产褥热的发病率，而在此之前，产褥热是女性死亡的最常见原因。1860 年代，英国外科医生约瑟夫·利斯特（Joseph Lister）也发现，消毒仪器的使用和用苯酚清洗器物表面的方法降低了手术中细菌感染的概率。

另一项被证明有效的经验措施是当传染病暴发时，将欧洲部队和人员移往海拔较高的地带。这种做法可以追溯到中世纪，当时那些有钱人在瘟疫期间都逃离了城市。在热带殖民地的欧洲人会迁往
239 山上的住所，有时甚至会返回欧洲，因为他们相信他们是在逃离低地地区的瘴气或坏空气。

不过，既非统计学也非流行病学，而是细菌学上的突破让医学成为一门科学。自从 17 世纪发明了显微镜以来，科学家们就已经意识到这种“微型动物”的存在，这种生物太小，以至于肉眼无法看到。直到 19 世纪中期，显微镜和实验室技术才能够将特定的微生物与特定的影响联系起来。1860 年代，法国人路易斯·巴斯德（Louis Pasteur）发现，酵母菌能导致发酵作用，由此产生的热量则会反过来杀死这些细菌，从而阻止进一步的发酵和腐烂。1877—1878 年，他还鉴定出了炭疽杆菌。不久之后，德国人罗伯特·科赫（Robert Koch）调查了在同一条河流取水的两座相邻城市汉堡和阿尔托纳的发病率，阿尔托纳的取水口缓慢流经一个有淤泥沉积

的砂滤装置，而汉堡的取水没有经过任何过滤。通过这一观察，科赫推断淤泥和砂子能有效过滤那些有害的细菌。另外，他还开发了一套在实验室里培养细菌的方法。1883 年埃及暴发霍乱疫情时，科赫从中发现了霍乱弧菌及其从污水到饮用水的传播路径，从而为斯诺的假设提供了有力的证据。[42]当人们最终确定，是一种特定细菌对应一种特定疾病后，疫苗的研制随即快速发展起来，到 1893 年已经出现了针对霍乱的疫苗。从那时起，疾病的细菌理论逐渐取代了医学文献中的瘴气理论。

科学与热带疾病

在 19 世纪的欧洲和美国，霍乱这种全新的疫情引起了人们特别的关注。霍乱在印度是一种地方性疾病，尤其在人群聚往恒河边的贝拿勒斯（今瓦拉纳西）朝圣期间会出现暴发现象。1820—1822 年，霍乱在锡兰、印度尼西亚、中国、日本和中东等地出现，1826 年到达波斯和奥斯曼帝国。在印度和欧洲之间还靠帆船沟通、航程需要 6～9 个月的年代，任何感染了霍乱的人都会在船到达目的地 240
之前就已经康复或者死亡。1820 年代—1830 年代蒸汽机船的引进大大缩短了行程，因而让霍乱病菌得以穿越大洋向其他地区传播。1831 年，从麦加朝圣归来的穆斯林引发了一场从摩洛哥直至菲律宾的全球霍乱大暴发，并在同年传到英国，次年到达加拿大和美国。随后在 1850 年代早期（其中就包括斯诺医生在伦敦遭遇的那一次）、1863—1875 年、1881—1894 年以及 1899 年—1920 年代出现了多次霍乱疫情的暴发。[43]

霍乱对人体造成的可怕后果让内科医生以及大众都惊惧不已。一些人会携带霍乱杆菌而没有任何症状；而另一些人，这一刻还看似健康，下一刻就会因腹泻和呕吐失去大部分体液而脱水。正如一份报道所描述的："这一分钟还是温暖的、有心跳的、鲜活的人，下一分钟就成了一具像是被电过后的尸体，身体冰冷、脉搏停止、血液凝固、肤色青紫、通体枯干而抽搐。"[44]斯诺和科赫的发现促使改革者们强烈要求采取保护措施。然而，阻止这一祸害意味着要将污物从饮用水中分离出来，这需要对管道和过滤工厂以及其他城市基础设施进行大量投资。[45]只有富裕的工业国家才能负担得起这一费用，而且之后也只能逐项地加以执行。在热带地区，殖民地官员则坚持通过在远离城市的地方建立独立的社区或营地（军用住房），将欧洲人从"本地的污秽和疾病"中隔离出来。[46]

奎宁预防法是 19 世纪中期帝国主义扩张的"灵丹妙药"，但它远不能解决热带地区的疟疾问题。在印度和热带非洲，欧洲人的疟疾死亡率直到 1860 年代一直呈下降趋势，之后则趋于平稳；在阿尔及利亚的死亡率则一直在下降。但这种预防法的作用十分有限，因为即使在爪哇和印度的金鸡纳种植园全面投产之后，奎宁的价格仍然十分高昂。对法国军队来说，如果要保护所有海外士兵，开销
241 就太大了。1875 年发表的一份军事医学手册认为，在阿尔及利亚，奎宁预防法并不是必要的，应该留到疫情发生时或只是在一些特别的面对疟疾的岗位上使用。[47]而对于疟疾疫区的土著居民来说，奎宁

同样太过昂贵。此外，即使是那些负担得起的人，也很难立即放弃瘴气理论而完全接受奎宁预防法。

19 世纪末，科学界燃起了对疟疾的兴趣。尤其在意大利，波河流域和罗马附近的沼泽地疟疾横行。在法国和英国，殖民扩张也需要解决这一问题。1883 年，在中国海关工作的英国医生帕特里克·曼森（Patrick Manson）报告说，引起象皮病的班氏丝虫是由蚊子传播的，这也增加了蚊子传播其他疾病的可能性。[48] 1880 年，法国军医阿方斯·拉韦兰（Alphonse Laveran）在感染疟疾患者的血液中识别出了疟原虫，这一发现在几个国家引发了关于这项疾病的研究热潮。1897 年，在印度医学中心工作的外科医生罗纳德·罗斯（Ronald Ross）证实鸟类疟原虫是由库蚊传播的。曼森公开了罗斯的发现，并聘任他对此进行全职研究。一年后，在印度的罗斯和在意大利的另外三名科学家——乔瓦尼·巴蒂斯塔·格拉西（Giovanni Battista Grassi）、朱塞佩·巴斯蒂亚内利（Giuseppe Bastianelli）和阿米克·比尼亚米（Amico Bignami）研究发现了人类疟疾疟原虫的复杂生命周期：它在按蚊的肠道中度过了生命的一部分，另一部分则在被感染的人体中完成。[49] 疟疾和蚊子之间的联系为公共卫生提供了两种新的预防方法。一种方法是努力根除蚊虫，但这非常困难，因为按蚊能在旷野里繁殖，还能飞行很远的距离。另一种方法是使用纱窗和蚊帐，这在美国很受欢迎，但英国人不喜欢，他们更愿意让空气流通。不过他们会在病人的住处使用蚊帐，防止蚊虫叮咬病人后又将疾病传染给其他健康的人。[50]

另一种疾病——伤寒，尽管间接，却也与帝国主义扩张密切相

关。直到1870年代，它还经常与其他的持续性发热相混淆。当时的疟疾、霍乱和一些胃肠道疾病对欧洲人的威胁已经越来越小，而
242 伤寒的发病率则在印度和北非的欧洲驻军中持续上升；印度白人士兵的伤寒相关疾病死亡人数在1860年到1900年间增加了五倍；阿尔及利亚的情形则与法国相似，到1880年代时发病率翻了一番，之后开始下降。

导致伤寒的沙门氏菌经由水、苍蝇或感染者的排泄物传播，进入健康人体的消化道，从而实现感染。在抗生素出现之前，感染伤寒病人的死亡率是30%。而在他们看似已经恢复健康的几个月甚至几年后，那些被感染过的人仍然是这种病菌的携带者。

1880年，卡尔·约瑟夫·埃贝特（Karl Joseph Eberth）发现了一种他称之为“芽孢杆菌”的细菌（即伤寒沙门氏菌）。一开始，这种疾病被认为和霍乱一样与污水有关联。对抗疾病的方法主要是，用由冲水马桶和污水管道组成的“湿排系统”来取代传统的手推车“干排系统”将排泄物带离城市。当欧洲和美国的城市都安装了水运排污系统后，未经处理的污水被直接排放到了河流和湖泊中，导致下游城市的伤寒感染率上升。预防伤寒、清洁生活用水需要安装慢砂过滤器、添加氯或溴来进行消毒，但所有这些措施都价格高昂，即使是富裕工业国的城市，也要在进入20世纪相当长一段时间以后才得以实现。

当1882年英国军队入侵埃及时，军队的医务人员预计到会发现痢疾、坏血病、眼炎以及其他已知的在当地流行的疾病，但没有包括伤寒。事实上，在1882年7月17日至10月3日的战争期间，

因病死亡人数少于战斗伤亡人数，这在20世纪之前是很少见的。然而英军刚刚占领开罗和亚历山大的埃及军队营地并驻扎下来，伤寒就暴发了。他们将其归咎于营房卫生脏乱和用水质量太差。这些水要么直接来自尼罗河，要么来自与河水相通的井水，军队带来的过滤器对这种疾病完全无效。要对水中的细菌进行检测并采取措施为士兵提供安全的水和对污水进行有效过滤，还得等到很多年以后才得以实现。[51]

在20世纪以前，黄热病是最可怕的疾病之一。它在西非和加 243
勒比地区流行，但主要攻击的是新来者，当地居民和非洲奴隶是免疫的。黄热病虽然一般局限于热带地区，但在夏季的几个月里，在温带地区的港口城市也有发现。北美的所有港口，从新奥尔良到波士顿，以及密西西比河流域，从17世纪到19世纪都经历了周期性的黄热病流行；费城遭受过好几次攻击，最可怕的一次是在1793年。[52]它的传播似乎并不遵循任何已知的模式，不像疟疾一样与沼泽和“瘴气”联系在一起，也没有像天花那样只在人与人之间传播。即使在细菌学家已经建立了细菌理论作为对其他疾病的最好解释之后，也没有人能找到与黄热病相关的细菌，这是因为它是由比细菌小得多的病毒引起的，当时的显微镜根本发现不了。

然而各种假说比比皆是。其中看起来最可信的是由古巴医生卡洛斯·芬莱（Carlos Finlay）提出的。1881年，他提出这种疾病是由埃及伊蚊传播的，但还无法证明这一点。1900年5月，在明确了派往古巴的美国士兵对黄热病易感之后，美军军医署长乔治·施特恩贝格（George Sternberg）任命了一个由沃尔特·里德（Walter

Reed）医生领导的黄热病委员会，后者曾在对抗伤寒的工作中有出色的表现。里德尽管在最初持怀疑态度，但还是同意与芬莱合作，使用志愿者来测试他的假说。这些实验最终证明了这种疾病的确是由埃及伊蚊叮咬而引起的。[53]

世纪之交的健康与帝国

19 世纪晚期欧洲人健康状况的改善与新帝国主义之间的联系并没有被历史学家遗忘。正如菲利普·柯廷所指出的："虽然医药的变革并非后来争夺非洲的直接原因之一，但它们显然是一种技术飞跃。同样，它们必然也是一个重要的放宽条件的因素。"[54]

244 在争夺非洲的过程中，并非所有欧洲军事行动都像英国远征马格达拉和库马西一样幸运。法国军队在塞内加尔的死亡率就比英军的死亡率高得多。在法军 1883—1888 年的西苏丹战役中，疟疾导致了每年 97.74‰的死亡率，伤寒导致了每年 24.24‰的死亡率，胃肠道疾病导致了每年 60.79‰的死亡率，每年死亡率总计 200.24‰，是英国远征库马西死亡率的两倍。在之后的几年里，法国将白人军队移至沿海地区，并在雨季让军官们回家，才降低了死亡率。[55]

我们先来比较一下 19 世纪末两场战争中医学方面的记录，它们分别是 1898 年英埃联军在苏丹的战争和 1894—1895 年法国对马达加斯加的征服。1898 年，英国军队溯尼罗河而上进军恩图曼时，死亡率是每月 8.599‰（每年 103‰），其中三分之二是由于"肠道发热”，主要是因饮用未过滤的尼罗河水而导致的伤寒。而在马达加斯加的法国军队中，每月的死亡率为 44.67‰（每年 536‰），其中四分之三源自疟疾。个中原因是为经济所限，法国配给士兵的奎宁剂量不足：每周 40～80 厘克的剂量远低于英军在阿散蒂战争时的每周 136 厘克和 1890 年代时的每周 227 厘克。[56]很明显，与英国相比，法国军队和法国民众能够容忍更高的士兵死亡率。[57]但除却这些差异，总的趋势是明确的：直到 1860 年代，热带非洲的死亡率对欧洲人来说仍是可怕的，甚至是自杀性的，而在那以后十年，科学技术的进步已经使得撒哈拉以南非洲地区即使不是一个健康的地方，但至少对欧洲人来说已经是可以忍受的了。

当美国 1898 年 4 月向西班牙宣战时，他们的陆军医务人员正在担心古巴当地的那些传染病：疟疾、痢疾，尤其还有黄热病。他们不知道黄热病的病因，也不知道如何预防，只知道在夏天的雨季里它是最危险的。他们敦促麦金莱总统将入侵古巴的计划推迟到秋 245
天。与此同时，出于对一场酣畅胜利的期待，大量志愿者加入了民兵组织，而正规军的将军们则希望能在志愿者准备去战斗之前就夺得胜利的荣耀，因此反对医疗官员的建议，极力游说在 6 月就入侵古巴。[58]

当正规军在古巴势如破竹时，志愿者们仍在遍布美国南部的 5 个营地进行训练。医务人员清楚伤寒的危险，以及预防它所需要的足够的厕所和下水道的重要性。然而，管理营地的军官们却不容他们的权威受到挑战，并认为人类排泄物的存在是军事生活的正常组成部分。结果正如医务人员所预测的那样，一场伤寒横扫了营地。

在一些兵团里，90%的志愿者因伤寒而倒下。总共有 20 738 人入院，1 590 人死亡。军营里每 1 000 名新兵中就有 192 人患病，15 人死亡。[59]

与此同时，在古巴的美国第五军正取得节节胜利。其中一个原因就是西班牙军队因疾病而战斗力大减。从 1895 年到 1898 年，共有 1.6 万名西班牙士兵死于黄热病。当美国人入侵时，西班牙 23 万人的军队中只有 5.5 万人可以战斗。[60]但很快，美国人也遇到了比满身泥污的西班牙士兵更危险的敌人。一开始，最严重的问题是疟疾和痢疾。军队并没有获得任何应对岛上流行的恶性疟疾的保护，因为古巴卫生部门的负责人、热带病专家约翰·吉特拉斯（John Guiteras）不认为奎宁可以预防疟疾，并将其看作“个人受到特别令人沮丧的影响”时的表现。[61]此后，在 7 月 6 日，第五军出现了第一个黄热病病例，到 7 月 13 日增加到 100 例。8 月 2 日，沙夫特将军建议第五军撤出该岛。那年秋天，疏散到长岛东部维克富营地的士兵中，有 80%都患有不同程度的疾病。[62]这次从古巴的溃退也成为美国历史上最不光彩的撤退之一。

246 美国的学生们总被教导说，1898 年的战役是一场“精彩的小型战争”。没错，它的确很快就结束了，美国也几乎没费什么力气就在海外得到了一个庞大的帝国，但代价是由 2 565 名病死的士兵承担的。相比之下，死于战斗的只有 345 人，比例接近 7.4∶1（作为对比，以众所周知卫生状况奇差无比的南北战争而言，病死与战死的比例也只有 2∶1）。而且，大多数疾病和死亡都是可以避免的。当陆军士兵不断地生病和死亡时，海军陆战队却有着良好的卫生条件，他们有海洋作为下水道，因此而保持了健康。[63]

战后，军医们进行了深刻的反思。1898 年 8 月，军医署长施特恩贝格任命了一个由沃尔特·里德少校领导的伤寒委员会，负责调查这次灾难。在审查了所有证据后，该委员会的报告指出，伤寒是由一种特殊的细菌引起的，不同于疟疾和其他发热病。而且，伤寒不仅通过水传播，还通过苍蝇从感染者的粪便携带到食物上的方式传播。[64]

至于黄热病，里德医生和芬莱医生的发现几乎立即就产生了作用。甚至在他们的结果公布之前，占领古巴的美国军队就已经在努力清理古巴城市里的各种污物以及腐烂的人和动物尸体，并对建筑物进行熏蒸消毒。其中部分原因是认为恶心的东西会滋生疾病，部分则是那个时代白人征服者的种族偏见和傲慢带来的道德上的优越感。当里德医生和他的同事们证明了黄热病是由一种特定的蚊子传播的之后，这场针对传染病的战役开始集中火力。因为埃及伊蚊是非常局地性的昆虫，在极小的一洼死水里都能够繁殖，但通常飞行范围不会超过它的出生地几百英尺远。1901 年，美国在哈瓦那占领军的医务官威廉·戈加斯（William Gorgas）上校开始施行一项措施，通过熏蒸房屋、清空或封闭所有可能藏匿蚊子幼虫的水容器和水坑，并安装蚊帐和纱窗来清除城市里的蚊子。其效果是惊人的，哈瓦那黄热病病例从 1900 年的 1 400 例降至 1901 年的 37 例，并于 1902 年降为零。[65]于是其他亚热带城市如新奥尔良和里约热内 247
卢也都很快跟进效仿。

在 1899—1902 年的布尔战争之前，南非被看作一个非常健康的环境，驻扎在当地的英军患病和死亡的概率不会比在英国本土更高。当战争在1899年爆发时，医务人员对大多数疾病和预防措施都很了解。但问题不是缺乏知识，而是军事当局拒绝接受将健康和公共卫生纳入他们职责范围的新观念。阿尔姆罗思·赖特（Almroth Wright）在1890年代中期开发出了一种抗伤寒疫苗，他建议所有派遣到海外的部队都应该接种这种疫苗。但军队把它留给士兵自己决定，于是只有不到4%的人自告奋勇来接种。尽管疫苗的表现并不完美，但接种疫苗者的死亡率还不到未接种者死亡率的十分之一。

当英国军队于1899年11月—1900年3月包围莱迪史密斯时，传染病几乎立刻就暴发了。177‰的人感染了伤寒或其他持续性发热病，另有186‰的人因胃肠道感染而倒下，总共有465人死亡。1900年3—7月，英军占领布隆方丹期间，有8 568例伤寒病例，其中964例死亡；有2 121例胃肠道疾病病例，其中81例死亡。总共50万人的英国军队，死亡人数2万，其中70%都是由于疾病死亡。

身陷战争的平民境况则更为凄惨。起初，难民都是些逃避战乱的村民。但在1900年英国胜利之后，布尔人转向了游击战，英国人就把平民都驱赶进了集中营。到战争结束时，有115 700名非洲人被监禁在66个集中营里，那里每年的死亡率高达446‰，大部分是由于呼吸系统疾病。在白人中，有116 000人，或者说一半以上的布尔人口——主要是妇女和儿童——被监禁。其中超过27 900人死亡，81%为16岁以下的儿童。

专家们对疫病的原因进行了争论，大多数人将其归咎于受污染的水源、缺乏过滤器以及士兵们的不良习惯，另一些人还补充了苍 248
蝇、混有粪便颗粒的尘埃以及污染的衣物和毯子等因素，指挥官们则因部队转移时遗弃了过滤器、救护车和医疗用品而受到指责。1901 年组建的皇家军事委员会却裁定陆军医疗队没有责任。一直到第一次世界大战前夕，西方国家的军队才开始认真对待公共卫生问题，以防止流行病的再次发生。[66]

就热带传染病和公共卫生方面的新措施而言，最显著的成就无疑是在巴拿马运河建造期间取得的。1880 年代，由苏伊士运河的建造者费迪南德·德莱塞普（Ferdinand de Lesseps）领导的一家法国公司曾试图在巴拿马地峡修建一条运河。他们遇到了很多困难，其中之一就是疫病造成劳工和工程师们大量减员。黄热病和疟疾在巴拿马湿热的雨林中肆虐，而伤寒、天花、肺炎、痢疾和其他疾病也困扰着这些工人。1884 年，19 000 名工人中有 6 000 人生病。其中，黄热病患者有半数死亡；那些被送到医院的病人中有四分之三死亡。据估计，大约有 21 000 名法国人和 24 000 名牙买加人和海地人丧生。最后，在巨大的工程挑战和金融丑闻的困扰下，该公司于 1899 年破产。

美西战争之后，美国忽然拥有了波多黎各、夏威夷和菲律宾，并控制了古巴。在海军的热情支持者和阿尔弗雷德·马汉（Alfred Mahan）的信徒——西奥多·罗斯福（Theodore Roosevelt）的影响下，美国开始建立海军，与英国抗衡。在地球两侧都拥有了财产，也就意味着必须拥有一条连接两大洋的运河。1903 年，美国策划了巴拿马脱离哥伦比亚共和国的分裂运动，这是一个典型的非正式帝国主义的例子。作为交换，法国首席工程师菲利普·布诺-瓦里拉（Philippe Bunau-Varilla）代表分离省份签署了一项条约，允许美国控制新国家的一部分，并在这里修建一条运河。

249 曾经阻碍了法国人的困难同样存在于这些未来的建设者身上。1905 年，首席工程师约翰·史蒂文斯（John Stevens）给予了戈加斯少校全面的支持和充足的资金来清除位于运河项目两端的科隆和巴拿马两座城市的黄热病。在一年半的时间里，戈加斯把他在哈瓦那采取的严厉措施移植到了这里并达到了这一目标。尽管有其他一些疾病没有清除，但工人的死亡人数从 1907—1908 年的 1 273 人（其中 205 人死于疟疾）下降到 1913—1914 年的 414 人（其中 14 人死于疟疾）。当年平均死亡率为 7.92‰（白人死亡率为 2.06‰，黑人死亡率为 8.23‰），甚至远远低于美国本土。[67]

小　　结

19 世纪和 20 世纪初，医学和公共卫生的进步与欧洲和北美工业国家在世界其他地区所扮演的角色密切相关。由于这是西方帝国主义的高潮时期，所以发现帝国主义和医学的紧密联系并不令人惊讶。[68]不过，这些联系是多样而复杂的。

有些进步是双向互动的结果：帝国主义者渴望探索、渗透和征服，而医学的发展也希望达到自己前进的目标。换句话说，凌驾于人类之上的权力也需要凌驾于自然之上。尽管疟疾在欧洲也存在，但奎宁及其预防作用的发现却是与法国入侵阿尔及利亚和英国对尼日尔河的探险相联系的。类似地，由于荷兰和英国殖民部门不遗余力地推动，金鸡纳树才得以被移植到印度和爪哇。19 世纪末，身在阿尔及利亚的阿方斯·拉韦兰和身在印度的罗纳德·罗斯阐明了按蚊在传播疟疾方面的作用。在美国对古巴的征服战争，以及芬莱和里德对埃及伊蚊传播黄热病原理的发现中，我们也同样发现了传染病与帝国主义的直接联系。

在另外的一些例子中，这种联系就显得更松散一些。霍乱在引 250
起欧洲人关注之前很久就一直作为印度本地生活的一部分而存在。直到 1830 年代蒸汽机船缩短了航行时间之后，这种疾病才能到达欧洲和北美。也正是在此之后，西方国家的医生、科学家和公共卫生官员才开始重点关注它。

天花和伤寒代表着帝国主义与疾病之间的另一种互动关系。在第三章中，我们已经看到了天花在早期近代征服美洲时所起的作用。故事并没有就此结束。天花接种方法的引入，以及后来种牛痘法的发明，再一次将恩惠施予来自欧洲的白人而不是美洲原住民。相比之下，伤寒是出现得较晚的传染病种类。这种疾病本身并没有在人群中表现出什么偏好，不过它在 1880 年代英埃战争、1898 年美西战争和 1899—1902 年布尔战争中的戏剧性出现，迫使帝国主义列强英国和美国必须直面它并采取免疫接种、饮水过滤、污水处理等措施，以保护他们的士兵免受这种疾病的困扰。

总体来说，欧洲人在热带地区的健康状况的进步是惊人的。最显著的改善发生在西非。1817—1838年，塞拉利昂的欧洲士兵平均死亡率为483‰；到了1909—1913年，他们在英属西非的死亡率已降至5.56‰～6.65‰，即下降了98％以上。在热带的其他地区，死亡率下降没有这么显著，但也成就非凡：荷属东印度群岛下降了96.24％，法属西非下降了95.96％，锡兰下降了92.13％，南非下降了75.23％，牙买加下降了71.91％。[69]

但是，所有这些进步都并不是为了改善殖民地本地居民的健康状况。在某些情况下，本地居民健康状况的改善其实是为了保护帝国主义国家公民而采取措施所产生的意想不到的副产品。例如，通过根除哈瓦那和巴拿马运河地区的黄热病，美国军队让这些地方的
251 居民也更加健康了。类似的还有在孟加拉以很便宜的价格就能买到全奎宁，然而对于其他地区而言，奎宁并非大部分深受疟疾之苦的人们触手可及的药物。[70]如果预防措施的成本高昂，例如提供奎宁或安装水过滤装置和污水处理系统的成本过高，政府的政策则是忽略当地居民，而将欧洲人或美国人隔离到他们自己的社区或营地内，或者在疫病流行期间将他们全部转移。在很多地方，更糟糕的情况是，随着当地白人健康状况的改善，本地人的健康状况却因这些外来士兵、商人、劳工所带来的梅毒、淋病、锥虫病、霍乱及其他疾病而恶化。[71]简言之，公共卫生和其他技术一样，是一种经济商品，而且价格高昂。也像所有其他昂贵的经济商品一样，它并非为全人类的福利而设计，而只是为一些人的福利而设计的。

注　　释

1　James Johnson, *The Influence of Tropical Climate, More especially the climate of India, on European Constitutions: The principal effects and diseases thereby induced, their prevention and removal, and the means of preserving health in hot climates, rendered obvious to Europeans of every capacity* (London: J. J. Stockdale, 1813), p. 415ff; Paul F. Russell, *Man's Mastery of Malaria* (London: Oxford University Press, 1955), pp. 98 - 99.

2　Wesley W. Spink, *Infectious Diseases: Prevention and Treatment in the Nineteenth and Twentieth Centuries* (Minneapolis: University of Minnesota Press, 1978), p. 12; Dennis G. Carlson, *African Fever: A Study of British Science, Technology, and Politics in West Africa, 1787—1864* (Carlton, Mass.: Science History Publications, 1984), pp. 43 - 44.

3　Philip D. Curtin, *Disease and Empire: The Health of European Troops in the Conquest of Africa* (New York: Cambridge University Press, 1998), pp. 24 - 25; Curtin, *The Image of Africa: British Ideas and Action, 1780—1850* (Madison: University of Wisconsin Press, 1964), pp. 192 - 193.

4　19 世纪早期关于医药“科学”的各种混淆，可参见：Carlson, *African Fever*, chapter 3: “Theoretical Chaos.”

5　William H. McNeill, *Plagues and Peoples* (Garden City, N. Y.: Doubleday), p. 266.

6　关于统计学的起源，可参见：Daniel R. Headrick, *When Information Came of Age: Technologies of Knowledge in the Age of Reason and Revolution, 1700—1850* (New York: Oxford University Press, 2000), chapter 3: “Transforming Information: The Origin of Statistics,” especially pp. 84 - 89.

关于医学统计，可参见：Philip D. Curtin, *Death by Migration: Europe's Encounter with the Tropical World in the Nineteenth Century* (New York: Cambridge University Press, 1989), pp. 162 - 222: "Appendix: Statistical Tables."

7 Headrick, *When Information Came of Age*, pp. 81 - 89. 另可参见：Carlson, *African Fever*, chapter 5: "Changing Analysis."

8 "Western Africa and Its Effects on the Health of Troops," *United Service Journal and Naval and Military Magazine* 12, no. 2 (August 1840), pp. 509 - 519.

9 Curtin, *Disease and Empire*, pp. 16, 20.

10 同前引，pp. 12 - 18.

11 同前引，p. 20.

12 Macgregor Laird and R. A. K. Oldfield, *Narrative of an Expedition into the Interior of Africa, by the River Niger, in the Steam-Vessels Quorra and Alburkah, in 1832, 1833, and 1834*, 2 vols. (London: Richard Bentley, 1837), vol. 1, p. vi, and vol. 2, pp. 397 - 398.

13 Carlson, *African Fever*, pp. 14 - 16, 51 - 52.

14 James Ormiston M'William, *Medical History of the Expedition to the Niger during the Years 1841—1842 Comprising An Account of the Fever Which Led to Its Abrupt Termination* (London: John Churchill, 1843).

15 Jaime Jaramillo-Arango, *The Conquest of Malaria* (London: Heinemann, 1950), p. 87; Russell, *Man's Mastery of Malaria*, pp. 105, 133.

16 Curtin, *Death by Migration*, p. 5.

17 RenéBrignon, *La contribution de la France à l'étude des maladies colonials* (Lyon: E. Vitte, 1942), pp. 20 - 21; A. Darbon, J.-F. Dulac, and A. Portal, "La pathologie médicale en Algérie pendant la Conquête et la Pacification," in *Regards sur la France: Le Service de Santédes Armées en Algérie*,

1830—1958 (*Numéro spécial réservéau Corps Médical*) 2, no. 7 (Paris: October-November 1958), pp. 32 - 38; Général Jaulmes and Lieutenant-Colonel Bénitte, "Les grands noms du Service de Santédes Armées en Algérie" in ibid., pp. 100 - 103.

18 T. R. H. Thomson, "On the Value of Quinine in African Remittent Fever," *The Lancet* (February 28, 1846), pp. 244 - 245; Curtin, *Death by Migration*, p. 63; Curtin, *Disease and Empire*, pp. 21 - 23.

19 Dr. Alexander Bryson, *Report on the Climate and Principal Diseases of the African Station* (London: William Clowes, 1847), pp. 195 - 196, 210 - 217.

20 同前引, pp. 218 - 219.

21 Philip Curtin, " 'The White Man's Grave': Image and Reality, 1780—1850," *Journal of British Studies* 1 (1961), pp. 105 - 123.

22 Thomas Joseph Hutchinson, *Narrative of the Niger, Tshadda, and Binuë Exploration; Including a Report on the Position and Prospects of Trade up Those Rivers, with Remarks on the Malaria and Fevers of Western Africa* (London, 1855; reprint, London: Cass, 1966), pp. 211 - 221.

23 Carlson, *African Fever*, pp. 86 - 87.

24 Dr. Alexander Bryson, "On the Prophylactic Influence of Quinine," *Medical Times Gazette* (London: January 7, 1854), p. 7.

25 Carlson, *African Fever*, p. 48; Darbon, Dulac, and Portal, "La pathologie médicale en Algérie," p. 33.

26 关于金鸡纳树的移植,可参见:Daniel R. Headrick, *The Tentacles of Progress: Technology Transfer in the Age of Imperialism, 1850—1940* (New York: Oxford University Press, 1988), pp. 231 - 237.

27 Julius Heinrich Albert Dronke, *Die Verpflanzung des Fieberrind-*

baumes aus seiner südamerikanischen Heimat nach Asian und anderen Ländern (Vienna: R. Lechner, 1902), p. 13.

28 Fiammetta Rocco, *Quinine: Malaria and the Quest for a Cure That Changed the World* (New York: Perennial, 2004), pp. 206 - 249; Norman Taylor, *Cinchona in Java: The Story of Quinine* (New York: Greenberg, 1945), pp. 39 - 45; Pieter Honig, "Chapters in the History of Cinchona. I. A Short Introductory Review," in Pieter Honig and Frans Verdoorn, *Science and Scientists in the Netherlands East Indies* (New York: Board for the Netherlands Indies, Surinam and Curacçao, 1945), pp. 181 - 182; K. W. van Gorkum, "The Introduction of Cinchona into Java," in ibid., pp. 182 - 190; P. van Leersum, "Junghuhn and Cinchona Cultivation," in ibid., pp. 190 - 196; Dronke, *Die Verpflanzung des Fieberrindbaumes*, pp. 14 - 15.

29 Lucile H. Brockway, *Science and Colonial Expansion: The Role of the British Botanic Gardens* (New York: Academic Press, 1972), chapter 6. 关于金鸡纳树移植的远途旅程，可参见：Clements Markham, *Travels in Peru and India while Superintending the Collection of Cinchona Plants and Seeds in South America, and Their Introduction into India* (London: John Murray, 1862); Markham, *Peruvian Bark: A Popular Account of the Introduction of Cinchona Cultivation into British India, 1860—1880* (London: John Murray, 1880); Donovan Williams, "Clements Robert Markham and the Introduction of the Cinchona Tree into British India," *Geographical Journal* 128 (1962), pp. 431 - 42; M. R. D. Seaward and S. M. D. Fitzgerald, eds., *Richard Sprucep (1817—1893): Botanist and Explorer* (Kew: Royal Botanic Garden, 1996); Gabriele Gramiccia, *The Life of Charles Ledger (1818—1905): Alpacas and Quinine* (Basingstoke: Macmillan, 1988); Dronke, *Die Verpflanzung des Fieberrindbaumes*,

pp. 28 - 30.

30 Williams, “Clements Robert Markham,” pp. 438 - 439; Brockway, *Science and Colonial Expansion*, pp. 120 - 133.

31 Taylor, *Cinchona in Java*, pp. 45 - 55; Dronke, *Die Verpflanzung des Fieberrindbaumes*, pp. 17 - 23. 关于金鸡纳树和奎宁的贸易，可参见：Emile Perrot, *Quinquina et quinine* (Paris: Presses Universitaires de France, 1926), pp. 46 - 49; M. Kerbosch, “Some Notes on Cinchona Cultivation and the World Consumption of Quinine,” *Bulletin of the Colonial Institute of Amsterdam* 3, no. 1 (December 1939), pp. 36 - 51.

32 Michael Gelfand, *Livingstone the Doctor, His Life and Travels: A Study in Medical History* (Oxford: Blackwell, 1957), p. 127.

33 Horace Waller, *The Last Journals of David Livingstone* (New York: Harper and Brothers, 1875), vol. 1, p. 177.

34 Robert I. Rotberg, *Africa and Its Explorers: Motives, Methods and Impact* (Cambridge, Mass.: Harvard University Press, 1970), passim.

35 Curtin, “ ‘White Man's Grave,’” pp. 106 - 107; Curtin, *Death by Migration*, pp. 61 - 66, 160.

36 Curtin, *Disease and Empire*, pp. 5, 15 - 18, 49.

37 同前引，pp. 44 - 46.

38 同前引，pp. 67 - 69, 229.

39 这种排斥不仅存在于 19 世纪，反对干细胞研究、抵制在课堂上讲授进化论、排斥预防艾滋病以及对超出科学解释力以外现象的信仰，直到今天仍然存在。

40 John Snow, *On the Mode of Communication of Cholera*, 2nd ed. (London: J. Churchill, 1855); Sandra Hempel, *The Strange Case of the*

Broad Street Pump: John Snow and the Mystery of Cholera (Berkeley: University of California Press, 2007).

41 Theodore Porter, *Trust in Numbers: The Pursuit of Objectivity in Science and Public Life* (Princeton: Princeton University Press, 1995).

42 Spink, *Infectious Diseases*, pp. 19 - 21; Curtin, *Death by Migration*, p. 117.

43 McNeill, *Plagues and Peoples*, pp. 261 - 264; Curtin, *Death by Migration*, pp. 71 - 73, 145 - 149; Spink, *Infectious Diseases*, pp. 163 - 165.

44 Steven Shapin, "Sick City: Maps and Mortality in the Time of the Cholera," *New Yorker* (November 6, 2006), p. 110.

45 芝加哥的情况尤其具有启发性。为了提供合适的排水系统，许多房屋必须加高几英尺，而且一直以来流入密歇根湖的芝加哥河河道也被逆转过来，以保持湖水清洁，并使城市的污水通过一条运河流入伊利诺伊河和密西西比河。参见：Louis P. Cain, "Raising and Watering a City: Ellis Sylvester Chesborough and Chicago's First Sanitation System," *Technology and Culture* 13 (1972), pp. 355 - 372.

46 Headrick, *Tentacles of Progress*, chapter 5: "Cities, Sanitation, and Segregation"; Curtin, *Death by Migration*, pp. 108 - 109.

47 Curtin, *Death by Migration*, pp. 132 - 135.

48 Michael Worboys, "Manson, Ross and Colonial Medical Policy: Tropical Medicine in London and Liverpool," in Roy Macleod and Milton Lewis, eds., *Disease, Medicine, and Empire: Perspectives on Western Medicine and the Experience of European Expansion* (London and New York: Routledge, 1988), p. 23.

49 Douglas M. Haynes, *Imperial Medicine: Patrick Manson and the Conquest of Tropical Disease* (Philadelphia: University of Pennsylvania Press,

2001), pp. 86 - 88; Michael Colbourne, *Malaria in Africa* (London: Oxford University Press, 1966), p. 6; Rocco, *Quinine*, pp. 251 - 280; Spink, *Infectious Diseases*, pp. 366 - 369; Worboys, "Manson, Ross and Colonial Medical Policy," pp. 23 - 24.

50　Curtin, *Death by Migration*, pp. 136 - 140.

51　Curtin, *Disease and Empire*, pp. 117 - 135, 157 - 167; Curtin, *Death by Migration*, pp. 112, 150 - 52.

52　J. H. Powell, *Bring Out Your Dead: The Great Plague of Yellow Fever in Philadelphia in 1793* (Philadelphia: University of Pennsylvania Press, 1949).

53　Vincent J. Cirillo, *Bullets and Bacilli: The Spanish-American War and Military Medicine* (New Brunswick, N. J.: Rutgers University Press, 2004), pp. 113 - 116; John R. Pierce, *Yellow Jack: How Yellow Fever Ravaged America and Walter Reed Discovered Its Deadly Secrets* (Hoboken, N. J.: Wiley, 2005), pp. 148 - 188; Spink, *Infectious Diseases*, pp. 155 - 156.

54　Curtin, " 'White Man's Grave,' " p. 110.

55　Curtin, *Disease and Empire*, p. 87.

56　同前引, pp. 187 - 198.

57　同前引, pp. 26, 84 - 105.

58　Pierce, *Yellow Jack*, pp. 103 - 104.

59　Cirillo, *Bullets and Bacilli*, pp. 57 - 72; Curtin, *Disease and Empire*, p. 124.

60　Pierce, *Yellow Jack*, p. 103.

61　Mary C. Gillett, *The Army Medical Department, 1865—1917* (Washington, D. C.: Center for Military History, U. S. Army, 1995), pp. 129 - 130.

62 Pierce, *Yellow Jack*, pp. 104 - 109; Gillett, *Army Medical Department*, p. 186.

63 Pierce, *Yellow Jack*, pp. 109 - 110; Cirillo, *Bullets and Bacilli*, pp. 1 - 3, 72.

64 Cirillo, *Bullets and Bacilli*, pp. 72 - 75; Gillett, *Army Medical Department*, pp. 173 - 195; Pierce, *Yellow Jack*, pp. 110 - 114.

65 David G. McCullough, *The Path between the Seas: The Creation of the Panama Canal, 1870—1914* (New York: Simon and Schuster, 1977), p. 413; Pierce, *Yellow Jack*, pp. 113 - 115; Cirillo, *Bullets and Bacilli*, p. 118.

66 Curtin, *Disease and Empire*, pp. 123 - 125, 208 - 219. 另可参见：Cirillo, *Bullets and Bacilli*, pp. 136 - 152.

67 McCullough, *Path between the Seas*, pp. 140, 171 - 173, 415 - 426, 465 - 467, 581 - 582. 另可参见：Cirillo, *Bullets and Bacilli*, pp. 118 - 119.

68 关于科学与帝国主义之间的很多联系，可参见：Deepak Kumar, *Science and Empire* (Delhi: Anamika Prakashan, 1991); Kumar, *Science and the Raj, 1857—1905* (Delhi: Oxford University Press, 1995); Teresa Meade and MarkWalker, eds., *Science, Medicine, and Cultural Imperialism* (New York: St. Martin's, 1991).

69 Curtin, *Death by Migration*, pp. 7 - 10. 另可参见：Philip Curtin, Steven Feierman, Leonard Thompson, and Jan Vansina, *African History* (Boston: Little Brown, 1978), p. 446.

70 这种情况至今仍然存在，在发现奎宁预防法150年之后，疟疾仍然是导致人口死亡最多的疾病之一。

71 Rita Headrick, *Colonialism, Health and Illness in French Equatorial Africa, 1885—1935* (Atlanta: African Studies Association Press, 1994), chapter 2: "The Medical History of French Equatorial Africa to 1914." 另可参见：Radhika Ramasubban, "Imperial Health in British India, 1857—1900," pp. 38 - 60; Anne Marcovich, "French Colonial Medicine and Colonial Rule: Algeria and Indochina," pp. 103 - 117; Mayinez Lyons, "Sleeping Sickness, Colonial Medicine and Imperialism: Some Connections in the Belgian Congo," pp. 242 - 256, all in Macleod and Lewis, *Disease, Medicine, and Empire*.

第七章　武器与殖民战争（1830—1914）

257　继 16 世纪之后，19 世纪再次见证了欧洲力量在全球最为急剧的扩张。不过这一扩张并非从一开始就突飞猛进，在最初的 40 年里，非洲（除了好望角）仍然是欧洲人的禁区；欧裔美国人只占据了北美和南美不到四分之一的土地；除了爪哇和印度的一半地区，亚洲也仍然处于亚洲人的统治之下。正如第四章所述，超越这些极限的努力遭遇了极大的困难，经常以失败告终。之后，从 1830 年代和 1840 年代起，新的时代来临了，工业化和科学的进步使得欧洲人的征服战争越来越容易，成本越来越低，吸引力也越来越大。我们已经回顾了这一转变中的两个实例：蒸汽机船和热带医学。不过，蒸汽机船的优势只限于浅水水域的航行；医学和药理学的进步虽然增加了幸存下来的可能性，却不能确保胜利；只有第三种技术变革——新型武器的发明以及它们在全世界不平衡的分布——才真正使得 19 世纪晚期的“新帝国主义”的扩张能够如此迅速而引人注目。

枪械革命

枪支的技术革新在 19 世纪比在历史上任何其他时期都要多。这些创新增加了装卸的便捷性、开火的速度，以及子弹发射的射程和准确度，赋予了那些拥有新武器的人以控制和胁迫没有这些武器的人的能力。这些创新的原因有三个：欧洲国家之间的竞争和美国
内战，尊崇和奖励发明者的文化，西方世界工业化所提供的制造强 258
大火器的机床、工具和材料。

直到 1840 年代，标准的军用枪都是在枪口进行装填的滑膛枪。英国版的滑膛枪叫作“棕贝丝”，从 1704 年布伦海姆之战到 1815 年的滑铁卢战役，这种枪的构造几乎没有变动，1854 年克里米亚战争时给士兵分发的仍然是这种枪。它在 50 码射程以内的射击比较精准，但极限射程不超过 80 码，因此士兵们被告诫必须前进到能看到敌人的眼白时才能开火。装填时士兵必须站立完成一系列复杂的操作，往往需要耗费一分钟，只有非常熟练的士兵才能做到一分钟装填和发射三次。火药池里的火药是靠燧石火花点燃的，很容易受潮，因此十次发射里成功的通常不会超过六七发。有一种说法，说每一个士兵打死一名敌人所需射出的弹药，里头的铅都差不

多要赶上他本人的重量了。[1]

从 16 世纪开始，来复线技术逐渐研发成形并投入实践。这项技术是在枪管里刻出一圈圈的螺旋线，让子弹旋转着射出，这样弹道能够更直、射击更加精准。18 世纪晚期的来复枪，像德国的“猎人”（Jäger）和以它为基础仿制的美国“宾夕法尼亚-肯塔基”，射程均达到了二三百码，是滑膛枪的 5～6 倍。不过，要让来复枪有效射击，装填子弹时必须紧密贴合枪管，这意味着装填可能需要 4 分钟的时间，比装填滑膛枪所需时间的两倍还要多。出于这个原因，来复枪一般主要用于狩猎。军队也主要是向散兵和狙击手派发来复枪。拿破仑称其为“能交到士兵手中的最糟糕的武器”。英国军队直到 1800 年才引进了来复枪“贝克”，在阿尔及利亚战场上，只有精锐的奥尔良轻骑兵团才配备这种武器。[2]

拿破仑战争之后，长期以来在枪支制造技术上的保守主义思想终于宣告结束。第一个重大创新是击发点火装置。1807 年，苏格兰牧师兼业余化学家亚历山大·福赛思（Alexander Forsyth）的这
259 项发明获得了专利。他用氯酸钾做成推进燃料，只需硬物撞击就会发生爆炸。而如果将其放在火药池里，不需要火柴或燧石，只要用锤子敲打即可点燃火药。9 年后，费城的约书亚·邵（Joshua Shaw）对其进一步改进，将击打的火帽改为铜制，这样即使在潮湿环境下也不会影响使用。使用这种击发式步枪，每千次射击平均只会哑火 4.5 次，相对于用燧石发火平均 411 次的失败率而言是一个巨大的进步。因此，击发步枪对于在西欧潮湿多雨环境下的军队有着极大的吸引力。1831 年，英国军队对这种火帽进行了测试；1836 年首

先在皇家卫队配备带有这种击发装置的“布伦瑞克”来复枪；1839 年开始，所有步兵团的燧发枪都换成了击发步枪。法国和美国军队在 1840 年代也紧随其后进行了换装。[3]

另一项重大的发明是针发步枪，由德国人约翰·尼古拉斯·德莱塞（Johann Nicholas Dreyse）于 1836 年申请专利，并于 1842 年被普鲁士军队采用。这是第一款大规模生产的后膛装填式来复枪，用卧姿代替站姿，每分钟可发射 5～7 次，在当时给了战场上的士兵极大的优势。1866 年普鲁士与奥地利在萨多瓦的那场战役，就很好地体现了针发步枪相对于前膛装填枪的这一优势。不过它也有缺点：由于是后膛装填，发射时会从这一部位喷出热气，导致士兵只能从枪托处瞄准发射，精准射程降到了 200 码以内。[4]

当普鲁士人把关注点放在后膛枪上的时候，法国人还在努力解决前膛枪子弹装填的问题。他们试图研制出一种既能轻易滑入枪管，又能在射出时遵循管壁来复线控制的子弹。1848 年，法军上尉米涅开发了一种圆柱体弹身、圆锥形弹头、弹体空心从而能在发射时发生膨胀的子弹，分发时与预先配好的火药一起装在纸质弹药筒中。有了这种子弹，来复枪的装填就能与滑膛枪一样快了。1850 年代初，法国和英国军队开始将军队配备的滑膛枪换成使用米涅子弹的来复枪。其效果十分惊人，100 码的距离，米涅枪命中率 94.5％，滑膛枪命中率 74.5％；到了 400 码的距离，米涅枪命中率 52.5％，滑膛枪命中率只有 4.5％。简言之，这时的步兵枪械已经升级成了危险的远程武器。[5]

在这场军备竞赛中，美国一直紧随其后。虽然它的军队规模很 260

小，但在边境地区搜寻和打击印第安人的国民对枪支有着巨大的需求。实验性质的后膛式来复枪在 1820 年代就引入了美国，但第一款真正意义上投入实战的是 1844 年由夏普斯（Christian Sharps）提请专利、1848 年开始投产的“夏普斯”步枪。从 1846—1848 年美墨战争到 1861—1865 年的美国内战，还有在此期间大大小小的边境战争，夏普斯的单发来复枪和卡宾枪（更短更轻的来复枪）都获得了广泛使用。一开始，夏普斯步枪使用的纸质弹药筒在发射时会有气体逸出，但当制造商改用更坚固的亚麻药筒后，它们很快就成了美国最流行的武器。[6]

还有一种武器值得一提：“柯尔特”左轮手枪。1830 年代，塞缪尔·柯尔特（Samuel Colt）还是一名水手，在往返于波士顿和加尔各答的旅途中发明了带有可旋转弹巢的转轮手枪。1836 年他申请了专利并向美国军方推荐这种手枪，但军方因成本过于高昂而拒绝了。就在柯尔特的公司破产和他即将放弃之际，得克萨斯州游骑兵 1839 年发现了这款枪。1846 年美墨战争爆发时，游骑兵队长沃克订购了 1 000 支 0.44（英寸）口径的六发左轮手枪，引领起一个至今尚未退潮的风尚。[7]

日益膨胀的枪支需求，以及可以批量生产零部件的机床的不断发展，推动军需工业向着通用零部件的方向前进，这是法国大革命时期就已提出的想法，但直到 1870 年代才完全实现。[8] 1851 年伦敦万国工业博览会期间，美国枪支给英国官员留下了深刻的印象，英国随即派遣三名炮兵军官和一名工程师前往马萨诸塞州的斯普林菲尔德兵工厂。这次访问之后，英国政府在恩菲尔德建立了一座新的兵工厂，以“美国体系”批量生产步枪。1853 年推出的“恩菲尔德”来复枪采用枪口装填，有效射程 800 码。火药放在预制的纸药筒里，制作药筒的纸张都泡过油脂以防受潮，装填时，士兵得先咬破药筒再将火药倾入枪口。1857 年，由于有传言说在印度军队（包括印度教徒和穆斯林）中配发的恩菲尔德子弹涂上了猪或牛的油脂，因而引发了印度军队的起义。[9] 261

美国内战的对垒双方是两支仓促召集的庞大军队，士兵们只好使用他们能找到的任何武器。突增的需求超出了政府控制的兵工厂的生产能力，给了私人制造商（其中有些只能算手工作坊）大量生产的动力。虽然战争期间使用的枪支无一能够延续到战后继续被使用，但这一需求产生了一系列的创新并在 1870 年代开花结果，其中就包括连发式来复枪“亨利”和“斯宾塞”。后者的发射速度比南方联盟军以及部分北方联邦军士兵使用的枪口装填步枪要快 7 倍，它轻而且耐用，但由于弹匣有时会爆炸，因而携带和操控也很危险。[10]

与此同时，欧洲的军备竞赛正在加速。针对普鲁士的“德莱塞”针发步枪，法国在 1866 年推出了“崔斯波特”（Chassepot）后膛步枪。后膛步枪比针发步枪更容易瞄准，但它开火时会从后膛喷出气体，而且很容易留下残渣从而导致卡壳。同一时期的英国军队开始使用由雅各布·施奈德（Jacob Snider）获准专利的后膛枪，替换“恩菲尔德”来复枪。1867 年，这种被称为“施奈德-恩菲尔德”的混合式步枪获得采用，并在 1868 年对马格达拉的讨伐和其他一些战争中得到使用。

当内战结束、美国政府的订单枯竭后，很多武器制造商都面临着破产或被收购的命运，雷明顿公司（Remington Company）却凭借一款简单、可靠、速射的“滚轮闭锁”（Rolling Block）步枪而幸存下来，其性能要优于同时期的欧洲步枪。1868—1878 年古巴革命期间，西班牙购买了 30 万支雷明顿步枪；1870 年普法战争爆发时，法国订购了 14.5 万支；埃及、智利、墨西哥、阿根廷及其他国家也都订购了这种枪支以及数百万发的弹药。[11]

速射后膛枪和连发来复枪要求引信、火药、子弹同时装在弹药筒中才能使用。而“德莱塞”或者“恩菲尔德”使用的纸质弹药筒很容易损坏，发射过程中会有气体喷射逸出，导致士兵们不得不把
262 枪从脸部移开，这就降低了射击的准确度。为此，制枪工匠发明了各种各样的金属药筒来解决这一问题。其中第一个是由法国人乌利耶（Houllier）1846 年发明的，通过击打一个突出的撞针来引燃，因而携带起来非常危险。美国内战时，很多步枪都使用了更为安全的、包裹了铜箔的边缘发火式（Rim-fire）子弹。到了 1867 年，英军上校爱德华·博克瑟（Edward Boxer）和美军上校希兰·伯丹（Hiram Berdan）均研制出了黄铜制中心发火式（Center-fire）子弹，从那以后所有的步枪都改用了这种子弹。[12]

创新的步伐持续到了 1870 年代。经过漫长的实验测试，英国军队采用了一种新的“马蒂尼-亨利”步枪，取代了“施奈德-恩菲尔德”步枪。它的枪管口径更小，意味着士兵可以携带更多数量的子弹。它使用的黄铜弹药筒比以前的纸筒更安全，射程可达 800 码，可靠性和准确度也大幅提升。经过多次修改，“马蒂尼-亨利”步枪一直服役到了第一次世界大战，并在英国对非洲的殖民战争中

得到广泛使用。[13] 1874 年，法国人用“格拉斯”（Gras）替换了“崔斯波特”后膛步枪，这是一种使用金属子弹的单发步枪。1871 年，新的德意志帝国陆军使用了毛瑟枪。内战结束后，美国军队在武器上不再有创新的压力，面对大幅削减的预算，他们没有更新部队的枪支，而只是把内战时期的“斯普林菲尔德”步枪改成了后膛式。[14]

正当西方国家的军队升级至单发金属子弹步枪时，发明家们又推出了比美国内战时所使用的型号好得多的连发式来复枪，进一步加速了新型号步枪对过时步枪的替代。温彻斯特连发武器公司改进了“亨利”的连发机制，先后推出了 1866 型和 1873 型步枪，后者成为西部前线最流行的武器。虽然射程不到 200 码，但它们可以在几秒钟内连续发射 15 发子弹。[15] 但为了节省开支，美国军队直到 1892 年才开始使用连发步枪。与此同时，1879—1880 年，法国军队在他们的“格拉斯”上增加了一个管状弹匣，将其升级成连发步枪“格拉斯-克罗巴查克”（Gras Kropatschek）。1884 年，德国同样也将他们的毛瑟枪升级成了连发毛瑟枪。[16] 另一项创新是由苏格兰钟表制造商詹姆斯·李（James Lee）发明的盒型弹匣，与管状的 263
温彻斯特弹匣需要手工一颗颗填弹不同，这种盒式弹匣在子弹打光以后可以迅速卸下，再换上一个满的弹匣。

技术进步并未就此停止。接下来的三项创新再一次促使军队加速武器装备更新换代的步伐。贝塞麦炼钢法、西门子-马丁炼钢法和吉尔克里斯特-托马斯炼钢法促进了钢铁工业的兴起，使得钢能够替代铁用于武器制造。对于如枪管以及闭锁结构里的很多零部件而言，钢比铁更坚固也更耐用，但也需要更大更复杂的机床来制造。随着钢材料的进入，作坊式手工制作的时代结束了，枪支不再由铁匠们制造，所有枪支上损坏的零部件只需直接拆下，换上工厂预制的即可，有时只需要做些微的调整，有时则根本不需要。

从 14 世纪就开始使用的传统火药，在燃烧时会产生大量的黑烟，暴露枪手的位置，燃烧后还会留下残渣堵塞枪管。1885 年，法国化学家保罗·维埃耶（Paul Vieille）发明了一种硝化纤维和乙醇的混合物，不仅在爆炸后不产生烟，没有残留物，而且爆炸的威力也远大于传统火药，能给予子弹更大的推力和更快的速度。法国的这种“B 型火药”（Poudre B）很快就被德国、英国和美国效仿。[17]由于无烟火药的威力太大，因而直接在现有的来复枪上用它替换传统火药是不行的。它的高速度提升了射击的精准度，延长了最大射程，同时也使枪管口径进一步缩小，1890 年代的军用步枪口径为 0.236～0.300（英寸），只有“棕贝丝”的三分之一。[18]子弹的高速度也弥补了它直径较小的短板，正如一位历史学家所说，新的子弹造成了“可怕的伤口，进入时的小洞几乎看不到，而出口看起来就像个漏斗……（那里的）肌肉变成了一摊烂糊”[19]。

最后一项“改进”尤其邪恶，那就是中空/平头子弹的发明。这种子弹会在击中肉体时如蘑菇般炸开，在人体上形成一个拳头大小的洞。伯蒂-克莱（Bertie-Clay）上尉在英军位于印度加尔各答附近的达姆-达姆兵工厂发明了这种子弹，因此又叫作“达姆弹头”。这种子弹特别为殖民地战争而设计，理由是“与我们经常爆
264 发战争的野蛮部落对马克Ⅱ型子弹不屑一顾；事实上，他们常常无视它，在被连续击中四五处后才会倒下，而此时已经到了离我们相

当近的距离”[20]。

大部分的部队开始时试图在现有的步枪上换成无烟弹药，不过在 19 世纪后期的竞争气氛中他们很快意识到，自己需要的是全新的武器。法国用全新的、拥有八发弹匣的“勒贝尔 1886”取代了“格拉斯-克罗巴查克”，直到第一次世界大战结束前，它都是法国的标准军用步枪。英国 1888 年采用了“李-梅特福德”弹匣式步枪，随后又采用了“李-恩菲尔德”步枪。德国的“毛瑟”则推出了一系列专为无烟火药设计的连发式弹匣。在美国，官方的军事采购却滞后于民间的需求，雷明顿公司早已推出了连发式“雷明顿-李”弹匣。[21]

通过这些新武器，士兵们拥有了早先不敢想象的攻击力。他们既可以趴下，也可以躲在岩石或树后，只要快速地拉枪栓、扣扳机，就可以在弹药打光之前进行连续射击，枪法好的射手甚至可以击中一公里以外的目标。之后，枪支的革新趋于稳定。在第一次世界大战中甚至到了第二次世界大战时，许多枪支还都沿用着 1880 年代晚期到 1890 年代的设计，只做了一些细微的改进。今天步兵携带的步枪和 1890 年代时的区别，与 1840 年至 1890 年所发生的巨大变化相比根本微不足道。

除了低阶步兵们使用的步枪之外，将军们还对其他武器的革新怀有浓厚的兴趣。即使在伟大的炮手拿破仑统治之前，炮兵也一直是很有威望的。在复杂地形中作战的殖民军队需要的是可以由骡子或骆驼来运输的、发射开花弹的迫击炮和山地炮。重型火炮的革新虽然丰富，但对殖民军队用处不大，除非目标是在军舰舰载炮的射程范围之内。[22]

对殖民军来说，更重要的是机关枪。第一款实用化的机关枪是美国内战时期的产物“加特林”机枪。这个多支枪管的怪物发射速度可达每分钟 3 000 多发，但经常有过热或者卡壳的问题。尽管如此，它还是在 1871 年得到了英国军队的青睐，并参与了 1870 年代至 1890 年代英国在非洲的行动。法国军队看中的则是 1860 年代推
265 出的与之类似的“蒙蒂尼”机关枪。之后还有四管、每分钟 216 发的“诺登菲尔德 1877”，以及重型的五管、每分钟 600 发的“诺登菲尔德 1892”。不过这些机枪都太重了，只能装在鱼雷艇和炮艇上，而不便在陆地上使用。

第一款在殖民战争中体现出实用价值的是“马克西姆”机关枪，1884 年由美国人海勒姆·马克西姆（Hiram Maxim）发明并获得专利。这是一种单管式自动步枪，子弹由火药爆炸后在弹药筒中产生的气体推动出膛，最快发射速度可达每秒钟 11 发。这位发明家在美国找不到足够多的买家，于是搬到了英国。当他于同年在英国展示了他的发明之后，在场的中国大使当即表示他们承受不起这种枪的弹药成本：每分钟 5 英镑（25 美元）。不过，英国陆军元帅沃尔斯利勋爵却“对枪和它的发明者表现出了强烈的兴趣。于是，针对枪支可能的实际用途，尤其是像殖民战争这样的使用环境，他给马克西姆先生提出了一些建议”[23]。

钢铁、无烟火药、黄铜弹药筒以及许多武器上的精密零件都是由工业企业按要求制造的。只有工业化国家才有制造这些武器所需的资金，也只有较大的欧洲国家和美国才拥有钢铁厂、化工厂和军

火工厂并能满足本国军备的需要。拉丁美洲国家只能进口一些他们买得起的武器，而世界其他国家的差距就更大了。

枪械在非洲

19 世纪的枪械革命大大增加了新武器持有者的攻击力。但是，仅仅获得新武器并不一定能够带来绝对的优势，还需要交战双方的技术差距大到足以弥补其在人力和对当地情况了解不足方面的短板。殖民战争领域最重要的理论家卡尔韦尔（Charles E. Callwell）上校在 1896 年初次出版的著作《小规模战争：原理与实践》（*Small Wars*）中，对这些差距进行了描述：

> 在使用旧式步枪进行小规模战争的年代，发现敌人拥有比 266
> 正规部队更好用的武器并且使用效率更高是常见的事情。……但在今天，我们可以有把握地说，以他们所拥有的武器装备及训练水平而言，他们与我们装备步枪且训练有素的步兵相比都相差太远。[24]

卡尔韦尔上校是一个在殖民战争中有丰富经验的人，对武器及其用途有很深的认识。尽管如此，就像许多在他的时代描写过殖民战争的人一样，卡尔韦尔也把欧洲人的胜利主要归功于他们的士气、热情、决心、勇气、纪律和英勇，以及将军们的战略，而很少是武器和战术。也和那个时代的人们一样，他把所有欧洲人扩张过程中遭遇到的人都叫作野蛮人、狂徒或者未开化的人，把那些军队叫作野蛮人大军。即便是埃及和中国这样的国家，在他眼中也只能算是半开化而已。

对非西方民族的这种蔑视是种族主义和社会达尔文主义时代的特征。塞拉利昂地区专员查尔斯·沃利斯（Charles Wallis）曾撰写过一本专门向即将派往西非的英国军官提供建议的书，书中发表了类似的评论，称非洲人是“野蛮和无法无天的种族”，“狂热”和“狡猾的野蛮人”，“就像他自己森林里的野生动物一样”。与卡尔韦尔一样，他也认可新武器的威力，但他认为英国的成功应归因于“严明的纪律与团队精神”，以及士兵们的勇敢、耐力、闯劲和活力，尤其还有“西非战争机器中不可或缺的因素——英国军官”。[25]令人惊讶的是，这种观点在新近的研究著作中仍然存在。[26]为了避免将这种简单化的概括输送给大众，我们有必要在此探讨武器在这一时期的事件中真正起到的作用。

从 16 世纪开始，欧洲商人就把枪支卖给非洲人以换取奴隶。这些“戴恩”（Dane）枪的总值相当于整个欧洲军事武器的五分之一。一直到 19 世纪早期以前，非洲对这种枪支的需求都很大而且在持续增长。从 1796 年到 1805 年，奴隶贸易的最后几十年间，英
267 国每年向西非出口 15 万～20 万支枪，还有 847 075 磅的火药和 20 万磅的铅弹。其他欧洲国家也出口了至少相同数量的武器。这些都是为换取奴隶而卖给非洲人的最重要的贸易商品，平均每 2.5～6.2 支枪换一个奴隶。[27]奴隶贸易结束后，其他贸易仍在继续，尤其是当汽船出现在尼日尔河之后。到了 1860 年代，伯明翰的枪支制造商

每年向非洲出口 10 万～15 万支枪，而列日的枪支制造商也提供了几乎同样多的数量。[28]到 19 世纪后期，法国、德国和葡萄牙的商人也开始向东非出口枪支，阿拉伯商人则携带着这些枪支越过撒哈拉再转卖到苏丹。[29]从 1870 年代开始，非洲南部的钻石矿矿主在招募工人时也必须给他们提供枪支了。[30]

“戴恩”枪是廉价的燧发枪或击发枪，轧制的铁枪管粗细不一，射程很短，精度也有限。士兵们把火药和铅弹或铁弹从枪口倒入枪管，然后直到离敌人只有几步远的地方才开枪射击。这种枪很不可靠，尤其是在潮湿阴雨的天气，装填也非常慢。如果火药装得太多还可能会爆炸——这种情况不在少数。[31]“戴恩”枪有诸般不足，却有一个优势：它构造简单，不像来复枪或后膛枪有那么多复杂的零件。因此，非洲的铁匠们虽然因当地的熔炉温度不够高、无法熔铁而不能自制枪支，但完全能够胜任修理“戴恩”枪的工作。[32]火药则几乎都是进口的，当地所使用的进口硫黄火药并未颗粒化，容易吸湿受潮。由于子弹价格高昂，当地人通常用碎铁块或石子来代替。[33]

在殖民时期之前，枪支在非洲的分布很不均匀。西非海岸的国家拥有大量的枪支和弹药，用于狩猎、捕捉奴隶，并以此控制着内陆的贸易。一些沿海国家甚至引进了回旋炮和其他轻型火炮来武装他们的战斗轻舟。[34]而在南非，直到 1860 年代，白人制枪工匠们才用进口的枪管、零件和本地生产的枪托来进行组装，实现枪支的本地化生产。[35]

非洲的内陆地区就更难得到枪支了。对于第一批来到这里的欧洲人而言，苏丹军队使用的马、盔甲、剑、矛和战斧，还有他们有着城墙和护城河的城镇，这一切看起来就像在中世纪一样。[36]当 268

地人知道枪支，但由于缺少火药、子弹和零件，很少能用上它。探险家休·克拉珀顿于1826年抵达索科托（Sokoto）哈里发国时，在哈里发贝罗5万人的军队里只清点出42支枪。[37]19世纪四五十年代，苏丹中部的瓦代有了300支枪；到了1870年代增加到4 000支燧发枪。[38]而在非洲中部一些马都无法生存的地区，有的有国家组织形式，有的还没有，人们甚至还在使用弓箭、标枪和盾牌。[39]

欧洲军队完成枪支的更新换代后，那些淘汰下来的旧枪稍后就卖给了撒哈拉以南的非洲人。1874年，法国军队引入“格拉斯”步枪之后，将之前用的“崔斯波特”步枪都卖给了列日的枪支制造商，后者又将其转手给了那些跨境的贸易商。到1890年，“崔斯波特”就被摆上了非洲商栈的货架。[40]但进口来复枪的价格不菲，1870年代在尼日利亚南部的伊巴丹（Ibadan），步枪的价格是每支10～15英镑。在南非金伯利（Kimberley）的钻石矿那里，毛瑟枪要价4英镑（相当于一名矿工3个月的工资），后膛枪就更贵了，25英镑的价格是前者的6倍多。[41]到了19世纪末，在苏丹中部，一支来复枪值15～30个奴隶，或者5～6头骆驼。除此之外，作为工业制成品的弹药也要以非常昂贵的价格进口。[42]

欧洲在对非洲人出售现代军用步枪的问题上有些犹豫不决。每当军队用一种新型号步枪取代之前的老款时，贸易商就会购买这些废弃品并将其运往国外。各国政府都对这种做法抱有疑虑。17世纪、18世纪时，荷兰东印度公司就禁止向开普敦的非洲人出售枪支，但白人农场主经常逃避这一规定。法国早在1830年就关闭了穿越撒哈拉沙漠的枪支交易。英国也于1854年起试图停止向非洲人出售枪支。[43]南非的情况则因地区而异，两个布尔人的共和国——
奥兰治自由邦和德兰士瓦为白人保留了拥有枪支的权利；而在开普
敦，人们对自由贸易、非洲人的忠诚以及他们的用枪技能一直争论
不休，直到 1878 年，议会通过了一项规范枪支所有权的法律，在 269
事实上解除了非洲人的武装。[44]而在其他地方，枪支贸易蓬勃发展。1888 年，英国驻桑给巴尔的领事写道："除非采取一些措施来遏制目前东非枪支的巨大进口量，否则这个大陆的和平与发展将不得不面对庞大人口中的大多数都拥有先进后膛步枪的现实。"[45]两年后，欧洲列强在布鲁塞尔签署协议，允许滑膛枪在非洲自由贸易，但禁止后膛枪流入南北纬 20 度之间的地区。1899 年，这一法案修订后继续生效。[46]尽管仍有一些贸易商避开这一禁令，但毫无疑问的是，它帮助欧洲人在 19 世纪末的殖民战争中打破了与非洲人之间的力量平衡。

非洲争夺战

探险家们是争夺非洲的先锋。随着汽船和奎宁的出现降低了渗透进这里的风险，传教士、贸易商、冒险家们受着欧洲和北美大众传媒上冒险故事的宣传，以及强烈好奇心的驱使，开始在这片大陆上来往穿行。

所有的探险家都带着最新的武器，但使用的方式各不相同。他们中最著名的大卫·利文斯通在 1849 年至 1861 年期间多次穿越非

洲中南部，他的枪主要用于打猎，很少用于自卫。[47]塞缪尔·怀特·贝克（Samuel White Baker）是一名富有的、专门猎杀大型动物的猎人，1863—1864年，他带着后膛枪和足够用好几年的弹药，沿着尼罗河溯流而上，他的枪不仅用于打猎，还用来威吓沿途遇到的非洲人。采取同样做法的还有1870年代前往安哥拉的弗尼·洛维特·卡梅伦。[48]1865—1867年在苏丹中部，格哈德·罗尔夫斯也用来复枪和卡宾枪来威慑当地人，因为他们“表现出强烈反对我们在那里露营的倾向……几次鸣枪让他们找到了允许我们的理由”[49]。

270 然而，没有人像亨利·莫顿·斯坦利那样明目张胆地模糊了探险和军事征服之间的界限。英国驻桑给巴尔领事形容这个残暴的人“在（欧洲人）发现非洲的编年史上是独一无二的。因为现代武器在那些还从未听到过一声枪响的原住民身上有着压倒性的权力，他却不计后果地使用了它”[50]。因为有《纽约先驱报》和比利时国王利奥波德的财政支持，他携带的装备比任何其他探险家都要多。1871—1873年第一次寻找利文斯通时，随行的物资有6吨，还有190人的团队，其中大多数是搬运工。1879—1884年前往坦噶尼喀湖和刚果探险时，他的装备包括一艘轮船“爱丽丝小姐号”和8吨
271 物资，包括几十支步枪和捕象枪，甚至还有一门克虏伯大炮。1886—1888年，斯坦利最后一次探险，在尼罗河上游营救艾敏帕夏（即爱德华·施尼策尔，Eduard Schnitzer）的行动中带来了数百支雷明顿和温彻斯特步枪、10万发子弹、35万只击发火帽、2吨火药，还有一挺机关枪，用他的话说是“来为文明战胜野蛮提供有价值的服务”[51]。对这些武器的使用，他没有任何的犹豫。当他受

到的欢迎不够热情或者遇到阻力时，就会追击这些非洲人，“进到他们的村庄，在街道上发起攻击，把那些乱作一团的人赶到远处的林子里，将他们的庙宇夷为平地，点燃所有的房屋，最后再把他们所有的独木舟都拖到河中央任其漂走”[52]。在坦噶尼喀湖的一次冲突中，“湖滩上挤满了愤怒的人……我们觉察到身后跟着几只独木舟，数支长矛正从独木舟上摇晃着朝我们飞来。我用温彻斯特步枪向他们开枪射击。六声枪响，四人倒地，足以平息了这次挑战”[53]。

到了斯坦利的时代，探险已经演变成了疯狂的征服，历史学家们称之为“非洲争夺战”（Scramble for Africa）。殖民主义者的成功——在不到 40 年的时间里征服了一个大陆——很大程度上应归功于他们使用的武器，或者更确切地说，是他们与非洲人在武器上的差距。

在 19 世纪早期，这种差距要小很多，因而成功的机会也要少得多。非洲南部是欧洲人唯一比较成功渗透的区域，这是一个包括布尔人社群在内的多元化社会，各方力量势均力敌。在 1799—1802 年的科萨-布尔战争中，科萨人以及一部分带着马和枪从布尔人主人那里逃跑的科伊桑人，就足以将白人阻挡在他们的土地之外。[54] 1823—1831 年，英国人与阿散蒂人在黄金海岸内陆的第一次遭遇战中，英国人全赖康格里夫火箭才避免了失败，但这些火箭更多的作用是恐吓而不是伤人。[55]

到了 1860 年代，有了后膛枪的欧洲人扩大了这一差距。在 1865—1868 年与奥兰治自由邦的战争中，索托人（Sotho）使用马
匹、燧发枪和击发步枪，来对阵布尔人的后膛步枪和钢炮。布尔人 272

杀死了几千名索托人，夺取了他们最好的土地，自己仅损失了 100 名白人和 100 名非洲人盟友。[56]

这一差距在 1870 年代进一步扩大。在 1873—1874 年与阿散蒂人的第二次战争中，加内特·沃尔斯利爵士的部队装备了新的“施奈德-恩菲尔德”步枪和 100 万发子弹，他们还带来了两挺“加特林”机关枪。这是机关枪第一次出现在非洲大地上，不过它们既难运输又难维护，最后军队不得不遗弃了它们。而对面的阿散蒂人只拥有“戴恩”枪。在沃尔斯利对阿散蒂首都库马西的“入侵”中，英国人更担心的是传染病，而不是对手的子弹。[57]

在 1878—1879 年的祖鲁战争中，差距看起来就没那么大。祖鲁人有尚武的传统，在漫长的岁月里发展出了很多有效的战术，在历史上也曾多次击败过他们的非洲对手。在 1879 年初的伊桑德尔瓦纳战役中，长矛对步枪的成功让他们一战成名。由于如此装备差距下的失败实在罕见，英国报章对此有诸多批评。6 个月后，英国人虽然背负了令其行进缓慢的辎重，但扭转了失败的局面，一定程度上是因为使用“加特林”机枪和新的“马蒂尼-亨利”后膛枪来对抗祖鲁人的长矛。[58]

1880 年代，连发步枪来到了非洲。1885 年首次在西非亮相的“格拉斯-克罗巴查克”可以在几秒钟内连射 8 发用无烟火药制成的子弹。1886—1887 年，法国军队在塞内加尔与穆罕默杜·拉明（Mahmadou Lamine）的战役中，陆军中校亨利-尼古拉斯·弗雷（Henri-Nicholas Frey）的部队就装备了这种步枪，再加上单发的“格拉斯”步枪以及负责轰炸城镇的野战炮。到了 1890 年代早期，使用无烟弹药的“勒贝尔”步枪也在非洲出现了。[59]

1890 年代，殖民战争愈演愈烈，其中部分原因是内陆深处的一些国家仍在坚持抵抗，而且，尽管已经比那些帝国主义者晚了十年，但他们也开始致力于武器的更新换代了。当法国人决定去征服达荷美王国（今贝宁共和国）时，达荷美的军队已经拥有了 6 门克虏伯大炮、5 挺机关枪，以及 1 700 支各式各样的步枪，包括“崔斯波特”“温彻斯特”“施奈德”“斯宾塞”。然而用惯了“戴恩”的士兵们对这些武器都很陌生，完全没有接受过这方面的训练，总是瞄准得过高了。于是，在首都阿波美附近的一场决战中，达荷美军 273
伤亡数千，法国人却只损失了 10 名军官和 67 名士兵。[60]

1893—1896 年，恩德贝莱人在与英国人的战斗中也遭遇了相似的情况。当时他们的装备中已经有了“施奈德”和“马蒂尼-亨利”，然而，当数千名战士集结在一起准备对英军发起攻击时，迎接他们的是机关枪无情的扫射。新型的、威力更大的“诺登菲尔德”和“马克西姆”机关枪都参加了此次战斗。[61]后来描写殖民战争的作家们都很认可机关枪的作用，尤其是“马克西姆”。据卡尔韦尔上校的叙述：“面对祖鲁人、加齐武士或其他狂热分子的冲击，只要能够保持开火，这种武器的效果是相当惊人的。”查尔斯·沃利斯则认为：“马克西姆的连发速射通常都会给野蛮人造成精神上的强烈冲击。他们可能从未听说，也从未见过。”[62]

殖民战争在士兵数量上也与军备一样不平衡。击败达荷美的军队士兵人数是 2 000 人，击败尼日利亚伊杰布人的是 1 000 人，击败索科托哈里发王国的是 1 100 人，击败苏丹中部拉巴赫王国的是

320 人。大部分的殖民军队里有半数人员都是搬运工，其余的一大半也是非洲人，只有军官和军士是白人。法国为了征服阿尔及利亚，动用了由陆军元帅和将军们统率的 10 万士兵；而在苏丹西部，其驻防从未超过 4 000 人，最高指挥官也只是上校和少校。[63]

相比之下，非洲军队的士兵数量往往多达数万人。他们的战术是在与其他非洲人多年的战争中积累下来的，在面对这些侵略者的时候却并没有迅速调整和改变。非洲人常常在森林、草很高的草地或崎岖的地形中发动伏击，但这种战术在全副武装的殖民部队面前很难起到决定性的作用。而在苏丹的稀树草原上，手持长矛或滑膛枪的士兵很容易就被来复枪击中。即便是拥有步枪的非洲国家，也很少有足够的弹药来对他们的士兵进行射击或战术训练。祖鲁人是非洲南部最善战的武士，其“主力推进、两角包抄”的战术在伊桑德尔瓦纳战役中曾行之有效，但之后也再无建树。[64]

针对非洲人的战术，一直以来富有攻击性、志在征服和占领的殖民军则转向了前几个世纪常用的方阵防御策略，它在此前的最后
274 一次使用还是在滑铁卢战役中。正如几位“小规模战争”专家所指出的，这种密集阵型在面对装备现代步枪的敌人时是非常脆弱的，然而当它面对长矛和滑膛枪时的效果就大不一样了。殖民军甚至还有时间发起齐射，对敌人造成强大的心理震慑。[65]

殖民军与非洲人之间的两次大战——法国与苏丹西部的萨摩里以及英国与苏丹东部的马赫迪——充分表现了非洲争夺战高潮时期的各种战斗历程以及武器和战术在其中扮演的角色。

萨摩里·杜尔（Samori Toure）是尼日尔北部地区迪乌拉人中

自封的军事领袖。1870 年代，他逐渐建立起了一个小型的精锐军团，这是非洲第一支完全配备枪械的部队。一开始，他们的装备主要由击发枪组成，不过他也从塞拉利昂的弗里敦购买了一些英国产的新型来复枪。到 1887 年，他差不多拥有了 50 支后膛枪和 36 支连发步枪。1890 年代，当法国人进入他的领地时，他向东移动到了上沃尔特地区，并继续购买或劫掠“格拉斯”枪、“毛瑟”枪以及“温彻斯特”连发枪。到了 1894 年，在法国切断其在塞拉利昂的供应通道之前，他的军队可能已经拥有了多达 6 000 支步枪。

萨摩里还派了一些铁匠去塞内加尔圣路易的法国兵工厂学习。这些铁匠能修理滑膛枪，还能用进口的枪管组装枪支，他们的妻子则负责用研钵和杵制造火药。“格拉斯”的弹药筒可以由战场上捡回来的空药筒重新装填而得。这些铁匠甚至还能仿照“格拉斯-克罗巴查克”制造出连发步枪。

萨摩里的战术革新也相当合理。他不与敌人对阵，而是采用小规模的游击战。法国人原来指望几周内就能将他击败，他的焦土政策却让这一进程拖延了数年之久。当他于 1898 年最终被捕时，他的军队仍拥有 4 000 支步枪，甚至还有一架小型加农炮，但弹药已经耗尽了。[66]

欧洲人领导的现代武装与非洲传统力量之间最著名的一场战 275
事发生在尼罗河上游的恩图曼。1880 年代，宗教领袖马赫迪领导苏丹人民起义，摆脱英国和埃及的殖民统治，建立了马赫迪王国。十年后，他的继任者哈里发阿卜杜拉统治着苏丹东部地区。此时，英国已占领了埃及，法国远征军和比利时远征军也正从西面和南面靠近。1896 年，英国派遣霍雷肖・基钦纳将军率领一支庞大的远征军进攻苏丹，军队中的埃及士兵配备了后膛枪，而英国士兵则有更新的“李-梅特福德”连发枪、“马克西姆”步枪和野战炮。正如我们在第五章中所见到的，除此之外他们还有在尼罗河中游弋的装备了加农炮的炮舰支持。[67]而对手则是准备以人海战术从正面发起攻击的数万名手持长矛、刀剑和滑膛枪的马赫迪士兵。[68]

1898 年 9 月 2 日，两支部队在喀土穆附近的恩图曼交火。当时还是战地记者的温斯顿・丘吉尔描述了这段令人难忘的战斗过程：

> 因为敌人离得很远，军官们又非常谨慎，步兵们稳定而平静地向远处的敌人开着火，不见任何慌张或激动的情绪。此外，士兵们对这项工作也很感兴趣并且不遗余力……此时在对战的另一边，子弹呼啸着穿透血肉、打碎骨头。鲜血从可怕的伤口中喷出，勇敢的人们挣扎着穿过这片地狱般的枪林弹雨和漫天尘土——痛苦着，绝望着，走向死亡。这就是恩图曼战役的第一阶段。[69]

战斗结束后，根据英方统计，马赫迪国的德尔维希士兵伤亡 11 000 人，英军这边则损失了 28 名英国人和 20 名埃及人。丘吉尔称这是“科学武器对野蛮人最具标志性的胜利。在五个小时的时间里，最强大、装备最好的野蛮人军队在与现代欧洲力量的对抗中被摧毁和驱散。而这场胜利对我们来说甚至不费吹灰之力，既没遇到多少风险，也没遭受什么损失”[70]。

然而，即使丘吉尔目睹了恩图曼战役，用“对付野蛮人的科学 276
武器”轻松取得胜利的时代也即将结束，殖民战争正变得越来越困难、代价高昂和不可预测。

北 美 洲

如果看到这里把美国向西部的扩张与欧洲人在亚洲和非洲的帝国主义扩张混为一谈，很多人会感到惊讶——有些人甚至会觉得受到了冒犯。毕竟，现在西部各州的居民与住在东部大西洋沿岸最早定居地上的居民已经没有什么不同，主要都是欧洲人的后裔。它的
结果与新帝国主义扩张完全不同，后者在持续了一个世纪之后，终 277
结于殖民帝国的轰然倒塌。

然而在这里，就像历史上经常发生的那样，“后见之明”扭曲了真实的历史。对当时的人们来说，19 世纪欧裔美国人向西部的扩张就是欧洲人征服世界其他地区进程的一部分。1856 年，富兰克林·皮尔斯（Franklin Pierce）总统的战争部长杰斐逊·戴维斯（Jefferson Davis）写道：

> 法国对阿尔及利亚的占领与我们在西部边境上的情况十分类似，他们的经验会让我们获益颇多。据我所知，他们的做法是将沙漠地区留给那些游牧部落，然后在农业种植区域的边界附近建立前哨，并配备大量驻军。如果有需要，他们会组织大规模的特遣队深入沙漠地区。[71]

戴维斯有充分的理由将法国对阿尔及利亚的征服与美国在美洲大陆上和印第安人的战争进行类比。这两场征服战争都是困难重重、进展缓慢、代价高昂，需要强有力的驻防以及大规模的特遣部队。

欧洲人在美洲的扩张远非过去的教科书所描绘的那样——向着荒野胜利前进。事实上，在戴维斯的时代之前，欧洲人的前进一直非常缓慢。从历史地图册中，我们可以看到向西部扩张的如下进程。在今天属于美利坚合众国的国土上，第一批欧洲人的定居点是1565年佛罗里达州的圣奥古斯丁、1607年弗吉尼亚州的詹姆斯敦以及1620年马萨诸塞州的普利茅斯殖民地。独立战争结束后，阿巴拉契亚山脉以东、佐治亚以北的13个殖民地组成了美国，此时的加拿大还被英国占领，法国也占有北美大陆的中部，西班牙占有西部。到1802年时，美国已经向西扩张到了密西西比河。同年，对路易斯安那的收购完成后，整个密西西比河流域直至落基山的大片土地也都归美国所有了。1845年，美国吞并得克萨斯；1846—1848年，占领了西北的俄勒冈，又从墨西哥那里夺取了西南部分。最后阿拉斯加则是1867年从俄国手里买来的。[72]这种单纯依靠地图
278 的描述是非常具有误导性的。法国和俄国出售给美国的大部分土地并不属于法国或俄国，绝大部分墨西哥的损失也不是原属于墨西哥的损失，俄勒冈地区更不是经由谈判获得的原本属于英国人的领地。它们全都是印第安人的领土。

有时，历史地图册里会包含一些更小但更可靠的地图，显示出当时定居点的区域范围。[73]这些小地图由于展示出一些真实的占领和

控制情况而讲述着一个与大地图截然不同的故事。在 200 年的时间里，欧洲人与印第安人之间的边界移动非常缓慢。1775 年，欧洲人的实际控制范围是东海岸和阿巴拉契亚山脉的东坡，还有一些像新奥尔良和圣达菲这样的孤立点；到 1802 年时，也只是加上了阿巴拉契亚山脉的西坡和其他很少一些地区。[74]

这与俄国在西伯利亚的扩张形成了强烈的反差。1590 年代时，俄国还被限制在乌拉尔山以西，到 1646 年时，俄国探险家和皮货贸易商已经到达了西伯利亚的东部边缘，并在亚洲东北部建立起了鄂霍次克（现在的鄂霍次克海即以此命名）和阿纳德尔等要塞。在 1689 年，俄国就控制了东至太平洋的几乎所有西伯利亚地区，最远端距离俄国欧洲部分 3 500 英里。1802 年，当英裔美国人仍徘徊在北美大陆东部时，俄国人已经沿着阿拉斯加和北美西海岸建立了一系列定居点。

欧裔美国人的西进在开始时提速比较慢。到 1820 年时，他们占有了俄亥俄河流域以及传统南方区的很多地方。到 1850 年，在密西西比河以西 300 英里以及犹他、加利福尼亚和俄勒冈的几个地方建立了定居点。在戴维斯写下前面那些话的时候，欧裔美国人和加拿大人还只占有了格兰德河以北不到三分之一的北美大陆。之后才迎来了一次迅速扩张，在不到 30 年的时间里，白人美国人和加拿大人拿下了剩下的那三分之二北美大陆。

很多因素共同导致了欧洲人在北美的扩张经历了这样一个前 200 年停滞不前、19 世纪上半叶逐渐加速、19 世纪下半叶突然爆发的过程。人口压力是最重要的因素，欧洲移民如洪水般大量涌入

280 是在 19 世纪，与此同时印第安人却因外来的传染病而大量死亡。政治和文化因素也很重要，欧裔美国人在独立战争后更加坚定自信，要求也更多。不过，考虑到 19 世纪时白人和印第安人之间日益敌对的关系，战争的技术以及当时使用它们的环境也是必须要纳入考虑的因素。

在最初的 200 年里，欧洲人和印第安人的遭遇主要是在有着茂密森林、占北美大陆三分之一的东部地区。在这里，欧洲人拥有数量上的优势，但印第安人对地形更为了解。虽然人数不占优势，但和欧洲人一样，印第安人也有武器和马。18 世纪和 19 世纪早期，印第安人从东部的英国和法国商人、东北部的哈得孙湾公司和新奥尔良的法国人那里获得枪支（但不包括墨西哥，因为西班牙禁止向印第安人出售枪支）。林地印第安人偏爱殖民者所使用的、像“宾夕法尼亚-肯塔基”之类的长步枪，这种枪很适合执行诸如日常打猎、发起小规模冲突和伏击这类任务。习惯在马背上打猎和战斗的平原印第安人则很容易就能得到“西北”这类轻型的燧发枪。[75]直到 1870 年代，枪械制造商们一直在为印第安人提供着燧发枪，因为燧石不同于击发火帽，在很多地方都很容易买到。同时，印第安人也没有放弃刀、斧、长矛、牛皮盾，尤其还有弓箭这一类的传统武器。[76]在广阔的平原上，弓箭对步枪具有明显的优势。商人乔赛亚·格雷格（Josiah Gregg）曾写道：“枪手装填、发射一次所用的时间，都够弓箭手射出十来支箭了，而且在 50 码以内的距离里，弓箭的准确率也差不多能赶上步枪。”[77]

1882 年，曾与平原印第安人共同战斗和生活了几十年的拓荒者理查德·道奇（Richard Dodge）上校描述了他们的武器装备：

> 在平原印第安人获得火器之前，他们的武器是弓和长矛。印第安人的战斗一般都是近身肉搏，这类武器就已经很具有危险性了。但印第安人也和其他人一样不喜欢这种近身搏斗，因此他们一旦能获得枪支，就会抛弃这些危险的武器。
>
> 30 年前，马背上的印第安人几乎没有人用来复枪，因为 281
> 它无法在马背上装填。不过很多人会带着一些最普通的滑膛枪，比如老式的“托尔”等古董型号。从商人那里很容易就能买到火药和铅弹，火药都装在牛角里，铅弹则是切成小块的铅以便大致敲打成球形。子弹做得比枪管内径要小得多，方便装填时滑到底部。当战斗开始时，印第安人的嘴里会塞满子弹。开火之后，他会以最快的速度重新装填：打开火药角，随便倒一些进枪管，再吐一粒子弹进去。这样的武器几乎带不来什么危险，因此军队没有丝毫的犹豫，即使只穿着一件皮衣，也会毫不犹豫地冲上去袭击他们。[78]

然而，却很少有美国骑兵受过长矛和刀剑的训练。与科曼奇印第安人对峙的得克萨斯州游骑兵配备的是只能站着装填的来复枪，另外还随身携带两支单发手枪。不过，在一名游骑兵重新装填步枪的那一分钟时间里，一个科曼奇印第安人可以骑马奔驰 300 码的距离并同时射出 20 支箭。如果游骑兵在遭遇的最初几分钟里没能取得优势，那么他们能够逃脱的唯一指望就是自己的马能跑得更快一些。[79]这时的平原印第安人在战斗中依然十分强大，难以击败。

1840 年代，随着“柯尔特”左轮手枪的引进，力量的平衡开始偏移。得克萨斯州游骑兵队是左轮手枪的第一批客户。1844 年 5 月，在佩德纳莱斯河上，游骑兵首次携带“柯尔特”左轮手枪与科曼奇印第安人展开激战。在写给塞缪尔·柯尔特的信中，塞缪尔·沃克（Samuel Walker）队长描述了这场冲突的过程：

> 1844 年夏天，J.C. 海斯上校带着 15 个人与大约 80 个科曼奇印第安人对战，在对方的地盘上大胆地攻击他们，打死打伤了他们一半的人。在此之前，这些印第安人一直认为无论是一对一还是在马上他们都占尽优势——因此直到那时还在威胁着我们边境上的定居点——这次交战的结果足以威吓他们，也为我方增强了实力。[80]

美国内战只是减缓了针对印第安人的西进运动。战争刺激了枪支的设计和生产，到内战结束时，国内充斥着各种军用步枪。为了
282 继续经营，枪支制造商们都忙着引入新的威力更大的型号，并在西进的先锋队伍中推广。西部前线的士兵们原来使用前膛单发式的“斯普林菲尔德”步枪或“卡宾”枪；1867 年，斯普林菲尔德公司将其更换为坚固耐用而且威力更大的后膛式步枪，射程达到 200 码以上。这种枪能够很好地适应野外环境，但装填太慢，猎人、殖民者和侦察兵一般更喜欢“温彻斯特”连发枪。[81]

印第安人也尽可能获得了一些军用剩余的“斯宾塞”“亨利”和“夏普”枪。[82]道奇上校写道：“通过购买、乞讨、借、偷等各种
283 方法，每个印第安成年男性都尽可能拥有一支枪。尽管型号五花八

门，他们却是这些枪支的内行，知道在最好的时机用最正确的方法使用它们。”[83]他还进一步指出：“但这并不意味着仅凭来复枪和金属子弹就能将平原印第安人从无足轻重的对手改造成全世界最棒的战士，他们早已是优秀的骑手，一生都习惯于在马背上使用武器。所以，他们所需要的只是一种在马上全速前进的时候可以方便快速装填的精准武器。”[84]

1860 年代至 1870 年代，平原印第安人与欧裔美国人的实力较过去更加旗鼓相当。就单兵实力而言，印第安人更胜一筹，技术更好，能力更强；不过，弹药短缺是他们的软肋。欧洲人这一方的先锋队和军队则更有组织性，也有更多的武器和弹药。印第安人取得了一些战斗的胜利，例如 1866 年和 1867 年在内布拉斯加的科尔尼堡附近发生的几次战斗，但在其他的战斗中都失败了。[85]

平原印第安战士虽然技能更强，但有一个弱点很快就被欧洲人发现并利用了。印第安人要靠野牛给他们提供食物和大部分的财物。对白人而言，野牛皮可以做成漂亮的地毯和毛毯，还有工业机械上使用的皮带。至少从 1820 年代起，平原印第安人便开始把野牛皮卖给美国毛皮公司和其他商人。1832 年以后，多数牛皮都由汽船装运，沿密苏里河和密西西比河顺流而下；到了 1860 年代，印第安人每年卖出的牛皮达到 10 万张。[86]1872 年之后，随着联合太平洋、堪萨斯太平洋、艾奇逊托皮卡和圣塔菲等铁路公司的线路相继修到了密西西比以西的野牛活动区，白人猎牛者们为了牛皮蜂拥而至。而美国军队则为这些职业猎手提供免费弹药，作为其制服印第安人的一种手段。一年后，道奇上校写道：“去年这里还有成千上万头野牛，现在只有成千上万具尸体。空气中弥漫着令人作呕的臭气，12 个月之前还生机勃勃的大平原，如今成了处处弥漫着死亡、孤独、腐烂气息的荒漠。”这对平原印第安人的影响是巨大的：“十年前，平原印第安人有着充足的食物供应，即使没有政府的帮助，他们也可以舒适地生活。现在一切都消失了，没有了来自野牛
284 的食物、住所、衣服和生活必需品，他们成了乞丐。”[87]

在所有一切结束之前，平原印第安人在蒙大拿的小巨角河战役中取得了最后一次辉煌的胜利。1876 年 6 月 25 日，阿姆斯特朗·卡斯特（Armstrong Custer）将军率领的约 700 名骑兵与数千名夏延族和拉科塔族战士相遇。双方不仅在人数上不均等，在装备上也不平衡，卡斯特的士兵配备的是作为陆军标准步枪的单发后膛式“斯普林菲尔德 1873”。[88] 由于“加特林”机枪非常笨重，在进入印第安领地之前，卡斯特就把它们留下了，他预计不会遇到超过 800 名印第安人，相信依靠单发步枪和手枪就足以将他们击败。而与此同时，印第安人手中却有包括“夏普”“温彻斯特”“亨利”“雷明顿”连发步枪等在内的多种武器，他们还个个都是比美国骑兵更优秀的射手。远距离射击时，“斯普林菲尔德”更加精确；但是，当双方逐步靠近时，印第安人的连发步枪凭借强大的火力显示出了更大的威力。结果以酋长“坐牛”和“疯马”的胜利而告终，卡斯特本人一战而亡，骑兵队也伤亡过半。[89]

小巨角河战役以印第安人的胜利而载诸史册，但在英美人征服世界的历程中，这只是一个小小的挫折。第二年，当美军遭遇由约瑟夫酋长领导的内兹珀斯印第安人的抵抗时，印第安人的装备还与

上一年夏延族和拉科塔族一样，美国军队却换成了“加特林”机关枪和榴弹炮。1890 年，印第安人最后的抵抗力量在翁迪德尼之战中被“霍奇基斯”（Hotchkiss）重机枪彻底击碎。[90] 至此，大陆上的帝国主义扩张结束了，边界已经闭合，美国开始将注意力越来越多地投向海外。

阿根廷与智利

阿根廷与智利的情形与北美十分相似。从 16 世纪到 19 世纪中叶，欧洲人与印第安人之间的边界几乎没怎么移动。而在这之后，出于与非洲和北美同样的原因，印第安人的抵抗力量在欧洲殖民者和军队面前突然崩溃了。 285

直至 19 世纪中期，阿根廷的欧洲人和印第安人之间的边界还是布宜诺斯艾利斯西南方向 100 英里处的萨拉多河，自 1590 年代以来，它就几乎没有变动过。潘帕斯的印第安人了解这片土地，他们的食物和财富来源是欧洲人靠近边界上巨大农场里所畜养的大量牛和马。印第安人定期袭击这些位置偏远的农场，偷走牲畜，然后驱赶着越过安第斯山脉，到智利去换取酒、烟草、毛毯、金属制品和他们无法生产的其他必需品。他们的战术就是用长矛、套索、套马绳球等发动突然袭击。与北美印第安人不同，他们在马背上不用弓和箭，也不用火器。虽然马的品种与欧洲人的一样并不算精良，但他们精心养护马匹，训练得远比阿根廷骑兵队要好。

1833—1834 年，布宜诺斯艾利斯省长胡安·曼努埃尔·德罗萨斯（Juan Manuel de Rosas）曾带领军队远征“荒漠”（欧洲人对印第安领地的称呼），向南到达了 450 英里外的内格罗河。不过，阿根廷人对潘帕斯的控制实际上非常薄弱，政府最后不得不贿赂印第安人不要去袭击边境的少数几个欧洲人定居点。当德罗萨斯 1852 年被推翻后，他的士兵即从边境撤退，加入布宜诺斯艾利斯与各省之间长达十年的内战之中。而印第安人则在阿劳坎酋长卡夫库拉（Calfucurá）的领导下，乘着混乱不断侵吞边境上的农场和定居点。1854 年到 1857 年间，他们一共掠走了 40 万头牲畜和 400 个俘虏，让布宜诺斯艾利斯省的面积缩减了 25 000 平方英里。[91] 从 1865 年到 1870 年，阿根廷与巴西和乌拉圭组成三国同盟，对抗巴拉圭独裁者弗朗西斯科·索拉诺·洛佩斯。在此期间，印第安人选择与一方或另一方结盟，同时定期袭击阿根廷领土。他们与阿根廷的边境仍然在同一个地方，而且也和 50 年前一样不太平。

1868 年，阿根廷最著名的领导人多明戈·福斯蒂诺·萨米恩
286 托（Domingo Faustino Sarmiento）当选总统。他曾是一名教师，也是著名的阿根廷小说《法昆多》的作者，他梦想将阿根廷变成一个现代国家。他的政府鼓励西班牙和意大利移民迁往阿根廷，也欢迎英国对铁路、港口和其他公共工程的投资。但就像任何一位面对动荡局势的阿根廷政治家一样，萨米恩托也是一位军事领袖。他年轻时曾于 1840 年代首次访问美国，并对美国人将切罗基族等印第安人从东南部迁往俄克拉何马的行动印象深刻。与很多同辈的白人一样，他也受到罗马关于文明和野蛮概念的启发，把印第安人称为

“美洲的贝都因人”。[92] 1866—1868 年，他曾作为阿根廷驻美大使再次来到美国，在华盛顿为阿根廷政府提供各种信息，了解最新的美国武器和其他军事装备，如防水外套、军队食品和鱼雷快艇等。

在他的总统任期内，萨米恩托创建了一所海军学院，还弄来了两艘内河汽船“乔埃莱-乔埃尔号”（Choele-Choel）和“运输号”（Transporte）。两年后，他又从英国购买了轻型护卫舰“乌拉圭号”（Uruguay）、“巴拉那号”（Paraná）和另外四艘汽船。另外，他还获得了“加特林”机关枪、一门口径 7.5 厘米的克虏伯大炮以及大量的雷明顿步枪。[93] 正如他所说：“不管是巴拉圭人、游击队员还是印第安人，没有谁能与连发枪对抗。”[94] 他的目标是把旧边境线往前推进 75～150 英里，并由一系列卫岗前哨和 6 000 人的部队来守卫这条从大西洋边的布兰卡港直至安第斯山麓的圣拉斐尔、全长 1 400 英里的边境线。这样做虽然不能阻止印第安人袭击白人农场，但可以迫使他们的袭击行动要走很远的距离，为阿根廷军队赢得时间来赶上他们并夺回战利品。1872 年，卡夫库拉决意与阿根廷人一战，但结果是他损失了总共 3 000 名战士中的 300 人以及大部分的马。1873 年 6 月他去世后，印第安人继续在边境上偷袭，但在与军队的冲突中不断遭遇失败。白人不仅在战斗中变得更加熟练，而且对地形也更加熟悉了，他们现在还拥有了萨米恩托购买的“雷明顿”步枪。[95]

1874 年，尼古拉斯·阿韦利亚内达（Nicolás Avellaneda）接 287
任总统后，阿根廷国会决定增加和加固边境上的卫哨并在各个卫哨之间加装电报线路。不过，总统和他的战争部长阿道夫·安西纳

（Adolfo Ansina）采取的策略几乎完全是防御性的。[96]直到1878年，胡利奥·罗卡（Julio Roca）将军用一种更加激进的策略取代了安西纳的防守策略。阿韦利亚内达总统随即向阿根廷国会发出呼吁，要求发动针对印第安人的战争："与总督管辖时期，甚至是1867年的国会时期相比，今天我们的国家都更加强大……我们有6 000名装备了最新战争武器的士兵，而对手是2 000名只有原始的长矛作为武器和只有逃跑作为防御措施的印第安人。"[97]

第二年，罗卡率领6 000名配备了"雷明顿"步枪的士兵发动了一场攻势。他的目标是不仅要切断潘帕斯印第安人和他们的智利盟友之间的联系，还要占领西部干旱区里印第安人赖以居住和喂养牲畜的那些肥沃绿洲。不到三个月的时间，他就把战线从布宜诺斯艾利斯又推到了500英里外的内格罗河。同时，乌拉圭还在不断从海上提供军队和补给，并用汽船"特里温富号"（Triunfo）、"内乌肯河号"（Rio Neuquén）和"内格罗河号"（Rio Negro）沿着科罗拉多河和内格罗河支援这些试图根除印第安人的军队。[98]这次"征服荒漠"的行动造成印第安人死亡1 600人，被俘1万多人。[99]在罗卡担任总统的接下来六年时间里，阿根廷军队继续执行"征服荒漠"计划，将边境线进一步向南推进450英里到德塞阿多河，几乎要到火地岛了。[100]

今天的阿根廷历史学家把"征服荒漠"描绘成了他们军事史上光辉的篇章之一。例如，胡安·卡洛斯·瓦尔特（Juan Carlos Walther）就认为这是基督教文明与野蛮人之间的斗争。多数溢美之词都颂扬了罗卡将军和他杰出的军官们，还有一些描述了士兵的

勇敢，但很少谈及他们使用的武器。可是要知道，欧洲人已经与印
第安人打了 300 年的仗，却几乎没取得什么成就，直到萨米恩托和 288
阿韦利亚内达购买了现代武器，边境的稳定状态才被打破。

智利在印第安人领土上的扩张与阿根廷并行，但也有一些明显的差异。几个世纪以来，智利人和阿劳坎人一直和平地生活在一起，只是偶尔被战争和袭击打断。与阿根廷的潘帕斯印第安人主要从事游牧和打猎不同，他们的近亲阿劳坎人主要从事农业，因而与欧裔智利人在贸易、宗教和文化上都有部分的融合。然而到了 19 世纪中期，欧洲人开始把野蛮人、未开化、懒惰、邪恶、不道德的酒鬼以及其他一些贬损的词语加到他们的头上。在这些言辞的背后，则是欧裔定居者对横亘在瓦尔迪维亚、奇洛埃岛等欧洲人定居区和智利中心地区之间阿劳坎人领地的觊觎。[101]

智利进入阿劳坎领土是分两个阶段进行的。第一阶段直到 1860 年代才开始，因为保守的大地主阶层与自由城市商人之间旷日持久的冲突以及偶尔的内战，欧裔智利人无暇他顾。比奥比奥河是阿劳坎人与智利人的传统分界线。1861 年，阿劳坎人开始反击跨越这条边界的土地投机商和殖民者。为了报复，科尔内利奥·萨韦德拉（Cornelio Saavedra）上校率领智利军队攻入阿劳坎领地，并在比奥比奥河以南几英里处的安戈尔建立了一座堡垒。沿海地区的印第安人很容易就被吓住了，然而山区的印第安人却与卡夫库拉领导的阿根廷印第安人联合，发起激烈的抵抗。军队采取残酷的手段，烧毁庄稼和房屋、偷走牲畜、掳走印第安妇女和儿童并将俘虏的男性全部处死。1869 年冬，一场天花瘟疫协助了智利军队，造成印第安

人大量死亡。[102]然而，尽管智利军队采取了这些行动，阿劳坎人仍然牢牢控制着山谷地区。

当智利卷入南纬 17 度到 25 度沿海地区针对玻利维亚和秘鲁的太平洋战争时，阿劳坎人得到了暂时的喘息。在这场战争中，取得胜利的智利获得了矿产丰富的玻利维亚安托法加斯塔省以及秘鲁的
289 塔拉帕卡大区。而到这场战争结束时，阿根廷军队已经征服了直到安第斯山脉的潘帕斯草原，并将印第安人驱赶到了安第斯山另一边的阿劳坎尼亚。1881 年，智利和阿根廷的印第安人联合起来，最后一次努力将边境线推回比奥比奥河，并摧毁了堡垒。智利的媒体一致要求政府进行报复。这一次，一支超过 2 000 人的智利军队，带着刚刚战胜了玻利维亚和秘鲁的士气，以及美式来复枪等先进武器发动了一场歼灭战。[103]历史学家拉韦斯特·莫拉（Ravest Mora）评论说：

> 如果印第安人的行动不能阻止渐进式的推进，那就更无法抵挡像阿根廷人那样暴力和激进的入侵。有些人认为，在边境上长期的接触和商贸往来削弱了马普切人的战斗决心，我完全不能同意。在我看来，这其实是交战双方的武器极端不平衡的结果：长矛、马刀、套索、投石器对阵连发枪、加农炮、机关枪以及辅助的铁路和电报。[104]

到 1882 年，保持了三个半世纪独立的阿劳坎人几乎被消灭殆尽，剩下的则都被赶入了保留地。

埃塞俄比亚

并非所有欧洲人和土著民族之间的战争都是像上述故事那样不平衡或者说一边倒的胜利。19 世纪末，当马赫迪军队在恩图曼被屠杀的时候，其他地区的非洲人正在努力获取现代武器并学习如何有效地使用它们。在苏丹西部，萨摩里·杜尔抵抗殖民军长达数年；事实上，在埃塞俄比亚，孟尼利克（Menelik）还击败了他们。

埃塞俄比亚一直被认为是“非洲争夺战”中最大的例外。作为
一个非洲国家，它成功地保持了独立。成功的原因有很多：人民凝 290
聚力更强，国家组织和运行有效，孟尼利克皇帝的英明领导，还有试图征服它的意大利人所犯的一系列错误。在这个故事里，武器和战术也起到了显著的作用。

19 世纪早期，埃塞俄比亚（当时称为阿比西尼亚）的统治者及其治下各省都试图从欧洲人那里获得步枪和大炮，他们甚至还尝试在国内自行生产，但没有成功。特沃德罗斯二世（Tewodros Ⅱ）在任时（1855—1868 年），埃塞俄比亚人积攒的那一点武器都被英国人在 1868 年马格达拉一战中摧毁殆尽。1872—1889 年在任的约翰尼斯四世（Yohannes Ⅳ）则比前任更成功一些，为了争取他一同反对特沃德罗斯，英国人给了他 6 门迫击炮、6 个榴弹炮、725 支滑膛枪、130 支来复枪以及相应的弹药。约翰尼斯积极训练他的士兵们掌握这些武器，凭借这些武器，他们有能力在 1875—1876

年赶走了埃及侵略军，并缴获了2万支“雷明顿”步枪、25～30门加农炮以及一些牲畜和物资。[105]约翰尼斯的英国军事顾问报告说：“阿比西尼亚人的装备比人们通常认为的要好得多。他们有火绳枪……短枪、英国人的礼物‘棕贝丝’‘施奈德’，现在还有了‘雷明顿’及其他各种各样的武器。”[106]

尽管如此，埃塞俄比亚的武器在数量和质量上仍远远落后于欧洲。1880年代晚期，绍阿地区的管理者孟尼利克意识到，红海有法国和意大利盘踞，英国人又在苏丹和肯尼亚扩展自己的地盘，他的国家周边都处在混乱当中。甚至在他成为皇帝之前，意大利人就曾试图用几千支“雷明顿”和“维特立”（Vetterlis，一种瑞士步枪）以及上万枚子弹来收买他反叛约翰尼斯。当他1889年继任皇帝时，埃塞俄比亚的军队已经装备了后膛枪，并利用它们去征服那些尚未被欧洲统治的邻国，从而让自己也成了“非洲争夺战”中的一员。[107]

1889年，意大利和埃塞俄比亚签署了《乌查利条约》，意大利人认为这是埃塞俄比亚承认自己为意大利的保护国。他们向孟尼利克行贿，给了他3.9万支步枪和28门大炮。此外，孟尼利克还从俄国获得了1万支步枪，并从私人军火商那里购买了机关枪和野战炮。

291 1896年初，意大利派遣由10 596名意大利士兵和7 100名厄立特里亚士兵组成的军队携带步枪和56门大炮入侵埃塞俄比亚。尽管巴拉蒂里（Baratiere）将军并没有可靠的地图，也不了解当地的地形，他却过分自信地把他的部队划分成了相隔几公里的三支队伍。1896 年 3 月 1 日，在埃塞俄比亚北部山区的阿杜瓦，他与孟尼利克装备了步枪和大炮的十万大军相遇。10 596 名意大利人中，有近 6 000 人死亡、失踪或被俘。[108]孟尼利克的这场胜利与两年半后英军在恩图曼的胜利一样具有决定性，不仅保证了埃塞俄比亚在未来 40 年的独立，还首次证明了非洲人是可以用欧洲的方式作战的。与当时许多欧洲人所认为的正相反，“非洲争夺战”中所显现出的双方不平衡本质上并不是由于种族或“文明”的差异，而纯粹是由于军事因素可能在一代人的时间里就会发生改变。

小　结

我们如何看待这些迥然不同的故事呢？尽管它们通常会在不同的书或不同的章节中讲述，但显然，它们并不是完全异类和无关的。把它们统一起来的是一个关于欧洲人和欧裔美洲人的武器飞速更新以及 19 世纪中期开始武器差距迅速拉大的故事。这也解释了“非洲争夺战”、美国西进、阿根廷“征服荒漠”和智利征服阿劳坎尼亚等事件之间惊人的同步性。

在 19 世纪中期以前，欧洲人已经能够把他们的意志强加于那些高度组织化和城市化的社会：秘鲁的印加人、墨西哥的阿兹特克等民族、印度的莫卧儿及其后继者们。而那些城市化程度低、组织比较松散的民族，尤其是骑在马上的猎人、牧民以及沙漠和山区的居民，反而让欧洲人陷入了困境。其中部分原因在于环境因素，例

如热带非洲的传染病，以及在像阿富汗、阿尔及利亚和高加索等沙
292 漠和山区运送军队和后勤补给的困难。但还有一部分原因则在于，欧洲军队和他们那些早期近代军事革新所造就的武器尚不足以在这些艰难的环境中摧毁非西方国家人民的抵抗。

在经历了数百年的挫败甚至像在阿尔及利亚那样极大的困难之后，欧洲人在 19 世纪晚期突然变得势如破竹起来，这当然不能解释成是因为对这些地区土地和自然资源的需求突然增加了。更准确的原因应该是工业化——前述的汽船、医药进步和本章的武器革新——给了他们新的手段，改变了工业化国家人民与那些仍然没有接触到现代工业产品的人民之间的关系。

然而，技术总是在变化，工业技术的变化尤其迅速。有两大因素决定了欧洲人、欧裔美洲人与非洲人、美洲原住民及其他非西方民族之间的关系：一是西方人通过技术进步而不断增强的凌驾于自然之上的力量，二是非西方人民获得现代工业制品的能力。就像埃塞俄比亚的案例所表明的那样，在 1896 年，一些非洲人已经扭转了抵抗帝国主义者的局势。[109]这两个因素在 20 世纪时都发生了迅速的变化，而结果则令双方都惊讶不已。

注 释

1 David F. Butler, *United States Firearms: The First Century, 1776—1875* (New York: Winchester Press, 1975), pp. 15 - 41; William Wellington Greener, *The Gun and Its Development*, 9th ed. (New York: Bonanza, 1910), pp. 119 - 122, 624; Robert Held, with Nancy Jenkins, *The Age of Firearms: A Pictorial History*, 2nd ed. (New York: Harper, 1978), pp. 171 - 182; "Small Arms, Military," in *Encyclopaedia Britannica*, 14th ed. (Chicago, 1973), vol. 20, p. 668; Walter H. B. Smith, *Small Arms of the World*, 4th ed. (Harrisburg, Pa.: Military Service Publishing, 1953), p. 37.

2 H. Ommundsen and Ernest H. Robinson, *Rifles and Ammunition* (London: Cassell, 1915), p. 18; G. W. P. Swenson, *Pictorial History of the Rifle* (New York: Drake, 1972), p. 16; Butler, *United States Firearms*, pp. 61 - 93; Greener, *The Gun and Its Development*, p. 627; "Small Arms," pp. 668 - 770.

3 J. F. C. Fuller, *Armament and History: A Study of the Influence of Armament on History from the Dawn of Classical Warfare to the Second World War* (New York: Scribner's, 1945), p. 110; William Young Carman, *A History of Firearms from Earliest Times to 1914* (London: Routledge and Kegan Paul, 1955), pp. 104, 113, 178; James E. Hicks, *Notes on French Ordnance* (photoprinted, Mount Vernon, N. Y., *1938*), p. 21; Colonel Jean Martin, *Armes à feu de l'armée française: 1860 à 1940, historique des évolutions précé dentes, comparaison avec les armes étrangères* (Paris: Crépin-Leblond, 1974), pp. 58 - 64; J. Margerand, *Armement et équipement de l'infanterie francaise du XIVe au XXe siècle* (Paris: Editions militaires illustrées,

1945), p. 114; Steven T. Ross, *From Flintlock to Rifle: Infantry Tactics, 1740—1866* (Rutherford, N. J.: Fairleigh Dickinson University Press, 1979), pp. 161 - 162; Held, *Age of Firearms*, pp. 171 - 175; Greener, *The Gun and Its Development*, pp. 112 - 117, 624; "Small Arms," p. 668; Swenson, *Pictorial History of the Rifle*, pp. 19 - 20.

4 Carman, *History of Firearms*, p. 121; Martin, *Armes à feu*, pp. 124 - 131; Greener, *The Gun and Its Development*, p. 706; Fuller, *Armament and History*, p. 116; Ross, *From Flintlock to Rifle*, pp. 175 - 176.

5 Fuller, *Armament and History*, pp. 110, 128 - 129; Ross, *From Flintlock to Rifle*, p. 164; Ommundsen and Robinson, *Rifles and Ammunition*, p. 65; Held, *Age of Firearms*, p. 183; Margerand, *Armement et équipement*, p. 116; "Small Arms," p. 669.

6 Louis A. Garavaglia and Charles G. Worman, *Firearms of the American West, 1803—1865* (Albuquerque: University of New Mexico Press, 1984), pp. 135 - 136; Joseph G. Rosa, *Age of the Gunfighter: Men and Weapons on the Frontier, 1840—1900* (Norman: University of Oklahoma Press, 1995), pp. 34 - 35; Waldo E. Rosebush, *American Firearms and the Changing Frontier* (Spokane: Eastern Washington State Historical Society, 1962), pp. 48 - 49.

7 Walter Prescott Webb, *The Great Plains* (Boston: Ginn, 1931), pp. 171 - 177; Garavaglia and Worman, *Firearms of the American West*, pp. 141 - 142; Rosebush, *American Firearms*, pp. 37 - 42.

8 Ken Alder, *Engineering the Revolution: Arms and Enlightenment in France, 1763—1815* (Princeton: Princeton University Press, 1997).

9 Russell L. Fries, "British Response to the American System: The Case

of the Small-Arms Industry after 1850," *Technology and Culture* 16 (July 1975), pp. 377 - 403; Roger A. Beaumont, *Sword of the Raj: The British Army in India, 1747—1947* (Indianapolis: Bobbs-Merrill, 1977), p. 68; Carman, *History of Firearms*, p. 112; Greener, *The Gun and Its Development*, pp. 283 - 284, 621 - 625; Ommundsen and Robinson, *Rifles and Ammunition*, pp. 78 - 79; Swenson, *Pictorial History of the Rifle*, pp. 24 - 25.

10 Lee B. Kennett, *The Gun in America: The Origins of a National Dilemma* (Westport, Conn.: Greenwood, 1975), p. 92; Greener, *The Gun and Its Development*, pp. 716 - 717; Swenson, *Pictorial History of the Rifle*, pp. 28 - 29; Butler, *United States Firearms*, pp. 222 - 223.

11 Robert Gardner, *Small Arms Makers: A Directory of Fabricators of Firearms, EdgedWeapons, Crossbows, and Polearms* (New York: Crown, 1963), p. 160; Donald Featherstone, *Colonial Small Wars, 1837—1901* (Newton Abbot: David and Charles, 1973), p. 23; Alden Hatch, *Remington Arms in American History* (New York: Rinehart, 1956), pp. 136 - 142; Richard L. Hill, *Egypt in the Sudan, 1820—1881* (London: Oxford University Press, 1959), p. 109; Kennett, *The Gun in America*, pp. 92 - 94, 280n37; Margerand, *Armement et équipement*, p. 117; Swenson, *Pictorial History of the Rifle*, pp. 27 - 32; Greener, *The Gun and Its Development*, pp. 702 - 712.

12 Hatch, *Remington Arms*, pp. 110 - 114; "Small Arms," pp. 671 - 672; Rosebush, *American Firearms*, pp. 48 - 56; Held, *Age of Firearms*, p. 184; Carman, *History of Firearms*, p. 178.

13 Paul Scarlata, "The British Martini-Henry Rifle," *Shotgun News* (December 6, 2004), pp. 36 - 40. 感谢亚历克斯·科克(Alex Koch)提醒我

注意这篇论文。

14 Hicks, *Notes on French Ordnance*, p. 27; Martin, *Armes à feu*, pp. 247 - 261; Ommundsen and Robinson, *Rifles and Ammunition*, pp. 72, 90; Margerand, *Armement et équipement*, p. 117; Rosebush, *American Firearms*, p. 62; Swenson, *Pictorial History of the Rifle*, p. 33.

15 Robert Lawrence Wilson, *Winchester: An American Legend: The Official History of Winchester Firearms and Ammunition from 1849 to the Present* (New York: Random House, 1991), pp. 22, 41; Alarico Gattia, *Cosí sparavano i "nostri": Uomini e armi del vecchio West* (Genoa: Stringa, 1966), pp. 118 - 119; Douglas C. McChristian, *The U. S. Army in the West, 1870—1880: Uniforms, Weapons, and Equipment* (Norman: University of Oklahoma Press, 1995), p. 113; Rosa, *Age of the Gunfighter*, pp. 138 - 139; Rosebush, *American Firearms*, p. 52; Butler, *United States Firearms*, pp. 235 - 247.

16 Martin, *Armes à feu*, pp. 307 - 313; Swenson, *Pictorial History of the Rifle*, p. 33; Ommundsen and Robinson, *Rifles and Ammunition*, p. 101.

17 Hatch, *Remington Arms*, pp. 190 - 191; Martin, *Armes à feu*, pp. 317 - 320.

18 Greener, *The Gun and Its Development*, pp. 727 - 728.

19 Luc Garcia, *Le royaume du Dahomé face à la pénétration coloniale* (Paris: Karthala, 1988), pp. 159 - 160.

20 Ommundsen and Robinson, *Rifles and Ammunition*, p. 118.

21 Swenson, *Pictorial History of the Rifle*, pp. 34 - 35; Martin, *Armes à feu*, pp. 322 - 328; Hatch, *Remington Arms*, pp. 177 - 178, 191; Greener, *The Gun and Its Development*, pp. 701, 731; Margerand, *Arme-*

ment et équipement, p. 118; Featherstone, *Colonial Small Wars*, p. 24; Hicks, *Notes on French Ordnance*, pp. 27 - 28.

22　关于 19 世纪的大炮，可参见：Ian V. Hogg, *A History of Artillery* (Feltham, England: Hamlyn, 1974), pp. 56 - 65.

23　Graham Seton Hutchison, *Machine Guns, Their History and Tactical Employment (Being Also a History of the Machine Gun Corps, 1916—1922)* (London: Macmillan, 1938), pp. 31 - 55; Carman, *History of Firearms*, p. 85; John Ellis, *The Social History of the Machine Gun* (New York: Random House, 1975), pp. 64 - 70, 86 - 90.

24　Colonel Charles E. Callwell, *Small Wars, Their Principles and Practice*, 3rd ed. (London: General Staff, War Office, 1906), p. 398. 该书多次再版和重印，最新的版本是 1996 年版。

25　Charles Braithwaite Wallis, *West African Warfare* (London: Harrison, 1906), passim.

26　例见：Byron Farwell, *Queen Victoria's Little Wars* (New York: Harper and Row, 1972); Robert Giddings, *Imperial Echoes: Eye-Witness Accounts of Victoria's Little Wars* (London: Lee Cooper, 1996). 还可参阅《猎枪新闻》(*Shotgun News*)、《雇佣兵》(*Soldier of Fortune*) 以及类似杂志上的文章。

27　Joseph E. Inikori, "The Import of Firearms into West Africa, 1750 to 1807: A Quantitative Analysis," *Journal of African History* 18 (1977), pp. 339 - 368.

28　R. A. Kea, "Firearms and Warfare in the Gold and Slave Coasts from the Sixteenth to the Nineteenth Centuries," *Journal of African History* 12 (1971), pp. 202 - 204; Gavin White, "Firearms in Africa: An Introduction,"

Journal of African History 12 (1971), pp. 179 - 181.

29 R. W. Beachey, "The Arms Trade in East Africa," *Journal of African History* 3 (1962), pp. 454 - 463; Humphrey J. Fisher and Virginia Rowland, "Firearms in the Central Sudan," *Journal of African History* 12 (1971), pp. 222 - 224.

30 William Storey, "Guns, Race, and Skill in Nineteenth-Century Southern Africa," *Technology and Culture* 45 (October 2004), p. 693n14; Anthony Atmore, J. M. Chirenje, and S. I. Mudenge, "Firearms in South Central Africa," *Journal of African History* 12 (1971), p. 550; J. J. Guy, "A Note on Firearms in the Zulu Kingdom with Special Reference to the Anglo-Zulu War, 1879," *Journal of African History* 12 (1971), p. 559; Sue Miers, "Notes on the Arms Trade and Government Policy in Southern Africa between 1870 and 1890," *Journal of African History* 12 (1971), pp. 571 - 572.

31 Robin Law, "Horses, Firearms and Political Power," *Past and Present* 72 (1976), pp. 122 - 123; Paul M. Mbaeyi, *British Military and Naval Forces in West African History, 1807—1874* (New York: NOK Publishers, 1978), p. 28; Beachey, "The Arms Trade in East Africa," pp. 451 - 452; Miers, "Notes on the Arms Trade," p. 572.

32 关于非洲的冶铁状况，可参阅：Jack Goody, *Technology, Tradition, and the State in Africa* (London: Oxford University Press, 1971), pp. 28 - 29; Walter Cline, *Mining and Metallurgy in Negro Africa* (Menasha, Wisc.: George Banta, 1937), passim; Kea, "Firearms and Warfare," p. 205; White, "Firearms in Africa," p. 181.

33 John D. Goodman, "The Birmingham Gun Trade," in Samuel Timmins, ed., *The Resources, Products, and Industrial History of Birmingham*

and the Midland Hardware District (London: Cass, 1967), pp. 388, 426; Myron J. Echenberg, "Late Nineteenth-Century Military Technology in Upper Volta," *Journal of African History* 12 (1971), pp. 251 - 252; H. A. Gemery and Jan S. Hogendorn, "Technological Change, Slavery and the Slave Trade," in Clive Dewey and Antony G. Hopkins, eds., *The Imperial Impact: Studies in the Economic History of India and Africa* (London: Athlone Press, 1978), pp. 248 - 250; White, "Firearms in Africa," pp. 173 - 184; Goody, *Technology*, p. 52.

34 K. Onwuka Dike, *Trade and Politics in the Niger Delta, 1830—1885: An Introduction to the Economic and Political History of Nigeria* (Oxford: Clarendon Press, 1956), p. 107.

35 Storey, "Guns, Race, and Skill," p. 695.

36 D. J. M. Muffett, "Nigeria-Sokoto Caliphate," in Michael Crowder, ed., *West African Resistance: The Military Response to Colonial Occupation* (London: Hutchinson, 1971), pp. 268 - 299; Echenberg, "Late Nineteenth-Century Military Technology in Upper Volta," pp. 245 - 253; Fisher and Rowland, "Firearms in the Central Sudan," pp. 215 - 239.

37 Joseph P. Smaldone, "The Firearms Trade in the Central Sudan in the Nineteenth Century," in Daniel F. McCall and Norman R. Bennett, eds., *Aspects of West African Islam*, Boston University Papers on Africa, vol. 5 (Boston: African Studies Center, Boston University, 1971), p. 155.

38 Joseph P. Smaldone, "Firearms in the Central Sudan: A Reevaluation," *Journal of African History* 13 (1972), p. 594; Fisher and Rowland, "Firearms in the Central Sudan," p. 223n60.

39 Goody, *Technology*, pp. 47 - 55.

40 Yves Person, *Samori: Une Révolution Dyula*, 3 vols. (Dakar: IFAN, 1968), vol. 2, p. 908.

41 Storey, "Guns, Race, and Skill," p. 693n14.

42 Beachey, "The Arms Trade in East Africa," p. 464; Smaldone, "Firearms Trade," pp. 162 - 170.

43 Anthony Atmore and Peter Sanders, "Sotho Arms and Ammunition in the Nineteenth Century," *Journal of African History* 12 (1971), p. 539; Smaldone, "Firearms Trade," pp. 155 - 156.

44 Storey, "Guns, Race, and Skill," pp. 702, 707 - 708.

45 Beachey, "The Arms Trade in East Africa," p. 453.

46 Shula Marks and Anthony Atmore, "Firearms in Southern Africa: A Survey," *Journal of African History* 12 (1971), pp. 524 - 528; Beachey, "The Arms Trade in East Africa," pp. 455 - 457; Smaldone, "Firearms Trade," p. 170.

47 Michael Gelfand, *Livingstone the Doctor: His Life and Travels* (Oxford: Blackwell, 1957), pp. 170 - 173, 192.

48 Roy C. Bridges, "John Hanning Speke: Negotiating a Way to the Nile," p. 107; James R. Hooker, "Verney Lovett Cameron: A Sailor in Central Africa," pp. 265, 274; Robert O. Collins, "Samuel White Baker: Prospero in Purgatory," pp. 141 - 150, 171; all in Robert I. Rotberg, ed., *Africa and Its Explorers: Motives, Methods and Impact* (Cambridge, Mass.: Harvard University Press, 1970).

49 Wolfe W. Schmokel, "Gerhard Rohlfs: The Lonely Explorer," in Robert I. Rotberg, ed., *Africa and Its Explorers: Motives, Methods and Impact* (Cambridge, Mass.: Harvard University Press, 1970), p. 208.

50 Eric Halladay, "Henry Morton Stanley: The Opening Up of the Congo

Basin," in Robert I. Rotberg, ed., *Africa and Its Explorers: Motives, Methods and Impact* (Cambridge, Mass.: Harvard University Press, 1970), p. 242.

51 Henry Morton Stanley, *In Darkest Africa, or the Quest, Rescue, and Retreat of Emin, Governor of Equatoria*, 2 vols. (New York: Scribner's, 1890), vol. 1, pp. 37 - 39; *The Congo and the Founding of Its Free State* (New York: Harper, 1885), pp. 63 - 64; Adam Hochschild, *King Leopold's Ghost: A Story of Greed, Terror, and Heroism in Colonial Africa* (Boston: Houghton Mifflin, 1998), pp. 30, 47 - 49, 97.

52 Halladay, "Henry Morton Stanley," p. 244.

53 Henry Morton Stanley, *The Exploration Diaries of H. M. Stanley*, ed. Richard Stanley and Alan Neame (New York: Vanguard Press, 1961), p. 125; Hochschild, *King Leopold's Ghost*, p. 49.

54 Marks and Atmore, "Firearms in Southern Africa," pp. 519 - 522.

55 J. K. Fynn, "Ghana-Asante (Ashanti)," in Michael Crowder, ed., *West African Resistance: The Military Response to Colonial Occupation* (London: Hutchinson, 1971), p. 32; Mbaeyi, *British Military and Naval Forces*, pp. 34 - 35.

56 Atmore and Sanders, "Sotho Arms and Ammunition," pp. 537 - 541.

57 John Keegan, "The Ashanti Campaign, 1873—1874," in Brian Bond, ed., *Victorian Military Campaigns* (London: Hutchinson, 1967), pp. 161 - 198; Philip Curtin, *Disease and Empire: The Health of European Troops in the Conquest of Africa* (New York: Cambridge University Press, 1998), p. 58; Hutchison, *Machine Guns*, p. 38; Kea, "Firearms and Warfare," p. 201; Fynn, "Ghana-Asante (Ashanti)," p. 40; Mbaeyi, *British Military and Naval Forces*, pp. 34 - 35.

58 Donald R. Morris, *The Washing of the Spears: A History of the Rise of the Zulu Nation under Shaka and Its Fall in the Zulu War of 1879* (New York: Simon and Schuster, 1964), pp. 352 - 388, 545 - 575; Ellis, *Social History of the Machine Gun*, p. 82; Hutchison, *Machine Guns*, p. 39; Scarlata, "The British Martini-Henry Rifle," p. 36.

59 Henri-Nicholas Frey, *Campagne dans le Haut Sénégal et dans le Haut Niger (1885—1886)* (Paris: Plon, 1888), pp. 60 - 62; B. Olatunji Oloruntimehin, "Senegambia-Mahmadou Lamine," in Michael Crowder, ed., *West African Resistance: The Military Response to Colonial Occupation* (London: Hutchinson, 1971), pp. 93 - 94; Person, *Samori*, vol. 2, p. 907.

60 Garcia, *Le royaume du Dahomé*, pp. 163 - 167; David Ross, "Dahomey," in Michael Crowder, ed., *West African Resistance: The Military Response to Colonial Occupation* (London: Hutchinson, 1971), pp. 158 - 161; Callwell, *Small Wars*, p. 260; Kea, "Firearms and Warfare," p. 213.

61 Atmore, Chirenje, and Mutenge, "Firearms in South Central Africa," pp. 553 - 554; Ellis, *Social History of the Machine Gun*, p. 90; Hutchison, *Machine Guns*, p. 63.

62 Callwell, *Small Wars*, pp. 440 - 442; Wallis, *West African Warfare*, p. 56.

63 Pierre Gentil, *La conquête du Tchad*, 2 vols. (Vincennes: Etat-major de l'Armée de terre, Service historique, 1971), vol. 1, p. 99; Alexander S. Kanya-Forstner, *The Conquest of the Western Sudan: A Study in French Military Imperialism* (Cambridge: Cambridge University Press, 1969), p. 10; Michael Crowder, *introduction*, pp. 6 - 7, and Muffett, "Nigeria-Sokoto Caliphate," pp. 284 - 285, both in Michael Crowder, ed., *West African Resistance:*

The Military Response to Colonial Occupation (London: Hutchinson, 1971).

64　Guy, "A Note on Firearms," pp. 560 - 562; Marks and Atmore, "Firearms in Southern Africa," pp. 519 - 527; Fisher and Rowland, "Firearms in the Central Sudan," pp. 229 - 230; Muffett, "Nigeria-Sokoto Caliphate," p. 287; Crowder, *introduction*, p. 11.

65　Cyril Falls, *A Hundred Years of War* (London: Duckworth, 1953), pp. 118 - 119; Callwell, *Small Wars*, pp. 30 - 31, 75 - 76; Wallis, *West African Warfare*, pp. 44 - 45; Brian Bond, introduction to Brian Bond, ed., *Victorian Military Campaigns* (London: Hutchinson, 1967), p. 25.

66　M. Legassick, "Firearms, Horses and Samorian Army Organization, 1870—1898," *Journal of African History* 7 (1966), pp. 95 - 115; Person, *Samori*, vol. 2, pp. 905 - 912. 另见：Person, "Guinea-Samori," in Michael Crowder, ed., *West African Resistance: The Military Response to Colonial Occupation* (London: Hutchinson, 1971), pp. 111 - 143.

67　Callwell, *Small Wars*, pp. 389, 438 - 439; Hutchison, *Machine Guns*, pp. 67 - 70.

68　我们应该记住，以步兵对抗步枪和机关枪的大规模自杀性正面攻击并不是非洲人独有的。事实上，第一次世界大战中欧洲士兵从藏身的战壕里跳出来迎战敌军的战术，也遭遇了同样的致命后果。不同之处在于，在欧洲，杀戮活动持续了 4 年，消耗了比征服非洲多得多的生命。

69　Winston S. Churchill, *The River War: An Account of the Reconquest of the Sudan* (1933; New York: Carroll and Graf, 2000), pp. 274, 279.

70　同前引，p. 300.

71　Webb, *The Great Plains*, p. 195.

72　*The Times Atlas of World History*, rev. ed. by Geoffrey Barraclough

(London: Times Books, 1979), pp. 160, 164, 220. 另见: *Historical Atlas of the World* (Skokie, Ill.: Rand McNally, 1997), pp. 58 - 59; *Atlas of American History* (Skokie, Ill.: Rand McNally, 1993), pp. 12 - 18, 22 - 29.

73 例如: *Times Atlas*, p. 220; *Historical Atlas of the World*, p. 59.

74 Michael Williams, *Deforesting the Earth: From Prehistory to Global Crisis: An Abridgment* (Chicago: University of Chicago Press, 2006), p. 205.

75 Frank R. Secoy, *Changing Military Patterns on the Great Plains* (*17th Century through Early 19th Century*) (Locust Valley, N. Y.: Augustin, 1953), pp. 5, 39, 95 - 97, 104 - 105; Garavaglia and Worman, *Firearms of the American West*, pp. 344 - 360; Paul Russell, *Man's Mastery of Malaria* (London: Oxford University Press, 1955), pp. 103 - 130.

76 关于印第安人的传统武器，可参见: Colin F. Taylor, *Native American Weapons* (Norman: University of Oklahoma Press, 2001).

77 Josiah Gregg, *Commerce on the Prairies*, ed. Max L. Moorhead (Norman: University of Oklahoma Press, 1954), pp. 416 - 417.

78 Colonel Richard Irving Dodge, *Our Wild Indians: Thirty-Three Years' Personal Experience among the Red Men of the Great West* (Hartford, Conn.: Worthington, 1882; reprint, New York: Archer House, 1960), pp. 449 - 450.

79 R. G. Robertson, *Rotting Face: Smallpox and the American Indian* (Caldwell, Idaho: Caxton Press, 2001), p. 245; Webb, *The Great Plains*, pp. 167 - 169. 关于内战以前的军用步枪，可参见: Russell, *Man's Mastery of Malaria*, pp. 173 - 191.

80 John E. Parsons, ed., *Sam'l Colt's Own Record* (Hartford: Connecticut Historical Society, 1949), p. 10.

81 Robert Wooster, *The Military and United States Indian Policy*,

1865—1903 (New Haven: Yale University Press, 1988), p. 33; McChristian, *U. S. Army in the West*, p. 113; Butler, *United States Firearms*, p. 190; Gattia, *Cosí sparavano i "nostri"*, p. 106.

82 Rosebush, *American Firearms*, pp. 65 - 67; Gattia, *Cosí sparavano i "nostri"*, p. 114.

83 Dodge, *Our Wild Indians*, p. 422.

84 同前引，p. 450.

85 Hatch, *Remington Arms*, pp. 140 - 141; Gattia, *Cosí sparavano i "nostri"*, pp. 105 - 106; Rosebush, *American Firearms*, pp. 62 - 64; Dodge, *Our Wild Indians*, p. 423.

86 Robertson, *Rotting Face*, pp. 242 - 246.

87 Dodge, *Our Wild Indians*, pp. 295 - 296.

88 Daniel O. Magnussen, *Peter Thompson's Narrative of the Little Bighorn Campaign of 1876: A Critical Analysis of an Eyewitness Account of the Custer Debacle* (Glendale, Calif.: Arthur H. Clark, 1974), pp. 151 - 152; Rosebush, *American Firearms*, p. 71. 上述著作认为这些步枪中使用的弹药筒往往会堵塞，很难取出；但现场的考古证据并不支持这一说法。参见：McChristian, *U. S. Army in the West*, p. 114.

89 Gregory F. Michno, *Lakota Noon: The Indian Narrative of Custer's Defeat* (Missoula, Mont.: Mountain Press, 1997), pp. 49, 110, 192; Bruce A. Rosenberg, *Custer and the Epic of Defeat* (University Park: Pennsylvania State University Press, 1974), pp. 27, 68 - 70; Wooster, *Indian Policy*, p. 33; Hatch, *Remington Arms*, pp. 154 - 155; Rosebush, *American Firearms*, pp. 69 - 70; McChristian, *U. S. Army in the West*, p. 115.

90 Anthony Smith, *Machine Gun: The Story of the Men and the Weap-*

on That Changed the Face of War (New York: St. Martin's, 2002), pp. 74, 106; Rosebush, *American Firearms* , pp. 72 - 74.

91 Kristine L. Jones, "Civilization and Barbarism and Sarmiento's Indian Policy," in Joseph T. Criscenti, ed. , *Sarmiento and His Argentina* (Boulder, Colo. : Lynne Rienner, 1993), pp. 37 - 38; Richard O. Perry, "Warfare on the Pampas in the 1870s," *Military Affairs* 36, no. 2 (April 1972), pp. 52 - 58.

92 Jones, "Civilization and Barbarism," pp. 35 - 37.

93 Nora Siegrist de Gentile and María Haydee Martín, *Geopolítica, ciencia y técnica a través de la Campaña del Desierto* (Buenos Aires: Editorial Universitaria de Buenos Aires, 1981), pp. 92 - 96.

94 David Viñas, *Indio, ejército y frontera* (Mexico: Siglo Veintiuno Editores, 1982), p. 90.

95 Perry, "Warfare on the Pampas," pp. 54 - 56; Siegrist de Gentile and Haydee Martín, *Geopolítica*, pp. 96 - 97.

96 Orlando Mario Punzi, *Historia del desierto: La conquista del desierto pampeanopatagónico: La conquista del Chaco* (Buenos Aires: Ediciones Corregidor, 1983), pp. 48 - 49; Jones, "Civilization and Barbarism," p. 41; Siegrist de Gentile and Haydee Martín, *Geopolítica*, p. 106.

97 Lobodón Garra [Liborio Justo], *A sangre y lanza, o el último combate del capitanejo Nehuén: Tragedia e infortunio de la Epopeya del Desierto* (Buenos Aires: Ediciones Anaconda, 1969), pp. 428 - 429.

98 Enrique González Lonzième, *La Armada en la Conquista del Desierto* (Buenos Aires: Editorial Universitaria de Buenos Aires, 1977), pp. 57 - 96; Ricardo Capdevila, "La corbeta 'Uruguay': Su participación en la Conquista del Desierto y las tierras australes argentinas," in *Congreso Nacional de Historia*

sobre la Conquista del Desierto celebrado en la ciudad de Gral : Roca del 6 al 10 de noviembre de 1979 (Buenos Aires: Academia Nacional de la Historia, 1980), pp. 259 - 268.

99　Felix Best, *Historia de las guerras argentinas, de la independencia, internacionales, civiles y con el indio* (Buenos Aires: Ediciones Penser, 1960), pp. 387 - 391; Juan Carlos Walther, *La conquista del desierto* (Buenos Aires: Círculo Militar, 1964), p. 752; Argentine Republic, Ministerio del Interior, *Campaña del Desierto (1878—1884)* (Buenos Aires: Archivo General de la Nación, 1969), prologue; Roberto Levillier, *Historia de Argentina* (Buenos Aires: Plaza y Janés, 1968), vol. 4, pp. 2956 - 2960; Punzi, *Historia del desierto*, pp. 53 - 55; Perry, "Warfare on the Pampas," pp. 56 - 57.

100　*Acción y presencia del Ejército en el sur del país* (N. p. : Comando del Vto Cuerpo de Ejército "Teniente General D. Julio Argentino Roca," 1997), pp. 28 - 31.

101　Jean-Pierre Blancpain, *Les Araucans et la frontière dans l'histoire du Chili des origines au XIXe siècle : Une épopée américaine* (Frankfurt: Vervuert Verlag, 1990), pp. 134 - 135; Luis Carlos Parentini and Patricia Herrera, "Araucanía maldita: Su imágen a través de la prensa, 1820—1860," in Leonardo León et al., eds., *Araucanía: La frontera mestiza, siglo XIX* (Santiago: Ediciones UCSH, 2003), pp. 63 - 100.

102　Patricia Cerda-Hegerl, *Fronteras del sur: La región del Bío-Bío y la Araucanía chilena, 1604—1883* (Temuco, Chile: Universidad de la Frontera, 1990), pp. 131 - 132, 142; Manuel Ravest Mora, *Ocupación militar de la Araucanía (1861—1883)* (Santiago: Licanray, 1997), pp. 9 - 10; Blancpain, *Les Araucans*, pp. 140 - 143.

103 José Bengoa, *Historia del pueblo mapuche: Siglos XIX y XX*, 6th ed. (Santiago: LOM Ediciones, 2000), p. 275; Blancpain, *Les Araucans*, pp. 141 – 145.

104 Ravest Mora, *Ocupación militar de la Araucanía*, p. 11.

105 R. A. Caulk, "Firearms and Princely Power in Ethiopia in the Nineteenth Century," *Journal of African History* 13 (1972), pp. 610 – 613; Richard Pankhurst, "Guns in Ethiopia," *Transition* 20 (1965), pp. 20 – 29; Jonathan Grant, *Rulers, Guns, and Money: The Global Arms Trade in the Age of Imperialism* (Cambridge, Mass.: Harvard University Press, 2007), p. 47.

106 Pankhurst, "Guns in Ethiopia," pp. 29 – 30.

107 同前引, p. 30; Caulk, "Firearms and Princely Power," pp. 621 – 622; Grant, *Rulers, Guns, and Money*, pp. 47 – 63.

108 Romain H. Rainero, "The Battle of Adowa, on 1st March 1896: A Reappraisal," in J. A. De Moor and H. L. Wesserling, eds., *Imperialism and War: Essays on Colonial Wars in Asia and Africa* (Leiden: E. J. Brill, 1989), pp. 193 – 197; Pankhurst, "Guns in Ethiopia," pp. 31 – 32.

109 另一个著名的例子是1905年击败俄国的日本。我在这本书中没有探讨日本，因为当时它已经不再是西方帝国主义的对象，而变成了一个凭借自身能力实现了工业化的帝国主义国家。

第八章　制空时代（1911—1936）

19 世纪末，当一些非西方国家也能拥有现代步兵武器，并以 302
其人之道还治其人之身后，这些武器曾经给工业国家带来的巨大好处开始逐渐消散。1896 年埃塞俄比亚战胜意大利、1905 年日本战胜俄国就是这一趋势显现的标志。第一次世界大战后，民族主义的兴起加上过剩武器在世界各地的泛滥，使得欧洲列强在中东和亚洲遭遇了意想不到的阻力。

就在西方列强开始面临日益严峻的挑战时，一种全新的技术——飞机——为它们夺回了正在悄然消失的优势。早在 1911 年，法国将军亨利-尼古拉斯·弗雷就注意到了现代武器扩散与殖民扩张中飞机的价值的联系。

> 一些种族通过走私、与邻国串谋或招募我们退役狙击手的方式就能获得与我们实力相当的武器，达到与我们对抗的水平……制空权则让欧洲人能够：(1) 对野蛮人的游牧部落，以及数量庞大的已开化但生性多疑、充满敌意、容易反叛的人们进行简单、快速、持续的监视；(2) 以猛禽般的速度介入那些受到威胁或陷入困境的地区，如果有必要的话，可以用强大的破坏力对那些倚仗着次等武器和诡诈计谋的所谓“劣等”种族
> 303 予以快速打击，直至其丧失战斗能力……；(3) 由此为统治这些部落和种族奠定最坚实的基础。[1]

航空的发端

很少有技术变革能够像航空那样发展迅速，也没有哪一项技术能像它一样受到这么多的公众认可。飞越天空，主宰地球，一直以来都是人类的梦想。几个世纪以来，发明家们尝试了各种方法让人类飞离地面。第一次正式的成功尝试是在 1783 年，蒙戈尔菲耶 (Montgolfier) 兄弟制造了一个热气球，将两人带到空中并飞行了 25 分钟。热气球之后，又有了填充气体质量小于空气的氢气球。19 世纪末，飞艇已经可以按照飞行员选择的道路起飞、降落和移动，不过它也有缓慢、笨拙、昂贵等不尽如人意之处。在 19 世纪后期，自重大于空气的飞行器设计已经大量涌现，但还没有一个能试飞成功。到 19 世纪和 20 世纪之交，随着新闻媒体的介入和宣

传，这场竞争变得尤为激烈。

令所有人都惊讶的是，首次使用自重大于空气的飞行器试飞成功的是两名来自俄亥俄州的自行车制造商，他们一直以来的研究和实验并没有对外进行过宣传，而与其他发明家相比，他们最重要的贡献在于设计了一个控制系统，使飞行员不仅可以起飞、飞行和着陆，而且能在三个方面都对飞机进行控制。经过三年的空中可控滑翔机设计制造之后，莱特兄弟为滑翔机安装了一台体积小、质量轻但足以驱动滑翔机的汽油引擎，并制作了螺旋桨以便有效地将引擎动力转换为空中的推力。1903 年 12 月 17 日在北卡罗来纳州的基蒂霍克，他们驾驶着这架“飞行者一号”一共飞行了四次，最后一次飞行距离 852 英尺，用时 59 秒。[2] 在接下来的几年里，他们不断改进飞机的设计，但对自己的成果秘而不宣。他们希望美国军方能在没有成品展示的情况下给他们一份订购合同，但遭到了军方的拒 304
绝。从 1905 年 10 月到 1908 年 5 月，他们因为害怕被人仿造而不再公开飞行。不过这个秘密却不断刺激着众人的好奇心。

1906 年 11 月，居住在巴黎的富有的巴西人阿尔贝托·桑托斯-杜蒙特（Alberto Santos-Dumont）成为第一个在欧洲成功试飞的人。而在此之前，他也已经设计制造了好几艘飞艇。他的飞机“14-bis”在没有风力助力的情况下完全依靠自身的动力起飞了，但没能像莱特兄弟那样实现全方位的控制。1908 年，莱特兄弟在公众面前展示了如何控制飞机的飞行。欧洲和北美的发明家们很快跟进，在杜蒙特伟大发明的基础上进一步改进。同年，美国一个发动机和摩托车的制造商格伦·柯蒂斯（Glenn Curtiss）成功试飞他的第一架飞机“六月甲虫”，并计划进行商业化生产。一年后，法国人路易·布莱里奥（Louis Blériot）乘坐与合作伙伴加布里埃尔·瓦赞（Gabriel Voisin）共同设计的飞机成功飞过英吉利海峡。至此，北美和欧洲的实业发明家们已经向世人展示了大量令人眼花缭乱的飞行器设计。其中最成功的，比如布莱里奥的设计，已经有了未来飞机的雏形：发动机和螺旋桨在前面，机翼在发动机后面，可移动的副翼用于控制姿态，尾部有方向舵和升降舵，还有轮子用于起飞和降落。这些飞机所展示出的飞行能力和可操控性，已经把莱特兄弟的设计远远抛在了后面，而莱特兄弟的飞机现在看起来就像是一串风筝。

随后的制约因素是动力的缺乏。现有的引擎很重、容易过热、动力不足，连携带两个人起飞都非常困难。1909 年，塞甘兄弟（Louis and Laurent Séguin）开始制造七缸的转缸式发动机“土地神”（Gnôme），输出 50 马力而自重只有 165 磅。这种气冷式发动机中间的曲轴是固定的，曲轴周围的一圈气缸与螺旋桨一起旋转从而保证发动机始终凉爽，但会由于惯性导致飞机转向困难。不过一旦飞行员通过训练掌握了控制它的技术，配备了“土地神”的飞机在飞行速度和可操控性上都要大大优于在它之前的所有型号。到 1914 年，“土地神”的输出功率提升到了 100 马力，可以推动飞机
305 达到将近 90 英里/时的速度。此后直到第一次世界大战，都是这种转缸式发动机主宰着欧洲的天空。

尽管已经取得了突破性的进展，但直到 1914 年，飞机仍然是由一堆木头和布料组装成的缓慢而不可靠的复杂机器，飞行员则几

乎是露天坐着的。不过它的军事潜力在当年 8 月爆发大战前就已经显露无遗。当战争开始时，法国有 141 架军用飞机，以及在预备役或飞行学校的另外 176 架；俄国有 250 架（但其中很多由于缺少零件和维护而无法使用）；德国有 245 架飞机，外加 10 艘飞艇；英国有 230 架（其中一半适合飞行）。[3] 几乎从战争的第一天起，交战双方就开始用飞机开展侦察工作，找出敌军的位置。几周后，飞行员们开始互相射击。战争无疑加速了对飞机机身、发动机以及火力的设计和改进。1915 年初，装配了机关枪的飞机——第一批战斗机——开始在空中相互追逐射击，这种空中缠斗的英雄场面缓解了堑壕战的沉闷。而轰炸机携带的不仅有炸药和燃烧弹，还有战争中引入的另一项技术发明——化学毒气。到第一次世界大战结束时，德国总共生产了 4.8 万架飞机，法国生产了 6.7 万架，英国生产了 5.8 万架，美国生产了约 1.2 万架。[4]

战争结束后，交战国的很多战机纷纷退役。十年间，大量过剩的飞机阻碍了技术的进步，多数飞机制造商破产了。1930 年代，由金属材料制成、有着光滑流线型机身和可伸缩起落架的、速度更快的单翼飞机开始取代一战时使用的老式飞机。英国的“超级马林”S. 6B 赢得 1929 年和 1931 年的世界最快飞机“施奈德奖”，标志着一个时代的到来。在 1931 年那次，它装配了输出动力达到 2 300 马力的罗尔斯-罗伊斯引擎，速度达到每小时 400 英里。它也是在 1940 年不列颠之战中拯救英国的喷火式战机的原型。与此同时，飞机还有另一个发展方向，那就是实用客机的设计，这一潮流的主导者是美国。与战斗机一样，这些客机也都设计了单翼、流线

型的全金属结构和收放式的起落架。1933 年，第一架波音 247 客机
306 能够携带十名乘客以每小时 183 英里的速度舒适地飞行。1935 年，道格拉斯公司的 DC-3、达科塔（Dakota）和 C-47 则成了当时使用最为广泛的飞机。

早期的殖民地空袭作战

1909 年 7 月，路易·布莱里奥乘坐飞机飞越英吉利海峡之后不久，欧洲的军官们就开始考虑将飞机用于殖民战争了。贝登堡（Baden-Powell）中将呼吁在“野蛮人战争”中使用飞机，并特别指出“能对那些无知的敌人在精神上给以巨大的震慑。只需几颗炸弹，就能引起极大的恐慌”[5]。几年后，一位在西非的英国官员乐观地写道，飞机“在与山地部落的对抗中将是无价的，它们带来的惊骇很可能能将潜在的流血冲突消于无形”[6]。

首个在殖民战争中使用飞机的荣耀——或者说耻辱——属于意大利。1911 年秋，意大利入侵利比亚（当时还是奥斯曼土耳其帝国的一个省）。10 月 21 日，两架“布莱里奥”、三架“纽波特”（Nieuport）、两架“法尔曼”（Farman）和三架奥地利鸽式飞机（Etrichs）飞抵的黎波里。两天后，卡洛·皮亚扎（Carlo Piazza）上尉驾驶“布莱里奥”升空，对土耳其防线进行了 70 分钟的侦察。紧接着第二天，当里卡尔多·莫伊佐（Riccardo Moizo）上尉执行相同任务时受到了地面火力的攻击，但飞机没有毁坏。11 月 1 日，

意大利飞机开始向土耳其阵地投掷炸弹，这种从飞机上扔出的炸弹比两公斤的手榴弹大不了多少，然而土耳其人却愤怒地指责意大利人炸毁了一家医院。后来意大利还用飞艇带来了更大的炸弹。不过总的来说，这种轰炸对战争的进程几乎没有影响。飞机还是被更多地用于侦察、空中拍摄和对火炮点的识别定位。[7]

在利比亚使用的飞机引起了西方观察家们的广泛关注，对飞机作用的评论则莫衷一是。赞同土耳其一方的英国记者阿博特（G. F. Abbott）写道："第二天它又出现了。这次没有飞过营地，而是呼啸着在我们头顶从东北到西北画了一条大大的弧线，随后消失在视野里。阿拉伯人除了把他们的来复枪对准这位来客，并没有 307
流露出特别的情绪，我从他们的脸上察觉不到任何的惊慌失措或者沮丧，甚至连惊讶也没有。"[8]另一位战地记者弗朗西斯·麦卡拉（Francis McCullagh）写道："通常，炸弹投下后会毫发无损地一头栽进沙子里。阿拉伯人没有营房或者永久性工事这类可以被炸毁的东西。而且现在只要一看到飞机来了，他们就会四散逃开，因此炸弹对他们也造不成什么人身损伤。唯一的受害者只有村子里的妇女和儿童，这一事实激起了阿拉伯人的愤怒。"[9]

飞机在利比亚的战场上可能没有起到多少作用，当然也没有给意大利在第一次世界大战中赢得什么优势，但它们确实带来了长期性的影响。参加过这场战争的杜黑（Giulio Douhet）少校于 1921 年出版了他那本著名的军事理论著作《制空权》（*Il dominio dell'aria*），在航空战略领域产生了深远影响。[10]在这本书中，他主张通过轰炸敌人的城市、工厂、基础设施、政府和军事中心来恐吓平民，以达到迫使他们的政府求和的目的。这一学说的核心建立在对人类本性的一个心理学假设之上，即平民软弱而容易受到惊吓，一个装备了轰炸机的国家可以绕过敌人的陆军和海军，依靠恫吓就能取胜。

相比意大利对利比亚的入侵，1916 年美国在对墨西哥的讨伐中对飞机的使用，对于这个开创了飞机时代的国家来说则是一个十分草率的举动。从 1908 年到 1913 年，美国政府只在飞机上投入了 45.3 万美元（与之相比，德国的投入是 2 800 万美元），仅位列世界各国军用航空投入的第 14 位。

1916 年 3 月 9 日，墨西哥革命者潘乔·比利亚（Francisco "Pancho" Villa）越过边境来到新墨西哥州的哥伦布市，杀死了 17 名美国人。一周后，约翰·潘兴（John Pershing）将军率领军队进入墨西哥追捕比利亚。作为这次讨伐的组成部分，由本杰明·福洛伊斯（Benjamin Foulois）指挥的 8 架陈旧的柯蒂斯 JN-2 和 JN-3“詹尼”（Jennies）战机组成的首支航空中队也被派遣到新墨西哥州。这些
308 动力不足的双翼飞机最高速度仅每小时 80 英里，单次飞行最远 50 英里，性能也很不稳定，经常有失速和坠落的可能。[11]

飞机刚从火车上卸下来重新组装好，潘兴将军就把它们派到 100 英里外墨西哥的大卡萨斯区，而当时已是傍晚时分了。一架飞机在途中坠毁，另一架因引擎故障返回了哥伦布，其余则降落在了半路上，直到第二天才到达目的地。[12]在接下来的几个星期里，“詹尼”有时会被派去执行侦察任务，但主要还是在潘兴分散的各部队之间传递信息。“詹尼”既不携带枪支，也没有炸弹。对它们来说，在墨西哥北部高海拔地区起飞和攀升到预定高度都已是很困难的

事。到 4 月底的时候，只有两架飞机还能继续执行飞行任务。福洛伊斯队长要求增加 10 架新飞机，潘兴批准了，但遭到了战争部长牛顿・贝克（Newton Baker）的拒绝，理由是“所有能飞的飞机都已经加入了潘兴的远征军”。最终，还是用柯蒂斯 N8 和 R2 飞机替代了“詹尼”，但这些型号并不比“詹尼”强，制作材料很差，缺少许多零件，还会在飞行途中突然断裂，因为柯蒂斯这个当时美国最著名的飞机制造商已经被突增的订单压倒了。[13]尽管这些飞机对这次战争的用处并不大，但给了美军飞行员第一次在战场上飞行的经验，并暴露出了美国航空及飞机制造业相对于即将掀起一场血腥战争的欧洲同行的薄弱之处。对它们这次表现的关注最终让美国国会批准了 1 300 万美元的预算用于发展军事航空。[14]

第一次世界大战期间，欧洲列强充分使用了它们的战机。而战争结束后，多余的战机加上这些帝国在殖民扩张前线所遇到的麻烦，导致殖民战争中使用空中力量的急剧升级。

英属印度和阿富汗之间的山区就是一个这样的例子。这里以前从未受到过任何政府的控制。1919 年 5 月，一些阿富汗士兵入侵了印度的西北边境，由此开启了历史上的第三次阿富汗战争。在
1839—1842 年和 1878—1881 年的前两场阿富汗战争中，英属印度 309
都遭遇到极大的困难而几乎没有什么斩获。因此，印度总督切姆斯福德（Baron Chelmsford）不愿派遣地面部队进入这个多山的国家是完全可以理解的，这是一场代价高昂却很可能收效甚微的讨伐，对阿富汗政府很可能起不到任何惩罚的作用。于是，他选择了派遣小型飞机前往贾拉拉巴德等边境城镇投放炸弹，并对敌军进行扫射

作为替代的战术。

与此同时，一架大型的“汉德利·佩奇 0/100”（Handley Page 0/100）双引擎轰炸机被派往印度，对阿富汗首都喀布尔实施轰炸。这架飞机本来是为前往德国执行任务而设计的，不过能携带数枚重型炸弹的优势让它看起来很适合阿富汗战场。然而，就在计划进行第一次轰炸的前一天，一场暴风雨撕裂了它的牵引索并将其掀翻，损坏程度无法修复。作为替代，英国又将另一架更大的“汉德利·佩奇 V/1500”四引擎轰炸机送到了印度。这个庞然大物本来也是计划前往柏林再飞回英国的，但只生产出了三架，没赶上参加一战。它在印度搭载权贵人物兜风数月之后才被派往边境，1919 年 5 月 4 日，它飞越开伯尔山口，在喀布尔扔下了 4 枚 112 磅炸弹和 16 枚 20 磅炸弹。虽然造成的损失并不严重，但还是成功迫使阿富汗政府来到了谈判桌前。

阿富汗政府对英属印度的挑战就此结束，但与西北边境部落的战斗一直持续到 1920 年，在零星的游击队起义中，这些部落人学会了躲在巨石后面，用来复枪击落了好几架飞机。尽管英国重新建立起对该地区的形式上的控制——这也是以往任何政府都能宣称的，但飞机所发挥的作用并不明确，这也是印度陆军和英国皇家空军的争议所在。指挥作战的空军准将韦布-鲍恩（Webb-Bowen）也不得不承认：“单靠英国皇家空军的行动，永远无法战胜一个勇敢的民族。”[15]

英属索马里兰则是一个更有意思的例子。首先它不涉及印度，只与英国有关；其次它深刻影响了此后也是更为重要的殖民地空军的发展。索马里兰（今索马里北部地区）是一片没有经济价值的沙漠，但英国看中了它位于从亚丁湾前往红海路线中的战略位置，因 310
而宣称对这里拥有主权，但海岸线以里地区的实际控制者是被英国人称为“疯狂的毛拉”的赛义德·穆罕默德·阿卜杜拉·哈桑（Sayyid Mohammed Abdullah Hassan）。由于他频繁骚扰英军基地，一战后腾出手来的英国开始关注起这个令它讨厌的牛虻。英军采取的第一个办法是派出 1 000 名士兵去追捕他，但成本非常高昂。1919 年 5 月的内阁会议上，殖民地事务大臣米尔纳（Milner）勋爵向空军参谋长休·特伦查德（Hugh Trenchard）爵士求助，特伦查德回答说：“为什么不把整个事情都留给我们呢？这正是皇家空军能独立完成的那种任务。”当时兼任陆军大臣和空军大臣的丘吉尔主持了这次会议，会议决定派遣 12 架携带 460 磅炸弹的“德哈维兰 DH-9”（de Havilland DH-9）轰炸机和 200 名皇家空军人员前往索马里兰。飞机在保密状态下被送到了索马里兰海岸的伯贝拉。1920 年 1 月，其中 6 架轰炸了“疯狂的毛拉”的堡垒和营地，连续几天的轰炸杀死了“疯狂的毛拉”的顾问、七个儿子和其他亲戚，他的六个儿子、五个妻子、四个女儿和两个姐妹则被地面部队俘虏。赛义德本 311
人和一个儿子、一个兄弟以及少数追随者逃到了埃塞俄比亚，并于一年后死在了那里。包括清理战场在内，整个行动只用了三周时间，花费 83 000 英镑，仅相当于一次地面战争费用的零头。[16] 无疑，自此以后的空袭行动都从这一结果中得到了极大的启发。

索马里兰行动只是空军参与的众多针对非洲和亚洲的殖民战争中的一例。1920 年代，英军多次使用飞机镇压苏丹及亚丁和也门

1920 年代早期，“德哈维兰 DH-9”轰炸机飞越沙漠

边界地区的反抗行动，法军在叙利亚和黎巴嫩、意大利在利比亚也是如此。[17]不过，这些空中力量的运用都不如在伊拉克的运用那么投入和有效。

大英帝国在伊拉克

第一次世界大战之后，大英帝国版图的扩张达到了极限，但它的规模却掩盖了它的弱点。由于财政面临巨额赤字、对美国银行负债累累，英国政府不得不缩编军队、削减预算。与此同时，英国在爱尔兰、印度和埃及的统治不断受到当地民族主义者的挑战，而其自身仍深陷在波斯、俄国、土耳其和高加索地区的麻烦之中。简言之，大英帝国正面临着一个多世纪以来最严重的危机。

在所有通过战争获取的领土当中，美索不达米亚是麻烦最多的地区。为了保证位于波斯南部阿巴丹附近油田的安全，也是作为对奥斯曼帝国战争的一部分，英国在 1914 年末占领了巴士拉。两年后，英印军队试图借由炮舰沿底格里斯河和幼发拉底河继续推进，但被奥斯曼帝国击退。[18] 1917 年初，他们再度发起进攻，同年 3 月进入了巴格达。

战争结束时，英国主导的这支军队占领了美索不达米亚以及巴勒斯坦和波斯的部分地区，但这只是表象而已。1919 年初，阿布·萨利赫（Abu Salih）部落起来反抗英国人，遭到了轰炸、炮击，并且领土被占领。[19] 1919 年 4 月，英国皇家飞行军团第 31 联队的战 312
争日记写道："轰炸仍在继续。一个地区刚被征服，另一个地区又爆发了叛乱，必须出动飞机来镇压……才能把军队从在糟糕的乡间疲惫行军的状态以及持续的伤亡中拯救出来。"[20] 然而，英军在该地区布置的飞行军团一共只有 16 架飞机，只能保证 6 架随时待命起飞。[21] 镇压当地武装的主要力量还得依靠陆军，1919 年在美索不达米亚共有 2.5 万名英军和 8 万名印军，这给财政造成了沉重的负担。丘吉尔眼中的"二十个泥巴村子，夹在一条沼泽河流和酷热沙漠之间，里面住着几百个半身赤裸的住户"，统治他们的花费却要与印度一个拥有数百万居民的省差不多。[22]

1920 年 6 月，伊拉克（当时英国称它为美索不达米亚）起义爆发。部落成员多达 13.1 万人，其中一半的人装备了奥斯曼军队留下的军用步枪，在前奥斯曼帝国军官的带领下对英国当局发起了挑战。作为回应，英国向该地区派遣了 10 万名士兵（其中大部分是印度人）以及 8 个战斗机中队和 4 个装甲车连。这是英国在两次世界大战之间进行的规模最大的军事行动，镇压起义前后用了 6 个月的时间，花费超过 1 亿英镑[23]，已经超过了英国政府的负担能力。而随着印度民族主义的兴起，英国再也不能像过去那样频繁地将维持其帝国运行的成本转嫁给印度的纳税人了。陆军参谋部考虑撤出伊拉克，但是帝国的荣誉和名声，还有伊拉克北部摩苏尔附近油田的发现都让这个决定难以被接受。

空军参谋长休·特伦查德爵士和他的文官同僚温斯顿·丘吉尔提出了解决这一难题的办法。1919 年 12 月，特伦查德写道：

> 最近的事件显示出飞机在前线作战时的价值。也许不久之后，人们就可以把皇家空军部队作为军事要塞的部分替代品，
> 313 而不仅仅是作为它的补充了。飞机在战场上的一大优势有点类似于监察部门的工作，那就是立即响应和行动。飞机可以在收到信息后的几个小时内到达骚乱初期的现场。组织一次军事远征则需要时间，拖延可能会造成动乱的传播和升级，导致镇压的成本更大，也会让更多的人卷入其中。[24]

在一份 1920 年 3 月呈递给内阁的题为《对空军力量及其在美索不达米亚的控制和监管中的运用分析》的备忘录中，空军参谋部认为："在西部前线的战争中，我空军与敌方空中力量的对抗，以及以海军、陆军为主的多兵种联合作战都体现了空军的伟大发展。在一些更为偏远的地区如巴勒斯坦、美索不达米亚和东非所发生的

战争，也都充分证明了空军自身的能力。”[25]而且——

> 空军参谋部确信，这种强劲和持续的行动特性，使得空军在没有地面部队实施惩罚措施时，成了迫使那些最桀骜不驯的部落屈服的必要手段……对这些顽固的种族作战，时间是至关重要的。要向他们证明，没有自己的飞机，要想对抗对方的空中力量就是一种徒劳。不过也有人认为，持续、密集的空中打击所造成的物资损毁和生活环境的混乱也肯定能达到预期的效果。[26]

特伦查德的计划需要 6 个中队的战斗机和轰炸机、2 个中队的运输机、228 辆装甲车和 3 405 名英国皇家空军人员，另外还需要各两个营的英国步兵和印度步兵，估计费用每年约 400 万英镑。[27]特伦查德和空军参谋部为国家服务的慷慨提议背后，有着一些自私的动机。英国陆军和皇家海军都迫切地想要解散新贵皇家空军，吸收其人员和装备，因此皇家空军需要为其作为一个独立服役单位继续存在而辩护。[28]正如空军参谋部的一份报告所述：“皇家空军作为一
个独立军事力量的作用需要得到证明，例如，将维持中东某些地区 314
的秩序转变成自己的主要责任，美索不达米亚就是一个很适宜的选择。”[29]

为了应对伊拉克的起义，从陆军部调任到殖民部的丘吉尔于 1921 年 3 月在开罗召集了一次会议。考虑到英国岌岌可危的财政现状，他最关心的是如何减少占领伊拉克的费用。[30]为此，他建议将该地区的政治事务移交殖民部，军事控管则交由皇家空军负责，另外组建一支由英国军官领导的亚述基督徒和库尔德人组成的伊拉克雇

佣兵团（Iraq Levies），以及一支伊拉克陆军。[31] 丘吉尔对于由空军控制伊拉克的看法简单而直接：

> 巴格达将是中心，这里会聚集 1 800 名全副武装的皇家空军士兵。这支部队有能力在其驻地保护自己，并防止城镇或周边乡村出现骚乱。它还能通过运用空中力量一直养活自己，从这个中心辐射出来，飞机能够对其他各区的政治官员和地方征税部门形成支持，并在必要时对叛乱活动采取打击行动。[32]

制空力量的行动

英国内阁批准后，皇家空军于 1922 年 10 月正式接管了在伊拉克的军方事务。指挥官、空军中将约翰·萨蒙德（John Salmond）爵士麾下有 8 个中队的战斗机和轻型轰炸机、9 个营的英印步兵、3 个装甲车连以及数千名伊拉克雇佣兵。[33]

1920 年代在伊拉克使用的飞机有好几种型号：带两架机关枪和 112 磅炸弹、由木头和布等材料制成、速度可达每小时 125 英里的“布里斯托尔”（Bristol）双翼战斗机，能够携带多达 450 磅炸弹、飞行时速达 114 英里的“德哈维兰 DH-9”轰炸机，可搭载 12
315 名乘客、飞行时速达 118 英里的“维克斯·弗农”（Vickers Vernon）双引擎运输机和构造相似的“维克斯·维多利亚”（Vickers Victoria）轰炸机。不过这些精密的机器都不是为沙漠环境制造的，因而经常发生引擎过热、螺旋桨扭曲、轮胎被荆棘刺穿等问题。不过它们既便宜又容易维护，而且速度慢到足以在任何地方着陆。1927 年之后，装配两支机关枪、可以携带多达 500 磅炸弹的“韦斯特兰·麋鹿”（Westland Wapitis）轰炸战斗机逐渐取代了一些旧机型。[34]

对于哪一种炸弹最为有效，英国方面还有一些争论。1920 年 8 月，丘吉尔写信给特伦查德，建议发展毒气弹，“尤其是芥子气，会给顽固不化的当地人施以足够的惩罚而不会对他们造成严重伤害”。丘吉尔本人推崇毒气弹，认为“这并不会毁灭人类生活，只是造成了不同程度的小麻烦”[35]。这是一个矛盾思维的有趣案例——空军参谋部发现毒气弹“并不致命，但也绝非无害，会对眼睛造成伤害，甚至可能导致死亡”[36]。丘吉尔的中东事务顾问迈纳茨哈根（Meinertzhagen）上校则反对使用芥子气，因为这种恐怖的武器已经在西线战场造成了大量士兵死亡和残疾：“如果敌人认定这是一种野蛮的作战方法，毫无疑问，他们也会以同样野蛮的方式进行报复。……无论我们怎么说，这种毒气都是可致死的，它可能会永久性地损害视力，甚至杀死孩子和体弱的人。”丘吉尔则回答：“我已 316
准备批准立即着手制造一批这样的炮弹。……在我看来，它们是一个科学的减少死亡的权宜之计，不应该被那些没有清晰思考的人所阻拦。”[37]两年后，皇家空军的研究主管对毒气弹的使用进行了定性：“我认为，对于一架飞机能携带的既定相同重量而言，高爆弹或榴霰弹比其他任何形式的炮弹都可怕，但毒气除外。如果在一场野蛮的战争中能接受使用芥子气，它应该比其他任何已知的其他可怕方式都更有效率。”[38]1920 年，尽管军队在“极好的道德作用”下使用了毒气弹，但最终殖民部的官员还是不顾丘吉尔的反对，决定在国际联盟托管地内禁止使用毒气弹。[39]

成本-收益分析和国内政治的驱动引发了一些对使用空中力量的煞费苦心的辩护。[40]一位英国指挥官在1921年写道："（谢赫）……对妇女和儿童意外地被炸弹炸死……似乎并不怨恨。"[41]两年后，一名皇家空军军官写道："有相当一部分的部落就是为了纯粹的战斗乐趣而战斗……我们用步兵去对抗他们，结果他们从战斗中获得了更多的武器。而如果用飞机替代步兵作战，那么他们面对的就是一种无法反击的武器。"[42]1928年，空军副元帅鲍恩（T. Twidible Bowen）写信给特伦查德："在对付那些无知和迷信的野蛮人时，在行动开始阶段就通过强有力而持续地使用飞机给对手造成巨大的心理震慑是比较好的做法。"[43]1930年，特伦查德告诉上议院："很多部落的原住民都喜欢为了战斗而战斗。对自己被杀一事，他们并不持有异议。"[44]

在这种态度之下，皇家空军从一开始就采用暴力的作战方法也就不令人惊讶了。如空军中校夏米尔（J. A. Chamier）所述：

> 如果有命令要求去执行惩罚任务，空军必须以适当的方式尽其所能……用炸弹和机关枪日夜不间断持续无情地打击房
> 317 屋、居民、庄稼和牲畜……我知道这听起来很残酷，但从一开始就必须残酷无情。一次深刻的教训，就能让未来的威胁都真实有效。[45]

也有一些人质疑这种恐怖政策的有效性。接替丘吉尔执掌战争部的拉明·沃辛顿-埃文斯（Laming Worthington-Evans）就曾写道："空军直到现在仍然在任意使用的唯一方法，就是轰炸那些村子里的妇女和儿童……如果阿拉伯人意识到对美索不达米亚的和平

控制手段最终是依赖于对妇女和儿童的轰炸，我很怀疑我们是否能获得……像殖民地事务大臣所期望的那种顺从。”[46]

同样，印度空军参谋长德弗雷尔（C. Deverell）中将也抱怨说，飞机“针对的是包括男子、妇女和儿童的全体人民，没有区别战斗人员和非战斗人员……最弱势的老人、妇女和儿童是最无力承受的，也是受苦最深的”[47]。1924 年，在工党短暂执政期间，殖民地大臣詹姆斯·托马斯（James Thomas）称轰炸不是光明正大的行为：“不到 45 分钟的时间，一个大型村庄……就能被夷平，三分之一的村民在四到五架飞机没有明确目标、没有荣誉或贪婪驱使的轰击下或死或伤。”[48]

“人道主义”的论点有些虚伪，因为地面部队以往镇压叛乱时也会造成非战斗人员的伤亡。尽管如此，但为了回应这些批评，英国皇家空军开始向叛乱的村庄投掷传单，警告空袭即将来临。这个被称为“反向封锁”的想法，目的在于劝服居民在他们的房子、牲畜、食物和燃料供应被轰炸之前逃离此地，从而限制他们的死亡人数。驻伊拉克的军事指挥官萨蒙德解释说，这种新的、非致命的空中控制方法——

> 可以击毁茅草屋顶并阻止他们修复，这在冬天会造成很大的麻烦；可以严重干扰犁耕或收割——这也是一个事关生计的
> 大问题；或者烧掉为过冬而辛苦积攒的燃料堆；或者攻击牲 318
> 畜，这是游牧部落的主要资产和财富来源，因此对他们而言是个相当大的惩罚，或者说严重干扰了他们的实际食物来源。最后，部落人发现最好还是服从政府。[49]

正如1924年航空部向议会报告的那样："空军的强制力更多的是为了打击士气和干扰部落的正常生活，而不是为了造成实际的伤亡。"[50]

按照官方正式的说法，伊拉克并不是英国的殖民地，而是国际联盟托管地。但在这层虚伪面纱的背后，是间接统治的事实，这也是英国长期以来在印度土邦和非洲部分地区施行的政策。虽然镇压了1920年的叛乱，但局势仍然不稳定。在1921年的开罗会议上，英国决定选择麦加谢里夫侯赛因①的儿子费萨尔一世作为伊拉克的国王。费萨尔得到了来自城镇的逊尼派要人和参加阿拉伯起义的前奥斯曼军队军官的支持，而组成伊拉克四分之三人口的什叶派和库尔德人则被排除在了部长理事会成员和其他政府官员的人选之外。[51]

强加给伊拉克人的统治者并不受当地人的欢迎。1922年春，什叶派神职人员对费萨尔和英国人提出了抗议，不过更严重的是北部山区库尔德人的强烈不满。当时的库尔德人与边境上的土耳其人紧密结盟，宣称库尔德斯坦是土耳其的一部分。1921年夏，库尔德人在土耳其的支持下起义。到9月时，阿拉伯政权在这一地区的税收持续减少。一个月后，皇家空军的空袭行动帮助英军镇压了起义。[52]但英国-伊拉克政权从未能完全控制这个库尔德地区。1924—1925年和1930—1932年又发生了叛乱，每一次都不仅需要轰炸袭击，还需要出动地面部队。[53]

与此同时，住在幼发拉底河下游地区的人民也开始反抗伊拉克

---

① 即侯赛因·伊本·阿里。——译者注

当局的统治。这是一片由沼泽、灌溉田地和运河组成的低洼地，地面部队和车辆很难渗透进这一地区。当地人民拒绝纳税，也不肯交出他们的武器。作为对其能力的检验，皇家空军被派到这里执行控 319
制任务，空军指挥官博顿（A. E. Borton）上校报告说：“参与袭击的 8 架飞机在部落人营地的不同地点同时发起攻击。牲畜惊慌之下互相踩踏，部落的人陷入混乱。许多人跑到了湖边，成了机关枪的最佳猎物。”[54]

连丘吉尔都被这一结果惊呆了。在一封给高级专员珀西·考克斯（Percy Cox）爵士的电报中，他写道：“空中行动是平息动乱或维持秩序的合法手段，但在任何情况下都不应被用来支持诸如收税之类的纯粹行政行为。”考克斯回应说，轰炸是用来对付“蓄意藐视国家政府的行为”，其结果是“人们的行为普遍改善，交通要道上的抢劫案件明显减少了”[55]。

类似的事件又发生在 1923 年 2 月，当局试图从伊拉克南部一个贫穷的部落收税，而此部落的田地却因一条运河的开通而失去了灌溉水源。11 月，当部落首领无法缴纳税款时，当局派来了皇家空军实施轰炸。轰炸没能带来税款，却造成了当地的起义。两周的轰炸造成 144 人死亡，多人受伤。1924 年 2 月，更多的轰炸导致包括妇女和儿童在内的 100 人以及大量牲畜死亡。最后，部落首领同意以每年 60%的利息从放债人那里借来款项来支付税收。然而，人们选择了逃离他们的村庄，而不是放下他们的步枪。英国皇家空军的一名情报官员承认：“最近暴乱的主要原因是对税收要求的日益不满。部落的贫穷和缺乏能力让他们根本交不上税款。无论通过合法还是非法的途径，他们几乎都没有钱了。”[56]

用炸弹来强制征税成了英国媒体的热议话题，几家报纸还发起了一场名为“退出美索不达米亚”的运动。议会也就这一问题进行了讨论，一家媒体报道说，外交大臣、前印度总督寇松勋爵“本人也很关心这一问题，我收集到的消息表明，当勋爵被议会召唤来解释征
320 税失败的原因时，他对于因轰炸那些不缴税款的人而导致最终无人可征税的局面非常不满”。尽管有了这些坏名声，皇家空军依然继续在保守党和工党政府的领导下对伊拉克的逃税者进行惩罚。[57]

1932 年，英国的托管授权到期，伊拉克成了一个独立国家。英国特别是其制空力量的统治，在 14 年里取得了什么样的成就呢？从英国的角度来看，它实现了两个主要目标：其一，从两个虎视眈眈的竞争对手陆军和海军那里拯救了皇家空军；其二，以最小的代价将伊拉克和伊拉克的石油留在了英国控制范围之内。正如丘吉尔在 1923 年所说的：“过去的每个月，我们的支出和我们遇到的困难都在不断减少。当我们的军队离开时，我们的影响力业已形成。”[58]英国的地面部队从 1921 年的 32 个步兵营逐步减少到 1928 年全部撤出；维持驻军的费用从 1921—1922 年的 2 000 万英镑下降到 1927—1928 年的刚刚超过 125 万英镑。在那之后，只是由英国皇家空军和伊拉克的军队控制着这个国家。[59]根据 1930 年签订的条约，英国在伊拉克独立后保留了两个皇家空军基地。通过这些基地，英国在 1941 年推翻了一个亲轴心国的军事政权，并在冷战期间让伊拉克与西方保持一致。直到 1958 年，英国皇家空军才离开伊拉克。

作为交换，英国的空中力量也帮助了伊拉克政权。1920 年代初，它阻止了复兴的土耳其共和国吞并摩苏尔附近石油资源丰富的地区。它还拯救了费萨尔国王和君主政体，殖民地国务秘书利奥波德·埃默里（Leopold Amery）在 1925 年写道："费萨尔国王的命令能在整个王国有效运行，那完全是英国飞机的功劳。如果飞机明天撤走，那么整个政权就会崩塌。"[60]

制空力量成了行政管理的廉价替代品。它威吓农民缴纳高额税款，却不提供任何政府服务作为交换。这与在印度的情况截然不同。在印度，英国的统治带来了实实在在的利益，并在一个多世纪的时间里赢得了大部分人的默许。而英国在伊拉克的制空力量，则是作为外国占领者使用单纯的暴力来支持着一个外来的王朝。难怪当英国在 1958 年离开时，王室成员及其支持者纷纷被杀，而伊拉 321
克则落入一个更加暴力的军事政权手里。

制空力量的发展远远不仅限于伊拉克。它证实了索马里兰实验性的结果，使人们意识到，军用飞机可以让工业化国家重新拥有那些 19 世纪就已经享有，但随着贫穷国家逐渐掌握陆上先进武器而面临着丧失危险的军事优势。正如英国航空部长塞缪尔·霍尔（Samuel Hoare）在 1925 年所说的，这"有力地证明了，就其有效性和经济性而言，空中力量是在中东适当地区进行管控的关键因素，它为未来的可能性打开了广阔的前景"[61]。就像所有的技术进步一样，航空给了它的从业者一个新的凌驾自然的永久性力量。但对人类社会而言，这种征服力量则是短暂的，展现在霍尔面前的可能性只在未来延伸了一小段时间。

西班牙在里夫

1912 年，法国在摩洛哥建立了一个保护国，并将该国北部的里夫（Rif）地区割让给了西班牙。但西班牙对这片领土主权的主张并没能转化为有效的占领。这一地区多山，有许多峡谷和山洞，当地居民有着悠久的历史，早在古罗马时期就已有内部的斗争以及反抗入侵者的行动。几个世纪以来，西班牙人在这片土地上进行了多次战役，收获却只有两个很小的沿海飞地：从 1497 年开始占有的梅利利亚（Melilla）和自 1580 年起占有的休达。1912 年以后，法国人在摩洛哥镇压军事反对派方面遇到了一些困难，而西班牙人面临的困难则艰巨得多：山地地形和当地居民是一方面，西班牙军队的孱弱则是另一方面。

在 1913—1914 年断断续续的战斗中，西班牙军队只推进到了紧挨着休达南边的得土安、大西洋沿岸的拉腊什以及相邻内陆的凯比尔堡。为了配合这次行动，西班牙人修建了三条飞机跑道，并从法国和奥地利制造商那里购买了几架小型飞机。第一次世界大战期间，西班牙人以步枪、大炮、弹药补给贿赂了如穆莱·艾哈迈德·埃尔·赖苏尼（Muley Ahmed el Raisuni）等里夫部落首领，这块
322 区域在他们的控制下也一直很平静。1919 年 9 月，西班牙政府决定用两到三年的时间取得里夫的控制权[62]，他们极力扩充陆上和海上的军事力量，从法国和英国购买了一些二手飞机，如“德哈维兰”

DH-4 战斗轰炸机和 DH-9 重型轰炸机、“布里斯托尔”F-2B 战斗机、“布雷盖-14”（Breguet-14）轰炸机和法尔曼 F-60“巨人”（Goliath）双引擎运输机等。[63]

1921 年 7 月，1.2 万人的西班牙军队在西尔韦斯特（Manuel Fernández Silvestre）将军的率领下从得土安向南进发。在阿努瓦勒（Anual）村，他们被穆罕默德·阿卜杜勒·克里姆（Mohammed Abdel Krim）领导的 8 000～10 000 名里夫战士包围和袭击，克里姆是一名部落显要和商人出身的军事领袖。西班牙人的撤退演变成一场溃败，包括西尔韦斯特和他的军官在内的 10 000 名西班牙士兵被杀，其余大部分被俘虏。根据西班牙官方数据，里夫军队还缴获了 29 504 支步枪、392 挺机关枪和 129 门大炮。[64]阿努瓦勒战役之后，整个里夫地区的西班牙军队都撤退到了他们的沿海飞地。这是自 1896 年意大利在阿杜瓦以来，欧洲军队遭遇的最惨重失败。

为了给这场灾难性的失败复仇，西班牙的独裁者米格尔·普里莫·德里维拉（Miguel Primo de Rivera）在 1923—1924 年卷土重来，派遣 15 万人规模的军队前往里夫，不过都驻扎在有防御工事的飞地里。这些西班牙军队并没有受过殖民地战争的训练，他们主要是在国内镇压起义，同时为不断膨胀的军官团体提供就业机会。[65]在西班牙，参军是一个很不受欢迎的职业，去摩洛哥服役就更不受欢迎了。新兵训练不足，装备较差，收入也很低，大多数官员都不称职。西班牙的军事首脑们无法依赖他们去打殖民战争，只能在摩洛哥当地招募士兵。然而，与英国人雇佣的廓尔喀人及其他殖民地士兵不同的是，这些当地人的忠诚度都十分可疑，很多人带着步枪逃跑了。[66]

为了给孱弱的陆军补充兵力，西班牙与在伊拉克的英军一样也
323 开始启用空中力量。除了英国制造的“德哈维兰”“布里斯托尔”之外，他们还购买了法国的“布雷盖”、荷兰的“福克”等型号的飞机，以及德国道尼尔和意大利萨沃亚制造的飞艇。这些飞机每 24 架组成一个中队，在梅利利亚配置了三个中队，在拉腊什和得土安则分别配置了两个中队。[67]

西班牙空军与英国空军有一点明显的区别，那就是毒气的使用。早在 1919 年 8 月，国王阿方索十三世就曾为了获取战争物资而派遣特使前往德国。1922 年，西班牙军队从法国武器制造商施奈德手中购买了催泪弹和呕吐性毒气。[68]在阿努瓦勒惨败一个月后，西班牙政府开始与德国国防军秘密接触，和德国化学制造商胡戈·斯托尔岑贝里（Hugo Stoltzenberg）签订了在西班牙制造化学武器的合同。在访问马德里之后，斯托尔岑贝里得出结论：由于芥子气能渗透进农作物和水源，因此很适合在里夫山区使用。[69]到 1923 年，西班牙将德国和马德里附近工厂生产的毒气弹运往梅利利亚，之后不久，西班牙的飞机开始在集市日对里夫的城镇投掷芥子气炸弹。他们还对牲畜实施轰炸，尤其是在收获季节，用燃烧弹焚烧农作物。1924 年 5 月至 9 月，他们投掷的炸弹总数达到 24 104 枚。在 1925 年 5 月的 25 天时间里，仅仅在安杰拉镇一地就投下了 3 000 枚芥子气炸弹、8 000 枚 150 公斤的 TNT 炸弹和 2 000 枚燃烧弹。[70]轰炸造成了很多平民伤亡，给他们带来极大的痛苦，却更激起了克里姆军队的反抗，他们只是不再在白天进入城镇。[71]两名被派去研究西班

牙毒气战的德国军官乌尔里希·格劳尔特（Ulrich Grauert）上尉和汉斯·耶顺内克（Hans Jeschonnek）中尉对此也不以为然，他们认为："用德国的标准来衡量，这里的投放完全没有章法。"[72]

到 1925 年年中，轰炸行动很明显没能使克里姆屈服。相反，他的追随者们已经学会了保持机动、挖掘掩体，以及在障碍物后躲避轰炸。他们还从国际军火商以及被他们杀死或俘虏的西班牙士兵
那里获得了大量先进的武器。根据西班牙的统计数字，他们有将近 324
7 万支步枪、200 挺机关枪、100 多门大炮，还有 20 名德国人和一名俄国炮兵上校为他们充当枪手和教练。在阿努瓦勒截获的一门大炮甚至击中并毁坏了西班牙巡洋舰"加泰罗尼亚号"。[73]

在明显不占优势的情况下，西班牙政府向法国寻求帮助。1925 年 4 月，过度自信的克里姆攻击了里夫与摩洛哥法控区边界的法国哨所。1925 年 7 月，德里维拉和法国驻摩洛哥总督路易·利奥泰（Louis Lyautey）决定对克里姆军队展开联合行动。[74]法国军队的指挥官、一战英雄贝当（Henri Pétain）元帅写道："残酷的事实是，我们遭到了自殖民行动以来最强大、武装最完备的敌人的袭击。"[75] 9 月，1.2 万名西班牙士兵在战列舰、驱逐舰和 100 架飞机的支援下从梅利利亚和休达之间的胡塞马湾登陆。[76]当时法国在摩洛哥还有 160 架飞机，其中包括能携带 120 公斤炸弹的"布雷盖-14s"和能携带 480 公斤炸弹的法尔曼"巨人"。这些飞机（其中包括一个美国志愿者中队）开始对里夫的城镇进行密集轰炸。同时，它们还担任着驰援孤立的驻军、疏散伤员、拍摄航拍照片等任务。[77]到 1926 年初，克里姆的 2 万名士兵已经耗尽了他们的弹药和部分武器装

备；而与他们相对阵的，是 32.5 万名法国士兵和 14 万名西班牙士兵，以及 18 个飞行中队。在经历了这场当时规模最大、最复杂的殖民抵抗运动之后，克里姆于 1926 年 5 月向法国投降。[78]

意大利在非洲

如果说曾经辉煌的西班牙帝国已经沦落到为了争夺一小块非洲地区而进行一场杂乱无章的战役，那么与之相比，意大利则有着更
325 大的野心，尤其是在墨索里尼成为独裁者并承诺复兴罗马帝国之后。从一个并不夸张的层面上说，对很多意大利人而言，为 1896 年雪耻，建立一个即使不能比肩英法至少也能与比利时或荷兰相当的殖民帝国，是一件关乎自豪感的事。

与里夫一样，在第一次世界大战期间，当意大利军队在北方与奥地利作战时，利比亚保持了相对的平静。到 1920 年代，利比亚沿海地区的意大利人时常要面对内陆沙漠中塞努西（Senussi）教团的起义。在 1923—1924 年和 1927—1931 年的战役中，意大利政府派出了坦克、大炮、装甲车和近 100 架飞机前往利比亚。飞机轰炸了部落营地和牲畜群，还使用了光气和芥子气，杀死了当地四分之三的游牧族群。[79]军事史学家詹姆斯·科勒姆（James Corum）和雷·约翰逊（Wray Johnson）称这是“现代殖民史上最残酷的军事行动之一”[80]。

更糟糕的情况发生在埃塞俄比亚这个多年前让意大利蒙羞的地方。为了准备入侵该国，墨索里尼向厄立特里亚和意控索马里地区

派遣了 65 万人和 2 000 万吨物资。入侵开始于 1935 年 10 月 3 日，在迅速向阿杜瓦挺进后，意大利人被意想不到的抵抗阻滞了两个月。与里夫的西班牙军队一样，在非洲的意大利军队无论训练还是装备也都很差。

墨索里尼随后任命巴多格里奥（Pietro Badoglio）元帅担任指挥。巴多格里奥主张使用空中力量轰炸埃塞俄比亚。在入侵前，他曾写信给墨索里尼：

> 我们向阿杜瓦的挺进必须以轰炸从边境到亚的斯亚贝巴的所有埃塞俄比亚中心城镇为先导，必须用炸药和燃烧弹摧毁地面上的一切，让恐惧蔓延至这个国家的每一个角落。我对这次行动寄予厚望，敌人虽然在最近几个月设法获得了几架飞机，但仍然无法形成任何有效的抵抗。我在此重申：有飞机的帮助，我们完全可以粉碎埃塞俄比亚的抵抗。[81]

墨索里尼的儿子布鲁诺是一名飞行员，他在战争打响后写道： 326

> 我们对树木繁茂的山丘、田野和小村庄放火……这是最有趣的。……炸弹在将将触地爆炸时腾起白色的烟雾，巨大的火焰吞噬着干燥的草地。我想到了动物们：上帝啊，它们该如何奔跑。……炸弹架清空之后，我开始用手投掷炸弹……这最让人开心了。……约 5 000 名阿比西尼亚人被大火围在中间，走到了生命尽头。这里就像地狱。[82]

墨索里尼明确指示他的部队使用毒气，这违反了 1928 年意大利签署的《白里安-凯洛格公约》。1935 年底，意大利空军设计了一种新的毒气战方法，即利用飞机进行大面积喷洒。1936 年 3 月 29 日，墨索里尼致电巴多格里奥：“鉴于目前敌人的作战方法，我重新授权以任何需要的规模使用任何种类的毒气。”[83]这一次他们使用的是芥子气，别名伊普瑞特（Yprite），因一战中声名狼藉的伊普尔（Ypres）战役而得名。这种毒气对动物、植物以及人类而言都是致命的，迫使埃塞俄比亚军队节节败退。在国际联盟面前，埃塞俄比亚皇帝海尔·塞拉西（Haile Selassie）这样描述了意大利的战争方法：

> 在这场战争中，意大利政府针对的不仅仅是战斗人员。他们把攻击主要集中在远离战场的人们身上，目的是恐吓和消灭他们。
>
> 意大利人在飞机上安装了芥子气的汽化器，这样就可以大范围地扩散这种致命的毒气。从 1936 年 1 月底开始，士兵、妇女、儿童、牛、河流、湖泊和田地都被这场不停歇的死亡之雨笼罩。带着摧毁所有生物并确保以此破坏所有水路和草场的意图，意大利的指挥官命令他们的飞机不停地来回盘旋。这就是他们最重要的作战方法。这种可怕的策略取得了成功。人类
> 327 和动物均被摧毁，所有被雨淋过的人都在痛苦中尖叫着，所有那些喝了有毒的水、吃了被污染食物的人都被这种无法忍受的酷刑压垮了。[84]

到 1936 年春，在厄立特里亚和索马里的 450 架飞机，包括“卡普廖尼”（Caprioni）轰炸机和“福克”侦察机，都参与了这次空中恐怖行动。[85]但是，直到 1936 年 5 月 5 日意大利军队进入亚的斯亚贝巴后，偏远地区的抵抗仍在持续。而意大利的反应则是典型的暴

力，墨索里尼在致电巴多格里奥的继任者格拉齐亚尼（Graziani）将军时命令道："我再次授权阁下系统地开展一项反恐政策，消灭那些叛军和支持他们的人。没有十倍的反击行动，这场祸害将不会在合理的时间内被消灭。我等候你的确认。"[86]

小　结

在两次世界大战之间的时期，战胜国不断吞食德国和奥斯曼帝国的控制区以及独立的埃塞俄比亚，以扩张自己的殖民帝国，从而达到了新帝国主义扩张的高潮。不过其代价也是急剧上升的，抵抗运动不仅受到现代民族主义思想的启发，而且组织更加严密合理，一战遗留下来的现代步兵武器也使镇压它们变得更加困难和昂贵。面对反殖民主义的抵抗运动，殖民主义者转而求助于当时他们独有的新武器系统——战斗机，以及附带的机关枪、炸弹和毒气。在整个 1920 年代和 1930 年代，飞机维系着殖民梦想，以最小的代价控制着庞大的帝国。

在军事航空技术不断发展的同时，抵抗者也在提升免遭空袭和保卫自己的能力。在索马里兰，英国人出其不意地击败了赛义德·穆罕默德。在伊拉克，村民们很容易被吓倒，因为他们无处可藏、没有组织，也没有形成具有凝聚力的抵抗运动。然而，从里夫战争 328
起，起义活动开始有组织地开展起来，他们还学会了在夜间行动，在山洞或森林里躲避空袭。

里夫、利比亚和埃塞俄比亚的战争表明，镇压殖民地的抵抗运动仍然是可能的，但代价也在急剧上升。击败阿卜杜勒·克里姆需要数百架飞机和50万来自两个国家的士兵。墨索里尼征服埃塞俄比亚赶上了拿破仑进军俄国的军事规模。战争期间，不仅金钱、人力和物资的成本急剧上升，作战方的残暴程度也是如此。英国人使用了“恐怖政策”（Frightfulness）这个词，并就使用毒气问题进行了争论，但最终出于道义和战术上的原因，他们退缩了。西班牙人使用了毒气，但效果不佳。最先在战争中使用飞机的意大利人这次也在战争中第一个充分发挥了毒气的效用，屠杀了大量手无寸铁的埃塞俄比亚人，也毒害了他们的牲畜和田地。1936年，欧洲帝国主义或许迎来了它的顶峰（或者说也是最艰难的时刻），但轻松和廉价的殖民时光也结束了。

航空技术因发明家的热情、企业家的大胆、公众对更快更舒适交通工具的需求以及1930年代国际政治的竞争驱动而迅速发展。飞机变得更大、更坚固、更快，战斗机则携带了更致命的武器。在殖民列强和他们所遇到的抵抗运动之间的军备竞赛中，殖民军队的胜利似乎是明显的，这也是伊拉克和埃塞俄比亚的教训。然而，就像所有军备竞赛一样，这只是暂时的优势。在世界大战时期，军事航空的需求所创造的武器适用于势均力敌的双方之间的冲突，而不是为了镇压殖民叛乱和抵抗运动。战斗机飞行员和战略家们醉心于追求以速度和火力为标准的技术进步，他们想当然地认为，更先进的战机将会转化为相对于叛乱分子和抵抗运动更大的优势。但正如后来的事实所证明的那样，这种技术上的狂妄自大是一种灾难性的错觉。

注 释

1 Henri-Nicolas Frey, *L'aviation aux armées et aux colonies et autres questions militaires actuelles* (Paris: Berger-Levrault, 1911), pp. 85 - 86. 有趣的是，弗雷在这里使用了“所谓‘劣等’种族”（“the so-called ‘inferior’ races”）而不是直接说“劣等种族”，可能是因为这些人拥有速射步枪，让他对他们更加尊重。

2 关于莱特兄弟，可参阅：Tom Crouch, *The Bishop's Boys: A Life of Wilbur and Orville Wright* (New York: Norton, 1989); Crouch, *First Flight: The Wright Brothers and the Invention of the Airplane* (Washington, D. C.: Department of the Interior, 2002). 这些传记侧重于他们的实验。Peter L. Jakab, *Visions of a Flying Machine: The Wright Brothers and the Process of Invention* (Washington, D. C.: Smithsonian Institution Press, 1990). 此书强调了技术方面。

3 John H. Morrow, Jr., *The Great War in the Air* (Washington, D. C.: Smithsonian Institution Press, 1993), pp. 35 - 47; Hilary St. George Saunders, *Per Ardua: The Rise of British Air Power, 1911—1939* (London: Oxford University Press, 1945), p. 29.

4 Robin Higham, *100 Years of Air Power and Aviation* (College Station: Texas A&M University Press, 2003), p. 37.

5 David E. Omissi, *Air Power and Colonial Control: The Royal Air Force, 1919—1939* (Manchester: Manchester University Press, 1990), p. 5.

6 Omissi, *Air Power*, p. 6.

7 Angelo del Boca, *Italiani in Libia*, 2 vols. (Rome: Laterza, 1986—1988), vol. 1, p. 108; Luigi Túccari, *I governi militari della Libia, 1911—*

1919, 2 vols. (Rome: Stato Maggiore dell'Esercito, 1994), vol. 1, p. 72; John Wright, "Aeroplanes and Airships in Libya, 1911—1912," *Maghreb Review* 3, no. 10 (November-December 1978), pp. 20 - 21.

8 Wright, "Aeroplanes and Airships in Libya," p. 21.

9 Francis McCullagh, *Italy's War for the Desert, Being Some Experiences of a War-Correspondent with the Italians in Tripoli* (London: Herbert and Daniel, 1912), pp. 122 - 123.

10 Giulio Douhet, *Il dominio dell'aria: Saggio sull'arte della guerra aerea* (Rome: Amministrazione della Guerra, 1921).

11 Roger G. Miller, *A Preliminary to War: The 1st Aero Squadron and the Mexican Punitive Expedition of 1916* (Washington, D. C.: Air Force History and Museums Program, 2003), pp. 1 - 2; Herbert M. Mason, *The Great Pursuit* (New York: Random House, 1970), pp. 104 - 108; John D. Eisenhower, *Intervention! The United States Involvement in the Mexican Revolution, 1913—1917* (New York: Norton, 1993), p. 239.

12 Miller, *Preliminary to War*, pp. 20 - 22; Mason, *The Great Pursuit*, pp. 109 - 110; Eisenhower, *Intervention*, pp. 255 - 256.

13 Eisenhower, *Intervention*, p. 256; Mason, *The Great Pursuit*, pp. 108 - 118, 221 - 22; Miller, *Preliminary to War*, pp. 10 - 11, 41 - 51.

14 James S. Corum and Wray R. Johnson, *Airpower in Small Wars: Fighting Insurgents and Terrorists* (Lawrence: University of Kansas Press, 2003), p. 20.

15 Omissi, *Air Power*, pp. 101 - 103.

16 David Killingray, "'A Swift Agent of Government': Air Power in British Colonial Africa, 1916—1939," *Journal of African History* 25, no. 4

(1984), pp. 429 - 435; Douglas Jardine, *The Mad Mullah of Somaliland* (London: H. Jenkins, 1923), pp. 263 - 278.

17　Anthony Towle, *Pilots and Rebels: The Use of Aircraft in Unconventional Warfare, 1918—1988* (London: Brassey's, 1989), pp. 27 - 34; Killingray, " 'A Swift Agent of Government,' " pp. 430 - 439; Corum and Johnson, *Airpower in Small Wars*, pp. 77 - 83.

18　关于河上的战争，可参阅：Bryan Perrett, *Gunboat! Small Ships at War* (London: Cassell, 2000), pp. 143 - 156.

19　Jafna L. Cox, "A Splendid Training Ground: The Importance of the Royal Air Force in Its Role in Iraq, 1919—1932," *Journal of Imperial and Commonwealth History* 13 (1984), p. 157.

20　Peter Sluglett, *Britain in Iraq, 1914—1932* (London: Ithaca Press, 1976), p. 262.

21　Mark Jacobsen, " 'Only by the Sword': British Counter-Insurgency in Iraq, 1920," *Small Wars and Insurgencies* 2, no. 2 (August 1991), p. 327.

22　Charles Townshend, *Britain's Civil Wars: Counterinsurgency in the Twentieth Century* (Boston: Faber and Faber, 1986), p. 94.

23　Charles Tripp, *A History of Iraq* (Cambridge: Cambridge University Press, 2000), pp. 41 - 44; Toby Dodge, *Inventing Iraq: The Failure of Nation-Building and a History Denied* (New York: Columbia University Press, 2003), p. 135; Robert Stacey, "Imperial Delusions: Cheap and Easy Peace in Mandatory Iraq," *World History Bulletin* 21, no. 1 (Spring 2005), pp. 27 - 28; Jacobsen, " 'Only by the Sword,' " pp. 351 - 352; Sluglett, *Britain in Iraq*, p. 41; Omissi, *Air Power*, pp. 22 - 24; Cox, "A Splendid Training Ground," pp. 160 - 161; Townshend, *Britain's Civil Wars*, p. 95; Corum and Johnson, *Airpower in Small Wars*, pp. 55 - 56.

24 Cox, "A Splendid Training Ground," p. 159.

25 Priya Satia, "The Defense of Inhumanity: Air Control and the British Idea of Arabia," *American Historical Review* 111, no. 1 (February 2006), p. 26.

26 Townshend, *Britain's Civil Wars*, p. 146.

27 Stacey, "Imperial Delusions," p. 28; Omissi, *Air Power*, pp. 16 - 22; Cox, "A Splendid Training Ground," pp. 157 - 160.

28 关于这一时期皇家空军的权术策略，可参阅：Barry D. Power, *Strategy without Slide Rule: British Air Strategy, 1914—1939* (London: Croom Helm, 1976), chapter 6.

29 Omissi, *Air Power*, p. 25.

30 Christopher Catherwood, *Churchill's Folly: How Winston Churchill Created Modern Iraq* (New York: Carroll and Graf, 2004), pp. 133 - 134.

31 Dodge, *Inventing Iraq*, pp. 135 - 136; Sluglett, *Britain in Iraq*, pp. 259 - 263.

32 Martin Gilbert, *Winston S. Churchill*, 4 vols. (London: Heineman, 1975), vol. 4, p. 803.

33 Omissi, *Air Power*, p. 31; Satia, "The Defense of Inhumanity," p. 32.

34 Towle, *Pilots and Rebels*, pp. 55, 18 - 19, 244. 关于1920年代早期的飞机、飞行员和沙漠地区的巡逻，可参阅：Lieut. Gen. John B. Glubb's memoir, *War in the Desert: An RAF Frontier Campaign* (London: Hoddet and Stoughton, 1969).

35 Gilbert, *Churchill*, vol. 4, p. 494.

36 Townshend, *Britain's Civil Wars*, pp. 147 - 148.

37 Gilbert, *Churchill*, vol. 4, p. 810.

38　Killingray, "'A Swift Agent of Government,'" p. 432n15.

39　Omissi, *Air Power*, p. 160; Townshend, *Britain's Civil Wars*, pp. 147 - 148.

40　美国空军中校戴维·J. 迪安（David J. Dean）以非常不同的方式描述了英国的制空理论：作为一个综合系统，地面上的英国政府官员可以通过无线电联系皇家空军，由后者以机载扬声器向顽固的部落发出明确的警告，然后进行精确轰炸，以最小的暴力达到政治目标。但这个美好的设想很少应用于实际情况。David J. Dean, *The Air Force Role in Low Intensity Conflict* (Mobile, Ala.: Air University Press, 1986), pp. 24 - 25; Dean, "Air Power in Small Wars: The British Air Control Experience," *Air University Review*, July-August 1983, http://www.airpower.maxwell.af.mil/airchronicles/aureview/1983/julaug/dean.html (accessed January 28, 2009).

41　Satia, "The Defense of Inhumanity," p. 38.

42　Corum and Johnson, *Airpower in Small Wars*, p. 82.

43　Killingray, "'A Swift Agent of Government,'" pp. 437 - 438.

44　Satia, "The Defense of Inhumanity," p. 37.

45　Corum and Johnson, *Airpower in Small Wars*, p. 58.

46　Satia, "The Defense of Inhumanity," p. 35; Townshend, *Britain's Civil Wars*, p. 97.

47　Thomas R. Mockaitis, *British Counter-Insurgency, 1919—1960* (London: Macmillan, 1990), p. 29.

48　Towle, *Pilots and Rebels*, p. 20.

49　Townshend, *Britain's Civil Wars*, pp. 148 - 149; Mockaitis, *British Counter-Insurgency*, pp. 29 - 30.

50　Sluglett, *Britain in Iraq*, p. 265.

51 Tripp, *History of Iraq*, pp. 31 – 33, 45 – 47.

52 Cox, "A Splendid Training Ground," pp. 168 – 169; Sluglett, *Britain in Iraq*, pp. 81 – 86, 117 – 122; Omissi, *Air Power*, pp. 27 – 32; Dodge, *Inventing Iraq*, p. 137; Jacobsen, " 'Only by the Sword,' " p. 358.

53 Cox, "A Splendid Training Ground," p. 170; Omissi, *Air Power*, pp. 30 – 35; Corum and Johnson, *Airpower in Small Wars*, p. 61.

54 Cox, "A Splendid Training Ground," p. 171.

55 Gilbert, *Churchill*, vol. 4, pp. 796 – 797; Sluglett, *Britain in Iraq*, p. 264.

56 Sluglett, *Britain in Iraq*, p. 267; Dodge, *Inventing Iraq*, pp. 153 – 155.

57 Sluglett, *Britain in Iraq*, p. 264; Cox, "A Splendid Training Ground," pp. 171 – 173.

58 Stacey, "Imperial Delusions," p. 29.

59 Brian Bond, *British Military Policy between the Two World Wars* (Oxford: Clarendon Press, 1980), p. 16; Cox, "A Splendid Training Ground," p. 175; Sluglett, *Britain in Iraq*, p. 127. 1930 年以后，由大量曾在奥斯曼军队中服过役的逊尼派军官领导的伊拉克军队，取代了与英国关系太过密切的伊拉克雇佣兵团。

60 Sluglett, *Britain in Iraq*, p. 91.

61 Omissi, *Air Power*, p. 35.

62 Sebastian Balfour, *Deadly Embrace: Morocco and the Road to the Spanish Civil War* (New York: Oxford University Press, 2002), p. 52 – 55.

63 José Warleta Carrillo, "Los comienzos bélicos de la aviación española," *Revue internationale d'histoire militaire* 56 (1984), pp. 239 – 262.

64 Shannon Fleming, *Primo de Rivera and Abd-el-Krim: The Struggle*

in Spanish Morocco, 1923—1927 (New York: Garland, 1991), pp. 65 - 70; David S. Woolman, *Rebels in the Rif: Abd el Krim and the Rif Rebellion* (Stanford: Stanford University Press, 1968), p. 82; Balfour, *Deadly Embrace*, pp. 64 - 75.

65　Daniel R. Headrick, *Ejército y política en España (1866—1898)* (Madrid: Editorial Tecnos, 1981).

66　Balfour, *Deadly Embrace*, pp. 56 - 57.

67　Corum and Johnson, *Airpower in Small Wars*, pp. 71 - 72; Balfour, *Deadly Embrace*, p. 149.

68　Rudibert Kunz and Rolf-Dieter Müller, *Giftgas gegen Abd el Krim: Deutschland, Spanien und der Gaskrieg in Spanish-Marokko, 1922—1927* (Freiburg-im-Breisgau: Verlag Rombach, 1990), pp. 58 - 59.

69　同前引，pp. 74 - 90.

70　Balfour, *Deadly Embrace*, pp. 141 - 143; Fleming, *Primo de Rivera and Abd-el-Krim*, pp. 141 - 142.

71　Balfour, *Deadly Embrace*, pp. 124 - 156.

72　Kunz and Müller, *Giftgas gegen Abd el Krim*, p. 135.

73　Général A. Niessel, "Le rôle militaire de l'aviation au Maroc," *Revue de Paris* 33 (February 1926), p. 509; Fleming, *Primo de Rivera and Abd-el-Krim*, pp. 136, 224 - 226; Corum and Johnson, *Airpower in Small Wars*, pp. 69 - 70.

74　Fleming, *Primo de Rivera and Abd-el-Krim*, pp. 229 - 240.

75　Woolman, *Rebels in the Rif*, p. 194.

76　同前引，pp. 190 - 192; Fleming, *Primo de Rivera and Abd-el-Krim*, pp. 285 - 299.

77 Walter B. Harris, *France, Spain and the Rif* (London: E. Arnold, 1927), pp. 300 - 301; Woolman, *Rebels in the Rif*, pp. 202 - 203; Corum and Johnson, *Airpower in Small Wars*, pp. 75 - 76; Niessel, "Le rôle militaire de l'aviation au Maroc," p. 523.

78 Woolman, *Rebels in the Rif*, pp. 196, 204 - 205; Corum and Johnson, *Airpower in Small Wars*, pp. 72 - 77.

79 Eric Salerno, *Genocidio in Libia: Le atrocitánacoste dell'avventura colonial italiana, 1911—1931* (Rome: Manifestolibri, 2005), p. 64; Balfour, *Deadly Embrace*, p. 128.

80 Corum and Johnson, *Airpower in Small Wars*, p. 81.

81 Giorgio Rochat, *Guerre italiane in Libia e in Etiopia: Studi militari, 1921—1939* (Treviso: Pagus, 1991), p. 124.

82 Sven Lindqvist, *A History of Bombing*, trans. Linda Haverty Rugg (New York: New Press, 2001), p. 70.

83 Angelo del Boca et al., *I gas di Mussolini: Il fascismo e la guerra d'Etiopia* (Rome: Riuniti, 1996), p. 152.

84 Lindqvist, *A History of Bombing*, p. 70; Rochat, *Guerre italiane*, pp. 143 - 176.

85 Dennis Mack Smith, *Mussolini's Roman Empire* (New York: Viking, 1976), pp. 67 - 73; Angelo del Boca, *The Ethiopian War, 1935—1941*, trans. P. D. Cummins (Chicago: University of Chicago Press, 1969), pp. 54 - 78; Ferdinando Pedriali, "Le arme chimiche in Africa Orientale: Storia, tecnica, obiettivi, efficacia," in Angelo del Boca et al., *I gas di Mussolini: Il fascismo e la guerra d'Etiopia* (Rome: Riuniti, 1996), pp. 89 - 104; Rochat, *Guerre italiane*, pp. 124 - 129.

86 Del Boca, *I gas di Mussolini*, p. 162.

第九章　制空时代的衰落（1946—2007）

第二次世界大战带来了军事航空领域的重大飞跃。战争快结束 334
时，喷气式飞机已经出现，巨型轰炸机编队也足以炸毁整座城市。二战结束后，美苏争霸更是加速了军事航空的发展。在莱特兄弟第一次飞行后不到半个世纪的时间里，这些超级大国的飞机已经能够飞得比音速还快，还可以发射出能毁灭整个地球的炸弹。

与此同时，战争也彻底改变了强权大国与经济落后的弱势政权之间的关系。从二战刚结束到现在，整个世界经历了一系列民族主义者和起义运动挑战军事强权力量甚至最强大国家的战争。于是出现了这样一对矛盾：战后世界里，在凌驾于自然之上的力量越来越强大的同时，凌驾于人类社会的力量却在不断萎缩，但那些大国政权仍在继续寻求通过技术进步来避免他们的失败。

直到最近，军事航空史学家们仍在强调技术变化与大国之间的竞争关系。在他们的著作中，占据中心舞台的飞机自然是最先进、最强大的，对空战的描述也集中在不列颠之战、珍珠港、中途岛以及对德国和日本轰炸等几个主要战役上。[1]同时，描述“小型战争”的经典著作又普遍忽视了飞机的作用。[2]直到最近，受到越南战争中美国溃败的启发，历史学家们才开始关注这个重要的议题。[3]

本章的目的就是要来探讨为什么在空中力量持续增强的同时，
335 强权大国将它们的意志强加于弱者的能力却在不断下降。让我们来考虑几个最著名的例子：法国在中南半岛和阿尔及利亚、美国在越南以及美国在伊拉克。

法国在中南半岛

日本在第二次世界大战期间占领了法属中南半岛。1945 年 9 月 2 日，当日本投降时，越南民族主义者胡志明宣布国家独立。[4]几周后，为了将中南半岛继续留在法兰西联邦里，法国派遣军队试图重新占领越南。经过漫长而又徒劳的谈判之后，法国和胡志明的追随者们（越盟）之间爆发了一场全面战争。法国人很快控制了城市，而越盟则控制了乡村，尤其是在夜间。

无论是对传统地面部队还是对空中控制力量而言，越南的环境都不算友好；而越盟的人员则随时可以融入农民当中。越南领土有一半是覆盖着茂密雨林的山区，其余大部分则是稻田或森林。从 5 月到 9 月，季风带来的大雨让飞行和驾车都变得非常困难。总之，越南是开展伏击及其他游击战术的理想之地。

当越盟采取游击战术时，法国仍固守着欧洲军队传统的战术和装备，因为当时法国面临的最大威胁是苏联，而非殖民战争。由于在政治上不可能允许派遣正规部队去重新占领一个遥远的殖民地，法国只派遣了由 15 万志愿者和外国军团组成的部队前往中南半岛，因此，飞机成了他们不得不依靠的力量。[5]然而，刚刚从二战中恢复过来的法国几乎没有多余的飞机，它的空军编队里包括从其他国家继承来的各式各样的飞机：英国的“喷火”和“蚊子”战斗机、C-47“达科他”运输机（在美国被称为 DC-3）、德国的 Ju-52/3 三引擎轰炸机（有一些是在法国组装的），以及日本爱知“Val”俯冲轰炸 336
机。这些飞机多数都不是为游击战而设计的，而且都已经破旧不堪，在中南半岛炎热潮湿的气候中，需要进行持续的维护。[6]

对于复兴欧洲殖民帝国，美国的态度是矛盾的，因此它拒绝为法国提供更新式的飞机。不过，1950 年 6 月朝鲜战争的爆发，瞬间将法国在中南半岛的行动从殖民运动转变成了“反共产主义”运动。美国很快就为法国人提供了格鲁曼 F8F“熊猫”和 F6F“地狱猫”战斗轰炸机、贝尔 P63“眼镜蛇王”战斗机、道格拉斯 B-26“入侵者”（或“掠夺者”）轰炸机、费尔柴尔德 C113“包裹”（或“车厢”）运输机。1952 年，法国还获得了“西科尔斯基”和“希勒”直升机用于运送伤员，以及法国制造、用于侦察的莫拉纳 500“蟋蟀”小型慢速飞机。[7]从那时起，法国已经拥有了足够的飞机，却还缺少能有效使用它们的人员。尽管如此，对越南上空的控制还是在很多方面给法国助益良多：他们可以使用伞兵和运输机代替那些原先必须在有埋伏的公路上行进的卡车车队；战斗打响后，战斗机可以为地面部队提供近距离的空中支援；对被认定藏匿了越共游击队的村庄则直接用汽油弹炸毁。[8]

越盟则想出了各种办法来应对法国的飞机。他们挖掘纵横交错的地道，尽量在夜间或是树丛掩护下行进，使用网眼布或其他伪装，尽可能近距离地接触法军以避免被炮击。与法国不同的是，越南人是为自己的祖国而战，不惜付出巨大的伤亡。在战争中他们不仅变得更为成熟、更有经验，也获得了更多更好的武器装备。1949 年中国共产党打败国民党后，越盟成员更是可以在法国鞭长莫及的中国境内接受训练和武装。1950 年 9 月，越盟占领了沿中国边境的法国哨所，缴获 13 门大炮、125 门迫击炮、940 挺机关枪、1 200 支冲锋枪、8 000 支步枪和 1 300 吨弹药，足以装备一个师。[9]形势开始对法国人不利起来。

337 1953 年 11 月，亨利·纳瓦尔（Henri Navarre）将军决定在越南西北部山区的奠边府建立一个基地，切断从中国到越南的补给线。这个计划完全由空中力量来提供支持。1.1 万名法国士兵携带着重型火炮进入阵地。每天 70 架次的飞机负责运送 170 吨弹药和 32 吨食物到前线，差不多已经达到了法国空中力量的极限。

与此同时，越南人民军总司令武元甲将军发动了 10 万名搬运工，拆装和运输数百门重炮和迫击炮以及数以吨计的弹药，穿过奠边府周围的密林小径。1954 年 3 月围攻开始的时候，越盟的大炮使法国人的机场迅速瘫痪，他们的防空炮迫使运输机只能从 8 500 英尺的高空扔下补给，其中很多就这样落到了越盟的手中。细雨和雾气也使飞行变得异常困难，62 架飞机或被击落，或在着陆时坠毁，或在地面上被摧毁，另外 167 架飞机被破坏。在两个月的围攻之后，武元甲的军队将法国基地剩下的部分全部占领，迫使法国签署停战协议并基本从中南半岛撤出。[10]法国人曾经寄予厚望的空中力量失败了。

法国在阿尔及利亚

1954 年 10 月 31 日夜，在奠边府战败几个月后，又一场针对法国的革命运动在阿尔及利亚的群山中拉开了帷幕。它沿用了二战期间反抗德国统治的法国抵抗力量的名字：民族解放阵线（FLN）。当时的法国政府认为，阿尔及利亚是法国的一部分，而不是像中南半岛那样的殖民地。那里居住着 100 万法国人、意大利人和西班牙人，阿尔及利亚还拥有丰富的石油和天然气资源。受中南半岛战败挫折的刺激，同时也是基于阿尔及利亚对法国经济的重要性，法国
政府决定动用一切手段来镇压叛乱。到 1950 年代中期时，法国能 338
动用的财政和技术手段已经要比几年前在中南半岛多得多了。

首先是法国军队的大规模集结。起义开始时，法国在阿尔及利亚驻军大约有 6 万。到 1956 年底，这个数字已经上升到 40 多万，另外还有 10 万人规模的警察和辅助部队。有了这么多人员，法国

军队就能封锁每一条道路，在每个村庄驻兵，并将大部分农村人口迁移到城镇。他们还使用心理战、诱骗和酷刑等手段获取有关起义军及其计划的情报。[11]

一开始，起义者人数很少，仅仅不到 3 000 人；装备也很差，只有一半人拥有二战遗留下来的过时兵器，其他人则拿着老式步枪和猎枪。他们采用了游击战的战术：伏击、打了就跑的突袭、对与法国政府合作的平民进行报复。1956 年，摩洛哥和突尼斯独立后，情况发生了戏剧性的变化。1957 年民族解放阵线达到巅峰时，在阿尔及利亚拥有 1.5 万名正规军，在突尼斯和摩洛哥还拥有 2.5 万名正规军和 9 万名非全勤的辅助部队。通过阿尔及利亚与邻国之间管理松懈的边境线，民族解放阵线开始从阿拉伯国家和苏联集团那里获得大量的现代武器，摩洛哥提供资金从国际军火商手中购买武器，突尼斯和埃及也将隆美尔非洲军团留下的武器交给民族解放阵线；民族解放阵线还从这些国家和捷克斯洛伐克获得了机关枪、手榴弹、迫击炮、火箭炮、地雷和数以吨计的弹药。

为了阻断武器的流入，法国人用电网和地雷来加固边境线。他们还扣押了几艘满载武器、开往摩洛哥的南斯拉夫船。民族解放阵线试图突破阿尔及利亚与突尼斯之间的边境线，但是没有成功。到 1958 年初，民族解放阵线在争夺乡村的战斗中节节败退，看起来他们似乎快要输掉这场战争了。[12]

法国人的策略之一就是利用制空能力。阿尔及利亚与森林密布的中南半岛不同，这片干燥的土地非常适合飞机飞行。到 1950 年代末，法国经济已经复苏，有能力制造更多飞机，还能从美国购买

补充，特别是300多架北美航空T-6“得克萨斯人”（也称“哈佛”） 339
教练机，虽然价格低廉、速度缓慢，但可以挂载炸弹、火箭、机关枪和凝固汽油弹等装备。他们还购买了双引擎的B-26“入侵者”轰炸机、F6F“地狱猫”和F4U“海盗”战斗轰炸机及其他各种美国制造的飞机。到1957年11月，在阿尔及利亚服役的飞机达到了686架，比以往任何一次殖民战争中使用的都要多得多。由于民族解放阵线没有防空武器，这些飞机可以随心所欲地轰炸村庄。1958年2月，因为怀疑其窝藏叛乱分子，他们甚至轰炸了突尼斯的西迪优素福村，导致至少80名平民死亡、数十人受伤，其中包括多名儿童，引起了国际社会的谴责。[13]

对于游击战而言，就连那些低速飞机都算是超标准的设计。因此，法国人开始使用直升机，从1954年的1架到1957年的82架，再到1960年的400架。其中包括双螺旋桨的H-21“肖尼”（以别名“飞行的香蕉”闻名）、贝尔H-13“苏族”、西科尔斯基H-19“奇克索人”和法国南方飞机公司的“云雀”。直升机在侦察、运输部队、医疗疏散和突袭村庄等方面都非常高效，其中很多都装配了火箭和机关枪等重型武器，由此向世界军火库中增添了一种新的武器：武装直升机。[14]这些直升机在法军的指挥下，一俟起义者出现，立即对村庄或者营地实施轰炸，然后掩护地面部队迅速推进。交火一旦停止，直升机很快就会离开。1958—1960年，空军指挥莫里斯·沙勒（Maurice Challe）将军实施了他的“沙勒计划”，封锁所有的山村并系统性地消灭游击队。他将平民都赶到集中营，让他们忍受着恶劣的环境。在不到一年的时间里，民族解放阵线失去了三分之一的武器和大部分的地区指挥官，沙勒将这一行动的结果描述为“令人印象深刻的军事胜利”[15]。到 1960 年，阿尔及利亚的乡村基本平静了。[16]

随后，战斗转移到了城市。法国士兵尤其是精锐的伞兵，接管了警察的职责，他们突袭房屋，折磨嫌疑人。民族解放阵线则以在公共场所引爆炸弹作为报复，并采取了其他一些恐怖主义的策略。
340 暴力和残忍的镇压——让人想起了纳粹占领的法国——让即便是一开始支持法国的阿尔及利亚人也开始反对法国的统治，法国国内更是因厌恶这场战争而导致了第四共和国的崩溃以及出现内战的极大风险。1962 年，在部分法国军队叛变，不再支持那些顽固的欧洲殖民者之后，戴高乐总统同意了阿尔及利亚的独立。军事行动的胜利却尾随着政治上的失败。

世事变迁，那个英国皇家空军用几架小型双翼飞机就控制了伊拉克、意大利随意在非洲喷洒毒气的时代已经过去了。中南半岛和阿尔及利亚的起义者们就像里夫人一样，学会了在夜幕的掩护下行动，白天则躲藏起来或在城市的掩体里，只留下那些平民暴露在飞机的空袭之下。空袭非但没有让平民因恐惧而投降，反而激起了他们的愤怒，他们纷纷加入起义军，充当新鲜的血液，帮助起义军保卫人民，反抗残暴的外国人。

至于法国从中南半岛和阿尔及利亚的惨痛经历中得到的教训，那就是它由此完全丧失了成为超级大国的实力。对于美国和苏联而言，曾经屈服于希特勒的国防军，后又输掉了殖民战争的法国，已经成了一个次要的力量。而从如此糟糕的表现中我们能够学到些什么呢？尽管有很多专家对法国的战败进行了评论，但很少有人想到去研究越盟和民族解放阵线取得胜利的原因。

美国在越南

历史上很少有一场战争能像越战那样被详细地剖析和争论。世界上最富有、最强大的国家怎么可能被亨利·基辛格所称的“三等共产主义农民国家”和林登·约翰逊形容的“该死的蕞尔小国”击败？[17]为什么世界上最先进的军事技术在一个看起来远比美国贫穷弱小的国家面前一筹莫展？为什么美国那令人敬畏的凌驾自然的力量（能够主宰天空、随心所欲地投掷数千吨炸药、对数千亩森林施放脱叶 341
剂、杀死数十万人）却没有转化成对北越和越共的压倒性力量？

结束法国与越南战争的日内瓦协议只是一项停火协议。北越政府从来没有放弃过如有必要使用武力来实现国家统一的计划。越共游击队一直在南越地区活动，军事政变一次又一次发生，令南越政府在饱受摧残的同时根本不敢举行一次自由选举，因为他们很清楚这将证明自己并不受欢迎。腐败及其他的不公现象越来越严重，就连佛教徒和天主教神职人员都开始反对南越政府。但是，北越和越共是共产主义者，在当时冷战的气氛下，任何共产主义者都会被美国视为敌人，而任何反共政权毫无疑问就是它的盟友。美国卷入这场战争是出于意识形态的原因，而不是出于对越南本身有任何的兴趣。

起初，美国的介入仅限于向南越政府提供螺旋桨驱动的北美

T-28“特洛伊”教练机、道格拉斯 A-1“天袭者”战斗轰炸机和西科尔斯基 H-34 直升机，以及步兵和炮兵部队的武器。为帮助南越政府，美国总统约翰·F. 肯尼迪同意美军向南越军队提供教官和技术人员，从 1961 年底的约 1 000 人增加到两年后的近 1.6 万人。[18]

1964 年 8 月，两艘美国驱逐舰报告，他们在北部湾遭到了北越鱼雷船的袭击。在对危机的热议当中，美国总统林登·约翰逊获得国会通过一项决议，授权美国参加保卫南越的战争。8 个月后，美国开始向越南派遣作战部队。1967 年，美国军队人数迅速上升到 46.3 万人，于 1969 年达到最高峰的 54.1 万人。其中只有少数是作战部队，大部分是支援部队，负责提供补给、守卫基地、维护在高科技战争中所必需的装备。

342 尽管地面部队人数众多，但美军的大部分行动都是在空中进行的。美国和南越政府拥有的飞机达到数千架，比以往任何一个战场上投入的飞机数量都要多。1965 年底时，有 400 架飞机在新山一空军基地起降，使之成为世界上最繁忙的机场之一。这些飞机的型号就像它们的数量一样多到令人眼花缭乱，其中最为引人注目的是 F-4“鬼怪”、A-4“天鹰”、F-101“巫毒”喷气式战斗轰炸机和 A-6“入侵者”舰载机，以及 C-130“大力神”和 C-47（军用版本为 DC-3）作为武装运输机服役，C-123“供应者”运输机则用于喷洒脱叶剂。此外还有直升机：贝尔 UH-1“休伊”运输直升机和它的姐妹型号 AH-1“眼镜蛇”武装直升机以及西科尔斯基 CH-54“空中吊车”重型起重直升机，等等。[19]

在阿尔及利亚的战场上，直升机和低速武装运输机曾经非常有效地保护了车队免遭伏击，运送和支援地面部队执行搜索和摧毁任务，还能迅速地将伤员转移到较远的医院，挽救了很多士兵的生命。当然，它们也很容易受到地面火力的攻击。至 1971 年，美军在北越和越共的防空炮火中累计损失了 4 200 架直升机。[20] 除了一战以来一直使用的传统炸弹外，美军还采用了一些更现代的武器：能穿透皮肉的白磷弹、爆炸时会撒出无数钢钉的菠萝弹以及燃烧起来就无法熄灭的凝固汽油弹。 343

法国对越南战败的原因之一就是，中南半岛上的环境对法军而言十分恶劣，这里几乎没有能供坦克和卡车开行的道路和开阔地，湿地、稻田和陡峭的山峰也大大降低了士兵的移动能力，大片的密林使得飞机根本发现不了敌人。面对这些曾经困扰法国人的问题，美国人决定做出改变。既然茂密的森林给伏击创造了便利条件，那么就用巨型推土机将重要道路两旁的树木全部推倒；为了便于在空中侦察地面情况，就大量喷洒脱叶剂“橙剂”；为了破坏越共控制区的农作物，就飞去其上空喷洒剧毒的除草剂“白剂”和“蓝剂”。从 1962 年到 1968 年，19 000 架次飞机对 600 万英亩的土地进行了喷洒，摧毁了越南 35％的硬木森林和一半的红树林。尽管军方声称这些化学物质与西班牙和意大利在战争期间使用的化学武器不同，对人类是无害的，然而它们还是造成了死胎和婴儿出生缺陷；另外，爆炸留下的无数弹坑也成了疟蚊滋生的温床。[21]

环境战对越南平民的影响远远大于对越共或北越军队的影响。南越农民损失惨重，越共想出了一些方法来维持甚至增加自己的力量，他们避开了那些被喷洒落叶剂的地区，混入平民当中；还像所

344 有的游击队一样，在夜间依靠徒步行动。一位对此深感震惊的美国军官评述说："这样的机动速度意味着要有汽车和飞机……可是越共没有汽车，也没有飞机。他们是怎么做到的？"[22]他们没有乘坐汽车，而是挖掘了数千英里的地道，其中还包括地下仓库、医院和厨房。他们的情报来源也比南越或美国军队丰富得多，因为他们就生活在当地那些或出于恐惧，或因真正支持而接受他们的农民当中。[23]

只要是在南越的崇山峻岭中投入战斗，美国空军和陆军之间就会滋生对抗和怨怼。陆军希望拥有自己的飞机和直升机，为地面部队提供近距离的空中支援，而空军则认为所有飞机都属于它的管辖范围。此外，空军更愿意去关注如何使用更新的飞机，而对研究战术毫无兴趣，也不甘心处于听命于陆军的位置。由于没有一个清晰的顶层战略，这两支队伍开始绞尽脑汁地争夺对战争的控制权。美国空军的计划主管在 1962 年直截了当地说："要说我们在与陆军交战恐怕是不恰当的。然而我们相信，如果陆军的努力取得成功，他们可能会对美国的军事战略产生长期的不利影响，这可能比目前与越共进行的战斗更为重要。"[24]

由于无法在战场上击败越共，约翰逊总统和他的军事顾问们开始转向了他们眼中代表美国的强势力量：轰炸。1965 年 7 月，约翰逊对他的顾问们说："我们可以用战略空军司令部和其他空中力量令敌人屈服——今晚就把他们从水里炸出来。（但）我认为美国民众不希望我们这么做。"[25]

尽管美国战略轰炸调查团的报告显示，在二战期间，轰炸对德国造成的影响远比航空战略家们预期的要少，但空军和海军飞行员仍然对战前由朱利奥·杜黑、休·特伦查德和“比利”·米切尔（“Billy” Mitchell）创立的空中进攻战略学说深信不疑。这些飞行员确信战争可以通过压倒性的空中优势而取得胜利，他们对进行一场非常规游击战的想法感到非常不舒服。陆军和海军上将们坚持实施大规模的报复行动，与约翰逊相信的“我们的民众希望我们去做的”之间达成的妥协是一场名为“滚雷”的行动。既然越共在南 345
越的表现显示他们不为空袭所动，美国就盯上了北越，希望说服他们停止援助越共并参与和平谈判。从 1965 年 3 月起，空袭首先从北越的南部开始，并逐渐向北部移动；到 1967 年，美国飞机已经轰炸了北越的桥梁、运输路线、石油设施，以及河内和海防附近直至中国边境的工厂。[26]由于害怕引起中国或苏联的直接干预，约翰逊禁止军队轰炸首都河内或充斥着苏联船只的海防港，以及红河水坝，还有北越在中国境内的补给线路和训练营。[27]

在“滚雷”行动中作为轰炸机服役的多数是重型、低转速的 F-105“雷公”战斗机，另外还有一些“鬼怪”“入侵者”“天鹰”“天袭者”。除此之外，还有从关岛、冲绳和泰国基地起飞，每天至少 60 架次的巨型 B-52 轰炸机参与行动。在长达三年零九个月的“滚雷”行动中，美国飞机总共在越南北部上空出动了 304 000 战术架次飞机，B-52 轰炸机则执行了 2 380 架次，共投掷 643 000 吨炸弹。再加上那些投在南越的炸弹，美国在越南投下的炸弹量是整个二战期间投弹量的三倍。[28]

用飞机数、出动架次和投弹量来衡量军事行动的想法本身就是越南战争的一个创新。它的产生并非来自观察地面上的战果，而是来自空军和海军之间的激烈竞争。海军陆战队前指挥官戴维·舒普（David Shoup）将军在1969年解释说：

> 于是到1965年初，航空母舰上的海军与空军展开了一场关于打击、出动、载重吨数、“空中杀戮”、夺取目标等的竞赛，一直持续到1968年空袭行动暂停。很多关于空中行动的报告内容都包含了为海军或空军目的服务的误导性数据和宣传。事实上，越来越明显的是，在南越和北越的轰炸行动是美
> 346 国人民有史以来所遭受的最浪费、最昂贵的骗局之一……空中力量的使用在很大程度上成了一场行动计划者之间的竞赛，以及年轻飞行员的“良好的体验”和职业发展的机会。[29]

尽管有令人印象深刻的统计数据，但“滚雷”行动并没能说服北越坐上谈判桌。在一个很少有人用电的国家，破坏发电厂几乎没有什么影响。北越人用汽油桶和分散开的汽油罐取代了他们为数不多的储油仓库。50万工人（其中很多是中国人）很快就修复了受损的桥梁、铁路和道路。从中国和苏联流向北越，还有从北越流向越共的物资补给也都没有被阻断，它们都没有受到约翰逊政府实施的限制性轰炸的影响。[30]为了证明这一点，1968年1月，越共发起了“春节攻势”，在南越各地展示他们的力量，全面攻击南越城市的行动甚至出现在了西贡的街道上，还短暂占领了古老的顺化城。尽管美军很快占领了先前的阵地，但政治上的破坏已经造成。美国和南越军队士气低落，战争分裂并激怒了美国人民。1968年11月1日，约翰逊在耻辱中下令结束对北越的轰炸。几天后，承诺知道

如何结束这场战争的候选人理查德·尼克松当选为总统。

尼克松的计划是通过空中而不是地面去赢下这场战争。第一个目标是阻断从北到南的人员和物资流动。越共的食品和物资供给主要来自当地，不过据称他们每天要从北部获得15～34吨（或者说4%～8%）的物资供给。由于南北越之间的非军事化区戒备森严，大多数到达越共手里的物资都要经过老挝和柬埔寨境内一系列被称为“胡志明小道”的隐秘路线。“春节攻势”之后，北越军队控制了大部分的战场形势，从北向南每天的物资流动增加到了75吨。[31]

阻止这一人员和物资流动的行动计划被称为“白色冰屋行动” 347
（Operation Igloo White），由国防部长罗伯特·麦克纳马拉（Robert McNamara）发起。此次行动将数千个模拟树枝、植物、碎石或动物粪便形状的传感器散布在道路两边，用来监测卡车引擎的振动、部队调动、人体体温或者尿液的气味。每一个传感器都装有一个微型发射器，将信息传送到头顶的飞机上，再从飞机上中继转发到位于泰国的指挥和控制中心。在那里，两台IBM360-65型计算机负责分析这些信息，并在电脑显示器上显示出北越卡车车队的位置。在测知后的2～5分钟，附近的B-52轰炸机或“鬼怪”战斗机就被引导到该位置并投下炸弹。过程全部由电脑完成。

“白色冰屋行动”代价非常高，从1969年末到1972年底，每年花费大约10亿美元。作为这笔投入的效果，空军声称它们取得了巨大成功，两年时间里摧毁了3.5万辆卡车。然而，通过空中侦察就能够发现，其实几乎没有损坏多少卡车，因为北越很快就学会了如何用卡车噪声和其他诱饵来欺骗传感器，把轰炸机吸引到空无一物的路段。尽管空军声称已经阻断了80%的物资流入，但轰炸并没有能够阻止北越军队在南方实力的增强。“白色冰屋行动”确实做到的是：损失了300～400架飞机，并造成“胡志明小道”沿线数万名老挝和柬埔寨平民逃离或死亡。[32]

当北越有胆量发动坦克和大炮进攻时，美国开展了新一轮的轰炸。“后卫行动”从1972年5月10日持续到10月23日，目标是海防港和河内的工业设施。这一次，美国飞机携带的是激光制导的“智能”炸弹，能够比以前更准确地击中目标。[33]新机型还携带有远
348 程导航设备，使得飞机能在夜间和恶劣天气下工作。[34]北越则以常规的防空措施进行回应，他们获得了204架苏联米格战斗机，其中93架是最新型号的米格-21s，还建造了数百个拥有苏联地对空导弹的防空基地。尽管他们很少能组织起空战，但他们的战机可以将靠近目标的美国战机驱离，迫使它们为应付空中的缠斗而不得不放弃投弹。[35]

随着美国和北越之间的谈判陷入僵局，美国发动了这场战争中规模最大的“后卫二号”轰炸行动。目标是摧毁北越的战斗意志，在美国撤军的情况下保证南越免于战败。1973年12月18日至29日，后来被称为“圣诞节轰炸”的行动多次袭击了河内和海防。1973年1月，北越签署了一项和平协议，同意停止进攻并允许美国从南越撤军，以此换取轰炸的结束。在南越政府持续瓦解的过程中，北越耐心地等待了两年，随后发动最后的进攻，一举征服了南方。

和平协议果真如尼克松所说带来的是“体面的和平”（Peace

with Honor)，还是一个被外交辞令伪装起来的失败？尼克松达到了一个短期目标——让美国从一场不可能胜利的战争中解脱出来，而代价则是放弃了长期目标——将南越接管下来。美国输掉了这场战争，主要原因包括南越政府的腐败、北越的决心，以及南越大部分民众对于摆脱一个世纪以来被法国人、日本人、美国人这些外来者占领的渴望。无休止的战斗也削弱了美国人民忍受更多死亡的意志，几乎没有人再相信这场战争的初衷。

但造成美国失败的另一个原因则是，它的军事力量与一个不适合镇压起义的军事文化绑定在了一起。这种文化的建立基于这样一种信念，即战争是由机器赢得的，机器越先进、越复杂，胜利到来得就越快。对那两支由高科技全面武装的空军和海军来说尤其如 349
此。它们急于推出的令人印象深刻的数据——数千架的飞机、数十万架次的出动、数百万吨的炸药——印证了一位历史学家所说的："现代的空中力量，更加专注于其武器的杀伤力，而不是作为一种政治工具的有效性。"[36]这些武器毫无疑问是致命的，但这仅是对平民和环境而言，而非对北越政府和它的军队而言。在晚年回顾越战时，尼克松这样解释美军的失败："我们的军队在动员庞大资源、协调后勤支持和部署强大火力方面是毫无疑问的专家。在越南，这些技能促使他们以自己的方式作战，而不是在面对新的敌人时适应和发展新的技能。他们犯了一个错误，用常规战术来打一场非常规的战争。"[37]

美国最后输掉了这场战争，因为它不可能抛弃它所相信的战争应有的打法。而且由于国内政治的原因，它也不可能派遣数百万士兵到这个战场（或实施大规模的暴行）。而这些，正是战胜这个拥有坚定决心的敌人所需要的。

越战后美国的空中力量

353 从在越南的溃败中，美国军队吸取了许多重要教训。其中之一是美国士兵的死亡人数——约为 5 万——超过了美国人所能接受的数字。在未来的战争中，军队需要使用更多的机器而减少作战部队的投入。空军和海军也吸取了更多的教训。在越南，600 万吨炸弹——是美国在第二次世界大战中投下的三倍——却没有让越共或北越军队屈服，因为许多炸弹都落在了无关紧要的目标上，或者完全没有击中。而在这个过程中，美国却失去了太多的飞机和飞行员。1975 年以后，军队的注意力重新回到了在欧洲区域与苏联的对抗，尤其是要在不引发全球核战争的前提下阻止苏联入侵西欧。实现这一目标的手段首先是破坏敌人的指挥和控制系统以及防空系统，然后是摧毁敌人的地面部队。[38]

让这一雄心勃勃的计划看起来可行的是美军在越战后建立起的雄厚技术和经济实力。在政府补贴的资助下，电子和计算机行业狂飙突进，引领着美国及其盟友国家的经济进入了“第三次工业革命”[39]，麦克唐纳-道格拉斯公司、洛克希德公司、波音公司、诺斯
354 洛普·格鲁曼公司等巨型的航空防御承包商都处于这场革命的前沿。罗纳德·里根政府（1981—1989）尤其热衷于资助军事项目，

而当时美国的主要竞争对手苏联正处于严重的经济衰退之中，最终在 1991 年解体。

整个冷战期间，航空制造业在美国与苏联的军备竞赛中发挥了突出的作用，其结果就是艾森豪威尔所说的“军工复合体”的崛起。这是一个由军官、武器（尤其是航空）制造商、辖区拥有基地或制造工厂的国会议员组成的联盟，并由科学家和工程师组成的精英团体提供技术支持。[40]即使在苏联解体和冷战结束后，这个复合体也没有消失，它已深深扎根于美国经济和政治体系中。军工复合体不再为敌人的恐惧所驱动，而是为技术本身的挑战所驱动，追求持续制造出更强大、更复杂的战机和军火。这是一个典型的由既得利益集团驱使技术进步的例子，即使没有竞争对手，他们也会继续进行军备竞赛。[41]其结果是，美国在武器系统尤其是航空领域，已经远远领先于其他国家。

任何空袭行动的首要条件是获取有关潜在目标的准确信息。自 1960 年代以来，卫星提供了世界上大部分地区的高分辨率图像。为了发现潜在的敌机，美国采用了装有机载预警和控制系统（AWACS）的飞机，这种飞机携带有强大的雷达，可以发现 250 英里以外的其他飞机。[42]

一旦目标被辨识和锁定，下一步就是要在安全距离内将它摧毁。在以往所有的战争中，要击中目标就意味着轰炸机必须靠近目标并进入对方防空系统的打击范围内，这也是最危险的时刻。精确性和风险之间的联系让以往战争中的轰炸任务既危险也不够精准。解决这个问题的方案是制造出巡航导弹等精确制导的武器，在导弹

追踪目标物的同时，飞机却可以远离危险的飞行路径。早在越南战
355 争结束时，美国就已开始部署“宝石路”激光制导炸弹，利用目标物上反射的激光束来跟踪目标，虽然精确度可以达到瞄准点周围6英尺以内，但它需要轰炸机或者其他飞机用激光束对准目标30秒，这在空战中是很长一段时间了，而且，它们也无法在有云层、灰尘或烟雾的情况下使用。越战时还引入过另外一些使用电视摄像机追踪目标图像或利用红外探测器攻击发热目标的炸弹。军方估计，激光制导炸弹和光电制导炸弹对发热目标的命中有效性是无制导炸弹的十倍以上。1980年代还诞生了一种更为复杂的“夜间低空导航和目标瞄准红外系统”（LANTIRN），这套吊舱设备负责指引轰炸机接近目标，然后发射炸弹并为其导引后续的路径。[43]

即使飞机能锁定目标并发射激光束，如果自身也被对方雷达发现，那仍然是非常危险的，很容易被防空火力和地对空导弹击中。为了应对这一威胁，美国海军和空军引进了一种高速反辐射导弹（HARM），可以在20秒内锁定敌方雷达并将其摧毁。1980年代首飞的洛克希德F-117“夜鹰”隐形战斗轰炸机则是更好的选择，这种外形怪异的飞机在所有的边角和平面都覆盖了能吸收雷达波的材料，真正做到了对雷达隐身。虽然每架飞机价格高达1亿美元，但它在1991年海湾战争中的表现证明它确实是无价的。[44]

越战后的发展项目还开发了很多型号的飞机。其中比较先进的是F-15单座和双座“鹰式”战斗机、F-15“鹰式”战斗轰炸机，这两种大型超音速战斗轰炸机都能在夜间和恶劣天气飞行。还有两种轻型战斗机，即空军F-16“战隼”战斗机和海军F/A-18“黄蜂”

战斗机。这些飞机的性能正如一位学者所说，在灵活性、机动性、动力和控制方面表现出“革命性的非连续性”。它们装配的强大引擎可以让飞机实现垂直加速，用电传飞行控制系统（Fly-by-wire）实现对飞机的控制，例如 F-16E 就是由 240 万行计算机代码控制的。[45]为支持地面部队和摧毁坦克，空军开发了 A-10“雷霆”二式 356
攻击机，因其外形丑陋而被称为“疣猪”。这是一架速度缓慢的重装甲飞机，能够在机关枪和防空火力下安然无恙，它装备有机载火力最强大的 30 毫米口径大炮以及空对地和空对空导弹。与此同时，作为越战时期“休伊”和“眼镜蛇”武装直升机的接班人，陆军引进了 AH-64“阿帕奇”武装直升机，装备先进的激光制导反坦克导弹。[46]最令人惊讶的是那些年代久远的 B-52“同温层堡垒”轰炸机，其中一些比它们的飞行员还年长；这些巨大的飞机可以携带 51 枚 500 磅炸弹或 18 枚 2 000 磅炸弹，比其他任何轰炸机都要多。一旦这些 1950 年代的轰炸机装备了最先进的电子设备，它们就可以从敌人的防空范围之外发射智能炸弹或巡航导弹。[47]在 1990 年 8 月 2 日伊拉克入侵科威特时，上述这些和许多其他尖端武器系统都可以用来武装美国军队，其中很多都储存在欧洲。

海湾战争

美国已经与伊拉克打了两场战争——又或者就是同一场？第一 357
场始于 1991 年 1 月，几周后结束；第二场始于 2003 年 3 月，在本书写作时仍在继续。这些战争发起的政治因素和动机在未来几代人的时间里都会继续争论。不过其中所涉及的技术已经很清晰了。我们需要解决的问题是这两个因素是如何相互作用的。

1990 年，伊拉克入侵科威特时，多国部队所面对的是一个看上去很强大的敌人。伊拉克拥有中东规模最大的陆军：80 万士兵，约 5 000 辆坦克，超过 3 500 门大炮。[48]它的空军同样令人惊叹，有 700～750 架战斗机，主要是越南时代的米格-21s 战斗机，也有更现代的米格-23s、米格-25s 和强大的米格-29s，法国的“幻影”F-1s，以及许多苏制轰炸机、战斗轰炸机和直升机。[49]它的防空系统使用了最复杂的苏联和法国技术，巴格达拥有的防空炮和地对空导弹是 1970 年代尼克松“后卫二号”行动时河内拥有的 7 倍。[50]但这一切都只是一种幻觉。伊拉克军队训练不足，在两伊战争（1980—1988）中主要被用来镇压叛乱者和采用了“人海战术”的伊朗军队。空军的力量也很薄弱，飞行员的选择标准是他们的政治忠诚度而不是技能水平；只有不到一半的人能达到苏联的标准，达到法国标准的人不足 20％。[51]伊拉克的独裁者萨达姆·侯赛因没有料到在 1980 年代曾支持他对伊朗发动战争的美国会来到科威特与他对战。当战争迫在眉睫时，他还指望着美国民众的民意不愿将他们的士兵置于险境，而且低估了美军空中打击的危险性。

美国及其盟友并没有立即投入战斗，而是花了五个多月的时间进行战备。到 1991 年 1 月中旬，多国部队已经在沙特阿拉伯、土耳其和波斯湾集结了 2 400 架飞机和 1 400 架直升机。美国海军则
358 派遣了 5 艘航空母舰，每艘载有 75 架战机，并配有巡洋舰、驱逐

舰、护卫舰、潜艇和支援舰。这个巨型舰队的目标是通过破坏电信线路和电力系统切断伊拉克政府与军队的联系，然后摧毁它的防空系统，最后削弱在科威特和伊拉克南部的伊拉克军队，为多国部队的 60 万地面部队、数千辆坦克、装甲运兵车和火炮开路。[52]

空袭从 1991 年 1 月 17 日开始。当晚，无法被雷达侦测到的 F-117 隐形轰炸机首先出动，摧毁了巴格达的电网、通信中心、防空司令部和总统府。乘着伊拉克的防空系统一片混乱，数百架多国部队战机在接下来的 24 小时内实现了 1 700 次直接轰炸而无一架伤亡。其中的 B-52 轰炸机分别从沙特阿拉伯、西班牙、英国和印度洋的迪戈加西亚岛起飞，有些甚至来自遥远的路易斯安那州，在发射巡航导弹之后即返回了基地，其间经过了长达 1.4 万英里的不间断飞行。[53]

在为期 43 天的轰炸中，美国空军共投掷了大约 61 000 吨炸弹，几乎相当于第二次世界大战和越战期间的平均月投弹量。其中只有 6%～10%是精确制导炸弹，但它们造成了 75%目标物的损毁。尤其是激光制导炸弹，命中率达到了 98%。[54]随着伊拉克的防空雷达悉数被雷达追踪导弹破坏，多国部队战机飞越伊拉克上空时就相对安全了。126 645 架次的出动、总共 2 500 架飞机，只在战斗中损失了 38 架，实现了空战史上最低的损失率。[55]

面对这样的空中力量，伊拉克空军只能崩溃了。成功起飞的 35～40 架飞机也在战斗中被全数摧毁，另外 200 多架直接在地面或混凝土掩体中被炸毁，还有 120～140 架逃到了邻国伊朗，飞行员随即遭到拘禁。[56]在摧毁了伊拉克的空军和指挥控制系统后，多国部队开

始发动对科威特边境地区伊拉克地面部队的攻击。使用了夜视设备和红外成像的轰炸机可以在夜间袭击伊拉克的坦克和装甲车，迫使
359 伊拉克人只能把它们埋进沙子里。随着伊拉克和科威特之间的所有通信都被切断，这里的部队无法再得到补给，逐渐开始出现食品和饮水的短缺。到 1991 年 2 月 24 日地面战争真正开始的时候，伊拉克军队已经损失了 60％的坦克和大炮以及 40％的装甲车，它已经不再是一支有战斗力的部队了。[57]

地面战争只持续了约 100 个小时。多国部队的坦克、自行火炮和装甲运兵车几乎可以随意地穿越沙漠地带。萨达姆号称的“所有战争之母”变成了一场溃败，15 万名伊拉克士兵伤亡，数万人被俘。而美国在战争中仅 148 人死亡、467 人受伤，其中还有 35 死 73 伤是“友军炮火”造成的。[58]这是一场实力极不对称的战争，就像西班牙人在卡哈马卡或英国人在恩图曼一样。空中力量的拥趸们正确地道出了胜利是属于他们的。正如理查德·哈利恩（Richard Hallion）所说：“几代军事学院的学生都会来研究海湾战争，因为它证实了战争本质上的一个重大转变——空军的主导地位……简单地（或许有点大胆地）说，是空军赢得了海湾战争。”[59]

毫无疑问，优越的空中力量赢得了争夺科威特的战斗，但它赢得了战争吗？如果赢得战争意味着摧毁敌人的武装力量，那么答案是肯定的；但如果这意味着让敌人的政府投降，那么显然是否定的。因为乔治·H. 布什总统在 2 月 28 日下令停火的决定中止了战争，让萨达姆·侯赛因继续掌权。许多人认为战争的目标已经实现，但另一些人则对胜利就此从他们手中溜走而感到失望。2001

年，当乔治·H. 布什的儿子乔治·W. 布什成为美国总统时，他和他亲近的顾问都认为，与伊拉克的战争并没有真正结束，只是暂时中断了。

伊拉克战争

关于 2003 年小布什政府决定进攻伊拉克的（真实的和想象的）原因，存在着大量的争论。其中之一就是新保守主义者的信念，即
曾遭总统父亲 1991 年否决的、美国武装力量可以在很少伤亡的情 360
况下迅速取得彻底胜利的想法。这种信心来自美国在中东地区军事力量的增加，也来自伊拉克军队的日益衰弱。如果说 1990—1991 年的海湾战争是双方力量不平衡的一次战争，那么下一轮，则是一边倒的胜利。

这种信心在国防部长拉姆斯菲尔德的办公室里表现得最为强烈，他认为，得益于技术的进步，美国这次只需要动员 1991 年三分之一的兵力。拉姆斯菲尔德和他的顾问们认为，传统的、要具有压倒性力量的军事理论已经过时了，应该用信息时代的战争理论取而代之。他们将信心寄托在带有 GPS 定位系统的导弹上。这套设备可以通过绕地卫星来跟踪和确定导弹的方位，随后再由惯性测量单元（IMU）引导到目标位置。如一位观察家所述：“GPS-IMU 武器的普遍可用性增加了五角大楼里规划者们的信心，即在极度精确的空中火力的支援下，只装备轻型武器的小型部队也能够战胜比他

们的数量多得多的敌军。”[60]

在技术和后勤保障两方面，美国都为下一场战争做好了准备。海湾战争之后，它在科威特、沙特阿拉伯、阿拉伯联合酋长国、巴林、卡塔尔、阿曼、吉布提，以及2001年世贸中心和五角大楼被炸之后在阿富汗、吉尔吉斯斯坦和乌兹别克斯坦分别建立或扩充了军事基地。[61]冷战期间储备在欧洲的许多军备都被转移到了中东。

技术在海湾战争之后也发生了很大变化。除了老旧但仍然有用的B-52轰炸机和F-117s这个海湾战争时的明星外，美国空军现在还可以从每架造价2亿美元的B-1“枪骑兵”超音速轰炸机上发射带有GPS-IMU装置的炸弹。最令人震惊的还有造价高达10亿～22亿美元的B-2“幽灵”隐形战略轰炸机，它们可以在任何天气、任何时段下飞行，不需要其他飞机从旁协助定位目标。在海湾战争
361 时，GPS制导系统曾有限地使用在昂贵的巡航导弹上，而到了2003年，这项技术已经可以应用在所有的炸弹上。因此而诞生了新一代的武器：联合制导攻击武器“杰达姆”（JDAM）可以安装在无制导炸弹上，在最远8英里的距离内对其进行引导，造价2万美元；联合防区外武器系统“杰索伍”（JSOW），射程15～40英里，造价22万～40万美元；联合防区外空地导弹“贾斯姆”（JASSM），射程200英里，造价70万美元。西方国家拥有比非西方国家更便宜、更高性价比武器的时代早已远去了。[62]

有了这些武器，空军和海军就可以在避免飞机和飞行员受到伤害的前提下保持打击的精准度。[63]而在搜寻目标方面，美军则不仅有侦察卫星和U-2侦察机，还有“捕食者”无人驾驶侦察机。无人机

装配有摄像头并与卫星连接，可以在敌方领土上空连续飞行 33 个小时。在它们的帮助下，美军甚至比伊拉克指挥官还要了解伊拉克军队的部署和行动。[64]

到 2003 年时，伊拉克军队只是当年貌似强大时可怜的残余而已。12 年来，这个国家北部和南部三分之二的领土都被联合国宣布为“禁飞区”，只有美国和英国的飞机在其上空巡逻，并将所有雷达或防空设施全部炸毁。它所有在 1991 年遭到破坏的设施也都因缺少零部件和养护而未能重建。其军队的规模估计只有 1991 年时的三分之一。仅存的飞机磨损严重，飞行员也没有接受过训练，战争开始后没有一架能飞离地面。[65]因此，战争的结果比 1991 年还要确定。

然而美国在 2003 年 3 月 21 日至 22 日夜间发动的袭击却远比海湾战争还要暴力。第一天，600 枚巡航导弹和 1 500 架战斗机击中了 1 000 个目标。在最初的 33 天里，美军和它唯一的同盟英军每天出动飞机 1 576 架次，其中三分之二发射了精确制导武器，自身仅损失了两架飞机。它们轰炸破坏了建筑物和重型设备。与此同 362
时，它们的地面部队也在地形和天气条件允许的情况下快速前进，其面对的是几乎不值一提的伊拉克敌对力量。到 4 月底，美国和英国军队已占领了伊拉克大部分地区。这一新的战争形式——在如此压倒性优势的火力面前，敌人一触即溃——后来被称为“震慑与威吓”。[66]这不是一场战争，而是一次规模庞大的实弹演习。[67]只有空中侦察无法准确定位、难以捕捉的目标才能得以逃脱。如一位军事专家所说：“（JDAM 和 JSOW 的）劣势在于，在一些应用场合……它们需要高质量的情报才能确定目标的位置。”[68]

伊拉克政府被解散，军队被解除武装，人员也都被遣散。萨达姆和他的同伙被抓获并处死。然而5年后，也就是本书正在写作的当下，这场战争却仍在继续：什叶派与逊尼派之间，或者两派与美国占领军之间。世界历史上最强大的国家，运用最先进的军事技术力量，如此迅速地击败了另一个国家，为什么在控制这个国家时却表现得这么糟糕呢？美国所取得的军事成就——推翻了伊拉克政权，摧毁了它的武装力量，只是激发起了另一个更强大的敌人——伊拉克民兵武装。[69]当伊拉克人能轻易地获得步兵武器和自制爆炸装置时，美国对空中的控制力和强大的火力就几乎没什么用了。这场战争从一开始美国所擅长的军事力量角逐，转变成一场涉及民兵武装组织和恐怖分子的政治斗争，而这是美国的阿喀琉斯之踵。在2003年美国入侵伊拉克之后，威廉森·默里（Williamson Murray）和斯凯尔斯（Robert Scales，Jr.）少将随即出版了《伊拉克战争》一书，他们凭借直觉感到：

> 与伊拉克的这场冲突所针对的是一个被空战消耗了12年、几乎没剩下什么军事能力的敌人。因此，这场冲突的常规阶段是极不平衡而且非常短暂的……然而，除非在具备先进空中力量的同时，地面上的规划者也能充满智慧地思考他们的对手和
> 363 这场战争的本质与后果，以及它们的过去、现在和未来，否则这些技术上的进步只能延缓未来在军事上和政治上代价更为巨大的失败。[70]

小　　结

在《制空权》中，朱利奥·杜黑曾断言，轰炸能让人在惊惧中屈服。从那以后，他的学说及其各种变体对航空战略家们产生了巨大的影响。正是这一学说促使赫尔曼·戈林在1940年下令轰炸鹿特丹和伦敦。这一学说也导致了“轰炸机”哈里斯爵士和柯蒂斯·李梅将军等盟军领导人在二战期间下令对德国和日本的城市使用燃烧弹进行轰炸。它还启发了理查德·尼克松在1972年下令轰炸河内和海防。然而即使是在二战期间与对方全国人口而不仅仅是其武装力量为敌时，这种做法也很少奏效。更常见的情形却是，轰炸增强了目标人群的斗志和对本国政府的忠诚。杜黑和他的追随者们一直在误读平民的心理。

在殖民战争和那些起义中，统治者或王权总是认为抵抗者并不代表一般的平民，并且可以有针对性地将其区分。然而，军事技术却做不到这样的区分。轰炸机最擅长的是摧毁像建筑物这样的非移动目标，或者像坦克一样可以看到的缓慢移动的目标。虽然近年来针对这些目标的轰炸已经越来越精确，但抵抗者几乎不需要什么建筑物或者重型装备，他们可以躲在山洞或森林里，或者融入平民当中。在1938年写就的一篇名为《论持久战》的文章中，毛泽东阐释了他对不对称战争的看法：

所谓“唯武器论”，是战争问题中的机械论，是主观地和

> 片面地看问题的意见。我们的意见与此相反，不但看到武器，
> 364 而且看到人力。武器是战争的重要的因素，但不是决定的因素，决定的因素是人不是物。力量对比不但是军力和经济力的对比，而且是人力和人心的对比。[71]

在不对称的战争中，轰炸不仅无效，而且往往适得其反。在这里，杜黑的心理假设也被证明是错误的。不仅轰炸本身暴力，轰炸者还不露面，没有什么能赢得平民的“心灵和思想”（越战时代的表达）；即使是在 2003 年的伊拉克民众当中，“震慑与威吓”也很快就消散了。相反，它激发起人们对抵抗者的同情，这些抵抗者可能被平民熟知，或者至少与他们有着相同的语言、种族和生活方式。抵抗者和平民之间的边界很容易被渗透穿越，对许多平民尤其是失业的年轻人来说，加入抵抗组织的诱惑是巨大的。镇压抵抗行动的破坏性越大，它制造的抵抗者就越多。简言之，军事航空越是在技术上发展，其在不对称冲突中的效果就越差。它不仅无助于赢得战争，反而会导致最终的失败。借用默里和斯凯尔斯的话来说，第二次世界大战以来的军事航空历史表明，不断改进的技术“只能延缓未来在军事上和政治上代价更为巨大的失败”。

注　释

1　关于空中力量的发展史，可参阅：Robin Higham，*100 Years of Air Power and Aviation*（College Station：Texas A&M University Press，2003）；Basil Collier，*A History of Air Power*（London：Weidenfeld and Nicholson，1974）；James L. Stokesbury，*A Short History of Air Power*（New York：William Morrow，1986）.

2　这类书中最著名的是卡尔韦尔的《小规模战争：原理与实践》（撰写于飞机出现之前），参见：Colonel Charles E. Callwell，*Small Wars：Their Principles and Practice*（London：HMSO，1896 and many subsequent editions）. 另一部经典著作是查尔斯·格温少将的《帝国警务》，书中提到了飞机，但低估了它的作用，参见：Major General Charles W. Gwynn，*Imperial Policing*（London：Macmillan，1934）.

3　这类著作中最有价值的是：Anthony Towle，*Pilots and Rebels：The Use of Aircraft in Unconventional Warfare*（London：Brassey's，1989）；David E. Omissi，*Air Power and Colonial Control：The Royal Air Force，1919—1939*（Manchester：Manchester University Press，1990）；James S. Corum and Wray R. Johnson，*Airpower in Small Wars：Fighting Insurgents and Terrorists*（Lawrence：University of Kansas Press，2003）.

4　由老挝和柬埔寨组成的中南半岛西半部在时间上和越南基本同步，只是人口较为稀少，没有被法国人彻底占领和发展。

5　Towle，*Pilots and Rebels*，pp. 106 - 116；Corum and Johnson，*Airpower in Small Wars*，pp. 139 - 146.

6　Lionel Max Chassin，*Aviation Indochine*（Paris：Amiot-Dumont，1954），pp. 47 - 67. 沙桑将军于 1951—1953 年担任法属印度支那空军总司令。

7 Chassin, *Aviation Indochine*, pp. 71 – 75, 176 – 186.

8 Towle, *Pilots and Rebels*, pp. 108 – 13, 247 – 248; Corum and Johnson, *Airpower in Small Wars*, pp. 145 – 156.

9 Towle, *Pilots and Rebels*, p. 107; Corum and Johnson, *Airpower in Small Wars*, pp. 150 – 160.

10 Chassin, *Aviation Indochine*, pp. 201 – 214; Towle, *Pilots and Rebels*, pp. 111 – 112; Corum and Johnson, *Airpower in Small Wars*, pp. 157 – 159.

11 Edgar O'Ballance, *The Algerian Insurrection, 1954—1962* (Hamden, Conn.: Archon Books, 1967), pp. 90, 141, 215; Towle, *Pilots and Rebels*, pp. 117 – 119; Corum and Johnson, *Airpower in Small Wars*, pp. 161 – 166.

12 Mohamed Lebaoui, *Vérités sur la Révolution algérienne* (Paris: Gallimard, 1970), pp. 127 – 138; Serge Bromberger, *Les rebelles algériens* (Paris: Plon, 1958), pp. 218 – 221, 251 – 255; Hartmut Elsenhans, *Frankreich's Algerienkrieg, 1954—1962: Entkolonisierungsversuch einer kapitalistischen Metropole: Zum Zusammenbruch der Kolonialreiche* (Munich: C. Hansen, 1974), pp. 381 – 383; O'Ballance, *The Algerian Insurrection*, pp. 39, 48 – 54, 88 – 89, 98, 138 – 140.

13 Martin Thomas, "Order before Reform: The Spread of French Military Operations in Algeria, 1954—1958," in David Killingray and David Omissi, eds., *Guardians of Empire: The Armed Forces of the Colonial Powers c. 1700—1964* (Manchester: Manchester University Press, 1999), p. 216.

14 Towle, *Pilots and Rebels*, pp. 117 – 125; Corum and Johnson, *Airpower in Small Wars*, pp. 166 – 170.

15 Corum and Johnson, *Airpower in Small Wars*, pp. 171 – 172.

16 General Michel Forget, *Guerre froide et guerre d'Algérie, 1954—*

1964 : Témoignage sur une période agitée (Paris: Economica, 2002), pp. 163 - 204; Alastair Horne, *A Savage War of Peace : Algeria, 1954—1962* (New York: New York Review Books, 2006), pp. 334 - 338.

17　Michael Adas, *Dominance by Design : Technological Imperatives and America's Civilizing Mission* (Cambridge, Mass. : Harvard University Press, 2006), p. 291; Max Boot, *The Savage Wars of Peace : Small Wars and the Rise of American Power* (New York: Basic Books, 2002), p. 292.

18　Ronald B. Frankum, Jr. , *Like Rolling Thunder : The Air War in Vietnam, 1964—1975* (Lanham, Md. : Rowman and Littlefield, 2005), pp. 7 - 9.

19　Mark Clodfelter, *The Limits of Air Power : The American Bombing of North Vietnam* (New York: Free Press, 1989), p. 133; Frankum, *Like Rolling Thunder*, passim; Towle, *Pilots and Rebels*, pp. 163 - 164.

20　Donald J. Mrozek, *Air Power and the Ground War in Vietnam* (Washington, D. C. : Pergamon-Brassey, 1989), pp. 114 - 128; Higham, *100 Years*, p. 248; Towle, *Pilots and Rebels*, pp. 159 - 165.

21　Raphael Littauer and Norman Uphoff, *The Air War in Indochina* (Boston: Beacon Press, 1972), pp. 91 - 96; Frankum, *Like Rolling Thunder*, pp. 88 - 92; Mrozek, *Air Power*, pp. 132 - 139; Towle, *Pilots and Rebels*, p. 168.

22　Adas, *Dominance by Design*, p. 311.

23　Mrozek, *Air Power*, pp. 139 - 144; Towle, *Pilots and Rebels*, p. 165.

24　Mrozek, *Air Power*, p. 27; Corum and Johnson, *Airpower in Small Wars*, pp. 267 - 274.

25　Adas, *Dominance by Design*, p. 291.

26　Robert A. Pape, *Bombing to Win : Air Power and Coercion in War* (Ithaca: Cornell University Press, 1996), pp. 175 - 184.

27 Boot, *Savage Wars of Peace*, p. 291.

28 Frankum, *Like Rolling Thunder*, pp. 20 - 21, 79; Clodfelter, *The Limits of Air Power*, p. 133; Higham, *100 Years*, pp. 245 - 252; Littauer and Uphoff, *The Air War in Indochina*, pp. 9 - 10. 美军平均每人在越南的投弹吨数比二战时期多 26 倍，参见：Gabriel Kolko, *Vietnam: Anatomy of a War, 1940—1975* (London: Pantheon, 1986), p. 189.

29 General David Shoup, "The New American Militarism," *Atlantic Monthly* (April 1969), p. 55.

30 Pape, *Bombing to Win*, pp. 184 - 195; Clodfelter, *The Limits of Air Power*, pp. 131 - 136.

31 Pape, *Bombing to Win*, p. 192; Littauer and Uphoff, *The Air War in Indochina*, pp. 69 - 72; Higham, *100 Years*, p. 247.

32 Michael T. Klare, *War without End: American Planning for the Next Vietnams* (New York: Vintage, 1972), pp. 170 - 191; Paul Dickson, *The Electronic Battlefield* (Bloomington: Indiana University Press, 1976), pp. 83 - 95; Paul N. Edwards, *The Closed World: Computers and the Politics of Discourse in Cold War America* (Cambridge, Mass.: MIT Press, 1996), pp. 3 - 4; James W. Gibson, *The Perfect War: Technowar in Vietnam* (Boston: Atlantic Monthly Press, 1986), pp. 396 - 398.

33 关于在越南使用的精确制导或"智能"炸弹，可参见：Paul G. Gillespie, *Weapons of Choice: The Development of Precision Guided Munitions* (Tuscaloosa: University of Alabama Press, 2006), chapter 5: "Vietnam: Precision Munitions Come of Age."

34 Pape, *Bombing to Win*, pp. 175 - 201; Clodfelter, *The Limits of Air Power*, pp. 159 - 162; Mrozek, *Air Power*, pp. 101 - 103.

35 Higham, *100 Years*, p. 264; Clodfelter, *The Limits of Air Power*, pp. 131, 165; Frankum, *Like Rolling Thunder*, p. 152.

36 Clodfelter, *The Limits of Air Power*, p. 203.

37 Richard M. Nixon, *No More Vietnams* (New York: Arbor House, 1985), p. 56.

38 关于这一战略理论，可参见：Pape, *Bombing to Win*, pp. 211 - 212.

39 前两次工业革命分别是：18 世纪后期到 19 世纪早期以棉纺厂和蒸汽机为代表的第一次工业革命，以及 19 世纪末到 20 世纪初以钢铁、化学和电气工业及内燃机为代表的第二次工业革命。

40 Alex Roland, *The Military-Industrial Complex* (Washington, D. C.: AHA Publications, 2001).

41 感谢托马斯 · P. 休斯（Thomas P. Hughes）提供的“技术动力”（Technological Momentum）概念，详见：Thomas P. Hughes, *Networks of Power: Electrification in Western Society, 1880—1930* (Baltimore: Johns Hopkins University Press, 1983), p. 140.

42 Richard Hallion, *Storm over Iraq: Air Power and the Gulf War* (Washington, D. C.: Smithsonian Institution Press, 1992), pp. 308 - 312; Lon O. Nordeen, *Air Warfare in the Missile Age* (Washington, D. C.: Smithsonian Institution Press, 1985), p. 233.

43 David R. Mets, *The Long Search for a Surgical Strike: Precision Munitions and the Revolution in Military Affairs* (Maxwell Air Force Base, Ala.: Air University Press, 2001), pp. 28 - 29; Kenneth P. Werrell, *Chasing the Silver Bullet: U. S. Air Force Weapons Development from Vietnam to Desert Storm* (Washington, D. C.: Smithsonian Institution Press, 2003), p. 258; Williamson Murray and Maj. Gen. Robert H. Scales, Jr., *The Iraq War: A*

Military History (Cambridge, Mass.: Harvard University Press, 2003), p. 49; James F. Dunnigan and Austin Bay, *From Shield to Storm: High-Tech Weapons, Military Strategy, and Coalition Warfare in the Persian Gulf* (New York: Morrow, 1992), pp. 221 - 222; Hallion, *Storm over Iraq*, pp. 303 - 307; Nordeen, *Air Warfare in the Missile Age*, pp. 59, 230.

44 Hallion, *Storm over Iraq*, pp. 293 - 294; Werrell, *Chasing the Silver Bullet*, pp. 221 - 247; Dunnigan and Bay, *From Shield to Storm*, p. 204.

45 James P. Coyne, *Airpower in the Gulf* (Arlington, Va.: Air Force Association, 1992), pp. 74 - 75; Hallion, *Storm over Iraq*, pp. 276 - 292; Dunnigan and Bay, *From Shield to Storm*, p. 203.

46 Hallion, *Storm over Iraq*, pp. 23 - 24, 284 - 287; Coyne, *Airpower in the Gulf*, p. 78.

47 Dunnigan and Bay, *From Shield to Storm*, pp. 205 - 206.

48 数据来源：John Keegan, *The Iraq War* (New York: Knopf, 2004), p. 129. 另有其他作者给出了不同的数据。默里和斯凯尔斯（Murray and Scales, *The Iraq War*, p. 82）认为伊拉克有 5 100 辆坦克（及大炮）；诺登（Nordeen, *Air Warfare in the Missile Age*, p. 206）认为伊拉克有 80 万士兵、4 700 辆坦克、3 700 门火炮；佩普（Pape, *Bombing to Win*, p. 252）认为伊拉克拥有 30 万大军、3 500 辆坦克和 2 500 门大炮。

49 Nordeen, *Air Warfare in the Missile Age*, p. 208; Hallion, *Storm over Iraq*, pp. 242 - 243; Pape, *Bombing to Win*, p. 227.

50 Werrell, *Chasing the Silver Bullet*, p. 223; Nordeen, *Air Warfare in the Missile Age*, p. 208; Hallion, *Storm over Iraq*, p. 169; Murray and Scales, *The Iraq War*, p. 4.

51 Pape, *Bombing to Win*, p. 227; Nordeen, *Air Warfare in the Mis-*

sile Age, p. 208; Murray and Scales, *The Iraq War*, pp. 81 - 82.

52　Chalmers Johnson, *The Sorrows of Empire: Militarism, Secrecy, and the End of the Republic* (New York: Henry Holt, 2004), pp. 219, 242; Nordeen, *Air Warfare in the Missile Age*, pp. 209 - 213, 231; Pape, *Bombing to Win*, pp. 220 - 222.

53　Coyne, *Airpower in the Gulf*, pp. 47 - 69; Hallion, *Storm over Iraq*, pp. 163 - 174.

54　不同来源的资料也有分歧。迈克尔·普特雷（Michael Puttré, "Satellite-Guided Munitions," *Scientific American*, February 2003, p. 70）认为6%的炸弹是激光制导的，吉莱斯皮（Gillespie, *Weapons of Choice*, pp. 137 - 138）则认为这个比例是8%，哈利恩（Hallion, *Storm over Iraq*, p. 188）认为是9%，而梅茨（Mets, *The Long Search*, pp. 35 - 36）则认为是10%。亦可参见：Werrell, *Chasing the Silver Bullet*, p. 258.

55　Norman Friedman, *Desert Victory: The War for Kuwait* (Annapolis: Naval Institute Press, 1991), pp. 147 - 168; Rod Alonso, "The Air War," in Bruce W. Watson et al., *Military Lessons of the Gulf War* (London: Greenhill, 1991), pp. 61 - 80; Michael Mazarr, Don M. Snider, and James A. Blackwell, Jr., *Desert Storm: The Gulf War and What We Learned* (Boulder, Colo.: Westview, 1993), pp. 93 - 124; Nordeen, *Air Warfare in the Missile Age*, p. 230; Pape, *Bombing to Win*, p. 228.

56　Hallion, *Storm over Iraq*, pp. 175 - 195; Dunnigan and Bay, *From Shield to Storm*, pp. 145 - 153; Coyne, *Airpower in the Gulf*, pp. 52 - 54.

57　Friedman, *Desert Victory*, pp. 169 - 196.

58　Werrell, *Chasing the Silver Bullet*, p. 249; Hallion, *Storm over Iraq*, pp. 231 - 247; Dunnigan and Bay, *From Shield to Storm*, p. 145; Murray and Scales, *The Iraq War*, pp. 4 – 7.

59 Hallion, *Storm over Iraq*, p. 1.

60 Puttré, "Satellite-Guided Munitions," p. 73; Todd S. Purdum, *A Time of Our Choosing: America's War in Iraq* (New York: Henry Holt, 2003), pp. 96 – 98.

61 Johnson, *Sorrows of Empire*, pp. 226 – 251.

62 关于早期近代欧洲枪支成本下降的情况，可参阅：Philip T. Hoffman, "Why Is It That Europeans Ended Up Conquering the Rest of the Globe? Price, the Military Revolution, and Western Europe's Comparative Advantage in Violence," http://gpih.ucdavis.edu/files/Hoffman/pdf (accessed March 9, 2008).

63 Puttré, "Satellite-Guided Munitions," pp. 68 – 72; Mets, *The Long Search*, p. 43; Murray and Scales, *The Iraq War*, pp. 71 – 76, 155 – 161.

64 Purdum, *A Time of Our Choosing*, pp. 121 – 122; Murray and Scales, *The Iraq War*, p. 163.

65 Purdum, *A Time of Our Choosing*, pp. 99, 129; Murray and Scales, *The Iraq War*, pp. 82, 162 – 163; Nordeen, *Air Warfare in the Missile Age*, pp. 234 – 236.

66 "震慑与威吓"（Shock and Awe）一词源自前海军司令哈伦·厄尔曼（Harlan K. Ullman）和詹姆士·韦德（James P. Wade）1996 年为美国国防大学准备的一篇文章《震慑与威吓：实现快速支配》。参见：Harlan K. Ullman and James P. Wade, "Shock and Awe: Achieving Rapid Dominance," http://www.dodccrp.org/files/Ullman_Shock.pdf (accessed January 28, 2009); Purdum, *A Time of Our Choosing*, p. 124.

67 Purdum, *A Time of Our Choosing*, pp. 5, 122; Murray and Scales, *The Iraq War*, pp. 110, 166 – 178; Keegan, *The Iraq War*, pp. 127, 142 – 143.

68　Mets，*The Long Search*，p. 43.

69　也许美国陆军和海军陆战队在 2006 年 12 月——这也是 20 多年来第一次——发布“反叛乱”手册时意识到了这一点，参见：George Packer，“Knowing the Enemy,” *New Yorker*，December 18，2006，p. 62.

70　Murray and Scales，*The Iraq War*，p. 183.

71　Mao Zedong，“On Protracted War,” in *Selected Works of Mao Tse-tung*（Peking：Foreign Languages Press，1965），vol. 2，pp. 143 - 144.

结论　回到技术与帝国主义

370　历史没有固定的规则，但历史也并非只是一长串的事实。通过在足够长的时间和足够多的地方研究足够多的案例，我们逐渐看到了一些趋势。我们从过去 600 年西方帝国主义扩张的历史中可以分辨出哪些趋势呢？显然，技术是很重要的。在某些情形下，小群体得益于武器、装备以及一些动物的帮助，能够征服规模远大于自己的敌人。16 世纪在印度洋的葡萄牙人、在墨西哥和秘鲁的西班牙人，以及 19 世纪在非洲和亚洲的欧洲各国人，都把自己与对手之间的技术差距转化成了胜利的帝国统治。

但技术总是处在具体的环境之下，虽然为它们的主人提供了凌驾于自然之上的力量，但那也仅限于当地特定的自然条件。因此，已经能统治印度洋相当一段时间的葡萄牙船在红海几乎毫无用处，在美洲为欧洲人服务的马在安哥拉和莫桑比克纷纷因那加那病而倒下。环境既可以帮助也可以阻碍征服者。传染病帮助了入侵美洲的西班牙人，但又在长达 400 年的时间里阻碍了热带非洲潜在入侵者的脚步；帮助英国在印度实现统治的组织和战术，却在面对阿富汗的崇山峻岭时束手无策。

随着技术的发展变化，这些曾在一个时代里阻碍了帝国主义者们前进的环境因素，却会屈服在下一个时代更先进的技术面前。19 世纪早期，蒸汽动力炮舰和船只将欧洲人带进了缅甸、中国、中东和非洲的部分地区。19 世纪中期和 20 世纪初，欧洲人和美国人发展了他们的卫生防疫措施，就此克服了热带非洲的疾病障碍；发展 371
了他们的枪炮，以此横扫了几个世纪以来都未能战胜的抵抗力量。最后，在 20 世纪早期，抵抗组织虽然掌握了在上一个时代给予欧洲人统治地位的步兵武器，然而飞机和炸弹的出现再次保障了欧洲人在对抗中的优势地位。

这些例子证实了我在引言中引用的利昂·卡斯的话："我们所说的'人类凌驾自然的力量'，其真实含义是一些人以对自然知识的掌握作为工具而凌驾于另一些人之上的力量。"然而，提供"凌驾于另一些人之上的力量"的"自然知识"并未被任何一个文明垄断。虽然只有少数的非西方社会能够成功模仿西方最先进、最精密的技术，但几乎所有国家在掌握上一代更简单的技术时都没有什么困难。当智利、阿根廷和北美大平原上的印第安人获得了马匹之后，他们就变得强大到足以在几个世纪的时间里阻止欧洲人的前进。同样，现代枪炮也从在非洲的欧洲军队扩散到了埃塞俄比亚和里夫，二战后又到达了越南、阿尔及利亚和阿富汗。

帝国主义发动征战可能出于各种动机，但是付出的代价和得到的好处迟早都会充分展现出来。这个代价不仅是指金钱，还有人力。当他们一帆风顺的时候，也是代价很小或者收益远大于付出的时候。与那些发生在欧洲的战争相比，西班牙在美洲的征服无论在金钱还是人力上花费都很少。小国葡萄牙是欧洲最贫穷的国家之一，能在印度洋上维持一支海军，主要依靠的是海军自身带来的战利品、保护费和交易的利润。随着殖民收益的递减，18 世纪和 19 世纪早期，西方帝国的扩张速度逐渐放缓，唯独在印度，英国人成功地将征服的成本转嫁给了印度人自己来偿付。在阿尔及利亚和高加索地区，不断上升的成本减缓了帝国的扩张；阿富汗则挫败了帝国扩张的意图。直到 19 世纪后期，工业制造的武器以及医学的进步成功地降低了人力和金钱两方面的征服成本，西方帝国主义才得以再度兴起。

372 自 20 世纪初以来，西方列强在海上和空中成为毋庸置疑的主导力量。在一段时间里，空中力量证明了它对地面的控制能力，虽然是以逐步升级的暴力行动作为代价。然而一代人的时间过后，那些抵抗入侵和殖民的人就学会了在夜间、地下、崎岖的地形或者城市中展开他们的行动。这时的空中力量则要么无效，要么会造成入侵者无法承受的伤亡人数或名誉损失。面对训练有素的抵抗军战士，帝国军队虽然可以随意地进行空中打击，却很少能够取得胜利。法国、美国等国家，一次又一次被更小、更穷、更弱的国家挫败。面对这样的羞辱，一些人的反应是寻求更为复杂的技术。

21 世纪初的美国不仅比当今世界上任何其他国家都要强大得多，也比人类历史上任何其他国家都拥有更多凌驾于自然的力量。技术——或者说是生产这些技术的公司——决定着政策，正如洛克希德公司——其 80％的订单从美国政府获得——首席执行官罗伯特·J. 史蒂文斯所说的，“我们完全投身于发展那些令人生畏的技术”，这需要“在技术层面进行思考的同时，还要考虑政治层面上的国家安全问题”。《纽约时报》2004 年 11 月曾报道说，为了确保他们与决策者之间的紧密关系——

> 前洛克希德公司的高管、游说议员和律师在白宫和五角大楼担任着重要职位，他们选择武器，制定政策……曾为洛克希德公司工作、游说和担任过律师的人，出任过海军部部长、交通部部长、国家核武器综合体主管和国家间谍卫星机构负责人等职位……前洛克希德公司的高管们在国防政策委员会和国土安全咨询委员会任职，负责协助制定军事和情报政策，并为未来的战争选择武器。

因此，史蒂文斯可以声称：“通过技术，我们能够使自己更安全和更人道……我不轻易这么说，但我们的行业的确为人类的改变做出了贡献。”[1]

《科学美国人》杂志的一篇文章设想了一种针对恐怖主义问题 373
的技术解决方案：

> 假设美国情报机构发现了一个确凿的证据，表明就在中亚

> 的一个偏远的农舍里，一个恐怖分子头目正在用餐。再假设当地政治敏感，禁止以轰炸机进行空袭，而且这顿饭不太可能持续两个小时，能让战斧巡航导弹从其最大射程处到达该地点。那该如何应对？五角大楼的武器采购人员希望能从一个先进的涡轮引擎中找到答案，它可以将巡航导弹命中目标的时间缩短到几十分钟。这样一来，这套系统就能在吃甜点前击中假想的恐怖主义首领。[2]

抛开美国情报机构搜索确凿证据的问题不论，这个项目告诉了我们什么呢？回应恐怖主义的答案就是带有先进涡轮引擎的巡航导弹吗？或者更笼统地说，对敌人的正确反应是在技术层面做到越复杂越好吗？有些时候这种反应很有效，有时则遭遇了失败。在本书撰写的过程中，美国正每周花费数十亿美元来维持其在伊拉克的军事力量，其中大量的钱都花在了昂贵的装备上，然而在可预见的未来，非但无法取得胜利，甚至连体面地撤军都很难。既然世界的注意力再次集中到一个强大的、技术发达的国家与一个更孱弱、更贫穷的国家之间的对抗上，现在就是时候来重温一下这类遭遇的历史，并从中吸取教训了。

注　　释

1　Tim Weiner, "Lockheed and the Future of Warfare," *New York Times* (November 28, 2004), pp. 1, 4.

2　Steven Ashley, "Mach 3 Hunter-Killer: An Advanced Turbine Design for Versatile Missiles," *Scientific American* (September 2006), p. 26.

索　　引

（注：所列页码为原书页码，即本书边码。）

Experiment（steamboat），179 实验号（汽船）

Faidherbe，Louis，213 路易·费代尔布

Falero，Rui，37 鲁伊·法莱罗

Falkner，Thomas，123 托马斯·福克纳

FaysalⅠ，King of Iraq and Syria，318，320 费萨尔一世，伊拉克和叙利亚国王

Ferdinand，King of Spain，33-34 斐迪南，西班牙国王

Figueira，Luis，77 路易斯·菲盖拉

Findlay，Ronald，155-56 罗纳德·芬德利

firearms，8 火器：bayonets attached to，152，154 枪上的刺刀；breech-loading，169，259，260，261-62 后膛装填的枪；Chinese ambivalence toward，85 中国人关于枪的矛盾心理；Colt revolver，260 柯尔特可旋转弹巢；flintlocks，152，163，267，271，280 燧发枪；gunpowder，66，98，258，263 火药；harquebuses，97-98，108，109，114，116，143，151 火绳枪；imperial expansion and，7-8 枪与帝国扩张；innovations and improvements in，66，151-52，257-65（See also specific weapons）枪支的创新和改进（另见具体武器）；Jesuits and introduction of weapons technology，85 耶稣会和武器技术的引进；loading and firing processes for，66，97-98，122，154，258-59，260-61，272，280，281 枪支的装填和开火过程；machine guns，215，264-65，272，273，290，305，314-15，319，322，327，336，338-39，351 机枪；manufacture of，154，159，259，260，267 枪支的生产；matchlock muskets，37，87，97-98，149，151-52，153-54，290 火绳枪滑膛枪；military tactics and，151-52 枪与战术；muzzle-loading muskets，258 前部装填步枪；naval technology and，86，202 枪与海军技术；needle-guns，259，261 针击枪；northwest guns，180 西北枪；obsolete

班牙扩张和勘探的动机；horse technology and，96 - 97 西班牙与关于马的技术；investigation of the oceans by，33 - 39 西班牙对海洋的探索；medical technology of，245 西班牙的医疗技术；military tactics of，96 - 97 西班牙的战术；naval technology of，109 - 10 船舶技术；Netherlands as enemy of，80 荷兰作为西班牙的敌人；New World and imperial expansion，34，95 - 96 新大陆和帝国主义扩张；in Philippines，40 西班牙在菲律宾；and the Rif，321 - 24 西班牙和里夫；Spanish-American War，244 - 46，248，250 美西战争；Treaty of Tordesillas and ownership of Western Hemisphere，38 《托德西拉斯条约》和西班牙对西半球的所有权；U. S. as rival for influence，244 - 45 美国作为西班牙在影响力上的对手；weapons technology of，97 - 98，97 - 99，102 - 4，120，323，328 西班牙的武器技术

Spanish-American War，244 - 46，248，250 美西战争

Speke，John，235 约翰·斯皮克

Spice trade 香料贸易：African，144 非洲香料贸易；Asia as market for，78 亚洲作为香料贸易市场；Dutch and control over，38，82 - 83，88 荷兰对香料贸易的控制；English and control over，83 - 84 英国对香料贸易的控制；as motive for European investigation of the oceans，21，35，60 香料贸易作为欧洲人探索海洋的动机；naval expeditions financed by profits of，67 - 68 香料贸易收益作为海洋扩张的资金；Ottomans and control of，68 - 79，88 奥斯曼对香料贸易的控制；Portuguese control over，35，62 - 63，64，71，74 - 79，81，83，88，115，144 葡萄牙对香料贸易的控制；sailing ships and trade routes，14 - 15，35 帆船和贸易路线

Springfield rifles，262，282，284 斯普林菲尔德来复枪

Spruce，Richard，233 理查德·斯普鲁斯

Stanley，Henry Morton，213 - 14，235，270 - 71 亨利·莫顿·斯坦利

延伸阅读

本书所征引的资料来源均已在注释中进行了说明，但其中有一 375
些特别有价值的部分，在这里再次予以指明。

只有很少的书涉及了本书的主题，如 Carlo Cipolla 的 *Guns, Sails, and Empires: Technological Innovation and the Early Phases of European Expansion, 1400—1700*（1965）是第一部阐述技术革新与帝国主义关系的著作，它也启发了我早期的研究：*The Tools of Empire: Technology and European Imperialism in the Nineteenth Century*（1981）。Geoffrey Parker 的 *The Military Revolution: Military Innovation and the Rise of the West, 1500—1800*（2nd ed.，1996）涉及了技术部分的主题，但更多的是关于

欧洲和海外武装部队的组织和资金问题。Ronald Findlay 和 Kevin O'Rourke 的 *Power and Plenty：Trade，War，and the World Economy in the Second Millennium*（2007）探讨了西方帝国主义的经济和商贸方面。Michael Adas 的 *Machines as the Measure of Men：Science，Technology，and Ideologies of Western Dominance*（1989）描述了主导的意识形态，即从西方作家的眼中看西方帝国主义的历史。①

与第一章“发现大洋（1779 年以前）”主题相关的著述很多，在这一领域最好的引导性读物是 J. H. Parry 的系列著作，特别是 *The Discovery of the Sea*（1975）。同样有意思的还有 Louise Levathes 的 *When China Ruled the Seas：The Treasure Fleet of the Dragon Throne，1405—1433*（1994）以及 Sanjay Subrahmanyam 的 *The Career and Legend of Vasco da Gama*（1997）。

16 世纪和 17 世纪印度洋的海战和政治也引起了学者们的关注，
376 Charles R. Boxer 的两部著作尤其有价值：*The Portuguese Seaborne Empire，1415—1825*（1969）；*The Dutch Seaborne Empire，1600—1800*（1965）。John F. Guilmartin 的 *Gunpowder and Galleys：Changing Technology and Mediterranean Warfare at Sea in the 16th Century*（2003）虽然主要是针对地中海而不是印度洋，但关于奥斯曼帝国海军技术的撰写尤其出色。我要感谢 Giancarlo Casale 让我阅读他的博士论文“The Ottoman Age of Explo-

---

① 有些著作，尚未有中文翻译本，故这里只列出原文，供读者自行了解。下同，不再一一注明。——译者注

ration: Spices, Maps and Conquest in the Sixteenth-Century Indian Ocean"(Harvard University, 2004),其中他详细考察了葡萄牙与奥斯曼帝国的多次对抗。除了前面提到过的 Geoffrey Parker 的 *The Military Revolution*,还有两部对于理解这段历史很有价值的著作:William H. McNeill 的 *The Pursuit of Power: Technology, Armed Forces, and Society since A. D. 1000*(1982),以及 Kenneth W. Chase 的 *Firearms: A Global History to 1700*(2003)。

自哥伦布时代以来,征服美洲一直是最受欢迎的历史话题之一。在与之相关的大量著作中,我发现了几种特别有用的书:Ross Hassig 的 *Aztec Warfare: Imperial Expansion and Political Control*(1988)和 *Mexico and the Spanish Conquest*(1994)阐明了对抗的军事方面。William H. McNeill 的 *Plagues and Peoples*(1976)和 Alfred W. Crosby 的两部书——*The Columbian Exchange: Biological and Cultural Consequences of 1492*(1972),*Ecological Imperialism: The Biological Expansion of Europe, 900—1900*(1986)——考察了疾病的作用。白人和印第安人在北美长达几个世纪的对抗是 Walter Prescott Webb 的 *The Great Plains*(1931)一书的主题,这本书虽然有点陈旧,但读起来仍然很有趣。

关于第四章的主题——帝国主义在非洲和亚洲,同样有着大量的文献。关于疾病在延缓欧洲人向非洲渗透中所发挥的作用,可以参阅 Philip D. Curtin 的 *The Image of Africa: British Ideas and Actions, 1780—1850*(1964)和 *The Rise and Fall of the Planta-*

tion Complex：*Essays in Atlantic History*（1990）。Bruce Lenman 的 *Britain's Colonial Wars*，*1688—1783*（2001）和 David B. Ralston 的 *Importing the European Army*：*The Introduction of European Military Techniques and Institutions into the Extra-European World*，377 *1600—1914*（1990）很好地描述了英国对印度的征服。关于法国人入侵和阿尔及利亚人抵抗的最佳英文著作是 Raphael Danziger 的 *Abd al-Qadir and the Algerians*：*Resistance to the French and Internal Consolidation*（1977），而关于俄国人侵入高加索地区的一个极好的介绍则是 Charles King 的 *The Ghost of Freedom*：*A History of the Caucasus*（2008）。

与前几章相比，汽船这个主题虽然重要，但只得到了学术界较少的关注。Louis C. Hunter 的 *Steamboats on the Western Rivers*：*An Economic and Technological History*（1949）是一部经典的美国史，但并没有给汽船对白人与印第安人关系的影响留下多少空间。R. G. Robertson 在 *Rotting Face*：*Smallpox and the American Indian*（2001）一书中描述了疾病对北美印第安人的影响。Henry T. Bernstein 的 *Steamboats on the Ganges*：*An Exploration in the History of India's Modernization through Science and Technology*（1960）是一部关于向印度引入汽船的好书。关于汽船航行对英国与印度之间联系的影响，可参阅 Halford L. Hoskins 的 *British Routes to India*（1928），以及较新的 Sarah Searight 的 *Steaming East*：*The Hundred Year Saga of the Struggle to Forge Rail and Steamship Links between Europe and India*（1991）。英国海军在

中国的行动是 Gerald S. Graham 的 *The China Station：War and Diplomacy，1830—1860*（1978）以及 Arthur Waley 的 *The Opium War through Chinese Eyes*（1958）的研究主题。关于汽船在非洲的作用，可参阅 K. Onwuka Dike 的 *Trade and Politics in the Niger Delta，1830—1885*（1956），以及 Paul Mmegha Mbaeyi 的 *British Military and Naval Forces in West African History，1807—1874*（1978）。

关于疾病在欧洲向非洲渗透中所扮演的角色，Philip D. Curtin 的两部著作尤其具有价值：*Death by Migration：Europe's Encounter with the Tropical World in the Nineteenth Century*（1989）和 *Disease and Empire：The Health of European Troops in the Conquest of Africa*（1998）。植物学在 19 世纪帝国主义扩张中的作用是 Lucile H. Brockway 的 *Science and Colonial Expansion：The Role of the British Royal Botanic Gardens*（1979）一书的主题。关于美西战争中的疾病与医药，可以参阅 Vincent J. Cirillo 的 *Bullets and Bacilli：The Spanish-American War and Military Medicine*（2004）。关于巴拿马运河的修建，则可参阅 David G. McCullough 的 *The Path between the Seas：The Creation of the Panama Canal，* 378
1870—1914（1977）。

关于武器的著作非常多，主要都是由武器爱好者撰写或者为他们而撰写的，不过其中一些对于理解殖民战争中武器的运用非常有用。William Wellington Greener 的 *The Gun and Its Development*（9th ed.，1910）和 William Young Carman 的 *A History of Fire-*

arms: From Earliest Times to 1914（1955）都是很有价值的资料汇编。关于对北美印第安人发动的战争，可以参阅 Joseph G. Rosa 的 *Age of the Gunfighter: Men and Weapons on the Frontier, 1840—1900*（1995）。有两部关于机关枪发展史的著作值得一读：John Ellis 的 *The Social History of the Machine Gun*（1975），以及 Anthony Smith 的 *Machine Gun: The Story of the Men and the Weapon That Changed the Face of War*（2002）。这两本书都很有趣，只是涉及殖民战争的内容比较少。几乎没有军事作家会关注殖民战争，Charles E. Callwell 的 *Small Wars: Their Principles and Practice*（3rd ed.，1906）是一个例外，而且已经有了好几个版本。

就像枪支的历史一样，1945 年以前的军事航空史绝大多数都偏向主要大国之间的大型战争，很少关注航空在殖民战争和不对称战争中的作用。不过，一些著作还是值得注意的。James S. Corum 和 Wray R. Johnson 的 *Airpower in Small Wars: Fighting Insurgents and Terrorists*（2003），以及 Philip Anthony Towle 的 *Pilots and Rebels: The Use of Aircraft in Unconventional Warfare, 1918—1988*（1989）这两本书都涵盖了 20 世纪的绝大部分时间。David E. Omissi 的 *Air Power and Colonial Control: The Royal Air Force, 1919—1939*（1990），以及 Sebastian Balfour 的 *Deadly Embrace: Morocco and the Road to the Spanish Civil War*（2002）则介绍了一些更具体的冲突。

自 1945 年以来的当代时期也得到了很多的关注，但大多数都较为短视，不可避免地集中在了最近的一段时期。尽管如此，还是有几本关于不对称战争中空中力量的有趣的图书。Edgar O'Balance 写了好几场这样的战争，特别是 *The Algerian Insurrection，1954—1962*（1967）和 *Afghan Wars，1839—1992*（2nd ed.，2002）。但主要还是越南战争引发了大多数对空中力量及其成功与失败的研究。例 379
如 Ronald B. Frankum 的 *Like Rolling Thunder：The Air War in Vietnam，1964—1975*（2005），Mark Clodfelter 的 *The Limits of Air Power：The American Bombing of North Vietnam*（1989），Donald J. Mrozek 的 *Air Power and the Ground War in Vietnam*（1988）。Robert A. Pape 的 *Bombing to Win：Air Power and Coercion in War*（1996）也探讨了越南战争。在研究越战以后空军技术发展的著作中，最好的是 Kenneth P. Werrell 的 *Chasing the Silver Bullet：U. S. Air Force Weapons Development from Vietnam to Desert Storm*（2003）。James P. Coyne 的 *Airpower in the Gulf*（1992）和 Richard Hallion 的 *Storm over Iraq：Air Power and the Gulf War*（1992）还介绍了伊拉克战争。

译后记

丹尼尔·海德里克是著名的技术史学家，他在本书中详细回顾了自15世纪大航海时代至今，西方帝国主义借助武器、船舶和医疗等技术的不断升级，在全球范围内殖民扩张的过程；同时也指出，落后和弱小的民族也可以依托当地环境，通过学习和掌握现代技术来成功地抵御欧美殖民者。16世纪在印度洋的葡萄牙人、在墨西哥和秘鲁的西班牙人，以及19世纪在非洲和亚洲的欧洲帝国主义者，都把自己的技术优势转化成了殖民统治的成功；然而，当智利、阿根廷和北美大平原上的印第安人获得马匹之后，他们就能够在此后的几个世纪里阻止欧洲殖民者的前进；随着现代枪炮武器扩散到埃塞俄比亚、里夫、越南、阿尔及利亚和阿富汗，殖民者也在遭遇越来越多的挫败。

值得注意的是，本书中所讨论的并不是抽象的技术，而是使用特定环境中的材料和能源实现超越自身身体能力的具体技术，也包括这些技术所嵌入的环境系统。例如，奥斯曼人与葡萄牙人在红海和印度洋的长期对峙，很大程度上缘于其分别采用的适应狭窄水域多变风向与适应广阔海洋的两种差异明显的海战技术；传染性疾病助长了西班牙殖民者在美洲的扩张，却曾长期阻挡过欧洲人殖民非洲的脚步；在美洲为欧洲人服务的马在安哥拉和莫桑比克则因那加那病而倒下；帮助英国在印度实现统治的组织和战术，在面对阿富汗的崇山峻岭时却束手无策。凡此种种，所体现出来的技术的可能性和局限性，都是具体技术与特定环境互动的结果。技术的结果与初衷往往南辕北辙，改善殖民地居民健康状况的医疗卫生技术，并非为人类整体的福利而设计，只是为了保护帝国主义国家公民和巩固其殖民统治而采取措施所产生的意想不到的副产品。

书中另一个耐人寻味之处在于，欧洲近代殖民的成功不仅得益于先进武器技术等硬件因素，还是其在组织、融资、战术和技能等方面更为成熟的结果。然而，当欧洲人成功地殖民了那些高度结构化、组织化和城市化的社会之后，在试图征服另一些组织更为松散、分布地域更为广泛的尤其是沙漠和山区的民族时，都由于这里的游击战而陷入了困境。与此同时，帝国主义者在日益依赖复杂军事技术来维持其优势地位的过程中，也正在使自己越来越沦为军工复合体收割利益的工具。

正如书中所说，历史没有固定的规则，但历史事实提供了最好的证据，让我们可以从中看到各种模式和趋势。作者在书中详细描述了各种技术伴随西方殖民扩张的500多年漫漫历史进程，在这个丰富翔实的历史图景面前，相信读者一定能够获益匪浅。本书的内容覆盖医药、枪炮、航海技术、船舶制造、飞机制造等多个技术领域，时间跨度长达500多年，基本从各项现代技术的发端一直叙述到当今时段，涉及的专业名词众多，在各专业领域也已形成了很多约定俗成的译法，译者虽竭尽全力查考各类出处，但由于自身能力所限，难免还有一些疏漏和错误之处，敬请读者不吝指教。

在本书翻译过程中，我们得到了2021年度南开大学文科发展基金项目“国家治理机制对经济学体系构建的影响研究”和中国历史研究院《（新编）中国通史》纂修工程《中国环境史》卷的支持。自本书译完后，历经数年终于能够在中国人民大学出版社出版，要特别感谢王琬莹编辑的大力支持，徐德霞、焦娇两位编辑也为本书付出了大量辛劳，在此并申谢悃。

译者于南开大学

2024年2月

Power over Peoples: Technology, Environments, and Western Imperialism, 1400 to the Present
by Daniel R. Headrick

图书在版编目（CIP）数据

技术、环境与疾病：帝国主义征服史 /（美）丹尼尔·海德里克（Daniel R. Headrick）著；高丽洁，关永强译. --北京：中国人民大学出版社，2024.4
ISBN 978-7-300-32645-0

Ⅰ.①技… Ⅱ.①丹… ②高… ③关… Ⅲ.①科学技术-技术史-西方国家 Ⅳ.①N091

中国国家版本馆 CIP 数据核字（2024）第 072181 号

技术、环境与疾病：帝国主义征服史
［美］丹尼尔·海德里克（Daniel R. Headrick） 著
高丽洁　关永强　译
Jishu，Huanjing yu Jibing：Diguo Zhuyi Zhengfushi

出版发行	中国人民大学出版社		
社　　址	北京中关村大街 31 号	**邮政编码**	100080
电　　话	010－62511242（总编室）		010－62511770（质管部）
	010－82501766（邮购部）		010－62514148（门市部）
	010－62515195（发行公司）		010－62515275（盗版举报）
网　　址	http://www.crup.com.cn		
经　　销	新华书店		
印　　刷	涿州市星河印刷有限公司		
开　　本	890 mm×1240 mm　1/32	**版　　次**	2024 年 4 月第 1 版
印　　张	17.375 插页 4	**印　　次**	2024 年 4 月第 1 次印刷
字　　数	367 000	**定　　价**	109.00 元